应用型本科数学基础课程教材

高等数学

第二版

下册

吴炳烨 主 编
吴丽萍
赖军将 副主编
范振成

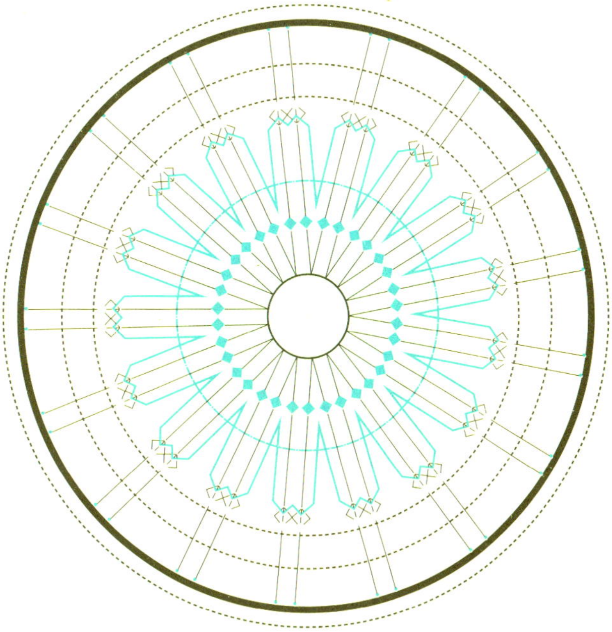

中国教育出版传媒集团
高等教育出版社·北京

内容简介

本书以教育部高等学校大学数学课程教学指导委员会制定的"工科类本科数学基础课程教学基本要求"及"经济和管理类本科数学基础课程教学基本要求"为指导，结合应用型本科院校相关专业数学教学的特点，以严密、通俗的语言，较系统地介绍了高等数学的知识。全书分为上、下两册。下册共分六章，包括空间解析几何概要、多元函数微分法及其应用、多元函数积分学、无穷级数、常微分方程及差分方程简介等。全书纸质内容与数字课程一体化设计，紧密配合。数字课程涵盖微视频、教学课件、自测题、综合练习、数学史、数学家小传等板块，为应用型本科院校学生的学习提供思维与探索的空间。

本书可作为应用型本科院校理工类、经济管理类专业的高等数学教材，也可作为相关专业学生考研的参考材料，还可供相关专业人员和广大教师参考。

图书在版编目（CIP）数据

高等数学．下册 / 吴炳烨主编；吴丽萍，赖军将，范振成副主编．--2 版．-- 北京：高等教育出版社，2024.1

ISBN 978-7-04-061452-7

Ⅰ．①高… Ⅱ．①吴… ②吴… ③赖… ④范… Ⅲ．①高等数学 – 高等学校 – 教材 Ⅳ．① O13

中国国家版本馆 CIP 数据核字（2023）第 241513 号

Gaodeng Shuxue

策划编辑	李晓鹏	责任编辑	李晓鹏	封面设计	王　洋	版式设计	徐艳妮
责任绘图	李沛蓉	责任校对	刁丽丽	责任印制	刘思涵		

出版发行	高等教育出版社	网　　址	http://www.hep.edu.cn
社　　址	北京市西城区德外大街4号		http://www.hep.com.cn
邮政编码	100120	网上订购	http://www.hepmall.com.cn
印　　刷	三河市骏杰印刷有限公司		http://www.hepmall.com
开　　本	787mm×1092mm 1/16		http://www.hepmall.cn
印　　张	20.25	版　　次	2017年2月第1版
字　　数	390千字		2024年1月第2版
购书热线	010-58581118	印　　次	2024年1月第1次印刷
咨询电话	400-810-0598	定　　价	42.50元

本书如有缺页、倒页、脱页等质量问题，请到所购图书销售部门联系调换
版权所有　侵权必究
物　料　号　61452-00

高等数学

（第二版）下册

吴炳烨
吴丽萍
赖军将
范振成

1 计算机访问http://abook.hep.com.cn/1251535，或手机扫描二维码、下载并安装Abook应用。

2 注册并登录，进入"我的课程"。

3 输入封底数字课程账号（20位密码，刮开涂层可见），或通过Abook应用扫描封底数字课程账号二维码，完成课程绑定。

4 单击"进入学习"按钮，开始本数字课程的学习。

课程绑定后一年为数字课程使用有效期。受硬件限制，部分内容无法在手机端显示，请按提示通过电脑访问学习。

如有使用问题，请发邮件至abook@hep.com.cn。

微视频　　综合练习　　数学家小传

http://abook.hep.com.cn/1251535

目 录

第 6 章　空间解析几何概要

解析几何的基本思想是利用坐标系将几何结构代数化, 运用代数的方法研究几何, 从而把几何问题的讨论, 从定性的研究推广到可以计算的定量的层面. 解析几何是变量数学的开端, 是进一步学习多元函数微积分的必要基础. 这一章将介绍空间解析几何的基础知识, 内容主要包括向量代数、空间直角坐标系及轨迹与方程等, 为下面学习多元函数微积分打好基础.

6.1　向量及其线性运算

PPT 课件 6-1
向量及其线性运算

6.1.1　向量的概念

日常生活与自然科学中存在着两种量: 向量与数量. 向量并不陌生, 在初中物理我们就接触过它, 位移、力、速度等就是向量, 它们既有大小, 又有方向; 而长度、面积、体积等量, 它们只有大小, 是数量, 又称标量.

定义 6.1.1　既有大小又有方向的量叫向量, 或称矢量.

在几何上可用有向线段表示向量: 有向线段的长度表示向量的大小, 有向线段的方向表示向量的方向, 而有向线段的起点与终点分别叫作向量的起点与终点. 起点是 A, 终点是 B 的向量记作 $\overrightarrow{AB}$, 也可用单个黑体字母, 如 $\boldsymbol{a}$, 或单个加箭头字母, 如 $\vec{b}$ 等表示向量, 如图 6-1 所示.

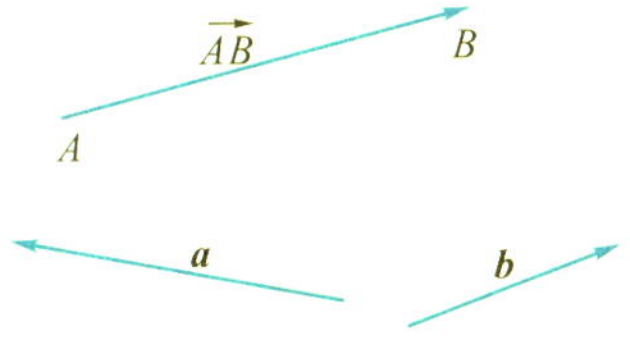

图 6-1

向量的大小称为向量的模或长度, 向量 $\boldsymbol{a}$ 的模记为 $|\boldsymbol{a}|$. 模等于 1 的向量称为单位向量, 而模等于零的向量称为零向量, 记作 $\mathbf{0}$ 或 $\vec{0}$. 零向量的方向是不确定的, 或者说零向量的方向是任意的. 如果两个向量所在的直线相互平行 (垂直), 那么称这两个向量相互平行 (相互垂直). 向量 $\boldsymbol{a}$ 平行 (垂直) 于向量 $\boldsymbol{b}$ 记作 $\boldsymbol{a}//\boldsymbol{b}(\boldsymbol{a}\perp\boldsymbol{b})$. 零向量与任一向量是平行或垂直的.

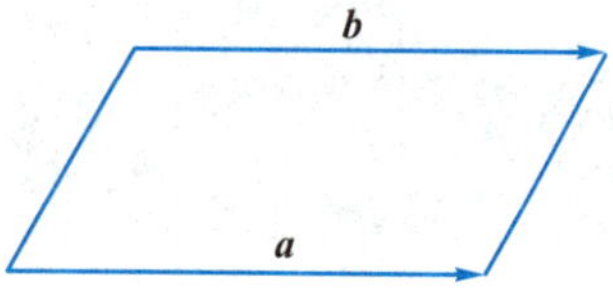

图 6–2

定义 6.1.2 如果两个向量的模相等且方向相同, 那么称两向量相等. 向量 $\boldsymbol{a}$ 与 $\boldsymbol{b}$ 相等记作 $\boldsymbol{a}=\boldsymbol{b}$.

由定义易知, 若向量 $\boldsymbol{a}$ 与 $\boldsymbol{b}$ 不在同一条直线上, 则 $\boldsymbol{a}=\boldsymbol{b}$ 的充分必要条件是: 分别连接 $\boldsymbol{a}$ 与 $\boldsymbol{b}$ 的起点与终点的两条线段连同向量本身构成一个平行四边形 (见图 6–2). 这就是说, 两向量是否相等只与向量的模与方向有关, 而与向量的起点无关.

单个向量总是共线向量, 两个向量总是共面向量 . 零向量与任何共线 (共面) 向量组构成共线 (共面) 向量组.

注 当将向量组中所有向量的起点移到同一点时, 共线 (共面) 向量组的所有向量落在同一条直线 (同一个平面) 上.

思考题 把平行于某一平面的一切单位向量的起点移到同一点后, 它们的终点构成什么图形? 把空间所有单位向量的起点移到同一点后, 它们的终点又构成什么图形?

定义 6.1.3 两个模相等且方向相反的向量互为反向量, $\boldsymbol{a}$ 的反向量记作 $-\boldsymbol{a}$.

显然, 向量 $\overrightarrow{AB}$ 与 $\overrightarrow{BA}$ 互为反向量, 即 $\overrightarrow{AB}=-\overrightarrow{BA}$; 而零向量的反向量仍然是零向量, 即 $\mathbf{0}=-\mathbf{0}$.

定义 6.1.4 平行于同一直线的一组向量叫作共线向量, 平行于同一平面的一组向量叫作共面向量.

6.1.2 向量的加法

在物理课里大家知道, 作用于同一点 O 的两个不共线的力 $\boldsymbol{f}_1$, $\boldsymbol{f}_2$ 所产生的合力 $\boldsymbol{f}$ 等于以 $\boldsymbol{f}_1$, $\boldsymbol{f}_2$ 为邻边的平行四边形的对角线所对应的力 (见图 6–3 (a)); 另一方面, 一质点做直线运动, 先从 O 到 A, 产生位移 $\overrightarrow{OA}$, 再从 A 到 B, 产生位移 $\overrightarrow{AB}$, 与总位移 $\overrightarrow{OB}$ 一起构成 $\triangle OAB$ (见图 6–3 (b)). 这就是数学上向量加法运算的物理背景.

定义 6.1.5 给定向量 $\boldsymbol{a}$, $\boldsymbol{b}$, 以空间一点 O 为始点作 $\overrightarrow{OA}=\boldsymbol{a}$, $\overrightarrow{AB}=\boldsymbol{b}$, 则折线 OAB 中 $\overrightarrow{OB}=\boldsymbol{c}$ 叫作 $\boldsymbol{a}$ 与 $\boldsymbol{b}$ 的和, 记作

$$\overrightarrow{OB}=\overrightarrow{OA}+\overrightarrow{AB}$$

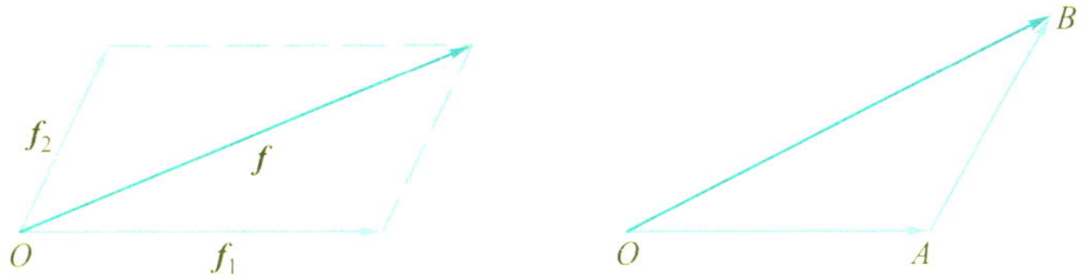

(a) (b)

图 6–3

或者

$$\boldsymbol{c} = \boldsymbol{a} + \boldsymbol{b}.$$

求两向量 $\boldsymbol{a}$ 与 $\boldsymbol{b}$ 的和 $\boldsymbol{a}+\boldsymbol{b}$ 的运算叫作加法运算.

上述定义中的求和向量的方法就是所谓的三角形法则 (见图 6–3(b)), 易知它等价于求和向量的平行四边形法则 (见图 6–3(a)).

此外, 容易证明向量的加法满足以下的运算规律 (见图 6–4):

(1) 交换律: $\boldsymbol{a}+\boldsymbol{b}=\boldsymbol{b}+\boldsymbol{a}$;

(2) 结合律: $(\boldsymbol{a}+\boldsymbol{b})+\boldsymbol{c}=\boldsymbol{a}+(\boldsymbol{b}+\boldsymbol{c})$.

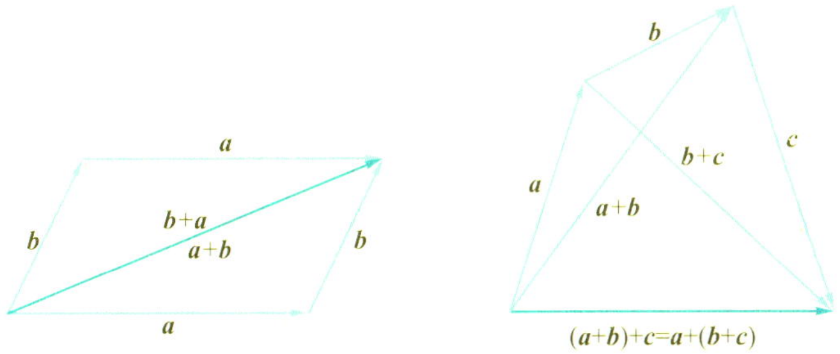

(a) (b)

图 6–4

与实数运算类似, 加法的逆运算是减法.

定义 6.1.6 当 $\boldsymbol{b}+\boldsymbol{c}=\boldsymbol{a}$ 时, 称 $\boldsymbol{c}$ 为 $\boldsymbol{a}$ 与 $\boldsymbol{b}$ 的差, 记为 $\boldsymbol{c}=\boldsymbol{a}-\boldsymbol{b}$. 求两向量差的运算称为减法运算.

由向量加法的三角形法则易得向量减法的三角形法则: 将 $\boldsymbol{a}$, $\boldsymbol{b}$ 的起点移到同一点, 则以 $\boldsymbol{b}$ 的终点为起点, $\boldsymbol{a}$ 的终点为终点的向量就是 $\boldsymbol{a}-\boldsymbol{b}$ (见图 6–5). 由图 6–5 还可得

$$\boldsymbol{a}-\boldsymbol{b}=\boldsymbol{a}+(-\boldsymbol{b}).$$

由三角形两边之和大于第三边易知,

$$|\boldsymbol{a}\pm\boldsymbol{b}|\leqslant|\boldsymbol{a}|+|\boldsymbol{b}|,$$

其中等号只在 $\boldsymbol{a}$ 与 $\boldsymbol{b}$ 同向或反向, 即共线时成立.

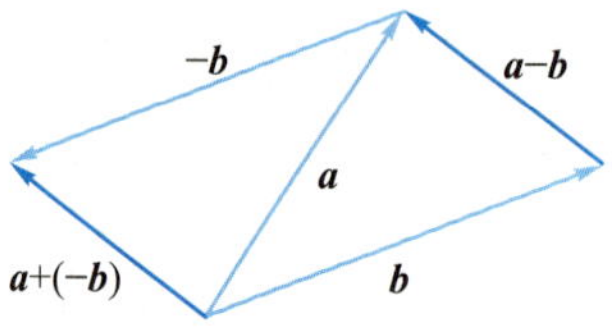

图 6–5

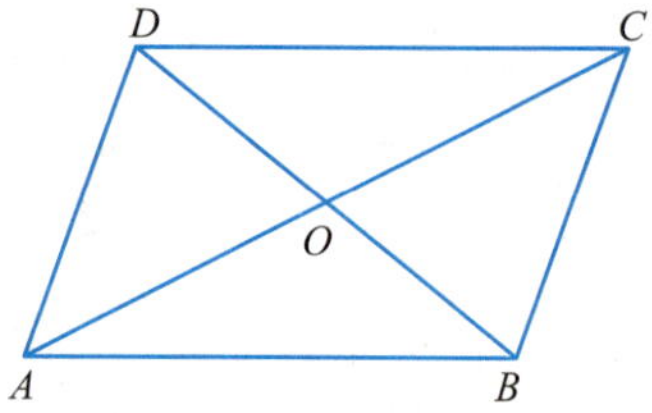

图 6–6

例 1 用向量方法证明: 对角线互相平分的四边形是平行四边形.

证 设四边形 $ABCD$ 的对角线 AC, BD 交于 O 点且互相平分 (见图 6–6), 从图可以看出:

$$\begin{aligned}\overrightarrow{AB}&=\overrightarrow{AO}+\overrightarrow{OB}=\overrightarrow{OC}+\overrightarrow{DO}\\&=\overrightarrow{DO}+\overrightarrow{OC}=\overrightarrow{DC},\end{aligned}$$

因此, $\overrightarrow{AB}//\overrightarrow{DC}$ 且 $|\overrightarrow{AB}|=|\overrightarrow{DC}|$, 即四边形 $ABCD$ 为平行四边形.

6.1.3 向量的数乘

物理学中经常会碰到向量与数量发生某些运算关系的情况, 比如我们熟知的一些公式 $\boldsymbol{f}=m\boldsymbol{a}$, $\boldsymbol{s}=\boldsymbol{v}t$ 等. 从几何上看, n 个相同的非零向量 $\boldsymbol{a}$ 相加的和向量的模为 $|\boldsymbol{a}|$ 的 n 倍, 方向与 $\boldsymbol{a}$ 相同. 由此引出下面的概念.

定义 6.1.7 实数 λ 与向量 $\boldsymbol{a}$ 的乘积是一个向量, 记作 $\lambda\boldsymbol{a}$, 它的模是 $|\lambda\boldsymbol{a}|=|\lambda||\boldsymbol{a}|$; $\lambda\boldsymbol{a}$ 的方向, 当 $\lambda>0$ 时与 $\boldsymbol{a}$ 的方向相同, 当 $\lambda<0$ 时与 $\boldsymbol{a}$ 的方向相反. 这种运算叫作数量与向量的乘法, 简称为数乘.

由定义知 $\lambda\boldsymbol{a}$ 与 $\boldsymbol{a}$ 平行. 特别地, $0\boldsymbol{a}=\boldsymbol{0}, (-1)\boldsymbol{a}=-\boldsymbol{a}$. 此外, 当 $\boldsymbol{a}\neq\boldsymbol{0}$ 时, 与 $\boldsymbol{a}$ 同方向的单位向量是 $\dfrac{1}{|\boldsymbol{a}|}\boldsymbol{a}$. 不难验证, 向量的数乘满足以下运算规律:

(1) 结合律: $\lambda(\mu\boldsymbol{a})=(\lambda\mu)\boldsymbol{a}$;

(2) 分配律:

$$(\lambda+\mu)\boldsymbol{a}=\lambda\boldsymbol{a}+\mu\boldsymbol{a},$$

$$\lambda(\boldsymbol{a}+\boldsymbol{b})=\lambda\boldsymbol{a}+\lambda\boldsymbol{b}.$$

向量的加法与数乘统称向量的线性运算. 由向量的加法与数乘的运算性质易知, 向量也可以像实数及多项式那样去运算, 例如

$$\nu_1(\lambda_1\boldsymbol{a}-\mu_1\boldsymbol{b})+\nu_2(\lambda_2\boldsymbol{a}-\mu_2\boldsymbol{b})=(\lambda_1\nu_1+\lambda_2\nu_2)\boldsymbol{a}-(\mu_1\nu_1+\mu_2\nu_2)\boldsymbol{b}.$$

定理 6.1.1 若 $\boldsymbol{e}\neq\boldsymbol{0}$, 则向量 $\boldsymbol{r}$ 与 $\boldsymbol{e}$ 共线的充要条件是 $\boldsymbol{r}$ 可由 $\boldsymbol{e}$ 线性表示, 即 $\boldsymbol{r}=x\boldsymbol{e}$, 且系数 x 被 $\boldsymbol{e}$, $\boldsymbol{r}$ 唯一确定.

证 充分性显然, 下证必要性. 设 $\boldsymbol{r}//\boldsymbol{e}$. 当 $\boldsymbol{r}$ 与 $\boldsymbol{e}$ 同方向时取 $x=\dfrac{|\boldsymbol{r}|}{|\boldsymbol{e}|}$, 反方向时取 $x=-\dfrac{|\boldsymbol{r}|}{|\boldsymbol{e}|}$, 则由向量数乘的定义知 $\boldsymbol{r}=x\boldsymbol{e}$. 至于系数 x 的唯一性, 假设 $\boldsymbol{r}=x\boldsymbol{e}=x'\boldsymbol{e}$, 那么有 $(x-x')\boldsymbol{e}=\boldsymbol{0}$, 因此 $|x-x'|\cdot|\boldsymbol{e}|=0$. 由于 $\boldsymbol{e}\neq\boldsymbol{0}$, 从而 $|\boldsymbol{e}|\neq 0$, 故 $x=x'$, 唯一性得证.

下面两个定理可类似证明.

定理 6.1.2 若 $\boldsymbol{e}_1,\boldsymbol{e}_2$ 不共线, 则向量 $\boldsymbol{r}$ 与 $\boldsymbol{e}_1,\boldsymbol{e}_2$ 共面的充要条件是 $\boldsymbol{r}$ 可由 $\boldsymbol{e}_1$, $\boldsymbol{e}_2$ 线性表示, 即 $\boldsymbol{r}=x\boldsymbol{e}_1+y\boldsymbol{e}_2$, 且系数 x,y 被 $\boldsymbol{e}_1$, $\boldsymbol{e}_2$, $\boldsymbol{r}$ 唯一确定.

定理 6.1.3 若向量 $\boldsymbol{e}_1,\boldsymbol{e}_2,\boldsymbol{e}_3$ 不共面, 则空间任意向量 $\boldsymbol{r}$ 可由向量 $\boldsymbol{e}_1$, $\boldsymbol{e}_2$, $\boldsymbol{e}_3$ 线性表示, 即 $\boldsymbol{r}=x\boldsymbol{e}_1+y\boldsymbol{e}_2+z\boldsymbol{e}_3$, 且其中系数 x,y,z 被 $\boldsymbol{e}_1,\boldsymbol{e}_2,\boldsymbol{e}_3,\boldsymbol{r}$ 唯一确定.

例 2 已知

$$\boldsymbol{a}=\boldsymbol{e}_1+2\boldsymbol{e}_2-\boldsymbol{e}_3,\quad \boldsymbol{b}=3\boldsymbol{e}_1-2\boldsymbol{e}_2+2\boldsymbol{e}_3,$$

求 $\boldsymbol{a}+\boldsymbol{b}$ 和 $3\boldsymbol{a}-2\boldsymbol{b}$.

解 根据向量线性运算的性质知

$$\boldsymbol{a}+\boldsymbol{b}=(1+3)\boldsymbol{e}_1+(2-2)\boldsymbol{e}_2+(-1+2)\boldsymbol{e}_3=4\boldsymbol{e}_1+\boldsymbol{e}_3,$$

$$3\boldsymbol{a}-2\boldsymbol{b}=3\boldsymbol{e}_1+6\boldsymbol{e}_2-3\boldsymbol{e}_3-(6\boldsymbol{e}_1-4\boldsymbol{e}_2+4\boldsymbol{e}_3)=-3\boldsymbol{e}_1+10\boldsymbol{e}_2-7\boldsymbol{e}_3.$$

例 3 设 AM 是 $\triangle ABC$ 的中线, 求证

$$\overrightarrow{AM}=\frac{1}{2}(\overrightarrow{AB}+\overrightarrow{AC}).$$

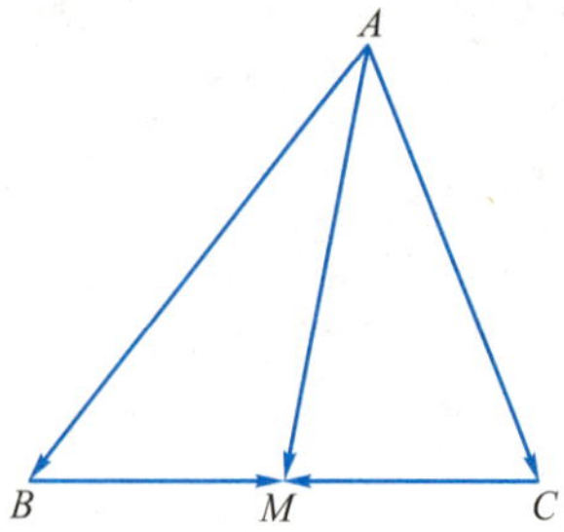

图 6–7

证 如图 6–7 所示, 有

$$\overrightarrow{AM}=\overrightarrow{AB}+\overrightarrow{BM},$$

$$\overrightarrow{AM}=\overrightarrow{AC}+\overrightarrow{CM},$$

所以

$$2\overrightarrow{AM}=(\overrightarrow{AB}+\overrightarrow{AC})+(\overrightarrow{BM}+\overrightarrow{CM}).$$

但

$$\overrightarrow{BM}+\overrightarrow{CM}=\overrightarrow{BM}+\overrightarrow{MB}=\mathbf{0},$$

因而

$$2\overrightarrow{AM}=\overrightarrow{AB}+\overrightarrow{AC},$$

即

$$\overrightarrow{AM}=\frac{1}{2}(\overrightarrow{AB}+\overrightarrow{AC}).$$

习题 6–1

A 题

1. 设 D,E 是 $\triangle ABC$ 边 BC 上的三等分点, $\overrightarrow{AB}=\boldsymbol{a},\overrightarrow{AC}=\boldsymbol{b}$. 试以 $\boldsymbol{a},\boldsymbol{b}$ 表示向量 $\overrightarrow{AD},\overrightarrow{AE}$.

2. 用向量法证明: 连接三角形两边中点的线段平行于第三边且等于第三边的一半.

3. 从向量方程组

$$\begin{cases}3\boldsymbol{x}-4\boldsymbol{y}=\boldsymbol{a},\\2\boldsymbol{x}+3\boldsymbol{y}=\boldsymbol{b}\end{cases}$$

中解出向量 $\boldsymbol{x},\boldsymbol{y}$.

4. 在四边形 $ABCD$ 中, $\overrightarrow{AB}=\boldsymbol{a}+\boldsymbol{b}-2\boldsymbol{c},\overrightarrow{CD}=3\boldsymbol{a}+5\boldsymbol{b}+4\boldsymbol{c}$, 对角线 AC,BD 的中点分别为 E,F, 求 $\overrightarrow{EF}$.

5. 已知 $\overrightarrow{AB}=2\boldsymbol{a}-3\boldsymbol{b},\overrightarrow{BC}=-\boldsymbol{a}+\boldsymbol{b},\overrightarrow{CD}=5\boldsymbol{a}-7\boldsymbol{b}$, 证明 A,B,D 三点共线.

6. 在平行四边形 $ABCD$ 中, 设对角线 $\overrightarrow{AC}=\boldsymbol{a},\overrightarrow{BD}=\boldsymbol{b}$, 求 $\overrightarrow{AB},\overrightarrow{BC},\overrightarrow{CD}$, $\overrightarrow{DA}$.

7. 在四边形 $ABCD$ 中, 设 $\overrightarrow{AB}=\boldsymbol{a}-\boldsymbol{b},\overrightarrow{BC}=-2\boldsymbol{a}+\boldsymbol{b},\overrightarrow{CD}=-3\boldsymbol{a}+2\boldsymbol{b}$, 证明 $ABCD$ 为梯形.

B 题

1. 要使下列各式成立, 向量 $\boldsymbol{a},\boldsymbol{b}$ 应满足什么条件?

(1) $|\boldsymbol{a}+\boldsymbol{b}|=|\boldsymbol{a}-\boldsymbol{b}|$;

(2) $|\boldsymbol{a}+\boldsymbol{b}|=|\boldsymbol{a}|+|\boldsymbol{b}|$;

(3) $|\boldsymbol{a}+\boldsymbol{b}|=|\boldsymbol{a}|-|\boldsymbol{b}|$;

(4) $|\boldsymbol{a}-\boldsymbol{b}|=|\boldsymbol{a}|+|\boldsymbol{b}|$;

(5) $|\boldsymbol{a}-\boldsymbol{b}|=|\boldsymbol{a}|-|\boldsymbol{b}|$.

2. 试证明定理 6.1.2.

3. 已知 $\triangle OAB$, 其中 $\overrightarrow{OA}=\boldsymbol{a},\overrightarrow{OB}=\boldsymbol{b}$, 而 M,N 是边 OA,OB 上的点, 且有 $\overrightarrow{OM}=\lambda\boldsymbol{a}\ (0<\lambda<1),\overrightarrow{ON}=\mu\boldsymbol{b}(0<\mu<1)$. 设 AN 与 BM 交于 P, 求向量 $\overrightarrow{OP}=\boldsymbol{p}$ 用 $\boldsymbol{a},\boldsymbol{b}$ 表示的线性表达式.

4. 用向量法证明: 梯形的中位线平行于上、下两底且等于它们长度和的一半.

5. 设 O 是平面上正多边形 $A_1A_2\cdots A_n$ 的中心, 证明:

$$\overrightarrow{OA_1}+\overrightarrow{OA_2}+\cdots+\overrightarrow{OA_n}=\boldsymbol{0}.$$

6. 在上题的条件下, 设 P 是任意点, 求证:

$$\overrightarrow{PA_1}+\overrightarrow{PA_2}+\cdots+\overrightarrow{PA_n}=n\overrightarrow{PO}.$$

6.2 直角坐标系

PPT 课件 6-2
直角坐标系

数学家小传 6-1
笛卡儿

微视频 6-1
直角坐标系

6.2.1 空间直角坐标系

平面解析几何中我们知道, 平面直角坐标系将平面上的点 P 与一对有序实数 (x,y) 建立起一一对应关系, 从而奠定了用代数方法研究平面图形的基础. 与平面情况类似, 为了用代数方法研究空间图形, 需要在空间建立直角坐标系.

在空间任取一点 O, 过点 O 作三条两两互相垂直的数轴 Ox,Oy,Oz, 它们都以 O 为原点, 且具有相同的单位长度, 这样便建立了一个空间直角坐标系 (也称空间笛卡儿坐标系). 点 O 称为坐标原点, Ox,Oy,

Oz 称为坐标轴, 依次称为 x 轴、y 轴、z 轴. 由每两条坐标轴所确定的平面 xOy, zOx, yOz 称为坐标平面.

在空间直角坐标系中, 如果 x 轴、y 轴和 z 轴的顺序如图 6–8 (a) 所示, 即将右手的拇指与食指分别指着 x 轴和 y 轴的正向时, 中指正好指向 z 轴的正向, 则此坐标系称为右手系; 如果 x 轴、y 轴和 z 轴的顺序如图 6–8 (b) 所示, 即将左手的拇指与食指分别指着 x 轴和 y 轴的正向时, 中指正好指向 z 轴的正向, 则此坐标系称为左手系. 今后我们采用右手坐标系.

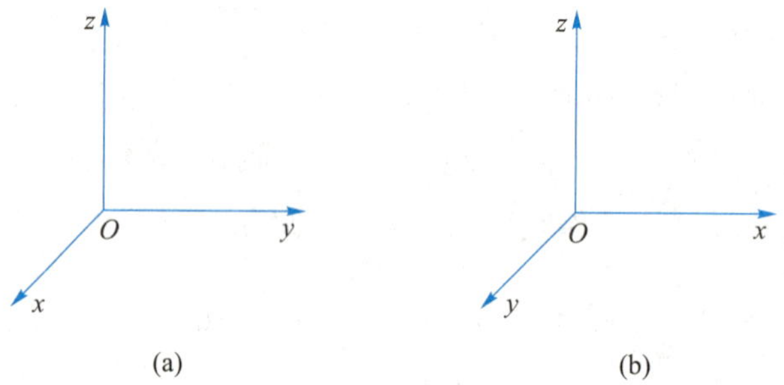

图 6–8

在空间建立了坐标系后, 就可以用有序的实数组来确定空间点的位置. 设 P 是空间任一点, 过 P 作平行于坐标平面 yOz, zOx 与 xOy 的平面, 分别交坐标轴 Ox, Oy 与 Oz 于点 A, B 与 C (见图 6–9). 设 x, y 与 z 分别表示点 A, B 与 C 在 x 轴、y 轴与 z 轴上的坐标, 这样便得到唯一确定的有序实数组 (x, y, z) 与点 P 对应.

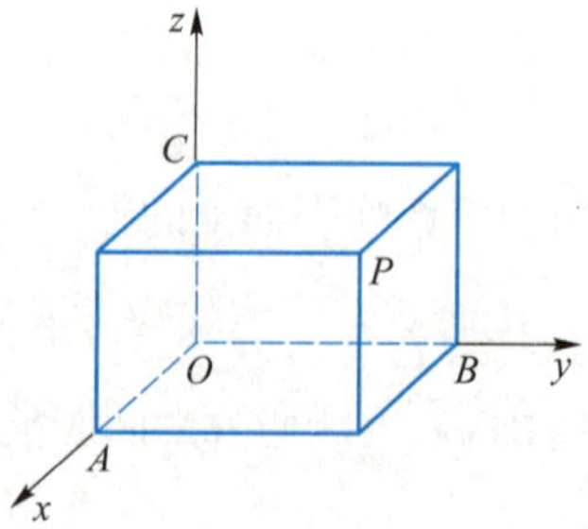

图 6–9

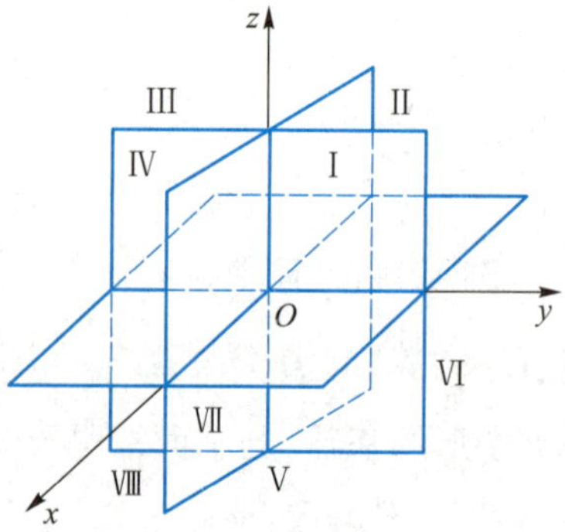

图 6–10

反之, 任意一组有序实数组 (x, y, z) 可在 x 轴、y 轴与 z 轴上确定三个点 A, B 与 C, 使它们在坐标轴上的坐标分别为 x, y 与 z. 经

过 A, B 与 C 分别作平面平行于坐标平面 yOz, zOx 与 xOy, 这三个平面相互垂直, 相交于一点 P. 因此, 对任意有序实数组 (x,y,z), 在空间有唯一确定的点 P 与它对应.

由上面讨论知, 在空间建立直角坐标系后, 空间所有点的全体和有序实数组 (x,y,z) 的全体之间就建立了一一对应关系, 称与点 P 对应的有序实数组 (x,y,z) 为点 P 的坐标, 记作 $P(x,y,z)$. 三个坐标平面把空间分成八个部分, 每一部分称为一个卦限, 以罗马数字 Ⅰ, Ⅱ, $\cdots$, Ⅷ 排序 (见图 6–10). 八个卦限内点的坐标符号如表 6–1 所示.

表 6–1

坐标	卦限							
	Ⅰ	Ⅱ	Ⅲ	Ⅳ	Ⅴ	Ⅵ	Ⅶ	Ⅷ
x	+	−	−	+	+	−	−	+
y	+	+	−	−	+	+	−	−
z	+	+	+	+	−	−	−	−

由点坐标定义可知, 平面 xOy 上的点的竖坐标为零, 平面 yOz 上的点的横坐标为零, 平面 zOx 上的点的纵坐标为零; 在 x 轴上的点的纵坐标和竖坐标都等于零, 在 y 轴上的点的横坐标和竖坐标都等于零, 在 z 轴上的点的横坐标和纵坐标都等于零; 原点 O 的坐标为 $(0,0,0)$.

设点 P 坐标是 (x,y,z), 则它关于 xOy 平面的对称点的坐标为 $(x,y,-z)$, 关于 x 轴的对称点的坐标为 $(x,-y,-z)$, 关于原点的对称点的坐标为 $(-x,-y,-z)$. 类似地可以写出关于其他坐标平面和坐标轴的对称点的坐标.

6.2.2 向量的坐标表示

由定理 6.1.3 知, 在空间给定三个不共面的向量, 则空间任一向量均可由它们线性表示.

定义 6.2.1 在直角坐标系中, 从原点 O 引三个与坐标轴 Ox, Oy, Oz 同方向的单位向量 $\boldsymbol{i}$, $\boldsymbol{j}$, $\boldsymbol{k}$, 它们称为直角坐标系的基本向量. 对

注 引入空间向量坐标后, 有序三数组 (x,y,z) 既可以表示空间点的坐标, 也可以表示空间向量的坐标, 因此需要从上下文去判断 (x,y,z) 的含义.

空间任一向量 $\boldsymbol{r}$, 设 $\boldsymbol{r}=x\boldsymbol{i}+y\boldsymbol{j}+z\boldsymbol{k}$, 称 (x,y,z) 为 $\boldsymbol{r}$ 的坐标, 记作 $\boldsymbol{r}=(x,y,z)$.

定义 6.2.2 起点为坐标原点 O, 终点为空间一点 P 的向量 $\overrightarrow{OP}$, 称为点 P 的向径或位置向量.

设 P 是任意一点, 其坐标为 (x,y,z), 向径是 $\boldsymbol{r}=\overrightarrow{OP}$. 过 P 分别作平行于坐标平面 yOz, zOx 与 xOy 的三个平面, 交坐标轴 Ox, Oy 与 Oz 于点 A, B 与 C (见图 6–11). 由点坐标的定义, x,y,z 分别是点 A, B, C 在相应轴上的坐标, 即

$$\overrightarrow{OA}=x\boldsymbol{i},\quad \overrightarrow{OB}=y\boldsymbol{j},\quad \overrightarrow{OC}=z\boldsymbol{k}.$$

由图 6–11 知

$$\boldsymbol{r}=\overrightarrow{OP}=\overrightarrow{OA}+\overrightarrow{AD}+\overrightarrow{DP}=\overrightarrow{OA}+\overrightarrow{OB}+\overrightarrow{OC}=x\boldsymbol{i}+y\boldsymbol{j}+z\boldsymbol{k}.$$

因此, 点 P 的向径 $\boldsymbol{r}=\overrightarrow{OP}$ 的坐标恰好等于点 P 的坐标.

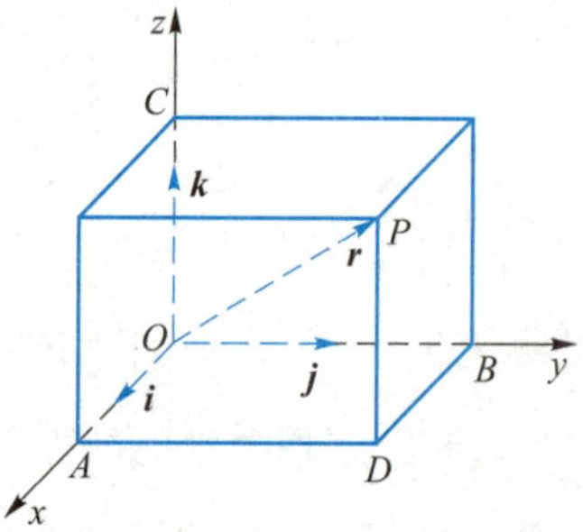

图 6–11

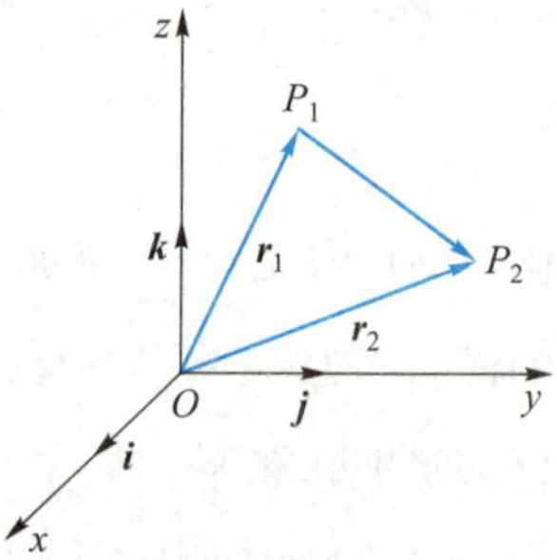

图 6–12

设 $P_1(x_1,y_1,z_1), P_2(x_2,y_2,z_2)$ 是空间任两点, 由上面讨论知,

$$\boldsymbol{r}_1=\overrightarrow{OP_1}=x_1\boldsymbol{i}+y_1\boldsymbol{j}+z_1\boldsymbol{k},$$

$$\boldsymbol{r}_2=\overrightarrow{OP_2}=x_2\boldsymbol{i}+y_2\boldsymbol{j}+z_2\boldsymbol{k},$$

从而 (见图 6–12)

$$\begin{aligned}\overrightarrow{P_1P_2}&=\overrightarrow{OP_2}-\overrightarrow{OP_1}\\&=(x_2-x_1)\boldsymbol{i}+(y_2-y_1)\boldsymbol{j}+(z_2-z_1)\boldsymbol{k}.\end{aligned}$$

这就证明了

定理 6.2.1 向量的坐标等于其终点的坐标减去起点的坐标.

由向量线性运算的性质不难证明

定理 6.2.2 设 $\boldsymbol{r}_1=(x_1,y_1,z_1),\boldsymbol{r}_2=(x_2,y_2,z_2),\boldsymbol{r}=(x,y,z),\lambda\in\mathbf{R}$. 则

$$\boldsymbol{r}_1\pm\boldsymbol{r}_2=(x_1\pm x_2,y_1\pm y_2,z_1\pm z_2),$$

$$\lambda\boldsymbol{r}=(\lambda x,\lambda y,\lambda z),$$

$$\boldsymbol{r}_1//\boldsymbol{r}_2\quad\Leftrightarrow\quad\frac{x_1}{x_2}=\frac{y_1}{y_2}=\frac{z_1}{z_2}.$$

上面连等式中分母为零时分子必为零.

例 1 设 $\boldsymbol{a}=(3,-1,1),\boldsymbol{b}=(-1,-5,2)$, 求 $2\boldsymbol{a}-3\boldsymbol{b}$.

解 $2\boldsymbol{a}-3\boldsymbol{b}=2(3,-1,1)-3(-1,-5,2)$

$$=(6,-2,2)-(-3,-15,6)=(9,13,-4).$$

例 2 已知向量 $\boldsymbol{a}=(6,2,\lambda),\boldsymbol{b}=(\mu,-1,3)$, 且 $\boldsymbol{a}//\boldsymbol{b}$, 求 λ,μ.

解 由 $\boldsymbol{a}//\boldsymbol{b}$ 得

$$\frac{6}{\mu}=\frac{2}{-1}=\frac{\lambda}{3},$$

由此易解得 $\lambda=-6,\mu=-3$.

例 3 给定两点 $P_1(x_1,y_1,z_1),P_2(x_2,y_2,z_2)$. 设 $P(x,y,z)$ 是有向线段 $\overrightarrow{P_1P_2}$ 上的一点 (见图 6-13), 满足 $\overrightarrow{P_1P}=\lambda\overrightarrow{PP_2}$ (称 P 是分 $\overrightarrow{P_1P_2}$ 成定比 λ 的分点, $\lambda\neq-1$). 证明:

$$x=\frac{x_1+\lambda x_2}{1+\lambda},\quad y=\frac{y_1+\lambda y_2}{1+\lambda},\quad z=\frac{z_1+\lambda z_2}{1+\lambda}.$$

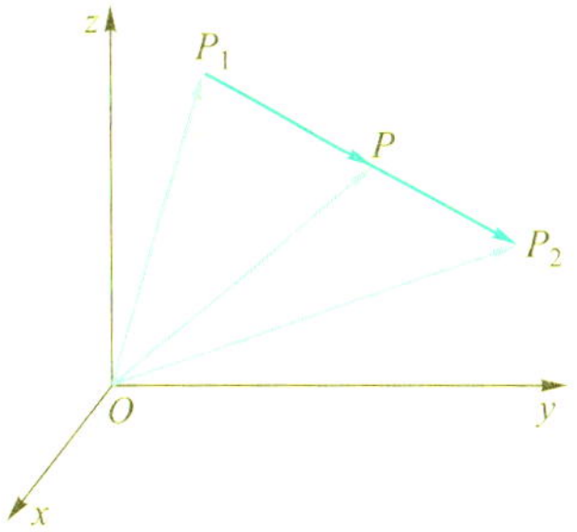

图 6-13

证 将

$$\overrightarrow{P_1P}=\overrightarrow{OP}-\overrightarrow{OP_1}$$

与

$$\overrightarrow{PP_2}=\overrightarrow{OP_2}-\overrightarrow{OP}$$

代入

$$\overrightarrow{P_1P}=\lambda\overrightarrow{PP_2}$$

得

$$\overrightarrow{OP}-\overrightarrow{OP_1}=\lambda(\overrightarrow{OP_2}-\overrightarrow{OP}).$$

由此解得

$$\overrightarrow{OP}=\frac{\overrightarrow{OP_1}+\lambda\overrightarrow{OP_2}}{1+\lambda}.$$

将 $\overrightarrow{OP_1}=(x_1,y_1,z_1)$, $\overrightarrow{OP_2}=(x_2,y_2,z_2)$, $\overrightarrow{OP}=(x,y,z)$ 代入上式即得结论.

习题 6–2

A 题

1. 在空间直角坐标系中画出点 $P(-2,3,4)$ 及它关于 xOy 平面、关于 y 轴和关于原点的对称点 P_1,P_2 和 P_3.

2. 指出下列各点位置的特殊性: $A(-2,0,0)$, $B(0,4,0)$, $C(0,6,-2)$, $D(-5,0,3)$, $E(2,-1,0)$, $F(0,0,0)$.

3. 自点 $P_0(x_0,y_0,z_0)$ 向各坐标平面和坐标轴作垂线, 求各垂足的坐标.

4. 已知 $\boldsymbol{a}=(2,3,-1),\boldsymbol{b}=(2,-1,3),\boldsymbol{c}=(3,0,-4)$, 求 $2\boldsymbol{a}+3\boldsymbol{b}-\boldsymbol{c}$.

5. 设向量 $\boldsymbol{a}=(3,-2,6)$ 的起点为 $(-2,1,3)$, 求它的终点坐标.

6. 已知向量 $\boldsymbol{a}=(9,-4,p),\boldsymbol{b}=(3,q,2)$, 且 $\boldsymbol{a}/\!/\boldsymbol{b}$, 求 p,q.

B 题

1. 一正方体放置在 xOy 平面上, 其底面中心与原点重合, 底面顶点在 x 轴和 y 轴上. 已知正方体边长为 a, 求它各顶点的坐标.

2. 证明两点 $P_1(x_1,y_1,z_1)$ 与 $P_2(x_2,y_2,z_2)$ 连线中点的坐标是

$$\left(\frac{x_1+x_2}{2},\frac{y_1+y_2}{2},\frac{z_1+z_2}{2}\right).$$

3. 已知线段 AB 被点 $C(3,-5,7)$ 和 $D(-2,4,-8)$ 分成三等份, 求线段端点 A,B 的坐标.

4. 证明: 四面体每一个顶点与对面重心所连的线段共点, 且这点到顶点的距离是它到对面重心距离的三倍.

6.3 向量的乘法

PPT 课件 6-3
向量的乘法

6.3.1 数量积

在物理学中我们知道, 一质点 P 在力 $\boldsymbol{f}$ 的作用下沿直线移动, 经过位移 $\boldsymbol{s}=\overrightarrow{PP'}$, 则这个力所做的功为

$$W=|\boldsymbol{f}||\boldsymbol{s}|\cos\theta,$$

其中 θ 是 $\boldsymbol{f}$ 和 $\boldsymbol{s}$ 的夹角 (见图 6–14). 这里的功是由两个向量 $\boldsymbol{f}$ 和 $\boldsymbol{s}$ 按上式确定的一个数量. 有许多实际问题会遇到类似的情况. 为此引入下面的定义.

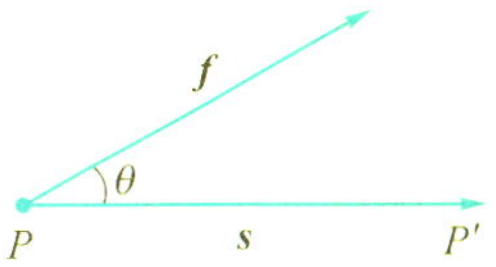

图 6-14

定义 6.3.1 两个向量 $\boldsymbol{a},\boldsymbol{b}$ 的模和它们夹角的余弦的乘积叫作向量 $\boldsymbol{a}$ 和 $\boldsymbol{b}$ 的数量积, 也叫内积或点积, 记作 $\boldsymbol{a}\cdot\boldsymbol{b}$, 即

$$\boldsymbol{a}\cdot\boldsymbol{b}=|\boldsymbol{a}||\boldsymbol{b}|\cos\angle(\boldsymbol{a},\boldsymbol{b}),$$

其中 $\angle(\boldsymbol{a},\boldsymbol{b})$ 表示向量 $\boldsymbol{a}$ 和 $\boldsymbol{b}$ 的夹角.

特别地, 若 $\boldsymbol{a}=\boldsymbol{b}$, 则 $\angle(\boldsymbol{a},\boldsymbol{b})=0$, 从而 $\boldsymbol{a}\cdot\boldsymbol{a}=|\boldsymbol{a}|^2$. 此外, 由定义可证

定理 6.3.1 两个向量 $\boldsymbol{a}$ 和 $\boldsymbol{b}$ 垂直的充要条件是 $\boldsymbol{a}\cdot\boldsymbol{b}=0$.

证 若 $\boldsymbol{a}\perp\boldsymbol{b}$, 即 $\angle(\boldsymbol{a},\boldsymbol{b})=90^\circ$, 则 $\boldsymbol{a}\cdot\boldsymbol{b}=|\boldsymbol{a}||\boldsymbol{b}|\cos 90^\circ=0$; 反之, 若 $\boldsymbol{a}\cdot\boldsymbol{b}=0$, 当 $\boldsymbol{a}$ 和 $\boldsymbol{b}$ 均为非零向量时, 由数量积定义知 $\cos\angle(\boldsymbol{a},\boldsymbol{b})=0$, 从而 $\boldsymbol{a}\perp\boldsymbol{b}$. 如果 $\boldsymbol{a}$, $\boldsymbol{b}$ 中有零向量, 由于零向量方向不确定, 可以看成与任何向量垂直, 所以仍有 $\boldsymbol{a}\perp\boldsymbol{b}$, 定理获证.

可以验证向量的数量积满足以下的运算规律:

(1) 交换律: $\boldsymbol{a}\cdot\boldsymbol{b}=\boldsymbol{b}\cdot\boldsymbol{a}$;

(2) 结合律: $\lambda(\boldsymbol{a}\cdot\boldsymbol{b})=(\lambda\boldsymbol{a})\cdot\boldsymbol{b}=\boldsymbol{a}\cdot(\lambda\boldsymbol{b})$, 其中 λ 为常数;

(3) 分配律: $(\boldsymbol{a}+\boldsymbol{b})\cdot\boldsymbol{c}=\boldsymbol{a}\cdot\boldsymbol{c}+\boldsymbol{b}\cdot\boldsymbol{c}$.

关于数量积的坐标表示, 有以下结论.

定理 6.3.2 设 $\boldsymbol{a}=(X_1,Y_1,Z_1)=X_1\boldsymbol{i}+Y_1\boldsymbol{j}+Z_1\boldsymbol{k},\boldsymbol{b}=(X_2,Y_2,Z_2)=X_2\boldsymbol{i}+Y_2\boldsymbol{j}+Z_2\boldsymbol{k}$, 那么

$$\boldsymbol{a}\cdot\boldsymbol{b}=X_1X_2+Y_1Y_2+Z_1Z_2,$$

即两向量的数量积等于其相应坐标乘积的和.

证 由数量积定义知, 对基本向量 $\boldsymbol{i}$, $\boldsymbol{j}$, $\boldsymbol{k}$, 有

$$\boldsymbol{i}\cdot\boldsymbol{i}=\boldsymbol{j}\cdot\boldsymbol{j}=\boldsymbol{k}\cdot\boldsymbol{k}=1,$$

$$\boldsymbol{i}\cdot\boldsymbol{j}=\boldsymbol{j}\cdot\boldsymbol{i}=\boldsymbol{i}\cdot\boldsymbol{k}=\boldsymbol{k}\cdot\boldsymbol{i}=\boldsymbol{j}\cdot\boldsymbol{k}=\boldsymbol{k}\cdot\boldsymbol{j}=0.$$

由此结合数量积的运算规律得

$$\begin{aligned}\boldsymbol{a}\cdot\boldsymbol{b}&=(X_1\boldsymbol{i}+Y_1\boldsymbol{j}+Z_1\boldsymbol{k})\cdot(X_2\boldsymbol{i}+Y_2\boldsymbol{j}+Z_2\boldsymbol{k})\\&=X_1X_2\boldsymbol{i}\cdot\boldsymbol{i}+X_1Y_2\boldsymbol{i}\cdot\boldsymbol{j}+X_1Z_2\boldsymbol{i}\cdot\boldsymbol{k}+Y_1X_2\boldsymbol{j}\cdot\boldsymbol{i}+Y_1Y_2\boldsymbol{j}\cdot\boldsymbol{j}+\\&\quad Y_1Z_2\boldsymbol{j}\cdot\boldsymbol{k}+Z_1X_2\boldsymbol{k}\cdot\boldsymbol{i}+Z_1Y_2\boldsymbol{k}\cdot\boldsymbol{j}+Z_1Z_2\boldsymbol{k}\cdot\boldsymbol{k}\\&=X_1X_2+Y_1Y_2+Z_1Z_2.\end{aligned}$$

定理 6.3.2 在数学上有重要应用, 我们将它们写成推论的形式 (其证明容易, 略去).

推论 1 向量 $\boldsymbol{a}=(X,Y,Z)$ 的模长是 $|\boldsymbol{a}|=\sqrt{X^2+Y^2+Z^2}$.

推论 2 空间两点 $P_1(x_1,y_1,z_1),P_2(x_2,y_2,z_2)$ 间的距离是

$$d=\sqrt{(x_2-x_1)^2+(y_2-y_1)^2+(z_2-z_1)^2}.$$

推论 3 两非零向量 $\boldsymbol{a}=(X_1,Y_1,Z_1)$ 与 $\boldsymbol{b}=(X_2,Y_2,Z_2)$ 的夹角 $\theta=\angle(\boldsymbol{a},\boldsymbol{b})$ 满足

$$\cos\theta=\frac{X_1X_2+Y_1Y_2+Z_1Z_2}{\sqrt{X_1^2+Y_1^2+Z_1^2}\sqrt{X_2^2+Y_2^2+Z_2^2}}.$$

向量的方向可由其方向余弦或方向数确定.

定义 6.3.2 向量与坐标轴 (或坐标向量) 所成的角叫作向量的**方向角**, 方向角的余弦叫作向量的**方向余弦**; 三个方向余弦之比称为向量的**方向数**.

向量 $\boldsymbol{v}(X,Y,Z)$ 与坐标向量 $\boldsymbol{i}$, $\boldsymbol{j}$, $\boldsymbol{k}$ 所成的方向角分别记为 α,β,γ, 由数量积的定义易知

$$\cos\alpha=\frac{\boldsymbol{v}\cdot\boldsymbol{i}}{|\boldsymbol{v}|}=\frac{X}{\sqrt{X^2+Y^2+Z^2}},$$
$$\cos\beta=\frac{\boldsymbol{v}\cdot\boldsymbol{j}}{|\boldsymbol{v}|}=\frac{Y}{\sqrt{X^2+Y^2+Z^2}},$$
$$\cos\gamma=\frac{\boldsymbol{v}\cdot\boldsymbol{k}}{|\boldsymbol{v}|}=\frac{Z}{\sqrt{X^2+Y^2+Z^2}}.$$

显然

$$\cos^2\alpha+\cos^2\beta+\cos^2\gamma=1,$$

即 $(\cos\alpha,\cos\beta,\cos\gamma)$ 就是与 $\boldsymbol{v}$ 同方向的单位向量, 而向量 $\boldsymbol{v}$ 的方向数是 $X:Y:Z$. 显然, $\boldsymbol{v}$ 与 $-\boldsymbol{v}$ 具有相同的方向数.

例 1 求与向量 $\boldsymbol{a}=(2,-3,6)$ 同方向的单位向量, 并求 $\boldsymbol{a}$ 的方向余弦与方向数.

解 向量 $\boldsymbol{a}$ 的模长是 $|\boldsymbol{a}|=\sqrt{2^2+(-3)^2+6^2}=7$, 因此所求单位向量是

$$\frac{1}{|\boldsymbol{a}|}\boldsymbol{a}=\left(\frac{2}{7},-\frac{3}{7},\frac{6}{7}\right),$$

由此它的三个方向余弦分别是

$$\cos\alpha=\frac{2}{7},\quad \cos\beta=-\frac{3}{7},\quad \cos\gamma=\frac{6}{7},$$

它的方向数是 $2:(-3):6$.

例 2 试用向量法证明三角形的余弦定理.

证 如图 6-15 所示, 令 $\boldsymbol{a}=\overrightarrow{CB},\boldsymbol{b}=\overrightarrow{CA},\boldsymbol{c}=\overrightarrow{AB}$, 则 $a=|\boldsymbol{a}|,b=|\boldsymbol{b}|,c=|\boldsymbol{c}|,\angle(\boldsymbol{a},\boldsymbol{b})=C$. 从而

$$\begin{aligned}c^2=\boldsymbol{c}\cdot\boldsymbol{c}=(\boldsymbol{a}-\boldsymbol{b})\cdot(\boldsymbol{a}-\boldsymbol{b})&=\boldsymbol{a}\cdot\boldsymbol{a}+\boldsymbol{b}\cdot\boldsymbol{b}-2\boldsymbol{a}\cdot\boldsymbol{b}\\&=a^2+b^2-2ab\cos C.\end{aligned}$$

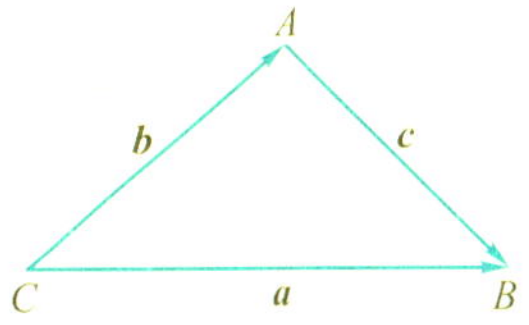

图 6-15

例 3 已知三点 $A(1,0,0),B(3,1,1),C(2,0,1)$, 且 $\overrightarrow{BC}=\boldsymbol{a}$, $\overrightarrow{CA}=\boldsymbol{b}$, 试求 $\boldsymbol{a}$ 与 $\boldsymbol{b}$ 的夹角.

解 由已知条件有

$$\boldsymbol{a}=\overrightarrow{BC}=(2,0,1)-(3,1,1)=(-1,-1,0),\quad |\boldsymbol{a}|=\sqrt{2};$$

$$\boldsymbol{b}=\overrightarrow{CA}=(1,0,0)-(2,0,1)=(-1,0,-1),\quad |\boldsymbol{b}|=\sqrt{2}.$$

于是得数量积

$$\boldsymbol{a}\cdot\boldsymbol{b}=(-1)(-1)+(-1)\cdot 0+0\cdot(-1)=1,$$

因此

$$\cos\angle(\boldsymbol{a},\boldsymbol{b})=\frac{\boldsymbol{a}\cdot\boldsymbol{b}}{|\boldsymbol{a}||\boldsymbol{b}|}=\frac{1}{\sqrt{2}\times\sqrt{2}}=\frac{1}{2},$$

从而 $\angle(\boldsymbol{a},\boldsymbol{b})=60^\circ$.

微视频 6–2
向量的向量积

6.3.2 向量积

物理学中我们知道, 通电导线在磁场中的受力 (安培力) $\boldsymbol{F}$, 它的大小 $|\boldsymbol{F}|$ 等于导线的电流强度 $\boldsymbol{I}$ 的大小 $|\boldsymbol{I}|$、磁感应强度 $\boldsymbol{B}$ 的大小 $|\boldsymbol{B}|$ 及 $\boldsymbol{I}$ 与 $\boldsymbol{B}$ 夹角的正弦 $\sin\angle(\boldsymbol{I},\boldsymbol{B})$ 三者的乘积 $|\boldsymbol{I}||\boldsymbol{B}|\sin\angle(\boldsymbol{I},\boldsymbol{B})$; 它的方向与 $\boldsymbol{I}$, $\boldsymbol{B}$ 都垂直, 且使 $\boldsymbol{I}$, $\boldsymbol{B}$, $\boldsymbol{F}$ 构成右手系. 因此 $\boldsymbol{F}$ 是由向量 $\boldsymbol{I}$ 与 $\boldsymbol{B}$ 按上面规则确定的一个向量. 一般来说, 有下面的定义.

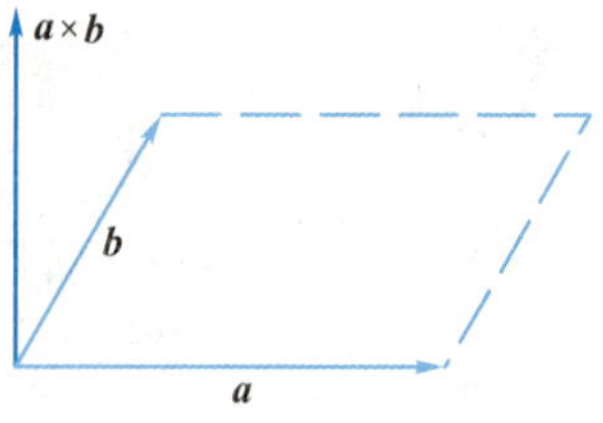

图 6–16

定义 6.3.3 两向量 $\boldsymbol{a}$ 与 $\boldsymbol{b}$ 的**向量积**是一个向量, 记作 $\boldsymbol{a}\times\boldsymbol{b}$ 或 $[\boldsymbol{ab}]$, 它的模是 $|\boldsymbol{a}\times\boldsymbol{b}|=|\boldsymbol{a}||\boldsymbol{b}|\sin\angle(\boldsymbol{a},\boldsymbol{b})$, 它的方向与 $\boldsymbol{a}$ 和 $\boldsymbol{b}$ 都垂直, 并且按照 $\boldsymbol{a},\boldsymbol{b},\boldsymbol{a}\times\boldsymbol{b}$ 这个顺序构成右手系 (见图 6–16).

由定义易知, 从几何上看, 两向量 $\boldsymbol{a},\boldsymbol{b}$ 的向量积 $\boldsymbol{a}\times\boldsymbol{b}$ 的模 $|\boldsymbol{a}\times\boldsymbol{b}|$ 等于以 $\boldsymbol{a},\boldsymbol{b}$ 为邻边的平行四边形的面积. 特别地, 有

定理 6.3.3 两个向量 $\boldsymbol{a}$ 和 $\boldsymbol{b}$ 共线 (即平行) 的充要条件是 $\boldsymbol{a}\times\boldsymbol{b}=\boldsymbol{0}$.

向量积满足以下运算规律 (证明略):

(1) 反交换律: $\boldsymbol{a}\times\boldsymbol{b}=-\boldsymbol{b}\times\boldsymbol{a}$;

(2) 结合律: $\lambda(\boldsymbol{a}\times\boldsymbol{b})=(\lambda\boldsymbol{a})\times\boldsymbol{b}=\boldsymbol{a}\times(\lambda\boldsymbol{b})$;

(3) 分配律: $(\boldsymbol{a}+\boldsymbol{b})\times\boldsymbol{c}=\boldsymbol{a}\times\boldsymbol{c}+\boldsymbol{b}\times\boldsymbol{c},\boldsymbol{a}\times(\boldsymbol{b}+\boldsymbol{c})=\boldsymbol{a}\times\boldsymbol{b}+\boldsymbol{a}\times\boldsymbol{c}$.

在直角坐标系下, 向量积有以下坐标表示.

定理 6.3.4 设 $\boldsymbol{a}=(X_1,Y_1,Z_1)=X_1\boldsymbol{i}+Y_1\boldsymbol{j}+Z_1\boldsymbol{k},\boldsymbol{b}=(X_2,Y_2,Z_2)=$

$X_2\boldsymbol{i}+Y_2\boldsymbol{j}+Z_2\boldsymbol{k}$, 那么

$$\begin{aligned}\boldsymbol{a}\times\boldsymbol{b}&=(Y_1Z_2-Y_2Z_1,Z_1X_2-Z_2X_1,X_1Y_2-X_2Y_1)\\&=(Y_1Z_2-Y_2Z_1)\boldsymbol{i}+(Z_1X_2-Z_2X_1)\boldsymbol{j}+(X_1Y_2-X_2Y_1)\boldsymbol{k}.\end{aligned}$$

证 由向量积运算规律得

$$\begin{aligned}\boldsymbol{a}\times\boldsymbol{b}&=(X_1\boldsymbol{i}+Y_1\boldsymbol{j}+Z_1\boldsymbol{k})\times(X_2\boldsymbol{i}+Y_2\boldsymbol{j}+Z_2\boldsymbol{k})\\&=X_1X_2\boldsymbol{i}\times\boldsymbol{i}+X_1Y_2\boldsymbol{i}\times\boldsymbol{j}+X_1Z_2\boldsymbol{i}\times\boldsymbol{k}+\\&\quad Y_1X_2\boldsymbol{j}\times\boldsymbol{i}+Y_1Y_2\boldsymbol{j}\times\boldsymbol{j}+Y_1Z_2\boldsymbol{j}\times\boldsymbol{k}+\\&\quad Z_1X_2\boldsymbol{k}\times\boldsymbol{i}+Z_1Y_2\boldsymbol{k}\times\boldsymbol{j}+Z_1Z_2\boldsymbol{k}\times\boldsymbol{k}.\end{aligned}$$

又对基本向量 $\boldsymbol{i},\boldsymbol{j},\boldsymbol{k}$, 有

$$\boldsymbol{i}\times\boldsymbol{i}=\boldsymbol{j}\times\boldsymbol{j}=\boldsymbol{k}\times\boldsymbol{k}=\boldsymbol{0},$$

$$\boldsymbol{i}\times\boldsymbol{j}=\boldsymbol{k},\quad \boldsymbol{j}\times\boldsymbol{k}=\boldsymbol{i},\quad \boldsymbol{k}\times\boldsymbol{i}=\boldsymbol{j},$$

$$\boldsymbol{j}\times\boldsymbol{i}=-\boldsymbol{k},\quad \boldsymbol{k}\times\boldsymbol{j}=-\boldsymbol{i},\quad \boldsymbol{i}\times\boldsymbol{k}=-\boldsymbol{j}.$$

因此

$$\boldsymbol{a}\times\boldsymbol{b}=(Y_1Z_2-Y_2Z_1)\boldsymbol{i}+(Z_1X_2-Z_2X_1)\boldsymbol{j}+(X_1Y_2-X_2Y_1)\boldsymbol{k}.$$

为了方便记忆, 可以将定理 6.3.4 的表达式写成行列式的形式:

$$\boldsymbol{a}\times\boldsymbol{b}=\begin{vmatrix}Y_1&Z_1\\Y_2&Z_2\end{vmatrix}\boldsymbol{i}+\begin{vmatrix}Z_1&X_1\\Z_2&X_2\end{vmatrix}\boldsymbol{j}+\begin{vmatrix}X_1&Y_1\\X_2&Y_2\end{vmatrix}\boldsymbol{k}=\begin{vmatrix}\boldsymbol{i}&\boldsymbol{j}&\boldsymbol{k}\\X_1&Y_1&Z_1\\X_2&Y_2&Z_2\end{vmatrix}.$$

例 4 设 $\boldsymbol{a}=(1,-1,2),\boldsymbol{b}=(-3,2,1)$, 求 $\boldsymbol{a}\times\boldsymbol{b}$.

解 $$\boldsymbol{a}\times\boldsymbol{b}=\begin{vmatrix}\boldsymbol{i}&\boldsymbol{j}&\boldsymbol{k}\\1&-1&2\\-3&2&1\end{vmatrix}=-5\boldsymbol{i}-7\boldsymbol{j}-\boldsymbol{k},$$

即 $\boldsymbol{a}\times\boldsymbol{b}=(-5,-7,-1)$.

例 5 已知空间三点 $A(1,2,3)$, $B(2,-1,5)$, $C(3,2,-5)$, 试求:

(1) $\triangle ABC$ 的面积;

(2) $\triangle ABC$ 的 AB 边上的高.

解 由已知条件得

$$\overrightarrow{AB}=(1,-3,2),\quad \overrightarrow{AC}=(2,0,-8),$$

于是

$$\overrightarrow{AB}\times\overrightarrow{AC}=\begin{vmatrix}\boldsymbol{i} & \boldsymbol{j} & \boldsymbol{k}\\ 1 & -3 & 2\\ 2 & 0 & -8\end{vmatrix}=(24,12,6)=6(4,2,1).$$

(1) 显然 $\triangle ABC$ 的面积 S 等于以 $\overrightarrow{AB},\overrightarrow{AC}$ 为邻边的平行四边形面积的一半, 故得

$$S=\frac{1}{2}|\overrightarrow{AB}\times\overrightarrow{AC}|=3|(4,2,1)|=3\sqrt{21}.$$

(2) 由于

$$S=\frac{1}{2}|\overrightarrow{AB}|\cdot h_{AB},$$

其中 h_{AB} 表示边 AB 上的高, 故

$$h_{AB}=\frac{2S}{|\overrightarrow{AB}|}=\frac{6\sqrt{21}}{|(1,-3,2)|}=3\sqrt{6}.$$

习题 6–3

A 题

1. 证明: 向量 $\boldsymbol{a}$ 垂直于向量 $(\boldsymbol{a}\cdot\boldsymbol{b})\boldsymbol{c}-(\boldsymbol{a}\cdot\boldsymbol{c})\boldsymbol{b}$.

2. 已知向量 $\boldsymbol{a},\boldsymbol{b}$ 相互垂直, 向量 $\boldsymbol{c}$ 与 $\boldsymbol{a},\boldsymbol{b}$ 都成 60° 角, 且 $|\boldsymbol{a}|=1,|\boldsymbol{b}|=2,|\boldsymbol{c}|=3$, 求 $(\boldsymbol{a}+2\boldsymbol{b})\cdot(2\boldsymbol{b}-3\boldsymbol{c})$.

3. 已知 $|\boldsymbol{a}|=4,|\boldsymbol{b}|=3$, 确定常数 k 使 $\boldsymbol{a}+k\boldsymbol{b}$ 与 $\boldsymbol{a}-k\boldsymbol{b}$ 垂直.

4. 求向量 $(1,\sqrt{2},-1)$ 的方向角与方向余弦.

5. 用向量法证明:

(1) 平行四边形成为菱形的充分必要条件是对角线相互垂直;

(2) 内接于半圆且以直径为一边的三角形是直角三角形.

6. 证明 $(\boldsymbol{a}\times\boldsymbol{b})^2\leqslant\boldsymbol{a}^2\boldsymbol{b}^2$, 并说明等号在什么情况下成立.

7. 已知 $\boldsymbol{a}=(1,-1,3),\boldsymbol{b}=(2,-3,1)$, 向量 $\boldsymbol{c}$ 与 $\boldsymbol{a},\boldsymbol{b}$ 都垂直, 且 $\boldsymbol{c}\cdot(2,-1,5)=8$, 求向量 $\boldsymbol{c}$.

8. 求以 $A(1,1,1),B(2,3,4),C(4,3,2)$ 为顶点的三角形的面积.

B 题

1. 已知 $\boldsymbol{a}+\boldsymbol{b}$ 与 $3\boldsymbol{a}-2\boldsymbol{b}$ 垂直, 且 $\boldsymbol{a}+2\boldsymbol{b}$ 与 $5\boldsymbol{a}-3\boldsymbol{b}$ 垂直, 求 $\boldsymbol{a},\boldsymbol{b}$ 的夹角.

2. 已知向量的两个方向角 $\alpha=135^\circ, \beta=60^\circ$, 求第三角 γ.

3. 设三个非零向量 $\boldsymbol{r}_1, \boldsymbol{r}_2, \boldsymbol{r}_3$ 满足 $\boldsymbol{r}_1=\boldsymbol{r}_2\times\boldsymbol{r}_3, \boldsymbol{r}_2=\boldsymbol{r}_3\times\boldsymbol{r}_1, \boldsymbol{r}_3=\boldsymbol{r}_1\times\boldsymbol{r}_2$, 证明 $\boldsymbol{r}_1, \boldsymbol{r}_2, \boldsymbol{r}_3$ 是彼此相互垂直的单位向量, 且按这次序构成右手系.

4. 给定向量 $\boldsymbol{a}, \boldsymbol{b}, \boldsymbol{c}$, $(\boldsymbol{a}\times\boldsymbol{b})\cdot\boldsymbol{c}$ 称为 $\boldsymbol{a}, \boldsymbol{b}, \boldsymbol{c}$ 的混合积, 记作 $(\boldsymbol{a}, \boldsymbol{b}, \boldsymbol{c})$ 或 $(\boldsymbol{abc})$.

(1) 证明 $(\boldsymbol{a}, \boldsymbol{b}, \boldsymbol{c})$ 的绝对值等于以 $\boldsymbol{a}, \boldsymbol{b}, \boldsymbol{c}$ 为棱的平行六面体的体积; 它的符号, 当 $\boldsymbol{a}, \boldsymbol{b}, \boldsymbol{c}$ 构成右手系时为正, 构成左手系时为负;

(2) 证明 $(\boldsymbol{a}, \boldsymbol{b}, \boldsymbol{c})=(\boldsymbol{b}, \boldsymbol{c}, \boldsymbol{a})=(\boldsymbol{c}, \boldsymbol{a}, \boldsymbol{b})=-(\boldsymbol{b}, \boldsymbol{a}, \boldsymbol{c})=-(\boldsymbol{a}, \boldsymbol{c}, \boldsymbol{b})=-(\boldsymbol{c}, \boldsymbol{b}, \boldsymbol{a})$;

(3) 若 $\boldsymbol{a}=(X_1, Y_1, Z_1), \boldsymbol{b}=(X_2, Y_2, Z_2), \boldsymbol{c}=(X_3, Y_3, Z_3)$, 则

$$(\boldsymbol{a}, \boldsymbol{b}, \boldsymbol{c})=\begin{vmatrix} X_1 & Y_1 & Z_1 \\ X_2 & Y_2 & Z_2 \\ X_3 & Y_3 & Z_3 \end{vmatrix}.$$

5. 证明: $(\boldsymbol{a}\times\boldsymbol{b})\times\boldsymbol{c}=(\boldsymbol{a}\cdot\boldsymbol{c})\boldsymbol{b}-(\boldsymbol{b}\cdot\boldsymbol{c})\boldsymbol{a}$.

6.4 曲面与空间曲线及其方程

6.4.1 曲面及其方程

空间的曲面可以看作满足一定条件的点的轨迹. 例如, 球面是到定点的距离等于定长的点的轨迹, 而线段的垂直平分面则是到线段的两个端点距离相等的点的轨迹. 若以 (x, y, z) 表示曲面上点的坐标, 则曲面上的点要满足的条件通常可以用方程 $F(x, y, z)=0$ 或 $z=f(x, y)$ 表示. 一般地, 有以下定义.

PPT 课件 6-4 曲面与空间曲线及其方程

定义 6.4.1 如果一个方程 $F(x, y, z)=0$ 或 $z=f(x, y)$ 与一个曲面 S 有关系:

(1) 满足方程的 (x, y, z) 是曲面 S 上的点的坐标;

(2) 曲面 S 上的任何一点的坐标 (x, y, z) 满足方程,

那么方程 $F(x, y, z)=0$ 或 $z=f(x, y)$ 就称为曲面 S 的方程, 而曲面 S 称作方程的图形.

下面建立几个常见曲面的方程.

例 1 试建立三个坐标平面的方程.

解 首先, xOy 坐标面上的任一点的 z 坐标总等于零; 反之, z 坐标等于零的点一定在 xOy 坐标面上, 因此 xOy 坐标面的方程是 $z=0$. 同理可知, yOz 与 zOx 坐标面的方程分别是 $x=0$ 与 $y=0$.

例 2 求连接两点 $A(1,2,3)$ 和 $B(2,-1,4)$ 的线段的垂直平分面的方程.

解 由垂直平分面的性质知, 所求平面就是到 A 与 B 等距离的点的轨迹. 设 $M(x,y,z)$ 是所求平面上的任一点, 则

$$|\overrightarrow{AM}|=|\overrightarrow{BM}|,$$

即

$$\sqrt{(x-1)^2+(y-2)^2+(z-3)^2}=\sqrt{(x-2)^2+(y+1)^2+(z-4)^2},$$

化简即得所求平面的方程为

$$2x-6y+2z-7=0.$$

例 3 设球面的中心点为 $C(a,b,c)$, 并且半径为 r, 求它的方程.

解 设 $M(x,y,z)$ 为球面的任意点, 则 $|\overrightarrow{CM}|=r$, 而

$$|\overrightarrow{CM}|=\sqrt{(x-a)^2+(y-b)^2+(z-c)^2},$$

所以所求球面方程为

$$(x-a)^2+(y-b)^2+(z-c)^2=r^2.$$

特别地, 以原点为中心的球面方程是

$$x^2+y^2+z^2=r^2.$$

例 4 求以 z 轴为对称轴, 半径为 r 的圆柱面的方程.

解 设 $M(x,y,z)$ 为圆柱面上任意点, 那么它到 z 轴的距离等于 r. 由直角坐标的定义, M 向 z 轴作垂线, 垂足是 $P(0,0,z)$, 因此 $|\overrightarrow{PM}|=\sqrt{x^2+y^2}=r$, 即得圆柱面方程

$$x^2+y^2=r^2.$$

在应用上有时需用到曲面的参数方程. 设在两个变量 u, v 的变动区域内定义了双参数向量函数 $\boldsymbol{r}=\boldsymbol{r}(u, v)$ 或

$$\boldsymbol{r}(u, v)=x(u, v)\boldsymbol{i}+y(u, v)\boldsymbol{j}+z(u, v)\boldsymbol{k},$$

其中 $x(u, v), y(u, v), z(u, v)$ 是变向量 $\boldsymbol{r}(u, v)$ 的坐标, 它们都是 u, v 的函数. 当 u, v 取遍变动区域内的一切值时, 向径

$$\overrightarrow{OM}=\boldsymbol{r}(u, v)=x(u, v)\boldsymbol{i}+y(u, v)\boldsymbol{j}+z(u, v)\boldsymbol{k}$$

的终点 $M(x(u, v), y(u, v), z(u, v))$ 所成的轨迹, 一般为一张曲面 (见图 6–17).

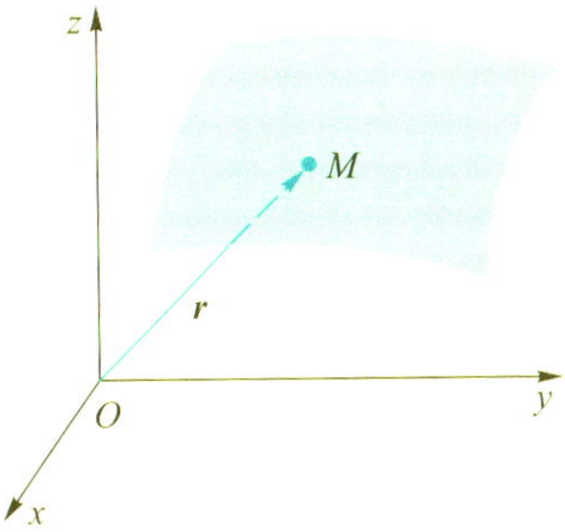

图 6–17

定义 6.4.2 如果取 $u, v(a \leqslant u \leqslant b, c \leqslant v \leqslant d)$ 的一切值, 向径 $\boldsymbol{r}(u, v)$ 的终点 M 总在一个曲面上; 反之, 在这个曲面上的任意点 M 总对应着以它为终点的向径, 而这个向径可由 u, v 的值 $(a \leqslant u \leqslant b, c \leqslant v \leqslant d)$ 通过 $\boldsymbol{r}(u, v)$ 完全确定, 那么我们就称 $\boldsymbol{r}=\boldsymbol{r}(u, v)$ 为曲面的向量式参数方程, 其中 u, v 为参数.

因为向径 $\boldsymbol{r}(u, v)$ 的坐标为 $(x(u, v), y(u, v), z(u, v))$, 所以曲面的参数方程也可改写成如下坐标式参数方程:

$$\begin{cases} x=x(u, v), \\ y=y(u, v), \\ z=z(u, v). \end{cases}$$

例 5 求球心在原点, 半径为 r 的球面的参数方程.

解 设 M 是以原点为球心, r 为半径的球面上的任意点, M 在 xOy 坐标平面上的射影为 P, 而 P 在 x 轴上的射影为 Q. 又设 φ 为

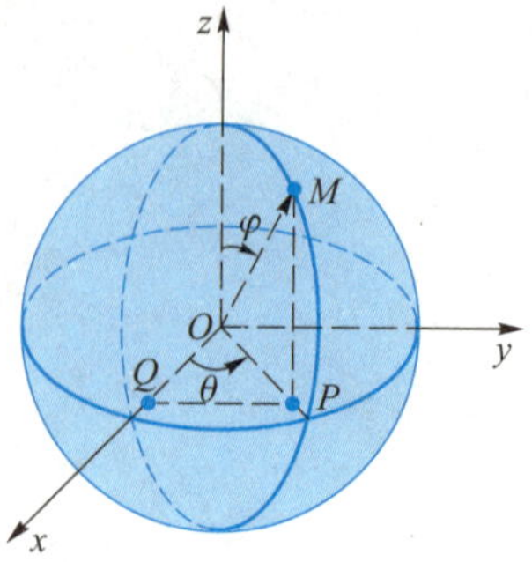

图 6–18

有向线段 $\overrightarrow{OM}$ 与 z 轴正向所夹的角, θ 为从 z 轴来看自 x 轴正向按逆时针方向转到有向线段 $\overrightarrow{OP}$ 的角 (见图 6–18). 那么

$$\boldsymbol{r}=\overrightarrow{OM}=\overrightarrow{OQ}+\overrightarrow{QP}+\overrightarrow{PM}.$$

而

$$\overrightarrow{PM}=(r\cos\varphi)\boldsymbol{k},$$

$$\overrightarrow{QP}=(|\overrightarrow{OP}|\sin\theta)\boldsymbol{j}=(r\sin\varphi\sin\theta)\boldsymbol{j},$$

$$\overrightarrow{OQ}=(|\overrightarrow{OP}|\cos\theta)\boldsymbol{i}=(r\sin\varphi\cos\theta)\boldsymbol{i},$$

因此得

$$\boldsymbol{r}=(r\sin\varphi\cos\theta)\boldsymbol{i}+(r\sin\varphi\sin\theta)\boldsymbol{j}+(r\cos\varphi)\boldsymbol{k}.$$

这就是所求球面的向量式参数方程. 它的坐标式参数方程为

$$\begin{cases}x=r\sin\varphi\cos\theta,\\ y=r\sin\varphi\sin\theta, \qquad (0\leqslant\varphi\leqslant\pi,0\leqslant\theta<2\pi).\\ z=r\cos\varphi\end{cases}$$

从球面的参数方程中消去参数 θ,φ 就得到它的普通方程

$$x^2+y^2+z^2=r^2.$$

例 6　求以 z 轴为对称轴, 半径为 r 的圆柱面的参数方程.

解　设 M 是圆柱面上的任意一点, M 在 xOy 平面上的射影为 P. 再设 θ 为从 z 轴来看自 x 轴正向按逆时针方向转到有向线段 $\overrightarrow{OP}$ 的角, P 在 x 轴上的射影为 Q (见图 6–19), 则

$$\boldsymbol{r}=\overrightarrow{OM}=\overrightarrow{OQ}+\overrightarrow{QP}+\overrightarrow{PM}.$$

而

$$\overrightarrow{OQ}=(r\cos\theta)\boldsymbol{i},$$

$$\overrightarrow{QP}=(r\sin\theta)\boldsymbol{j},$$

$$\overrightarrow{PM}=u\boldsymbol{k},$$

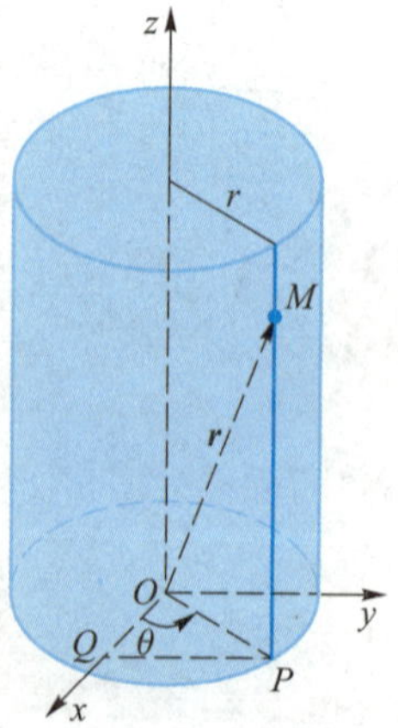

图 6–19

因此得圆柱面向量式参数方程为

$$\boldsymbol{r}=(r\cos\theta)\boldsymbol{i}+(r\sin\theta)\boldsymbol{j}+u\boldsymbol{k}.$$

它的坐标式参数方程是

$$\begin{cases}x=r\cos\theta,\\ y=r\sin\theta,\\ z=u,\end{cases}$$

其中参数 θ,u 的取值范围分别为 $[0,2\pi)$ 和 $(-\infty,+\infty)$. 消去参数 θ,u, 就得到圆柱面的普通方程

$$x^2+y^2=r^2.$$

下面简单介绍空间点的球坐标系与柱坐标系, 它们在重积分的计算中有重要应用 (详见第 8 章). 首先注意到, 空间中与原点距离为 r 的任意点总可以看成在以原点为中心, 半径为 r 的球面上, 故将 r 看成变量时, 公式

$$\begin{cases}x=r\sin\varphi\cos\theta,\\ y=r\sin\varphi\sin\theta,\\ z=r\cos\varphi\end{cases}$$

说明了空间一点 M 的位置 (见图 6-18). 现将 r 改写成 ρ, 并设

$$|\overrightarrow{OM}|=\rho(\rho\geqslant 0),$$

$$\angle zOM=\varphi(0\leqslant\varphi\leqslant\pi),$$

$$\angle xOP=\theta(0\leqslant\theta<2\pi)$$

的值都确定, 那么便有

$$\begin{cases}x=\rho\sin\varphi\cos\theta,\\ y=\rho\sin\varphi\sin\theta,\\ z=\rho\cos\varphi,\end{cases}\tag{6-1}$$

M 点的位置也就被确定了; 反过来, 空间 M 点的位置如果已确定, 那么三个值 ρ,φ,θ 也就确定了. 这样就使空间的点除去 z 轴上的点, 其余的点与有序三数组 ρ,φ,θ 建立了一一对应的关系, 这种一一对应的

关系叫作空间点的球坐标系, 或称作空间极坐标系, 并把有序三数组 ρ, φ, θ 叫作空间点 M 的球坐标或空间极坐标, 记作 $M(\rho, \varphi, \theta)$, 这里的 $\rho \geqslant 0, 0 \leqslant \varphi \leqslant \pi, 0 \leqslant \theta < 2\pi$. 当点 M 的直角坐标 (x, y, z) 已知时, 由式 (6–1) 容易得到其球坐标的表达式

$$\begin{cases} \rho = \sqrt{x^2 + y^2 + z^2}, \\ \varphi = \arccos \dfrac{z}{\sqrt{x^2 + y^2 + z^2}}, \\ \cos\theta = \dfrac{x}{\sqrt{x^2 + y^2}}, \quad \sin\theta = \dfrac{y}{\sqrt{x^2 + y^2}}. \end{cases} \tag{6–2}$$

在空间建立了球坐标后, 空间的某些曲面在球坐标系里的方程将非常简单. 例如在直角坐标系里由方程 $x^2 + y^2 + z^2 = a^2$ 决定的球面, 在球坐标系里的方程是 $\rho = a$; 而在球坐标系里的方程 $\theta = \alpha$ (常数) 表示一个半平面, 方程 $\varphi = \varphi_0$ (常数) 表示一个圆锥面 (只有一腔).

类似地, 空间中与 z 轴的距离为 r 的点, 总可以把它看成在以 z 轴为对称轴, 半径为 r 的圆柱面

$$\begin{cases} x = r\cos\theta, \\ y = r\sin\theta, \\ z = u \end{cases}$$

上 (见图 6–19). 因此当我们把圆柱面半径 r 看成变量, 并改用 $\rho(\rho \geqslant 0)$ 来表示时, ρ, θ, u 的值可以确定空间一点 M 的位置; 反过来, 如果 M 点位置确定, 那么 ρ, θ, u 的值也就确定了 (如果 M 在 z 轴上, 那么 θ 可以任意确定). 这样我们在空间建立了另一种空间的点 (除去 z 轴上的点外) 与有序三数组 ρ, θ, u 的一一对应关系, 此处 $\rho \geqslant 0, 0 \leqslant \theta < 2\pi$, $-\infty < u < +\infty$, 这种一一对应关系叫作柱坐标系, 或称空间半极坐标系, 并把有序三数组 ρ, θ, u 叫作点 M 的柱坐标或称半极坐标, 记作 $M(\rho, \theta, u)$.

注 由式 (6–2) 与式 (6–3) 知, 对球坐标与柱坐标而言, ρ 一般不相等, 但 θ 是相同的.

与球坐标一样, 某些曲面的方程, 在柱坐标系里比较简单. 例如圆柱面方程 $x^2 + y^2 = a^2$ 在柱坐标系里的方程是 $\rho = a$; 而在柱坐标系里的方程 $\theta = \alpha$ (常数) 所表示的轨迹是一个半平面.

空间点的直角坐标 (x, y, z) 给定后, 它的柱坐标由下式确定:

$$\begin{cases} \rho = \sqrt{x^2 + y^2}, \\ \cos\theta = \dfrac{x}{\sqrt{x^2 + y^2}}, \quad \sin\theta = \dfrac{y}{\sqrt{x^2 + y^2}}, \\ u = z. \end{cases} \tag{6–3}$$

例 7 已知点 A 的直角坐标是 $\left(\frac{\sqrt{3}}{4},-\frac{3}{4},\frac{1}{2}\right)$, 求它的球坐标与柱坐标.

解 先求球坐标. 由式 (6-2) 得

$$\rho=\sqrt{x^2+y^2+z^2}=\sqrt{\left(\frac{\sqrt{3}}{4}\right)^2+\left(-\frac{3}{4}\right)^2+\left(\frac{1}{2}\right)^2}=1,$$

而

$$\varphi=\arccos\frac{z}{\sqrt{x^2+y^2+z^2}}=\arccos\frac{1}{2},$$
$$\cos\theta=\frac{x}{\sqrt{x^2+y^2}}=\frac{1}{2},$$
$$\sin\theta=\frac{y}{\sqrt{x^2+y^2}}=-\frac{\sqrt{3}}{2},$$

因此

$$\varphi=\frac{\pi}{3},\quad \theta=\frac{5\pi}{3},$$

故点 A 的球坐标是 $\left(1,\frac{\pi}{3},\frac{5\pi}{3}\right)$. 下面再求柱坐标. 由式 (6-3) 知

$$\rho=\sqrt{x^2+y^2}=\sqrt{\left(\frac{\sqrt{3}}{4}\right)^2+\left(-\frac{3}{4}\right)^2}=\frac{\sqrt{3}}{2},$$

故点 A 的柱坐标是 $\left(\frac{\sqrt{3}}{2},\frac{5\pi}{3},\frac{1}{2}\right)$.

6.4.2 空间曲线及其方程

微视频 6-3
空间曲线的方程

空间曲线可以看成是两个曲面的交线. 设

$$\begin{cases}F_1(x,y,z)=0,\\ F_2(x,y,z)=0\end{cases}$$

是这样的两个曲面方程, 它们相交于曲线 L (见图 6-20). 这样, 曲线 L 上的任意点同时在这两曲面上, 它的坐标 (x,y,z) 满足上述方程组; 反之, 上述方程组的任何一组解 (x,y,z) 所决定的点同时在这两曲面上, 即在这两曲面的交线上.

注 从代数上知道, 任何方程组的解, 也一定是与它等价的方程组的解. 这说明空间曲线 L 可以用不同形式的方程组来表达.

因此上述方程组是一条空间曲线 L 的方程, 我们把它叫作空间曲线的一般方程.

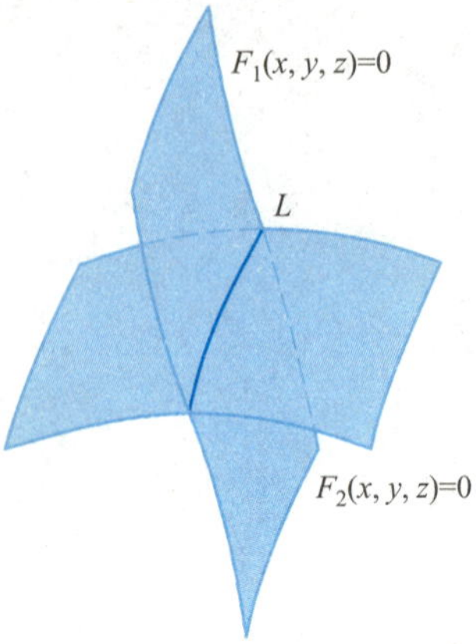

图 6–20

例 8 写出 z 轴所在直线的方程.

解 z 轴所在直线可以看成是两坐标平面 yOz, zOx 的交线, 所以 z 轴所在直线的方程可以写成

$$\begin{cases} x = 0, \\ y = 0. \end{cases}$$

由于上面的方程组与方程组

$$\begin{cases} x + y = 0, \\ x - y = 0 \end{cases}$$

同解, 所以 z 轴所在直线的方程也可用第二个方程组来表示.

例 9 求在 xOy 坐标面上, 半径等于 r, 圆心为原点的圆的方程.

解 因为空间的圆总可以是球面与平面的交线, 在这里可以把所求的圆看成是以原点 O 为球心, 半径为 r 的球面与坐标平面 xOy 的交线, 所以所求的圆的方程为

$$\begin{cases} x^2 + y^2 + z^2 = r^2, \\ z = 0. \end{cases}$$

因该方程组与

$$\begin{cases} x^2 + y^2 = r^2, \\ z = 0 \end{cases}$$

同解, 所以所求圆的方程也可以用上面的方程组表达.

空间曲线也可以用参数方程来表达, 这是另一种表示空间曲线的方法. 特别是把空间曲线看作质点的运动轨迹时, 一般采用参数表示法.

在空间建立了直角坐标系之后, 设向量函数 $\boldsymbol{r} = \boldsymbol{r}(t)$, 或

$$\boldsymbol{r}(t) = x(t)\boldsymbol{i} + y(t)\boldsymbol{j} + z(t)\boldsymbol{k},$$

当 t 在区间 $[a, b]$ 内变动时, $\boldsymbol{r}(t)$ 的终点 $M(x(t), y(t), z(t))$ 全部都在空间曲线 L 上 (见图 6–21); 反过来, 空间曲线 L 上的任意点的向径都可由 t 的某个值通过 $\boldsymbol{r} = \boldsymbol{r}(t)$ 来表示, 那么 $\boldsymbol{r} = \boldsymbol{r}(t)$ 就叫作空间曲线 L 的向量式参数方程, 其中 $t(a \leqslant t \leqslant b)$ 为参数.

因为空间曲线上点的向径 $\boldsymbol{r}(t)$ 的坐标为 $(x(t),y(t),z(t))$，所以空间曲线的参数方程常写成

$$\begin{cases} x=x(t) \\ y=y(t), \quad (a\leqslant t\leqslant b). \\ z=z(t) \end{cases}$$

上式叫作空间曲线的坐标式参数方程，其中 t 为参数.

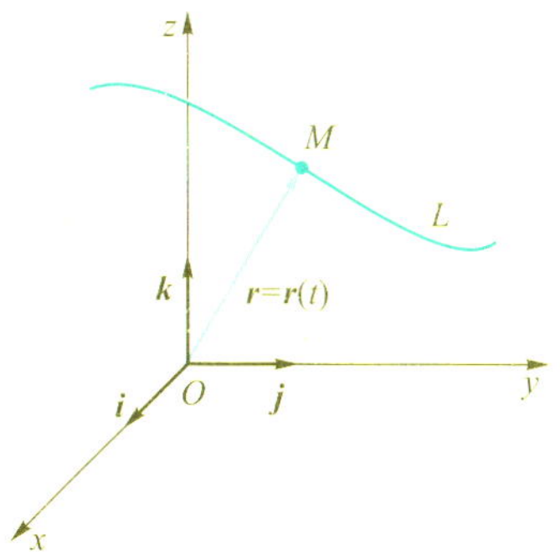

图 6-21

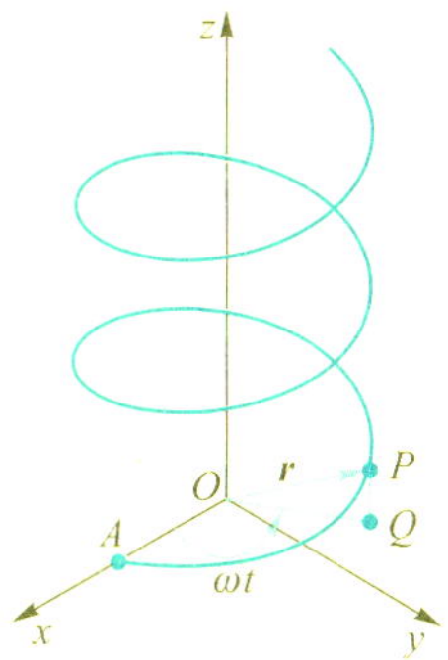

图 6-22

例 10 一个质点一方面绕一条轴线做等角速度的圆周运动，另一方面做平行于轴线的匀速直线运动，其速度与角速度成正比，求这个质点的轨迹方程.

解 取空间直角坐标系 $Oxyz$，使 z 轴重合于轴线，并设质点运动的起点为 $A(a,0,0)$，质点做圆周运动的角速度为 ω，再设在 t 秒后质点从起点 A 运动到 P 的位置，P 在 xOy 坐标面上的投影为 Q（见图 6-22），那么

$$\angle(\boldsymbol{i},\overrightarrow{OQ})=\omega t,\quad \overrightarrow{QP}=b\omega t\boldsymbol{k}.$$

这里假设直线运动速度 v 与角速度 ω 之比为 b，即 $\dfrac{v}{\omega}=b$，因此有

$$\boldsymbol{r}=\overrightarrow{OP}=\overrightarrow{OQ}+\overrightarrow{QP},$$

所以

$$\boldsymbol{r}=\boldsymbol{i}a\cos\omega t+\boldsymbol{j}a\sin\omega t+\boldsymbol{k}b\omega t,$$

其中 $-\infty<t<+\infty$. 这就是质点运动轨迹的向量式参数方程，其中 t

为参数. 它的坐标式参数方程为

$$\begin{cases} x = a\cos\omega t, \\ y = a\sin\omega t, (-\infty < t < +\infty). \\ z = b\omega t \end{cases}$$

曲线的形状像弹簧. 易知 $x^2 + y^2 = a^2$, 它是一圆柱面, 这说明这条曲线在这个圆柱面上, 因此这条曲线称为圆柱螺旋线.

习题 6–4

A 题

1. 设平面过点 (3,0,0) 且垂直于 x 轴, 求它的方程.

2. 求与两定点 $P(c,0,0)$ 和 $Q(-c,0,0)$ 的距离之和等于常数 $2a(a > c > 0)$ 的点的轨迹方程.

3. 求下列各球面的方程.

(1) 中心在 $(1,-2,3)$, 半径等于 2;

(2) 中心在 $(1,3,-2)$, 且通过坐标原点;

(3) 一条直径的两个端点是 $(2,-3,5)$ 和 $(4,1,-1)$.

4. 求下列球面的中心和半径.

(1) $x^2 + y^2 + z^2 - 2x + 4y - 4 = 0$;

(2) $x^2 + y^2 + z^2 - 4x - 2z + 1 = 0$;

(3) $x^2 + y^2 + z^2 - 2x + 6y + 4z - 11 = 0$.

5. 在球坐标系中, 下列方程表示什么图形?

(1) $\rho = 3$; (2) $\theta = \dfrac{\pi}{2}$; (3) $\varphi = \dfrac{\pi}{3}$.

6. 在柱坐标系中, 下列方程表示什么图形?

(1) $\rho = 2$; (2) $\theta = \dfrac{\pi}{4}$; (3) $u = -1$.

7. 指出下列曲面与三个坐标面的交线分别是什么曲线?

(1) $x^2 + 4y^2 + 16z^2 = 64$; (2) $x^2 + 4y^2 - 16z^2 = 64$;

(3) $x^2 - 4y^2 - 16z^2 = 64$; (4) $x^2 + 4y^2 = 10z$;

(5) $x^2 - 4y^2 = 10z$; (6) $x^2 + 4y^2 - 16z^2 = 0$.

8. 将下列曲线的参数方程化为一般方程.

(1) $\begin{cases} x = 6t + 1, \\ y = (t-1)^2, (-\infty < t < +\infty). \\ z = 3t \end{cases}$　　(2) $\begin{cases} x = 3\sin t, \\ y = 5\cos t, (0 \leqslant t < 2\pi). \\ z = 4\cos t \end{cases}$

B 题

1. 求中心在 $C(a,b,c)$, 半径为 r 的球面的一般方程与参数方程.

2. 将 yOz 平面上的直线 $z = 2y$ 绕 z 轴旋转, 得一圆锥面. 求此圆锥面的方程.

3. 有两条相互垂直的直线 l_1, l_2, 将 l_1 绕 l_2 做等速转动, 同时沿 l_2 做等速直线运动, 在运动中保持 $l_1 \perp l_2$, 这样由 l_1 画出的图形叫作螺旋面, 试建立螺旋面的方程.

4. 平面 $x = C$ 与曲面 $x^2 + y^2 - 4x = 0$ 的交线是什么图形?

5. 一质点沿圆锥顶点出发, 沿直母线做等速直线运动, 直母线同时绕圆锥的轴做等速转动, 此时质点运动轨迹叫作圆锥螺线. 试求圆锥螺线的方程.

6.5 平面

PPT 课件 6.5 平面

6.5.1 平面的点法式方程

下面讨论空间中特殊的也是最简单的曲面 —— 平面及其方程. 从几何上易知, 空间给定一个点 M_0 和一个非零向量 $\boldsymbol{n}$, 则通过点 M_0 且与向量 $\boldsymbol{n}$ 垂直的平面也被唯一地确定, 称与平面垂直的非零向量 $\boldsymbol{n}$ 为平面的法向量.

在空间取定直角坐标系后, 设点 M_0 的向径为 $\overrightarrow{OM_0} = \boldsymbol{r}_0$, 平面 π 上任意一点 M 的向径为 $\overrightarrow{OM} = \boldsymbol{r}$ (见图 6-23). 点 M 在平面 π 上的充要条件是 $\overrightarrow{M_0M} = \boldsymbol{r} - \boldsymbol{r}_0$ 与 $\boldsymbol{n}$ 垂直, 即

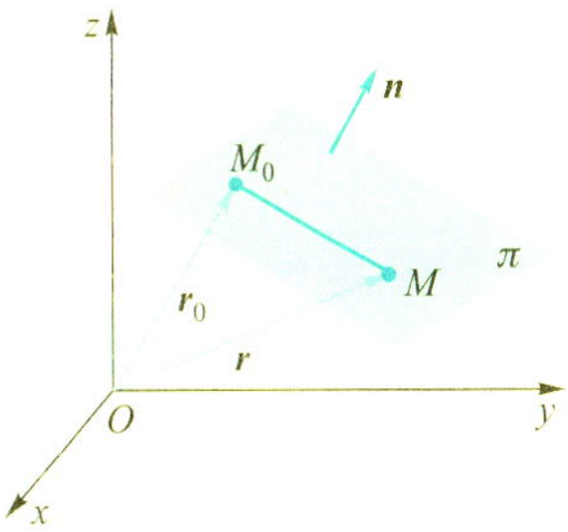

图 6-23

$$\boldsymbol{n} \cdot (\boldsymbol{r} - \boldsymbol{r}_0) = 0.$$

设法向量坐标 $\boldsymbol{n} = (A, B, C)$, 定点坐标 $M_0(x_0, y_0, z_0)$, 动点坐标 $M(x,$

$y, z)$, 则

$$\boldsymbol{r}_0 = (x_0, y_0, z_0),$$

$$\boldsymbol{r} = (x, y, z),$$

$$\boldsymbol{r} - \boldsymbol{r}_0 = (x - x_0, y - y_0, z - z_0).$$

于是 $\boldsymbol{n} \cdot (\boldsymbol{r} - \boldsymbol{r}_0) = 0$ 又可以表示为

$$A(x - x_0) + B(y - y_0) + C(z - z_0) = 0. \tag{6–4}$$

式 (6–4) 称为平面的点法式方程.

例 1 求过点 $M_0(1, -2, 2)$, 以向量 $\boldsymbol{n} = (2, 1, -1)$ 为法向量的平面方程.

解 由题意得所求平面的点法式方程是

$$2(x - 1) + 1(y + 2) - (z - 2) = 0,$$

化简后得

$$2x + y - z + 2 = 0.$$

例 2 已知两点 $M_1(1, -2, 3)$ 和 $M_2(3, 0, -1)$, 求线段 M_1M_2 的垂直平分面 π 的方程.

解 已知向量 $\overrightarrow{M_1M_2} = (2, 2, -4) = 2(1, 1, -2)$ 垂直于平面 π, 所以 π 的一个法向量为 $\boldsymbol{n} = (1, 1, -2)$. 所求平面 π 又通过 M_1M_2 的中点 $M_0(2, -1, 1)$, 因此平面的点法式方程为

$$1 \cdot (x - 2) + 1 \cdot (y + 1) - 2 \cdot (z - 1) = 0,$$

注 例 2 也可像 6.4 节中例 2 那样求解, 这里的解法比较简洁.

化简整理即得 π 的方程为

$$x + y - 2z + 1 = 0.$$

例 3 求经过三点 $A(a, 0, 0)$, $B(0, b, 0)$ 和 $C(0, 0, c)$ 的平面方程 (见图 6–24).

解 由向量积的定义知,

$$\begin{aligned} \boldsymbol{n} &= \overrightarrow{AB} \times \overrightarrow{AC} = (-a, b, 0) \times (-a, 0, c) \\ &= (bc, ac, ab) \end{aligned}$$

是所求平面的一个法向量, 因此它的方程是 $bc(x-a)+acy+abz=0$, 即

$$bcx+acy+abz-abc=0.$$

若 $abc\neq 0$, 则上式可进一步化为

$$\frac{x}{a}+\frac{y}{b}+\frac{z}{c}=1,$$

它称为平面的截距式方程, 而 a,b,c 分别称为平面在 x 轴、y 轴及 z 轴上的截距.

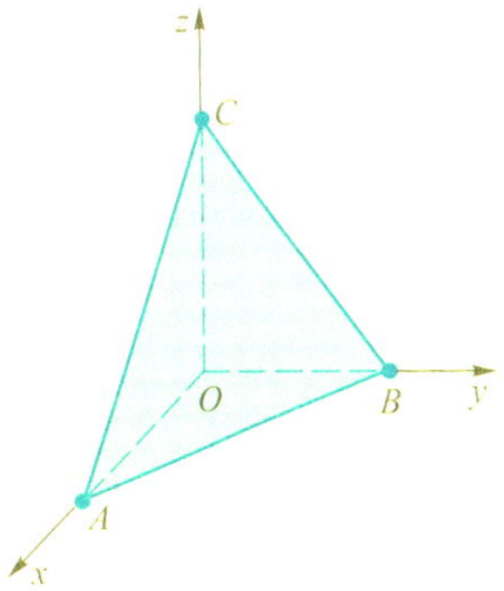

图 6-24

6.5.2 平面的一般方程

从上面的例子我们已经看到, 平面的方程是关于变量 x,y,z 的三元一次方程. 事实上, 将式 (6-4) 展开, 并令 $D=-Ax_0-By_0-Cz_0$, 便得

$$Ax+By+Cz+D=0. \tag{6-5}$$

反之, 取方程 (6-5) 一个特解 (x_0,y_0,z_0), 即 (x_0,y_0,z_0) 满足 $Ax_0+By_0+Cz_0+D=0$, 将它与方程 (6-5) 相减即得式 (6-4), 即方程 (6-5) 表示过点 (x_0,y_0,z_0), 且以 (A,B,C) 为法向量的平面方程. 我们称方程 (6-5) 为平面的一般方程.

注　从上面讨论知道, 平面的一般方程中的一次项系数 A,B,C 有着简明的几何意义, 它们是平面的一个法向量的坐标.

对于一些特殊的三元一次方程, 它们表示的平面具有特殊的位置, 现列举如下:

当 $D=0$ 时, 方程变为 $Ax+By+Cz=0$, 显然它通过坐标原点; 反之, 若平面通过原点, 必有 $D=0$.

当 A,B,C 中有一个为零, 例如 $C=0$, 方程变为 $Ax+By+D=0$, 它表示与 xOy 平面垂直的平面. 此时若 $D\neq 0$, 则平面与 z 轴平行. 而当 $D=0$ 时, 平面通过 z 轴.

类似可讨论 $A=0$ 或 $B=0$ 的情形.

当 A,B,C 中有两个为零, 例如 $A=B=0$ (此时必有 $C\neq 0$), 方程变为 $Cz+D=0$, 当 $D\neq 0$ 时表示平行于 xOy 平面的平面. 而当 $D=0$ 时, 它就是 xOy 平面. 其他情形可类似讨论.

例 4 求通过点 $M_1(2,-1,1)$ 与 $M_2(3,-2,1)$, 且平行于 z 轴的平面的方程.

解 设平行于 z 轴的平面方程为 $Ax+By+D=0$, 因平面又通过 $M_1(2,-1,1)$ 与 $M_2(3,-2,1)$, 代入得

$$2A-B+D=0,\quad 3A-2B+D=0,$$

由以上两式得 $A:B:D=1:1:(-1)$. 所以所求的平面方程为

$$x+y-1=0.$$

例 5 作出下列平面方程所表示的平面的图形:

(1) $x=2$; (2) $2x+3y-6=0$; (3) $3x-2y+z-6=0$.

解 在作图时, 通常我们用三角形或平行四边形表示平面的图形.

(1) $x=2$ 表示过点 (2,0,0) 且垂直于 x 轴的平面, 其图形如图 6–25(a) 所示.

(2) $2x+3y-6=0$ 表示过点 (3,0,0) 和 (0,2,0) 且垂直于 xOy 坐标面的平面, 其图形见图 6–25(b).

(3) $3x-2y+z-6=0$ 表示过 $(2,0,0),(0,-3,0)$ 与 (0,0,6) 三点的平面, 其图形如图 6–25(c) 所示.

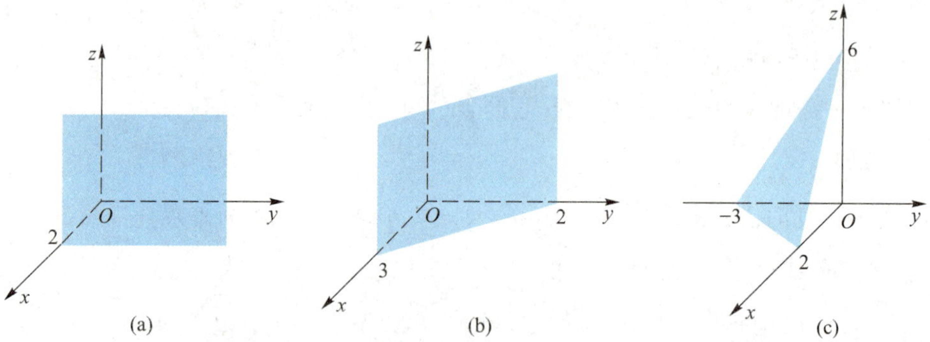

图 6–25

6.5.3 点到平面的距离

给定平面 $\pi: Ax+By+Cz+D=0$ 及平面外任一点 $P(x_0,y_0,z_0)$, 以下来推导点 P 到平面 π 的距离 d 的计算公式.

从点 P 作平面 π 的垂线, 设垂足为 $Q(x_1, y_1, z_1)$ (见图 6–26), 那么有

$$\begin{aligned} d &= |\overrightarrow{PQ}| \\ &= \sqrt{(x_1 - x_0)^2 + (y_1 - y_0)^2 + (z_1 - z_0)^2}. \end{aligned}$$

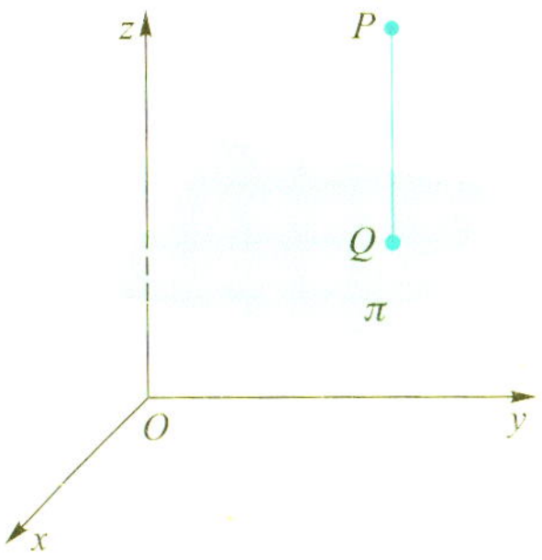

图 6–26

注意到 $\overrightarrow{PQ}$ 与平面的法向量 (A, B, C) 平行, 故

$$\frac{x_1 - x_0}{A} = \frac{y_1 - y_0}{B} = \frac{z_1 - z_0}{C}.$$

设 t 为公比, 则易得

$$x_1 = x_0 + At, \quad y_1 = y_0 + Bt, \quad z_1 = z_0 + Ct.$$

由于 $Q(x_1, y_1, z_1)$ 在平面 π 上, 将上式代入平面的方程 $Ax + By + Cz + D = 0$ 易得

$$t = -\frac{Ax_0 + By_0 + Cz_0 + D}{A^2 + B^2 + C^2},$$

从而

$$\begin{aligned} d &= \sqrt{(x_1 - x_0)^2 + (y_1 - y_0)^2 + (z_1 - z_0)^2} = \sqrt{(A^2 + B^2 + C^2)t^2} \\ &= \sqrt{A^2 + B^2 + C^2}|t| = \frac{|Ax_0 + By_0 + Cz_0 + D|}{\sqrt{A^2 + B^2 + C^2}}. \end{aligned}$$

因此, 点 $P(x_0, y_0, z_0)$ 到平面 $\pi : Ax + By + Cz + D = 0$ 的距离公式是

$$d = \frac{|Ax_0 + By_0 + Cz_0 + D|}{\sqrt{A^2 + B^2 + C^2}}. \tag{6–6}$$

例 6 求在 y 轴上且到平面 $x + 2y - 2z - 2 = 0$ 距离等于 4 的点的坐标.

解 设所求点的坐标为 $(0, b, 0)$, 则由式 (6–6) 得

$$4 = \frac{|2b - 2|}{\sqrt{1^2 + 2^2 + (-2)^2}} = \frac{2}{3}|b - 1|,$$

求得 $b = 7$ 或 -5. 所以所求点的坐标是 $(0, 7, 0)$ 或 $(0, -5, 0)$.

例 7 已给两相交平面 $\pi_1 : x - 2y - 2z - 1 = 0$ 与 $\pi_2 : 3x - 4y + 5 = 0$. 求它们所交成二面角的平分面的方程.

解 平面 π_1 和 π_2 交成的二面角的平分面, 就是到 π_1 和 π_2 距离相等的点的轨迹, 因此所求平分面的方程是

$$\left|\frac{x-2y-2z-1}{\sqrt{1^2+(-2)^2+(-2)^2}}\right|=\left|\frac{3x-4y+5}{\sqrt{3^2+(-4)^2}}\right|,$$

即

$$\frac{1}{3}(x-2y-2z-1)=\pm\frac{1}{5}(3x-4y+5),$$

也就是

$$7x-11y-5z+5=0 \quad 和 \quad 2x-y+5z+10=0.$$

6.5.4 两平面的夹角

给定空间两不同平面 $\pi_1: A_1x+B_1y+C_1z+D_1=0$ 与 $\pi_2: A_2x+B_2y+C_2z+D_2=0$, 它们的位置关系有平行或相交两种情形, 显然这两种情形分别对应法向量 $\boldsymbol{n}_1=(A_1,B_1,C_1)$ 与 $\boldsymbol{n}_2=(A_2,B_2,C_2)$ 平行或不平行. 在 π_1,π_2 相交时, 将构成两个二面角, 其中的锐角 (当两平面不垂直时) 称为 π_1,π_2 的夹角. 下面求两平面夹角的计算公式.

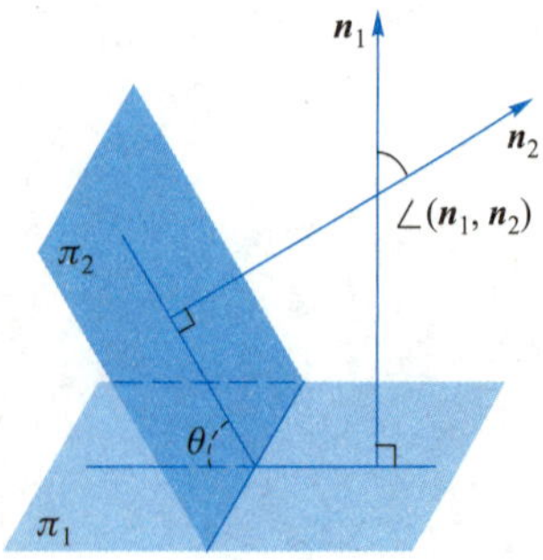

图 6–27

如图 6–27 所示, 设平面 π_1,π_2 交线的二面角为 θ, 那么显然有 $\theta=\angle(\boldsymbol{n}_1,\boldsymbol{n}_2)$ 或 $\pi-\angle(\boldsymbol{n}_1,\boldsymbol{n}_2)$. 故

$$\cos\theta=|\cos\angle(\boldsymbol{n}_1,\boldsymbol{n}_2)|=\frac{|\boldsymbol{n}_1\cdot\boldsymbol{n}_2|}{|\boldsymbol{n}_1||\boldsymbol{n}_2|},$$

因此我们得到

$$\cos\theta=\frac{|A_1A_2+B_1B_2+C_1C_2|}{\sqrt{A_1^2+B_1^2+C_1^2}\sqrt{A_2^2+B_2^2+C_2^2}}.$$

显然平面 π_1,π_2 互相垂直的充要条件是 $\cos\theta=0$, 即

$$A_1A_2+B_1B_2+C_1C_2=0.$$

例 8 确定 l 的值使 $lx+y-3z+1=0$ 和 $7x-2y-z=0$ 表示两垂直平面.

解 由两平面垂直条件得

$$0=l\cdot 7+1\cdot(-2)+(-3)\cdot(-1)=7l+1,$$

由此易得 $l=-\frac{1}{7}$.

习题 6–5

A 题

1. 求以下各平面的方程.

(1) 经过点 $A(3,4,10)$ 且垂直于 AB, 其中 B 的坐标是 $(-5,2,-1)$;

(2) 经过 $A(1,2,3),B(1,-4,2)$ 与 $C(1,0,-1)$ 三点;

(3) 自坐标原点到平面引垂线, 垂足为 $(2,9,-6)$;

(4) 平行于 y 轴且通过点 $(1,-5,1)$ 和 $(2,1,-2)$;

(5) 通过 x 轴和点 $(4,3,-1)$.

2. 一平面通过点 $(5,-7,4)$, 且它在各坐标轴上的截距相等, 求这平面的方程.

3. 设连接两点 $A(3,8,-5)$ 与 $B(1,12,z)$ 的线段与平面 $7x-4y+z-5=0$ 平行, 求 B 点的 z 坐标.

4. 求过点 $M(3,-1,5)$ 且垂直于平面 $3x-2y+2z+7=0$ 和 $5x-4y+3z+1=0$ 的平面方程.

5. 画出下列各平面的图形.

(1) $z=-3$;　　(2) $3x-2y=0$;

(3) $2y-3z+2=0$;　　(4) $\frac{x}{3}-\frac{y}{2}+\frac{z}{4}=1$.

6. 求点 $(2,1,3)$ 到平面 $2x-2y-z+7=0$ 的距离.

7. 求由平面 $\pi_1: 2x-2y+z+4=0$ 与 $\pi_2: 2x+3y-6z-9=0$ 所组成二面角的平分面的方程.

8. 在 y 轴上求一点, 使它到平面 $2x+y-2z+3=0$ 和 $4y-3z+5=0$ 有相等的距离.

9. 求下列各对平面间的夹角.

(1) $x+y-11=0,\quad 3x+8=0$;

(2) $y-\sqrt{3}z-7=0,\quad y=0$;

(3) $2x-3y+6z-12=0,\quad x+2y+2z-7=0$;

(4) $3y-z=0,\quad 2y+z=0$.

10. 确定 k 的值, 使平面 $\pi_1: x+ky-2z-9=0$ 与平面 $\pi_2: 2x-3y+z+10=0$ 的夹角是 45°.

B 题

1. 求与原点距离为 6, 且在 x, y, z 三坐标轴上截距之比为 $a:b:c=3:(-1):2$ 的平面方程.

2. 求中心在 (1,2,3) 且与平面 $2x-3y+6z+7=0$ 相切的球面方程.

3. 在空间直角坐标系下, 平面 $\pi: 6x-3y-2z-6=0$ 与三坐标平面组成四面体, 求此四面体内切球的球心坐标与半径.

4. 设连接两点 $M_1(x_1,y_1,z_1)$ 和 $M_2(x_2,y_2,z_2)$ 的直线与平面 $\pi: Ax+By+Cz+D=0$ 相交于点 M, 且 $\overrightarrow{M_1M}=\lambda\overrightarrow{MM_2}$, 求证:

$$\lambda=-\frac{Ax_1+By_1+Cz_1+D}{Ax_2+By_2+Cz_2+D}.$$

5. 设三平行平面 $\pi_i: Ax+By+Cz+D_i=0(i=1,2,3)$, L, M, N 分别是 π_1, π_2, π_3 上的任意点, 求 $\triangle LMN$ 的重心的轨迹.

6.6 空间直线

PPT 课件 6-6
空间直线

6.6.1 空间直线的方程

微视频 6-4
空间直线的方程

给定空间一点 M_0 与向量 $\boldsymbol{v}\neq\boldsymbol{0}$, 过 M_0 且与 $\boldsymbol{v}$ 平行的直线 l 被唯一确定, $\boldsymbol{v}$ 叫做 l 的方向向量. 任一与 l 平行的非零向量都可作为 l 的方向向量.

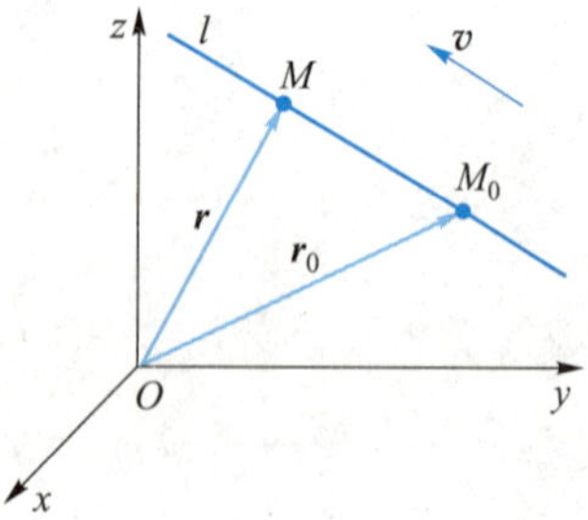

图 6-28

在空间取定直角坐标系, 设 M_0 的向径 $\overrightarrow{OM_0}=\boldsymbol{r}_0$, 空间任意点 M 的向径 $\overrightarrow{OM}=\boldsymbol{r}$, 则点 M 在 l 上的充要条件是 $\overrightarrow{M_0M}//\boldsymbol{v}$ (见图 6–28), 即

$$\overrightarrow{M_0M}=t\boldsymbol{v},$$

亦即

$$\boldsymbol{r}-\boldsymbol{r}_0=t\boldsymbol{v},$$

因此

$$\boldsymbol{r}=\boldsymbol{r}_0+t\boldsymbol{v}, \tag{6–7}$$

式 (6–7) 叫做直线 l 的向量式参数方程, 其中 t 为参数. 令 $M_0(x_0,y_0,z_0)$, $M(x,y,z)$, 那么

$$\boldsymbol{r}_0=(x_0,y_0,z_0),\qquad \boldsymbol{r}=(x,y,z),$$

再设 $\boldsymbol{v}=(X,Y,Z)$, 则由式 (6–7) 得

$$\begin{cases} x=x_0+Xt,\\ y=y_0+Yt,\\ z=z_0+Zt. \end{cases} \tag{6–8}$$

式 (6–8) 叫作 l 的坐标式参数方程. 式 (6–8) 中消去 t, 得

$$\frac{x-x_0}{X}=\frac{y-y_0}{Y}=\frac{z-z_0}{Z}. \tag{6–9}$$

式 (6–9) 叫作 l 的点向式方程或对称式方程.

在几何上, 任一直线均可看成两个相交平面的交线. 设两个平面 π_1,π_2 的方程组成方程组

$$\begin{cases} A_1x+B_1y+C_1z+D_1=0,\\ A_2x+B_2y+C_2z+D_2=0. \end{cases} \tag{6–10}$$

若 $A_1:B_1:C_1\neq A_2:B_2:C_2$, 即上面的方程组的系数行列式

$$\begin{vmatrix} B_1 & C_1\\ B_2 & C_2 \end{vmatrix},\ \begin{vmatrix} C_1 & A_1\\ C_2 & A_2 \end{vmatrix},\ \begin{vmatrix} A_1 & B_1\\ A_2 & B_2 \end{vmatrix}$$

不全为零, 则平面 π_1,π_2 相交, 它们的交线设为直线 l (见图 6–29). 因为 l 上的任一点同在这两个平面上, 所以它们的坐标满足方程组 (6–10);

反过来, 满足方程组 (6–10) 的点同在平面 π_1,π_2 上, 因而在直线 l 上. 因此方程组 (6–10) 表示直线 l 的方程, 我们把它叫作直线的一般方程.

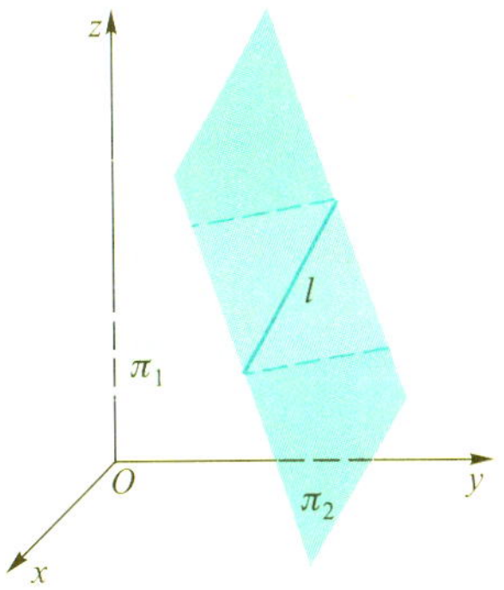

图 6–29

直线的点向式方程

$$\frac{x-x_0}{X}=\frac{y-y_0}{Y}=\frac{z-z_0}{Z}$$

也是一般方程的特殊情形. 事实上, 我们总可以把点向式方程表示成一般方程的形式. 当 X,Y,Z 不全为零 (不妨设 $Z\neq 0$) 时, 标准方程可

改成

$$\begin{cases} \dfrac{x-x_0}{X}=\dfrac{z-z_0}{Z}, \\ \dfrac{y-y_0}{Y}=\dfrac{z-z_0}{Z}, \end{cases}$$

整理得

$$\begin{cases} x=az+c, \\ y=bz+d, \end{cases}$$

其中 $a=\dfrac{X}{Z}, b=\dfrac{Y}{Z}, c=x_0-\dfrac{X}{Z}z_0, d=y_0-\dfrac{Y}{Z}z_0$. 反过来, 直线的一般方程 (6–10) 也总可以化为点向式方程的形式. 方法是: 直线上任取一点 (x_0,y_0,z_0) (即方程 (6–10) 的任一特解), 则

$$\begin{cases} A_1(x-x_0)+B_1(y-y_0)+C_1(z-z_0)=0, \\ A_2(x-x_0)+B_2(y-y_0)+C_2(z-z_0)=0. \end{cases}$$

此即

$$(x-x_0,y-y_0,z-z_0)\perp(A_1,B_1,C_1),$$
$$(x-x_0,y-y_0,z-z_0)\perp(A_2,B_2,C_2),$$

从而

$$(x-x_0,y-y_0,z-z_0)//(A_1,B_1,C_1)\times(A_2,B_2,C_2),$$

即得点向式方程

$$\frac{x-x_0}{\begin{vmatrix} B_1 & C_1 \\ B_2 & C_2 \end{vmatrix}}=\frac{y-y_0}{\begin{vmatrix} C_1 & A_1 \\ C_2 & A_2 \end{vmatrix}}=\frac{z-z_0}{\begin{vmatrix} A_1 & B_1 \\ A_2 & B_2 \end{vmatrix}}.$$

例 1 求通过点 $M(1,0,-2)$ 且与两直线 $\dfrac{x-1}{1}=\dfrac{y}{1}=\dfrac{z+1}{-1}$ 和 $\dfrac{x}{1}=\dfrac{y-1}{-1}=\dfrac{z+1}{0}$ 垂直的直线的方程.

解 由题意, 所求直线的方向向量是

$$(1,1,-1)\times(1,-1,0)=(-1,-1,-2),$$

因此所求直线的方程是

$$\frac{x-1}{1}=\frac{y}{1}=\frac{z+2}{2}.$$

例 2 将直线的一般方程

$$\begin{cases} x+3y+z-1=0, \\ 2x-y+3z+8=0 \end{cases}$$

化为点向式方程及参数方程.

解 首先在直线上找出一点 (x_0, y_0, z_0). 令 $x_0=1$, 代入直线的一般方程得

$$\begin{cases} 3y_0+z_0=0, \\ y_0-3z_0=10, \end{cases}$$

解得 $y_0=1, z_0=-3$, 即点 $(1,1,-3)$ 在所求直线上, 它的方向向量是

$$\boldsymbol{v}=(1,3,1)\times(2,-1,3)=(10,-1,-7).$$

所以所求直线的点向式方程是

$$\frac{x-1}{10}=\frac{y-1}{-1}=\frac{z+3}{-7},$$

参数方程是

$$\begin{cases} x=1+10t, \\ y=1-t, \\ z=-3-7t. \end{cases}$$

6.6.2 直线与直线的夹角 直线与平面的夹角

定义 6.6.1 两条直线方向向量的不大于 90° 的夹角称为两直线的夹角.

设两直线 l_1 与 l_2 的方向向量分别为 (X_1, Y_1, Z_1) 与 (X_2, Y_2, Z_2), 由向量数量积的定义, 直线 l_1 与 l_2 的夹角 φ 由下式确定:

$$\cos\varphi=\frac{|X_1X_2+Y_1Y_2+Z_1Z_2|}{\sqrt{X_1^2+Y_1^2+Z_1^2}\sqrt{X_2^2+Y_2^2+Z_2^2}}.$$

特别地,

$$l_1 \perp l_2 \quad \Leftrightarrow \quad X_1X_2+Y_1Y_2+Z_1Z_2=0,$$

$$l_1 /\!/ l_2 \quad \Leftrightarrow \quad \frac{X_1}{X_2}=\frac{Y_1}{Y_2}=\frac{Z_1}{Z_2}.$$

例 3 求直线 $\begin{cases} x+2y+z-1=0, \\ x-2y+z+1=0 \end{cases}$ 与 $\begin{cases} x-y-z-1=0, \\ x-y+2z+1=0 \end{cases}$ 的夹角.

解 两条直线的方向向量依次是

$$\boldsymbol{v}_1=(1,2,1)\times(1,-2,1)=(4,0,-4)//(1,0,-1),$$

$$\boldsymbol{v}_2=(1,-1,-1)\times(1,-1,2)=(-3,-3,0)//(1,1,0).$$

所以两直线夹角 φ 的余弦是

$$\cos\varphi=\frac{|(1,0,-1)\cdot(1,1,0)|}{|(1,0,-1)|\cdot|(1,1,0)|}=\frac{1}{2},$$

因此所求夹角 $\varphi=60^\circ$.

空间直线与平面的相关位置有相交、平行和包含三种情况. 设直线 l 与平面 π 的方程分别为

$$l:\frac{x-x_0}{X}=\frac{y-y_0}{Y}=\frac{z-z_0}{Z},$$
$$\pi:Ax+By+Cz+D=0.$$

为求 l 与 π 相互位置关系的条件, 先求两者的交点 (x,y,z), 为此将 l 的方程改写为参数式

$$\begin{cases} x=x_0+Xt, \\ y=y_0+Yt, \\ z=z_0+Zt. \end{cases}$$

代入 π 的方程, 整理得

$$(AX+BY+CZ)t=-(Ax_0+By_0+Cz_0+D). \tag{6–11}$$

由位置关系的代数意义得

(1) 当且仅当 $AX+BY+CZ\neq 0$ 时, 方程 (6–11) 有唯一解

$$t=-\frac{Ax_0+By_0+Cz_0+D}{AX+BY+CZ},$$

这时 l 与 π 有唯一公共点, 即 l 与 π 相交;

(2) 当且仅当 $AX+BY+CZ=0, Ax_0+By_0+Cz_0+D\neq 0$ 时, 方程 (6–11) 无解, 这时 l 与 π 没有公共点, 即 l 与 π 平行;

(3) 当且仅当 $AX+BY+CZ=Ax_0+By_0+Cz_0+D=0$ 时, 方程 (6–11) 有无数解, 这时 l 与 π 有无数公共点, 即 l 在 π 上.

例 4 确定 λ 的值, 使直线 $\begin{cases} x+y-2z-6=0, \\ x+2y+\lambda z-15=0 \end{cases}$ 与平面 $x-y+2z=0$ 平行.

解 已知平面的法向量为 $\boldsymbol{n}=(1,-1,2)$, 而已知直线的方向向量是

$$\boldsymbol{v}=(1,1,-2)\times(1,2,\lambda)=(\lambda+4,-\lambda-2,1).$$

要使直线与平面平行, 必须有

$$0=\boldsymbol{v}\cdot\boldsymbol{n}=(\lambda+4,-\lambda-2,1)\cdot(1,-1,2)=2\lambda+8,$$

故 $\lambda=-4$. 此时直线上有一点 $(-3,1,-4)$, 它不在平面上, 所以当 $\lambda=-4$ 时, 给定直线与给定平面平行.

当直线 l 与平面 π 相交时, 需要考虑它们的夹角.

定义 6.6.2 当直线 l 和平面 π 不垂直时, 直线 l 和它在平面 π 上投影直线的夹角 $\varphi(0\leqslant\varphi<90^\circ)$ 称为直线 l 和平面 π 的夹角 (见图 6–30). 当直线 l 和平面 π 垂直时, 规定其夹角为 90° 或 $\dfrac{\pi}{2}$.

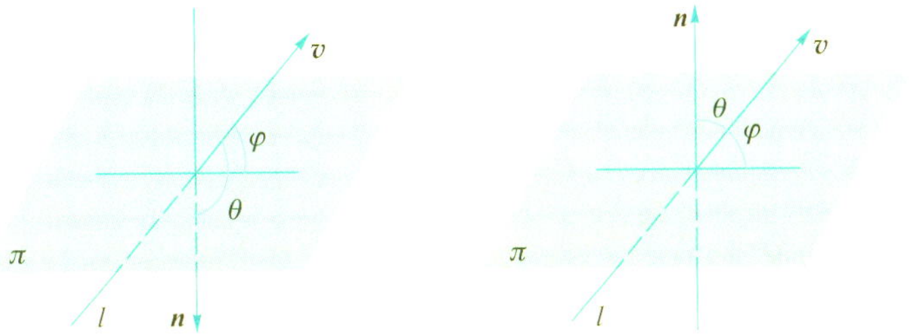

图 6–30

直线 l 和平面 π 的夹角 φ 可以由 l 的方向向量 $\boldsymbol{v}$ 和 π 的法向量 $\boldsymbol{n}$ 来决定. 如果设 $\boldsymbol{n}$ 和 $\boldsymbol{v}$ 的夹角为 $\angle(\boldsymbol{n},\boldsymbol{v})=\theta(0\leqslant\theta\leqslant\pi)$, 那么 $\varphi=\left|\dfrac{\pi}{2}-\theta\right|$, 故

$$\sin\varphi=|\cos\theta|=\frac{|\boldsymbol{n}\cdot\boldsymbol{v}|}{|\boldsymbol{n}||\boldsymbol{v}|}=\frac{|AX+BY+CZ|}{\sqrt{A^2+B^2+C^2}\sqrt{X^2+Y^2+Z^2}}.$$

即

$$\sin\varphi=\frac{|AX+BY+CZ|}{\sqrt{A^2+B^2+C^2}\sqrt{X^2+Y^2+Z^2}}.$$

特别地, $l\perp\pi$ 的充要条件显然是 $\boldsymbol{v}//\boldsymbol{n}$, 即

$$\frac{A}{X}=\frac{B}{Y}=\frac{C}{Z}.$$

例 5 求过点 $(1,2,-3)$ 且与平面 $2x-y+3z+5=0$ 垂直的直线的方程.

解 因为所求直线与给定平面 $2x-y+3z+5=0$ 垂直, 故可以取平面的法向量 $(2,-1,3)$ 作为所求直线的方向向量, 故所求方程是

$$\frac{x-1}{2}=\frac{y-2}{-1}=\frac{z+3}{3}.$$

习题 6–6

A 题

1. 求由下列各条件所确定的直线的方程.

(1) 经过点 $(4,-3,2)$ 且平行于向量 $(1,-2,3)$;

(2) 经过点 $(2,-3,1)$ 且平行于 x 轴;

(3) 经过 $(1,0,-2)$ 和 $(2,-2,3)$ 两点;

(4) 经过点 $(3,2,-2)$, 方向角分别为 $60^\circ,45^\circ,120^\circ$.

2. 化下列直线一般方程为点向式方程.

(1) $\begin{cases}x-y+z+5=0,\\5x-8y+4z+36=0;\end{cases}$ (2) $\begin{cases}x-5y+2z-1=0,\\z=2+5y.\end{cases}$

3. 求通过点 $(2,1,5)$ 及直线 $\dfrac{x+1}{2}=\dfrac{y}{-1}=\dfrac{z-2}{3}$ 的平面.

4. 直线与三坐标轴的夹角分别为 α,β,γ, 证明: $\sin^2\alpha+\sin^2\beta+\sin^2\gamma=2$.

5. 求直线 $\begin{cases}5x-3y+3z-1=0,\\3x-2y+z+6=0\end{cases}$ 与 $\begin{cases}2x+2y-z-10=0,\\3x+8y+z-16=0\end{cases}$ 的夹角.

6. 确定下列直线和平面的位置关系, 若相交, 求出它们的夹角.

(1) $\dfrac{x+3}{-2}=\dfrac{y+4}{-7}=\dfrac{z}{3}$ 和 $4x-2y-2z-3=0$;

(2) $\dfrac{x}{3}=\dfrac{y}{-2}=\dfrac{z}{7}$ 和 $3x-2y+7z-8=0$;

(3) $\dfrac{x-2}{3}=\dfrac{y+2}{1}=\dfrac{z-3}{-4}$ 和 $x+y+z-3=0$;

(4) $\begin{cases}y=-2x+9,\\z=9x-43\end{cases}$ 和 $3x-4y+7z-33=0$.

B 题

1. 问常数 D 应取怎样的值, 才会使直线 $\begin{cases} 3x - y + 2z - 6 = 0, \\ x + 4y - z + D = 0 \end{cases}$ 与 z 轴相交?

2. 光线沿直线 $l: \dfrac{x-1}{-1} = \dfrac{y-2}{1} = \dfrac{z+1}{2}$ 投射到平面 $\pi: x + y + z + 1 = 0$ 上, 求反射光线的方程.

3. 求点 $P(-1,1,1)$ 关于直线 $l: \begin{cases} 2x - y + z - 3 = 0, \\ x + 2y - z - 5 = 0 \end{cases}$ 的对称点 Q 的坐标.

4. 求与平面 $x - 2y + 2z + 3 = 0$ 相切于点 $(1,-1,-3)$ 且半径等于 3 的球面方程.

5. 求点 $(2,3,-1)$ 到直线 $\begin{cases} 2x - 2y + z + 3 = 0, \\ 3x - 2y + 2z + 17 = 0 \end{cases}$ 的距离.

6. (考研真题, 2020 年数学一) 已知直线 $l_1: \dfrac{x-a_2}{a_1} = \dfrac{y-b_2}{b_1} = \dfrac{z-c_2}{c_1}$ 与直线 $l_2: \dfrac{x-a_3}{a_2} = \dfrac{y-b_3}{b_2} = \dfrac{z-c_3}{c_2}$ 相交于一点, $\boldsymbol{v}_i = (a_i, b_i, c_i), i = 1,2,3$. 则

(A) $\boldsymbol{v}_1$ 可由$\boldsymbol{v}_2, \boldsymbol{v}_3$ 线性表示　　(B) $\boldsymbol{v}_2$ 可由$\boldsymbol{v}_1, \boldsymbol{v}_3$ 线性表示

(C) $\boldsymbol{v}_3$ 可由$\boldsymbol{v}_1, \boldsymbol{v}_2$ 线性表示　　(D) $\boldsymbol{v}_1, \boldsymbol{v}_2, \boldsymbol{v}_3$ 线性无关

6.7 柱面、旋转曲面与二次曲面

PPT 课件 6-7
柱面、旋转曲面与二次曲面

6.7.1 柱面

定义 6.7.1 一直线平行于一定方向且与一条定曲线 Γ 相交而移动时所生成的曲面叫作柱面. 曲线 Γ 叫作准线, 构成柱面的每一条直线叫作母线.

柱面的任一条母线都和准线 Γ 相交. 显然, 柱面的准线不是唯一的, 任何一条与柱面的所有母线都相交的曲线均可以取作准线.

下面讨论母线平行于坐标轴的柱面方程. 如图 6-31 所示, 设柱面 Σ 的母线平行于 z 轴, 它与 xOy 平面交于一条曲线

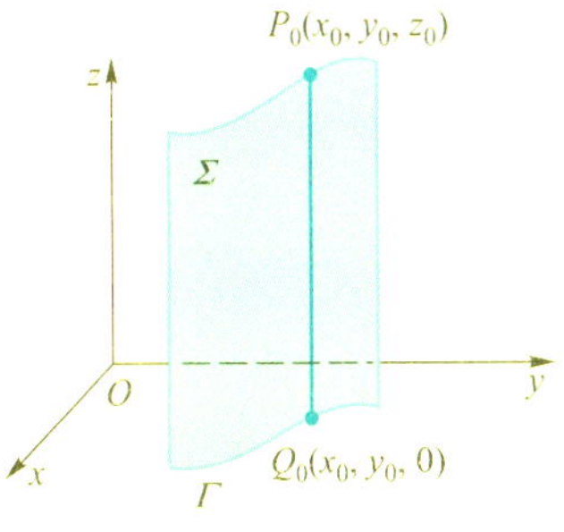

图 6-31

$$\Gamma:\begin{cases}F(x,y)=0,\\ z=0.\end{cases}$$

任取柱面上一点 $P_0(x_0,y_0,z_0)$, 那么过该点的母线与 xOy 平面的交点 $Q_0(x_0,y_0,0)$ 在曲线 Γ 上, 因此满足

$$F(x_0,y_0)=0.$$

另一方面, 如果空间一点 $P_0(x_0,y_0,z_0)$ 满足 $F(x_0,y_0)=0$, 那么 $Q_0(x_0,y_0,0)$ 在 Γ 上, 且直线 P_0Q_0 平行于 z 轴, 故 P_0 必在柱面 Σ 上. 因此 Σ 的方程是 $F(x,y)=0$. 反过来, 容易说明方程 $F(x,y)=0$ 的图形一定是以平面曲线

$$\begin{cases}F(x,y)=0,\\ z=0\end{cases}$$

为准线, 母线平行于 z 轴的柱面. 同理, 方程 $G(y,z)=0$ 与 $H(x,z)=0$ 都表示柱面, 它们的母线分别平行于 x 轴与 y 轴.

由上面讨论知, 以下方程都表示柱面:

$$\frac{x^2}{a^2}\pm\frac{y^2}{b^2}=1,\quad y^2=2px.$$

在空间直角坐标系中, 因为上面这些柱面与 xOy 坐标面的交线分别是椭圆、双曲线与抛物线, 所以它们依次叫作椭圆柱面、双曲柱面与抛物柱面 (见图 6–32). 它们的方程都是二次的, 所以统称为二次柱面.

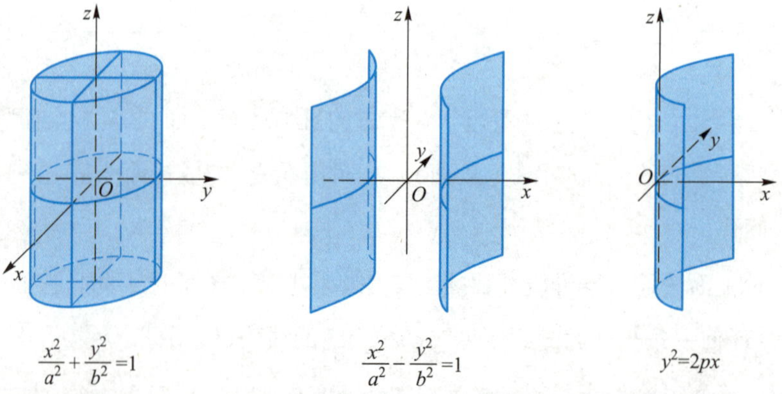

图 6–32

例 1 方程组 $\begin{cases} x^2+y^2=1, \\ 2x+3z=3 \end{cases}$ 表示怎样的曲线?

解 方程组中第一个方程表示以 z 轴为对称轴, 半径为 1 的圆柱面, 而第二个方程则表示平行于 y 轴的平面. 因此该方程组表示的图形是上述圆柱面与平面的交线, 它是平面 $2x+3z=3$ 上的一个椭圆. 注意到

$$z=1-\frac{2}{3}x \geqslant \frac{1}{3}>0,$$

该椭圆位于 xOy 平面的上方 (见图 6–33).

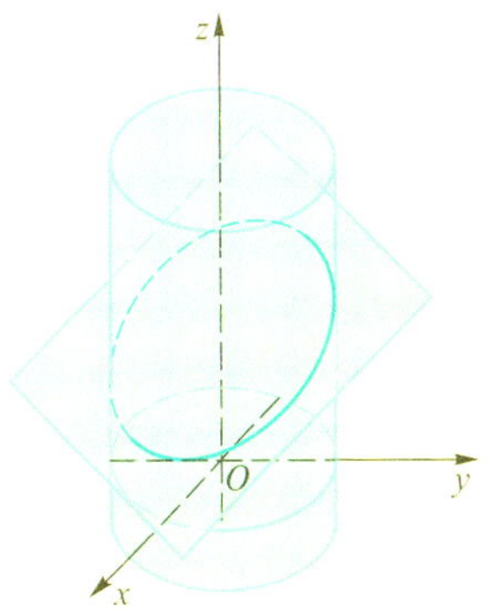

图 6–33

给定空间曲线 L : $\begin{cases} F(x,y,z)=0, \\ G(x,y,z)=0. \end{cases}$ 从曲线的方程消去 z 可得 $F_1(x,y)=0$, 它表示母线平行于 z 轴的柱面. 由消元的代数意义知曲线 L 必在此柱面上. 这个柱面叫作空间曲线 L 对 xOy 坐标面的射影柱面; 而曲线 $\begin{cases} F_1(x,y)=0, \\ z=0 \end{cases}$ 叫作 L 在 xOy 坐标面上的射影曲线 (见图 6–34).

同理, 消去 y 可得 L 对 zOx 坐标面的射影柱面 $F_2(x,z)=0$, 消去 x 可得 L 对 yOz 坐标面的射影柱面 $F_3(y,z)=0$. 而 L 也可看成射影柱面的交线, 例如 $\begin{cases} F_1(x,y)=0, \\ F_2(x,z)=0, \end{cases}$ 它对于我们认识曲线的形状是有帮助的.

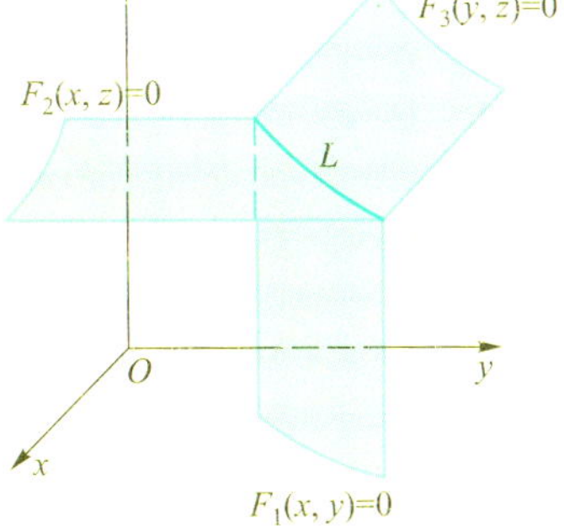

图 6–34

例 2　求曲线

$$\begin{cases}2x^2+z^2+4y=4z,\\ x^2+3z^2-8y=12z\end{cases}$$

对 zOx 与 xOy 坐标面的射影柱面.

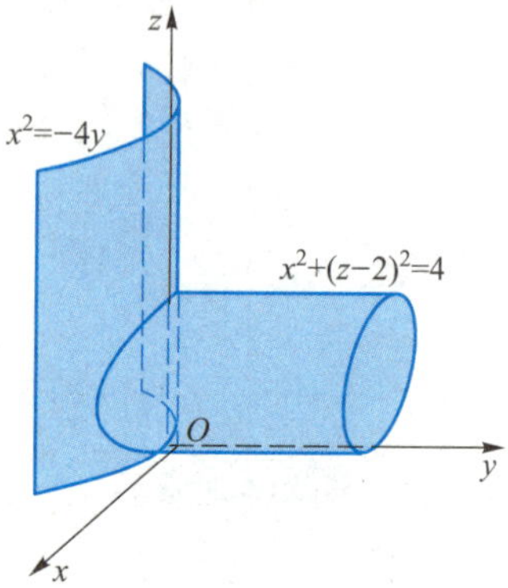

图 6–35

解　从曲线方程分别消去 y 及 z, 得

$$x^2+z^2=4z,\qquad x^2+4y=0.$$

前一个射影柱面是一个准线为 zOx 面上的圆 $x^2+(z-2)^2=4$, 母线平行于 y 轴的圆柱面, 而后一个射影柱面是一个准线为 xOy 坐标面上的抛物线 $x^2=-4y$, 母线平行于 z 轴的抛物柱面, 因此曲线可以看成是这两个柱面的交线 (见图 6–35).

微视频 6–5
旋转曲面

6.7.2　旋转曲面

定义 6.7.2　在空间, 一条曲线 Γ 绕着定直线 l 旋转一周所生成的曲面叫作旋转曲面, 或称为回转曲面. 曲线 Γ 叫作旋转曲面的母线, 定直线 l 叫作旋转曲面的旋转轴, 简称为轴.

如图 6–36 所示, 旋转曲面的母线 Γ 上的任意一点 M_1 在旋转时形成一个圆, 这个圆也就是过 M_1 且垂直于轴 l 的平面与旋转曲面的交线, 我们把它叫作纬圆或纬线. 在通过旋转轴 l 的平面上, 以 l 为界的每个半平面都与曲面交成一条曲线, 这些曲线显然在旋转中都能彼此重合, 这曲线叫作旋转面的经线.

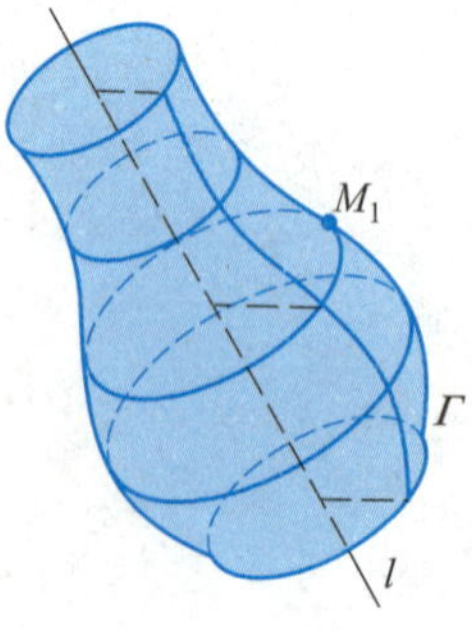

图 6–36

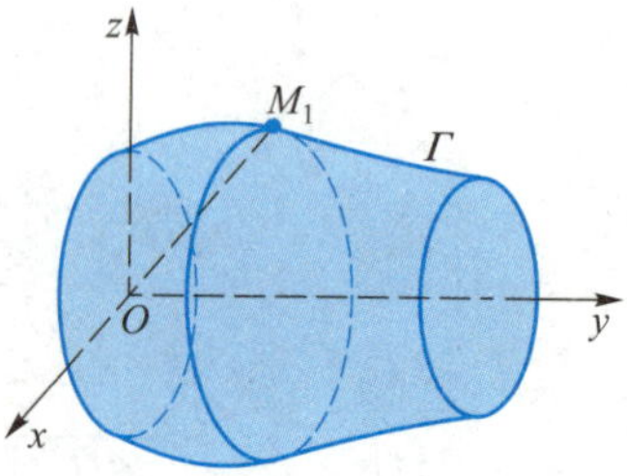

图 6–37

下面讨论经线在坐标平面, 且以该坐标平面一坐标轴为旋转轴的旋转曲面的方程. 如图 6–37 所示, 设旋转曲面的母线为 yOz 坐标面

上的曲线 $\Gamma:\begin{cases}F(y,z)=0,\\x=0,\end{cases}$ 而旋转轴为 y 轴. 如果 $M_1(0,y_1,z_1)$ 为母线 Γ 上的任意点, 那么过 M_1 的纬圆为

$$\begin{cases}y-y_1=0,\\x^2+y^2+z^2=y_1^2+z_1^2,\end{cases}$$

且有

$$F(y_1,z_1)=0.$$

从以上三式消去参数 y_1,z_1 得所求旋转曲面的方程为

$$F(y,\pm\sqrt{x^2+z^2})=0.$$

类似可得, 曲线 Γ 绕 z 轴旋转所得的旋转曲面的方程是

$$F(\pm\sqrt{x^2+y^2},z)=0.$$

对于其他坐标面的曲线, 绕坐标轴旋转所得的旋转曲面, 其方程可以类似地求出, 这样我们就得出如下的规律: 当坐标平面上的曲线 Γ 绕此坐标平面里的一个坐标轴旋转时, 为了求出该旋转曲面的方程, 只要将曲线 Γ 在坐标面里的方程保留和旋转轴同名的坐标, 同时以其他两个坐标平方和的平方根来代替方程中的另一个坐标.

例 3 将椭圆 $\Gamma:\begin{cases}\dfrac{x^2}{a^2}+\dfrac{y^2}{b^2}=1\quad(a>b),\\z=0,\end{cases}$ 分别绕长轴 (即 x 轴) 与短轴 (即 y 轴) 旋转, 求所得旋转曲面的方程.

解 因为旋转轴是 x 轴, 同名坐标就是 x, 在方程 $\dfrac{x^2}{a^2}+\dfrac{y^2}{b^2}=1$ 中保留 x 不变, 用 $\pm\sqrt{y^2+z^2}$ 替代 y, 便得将椭圆 Γ 绕其长轴旋转的曲面方程为

$$\frac{x^2}{a^2}+\frac{y^2}{b^2}+\frac{z^2}{b^2}=1.$$

这种旋转曲面叫作长形旋转椭球面 (见图 6–38(a)). 同样, 可得 Γ 绕其短轴旋转的曲面方程为

$$\frac{x^2}{a^2}+\frac{y^2}{b^2}+\frac{z^2}{a^2}=1.$$

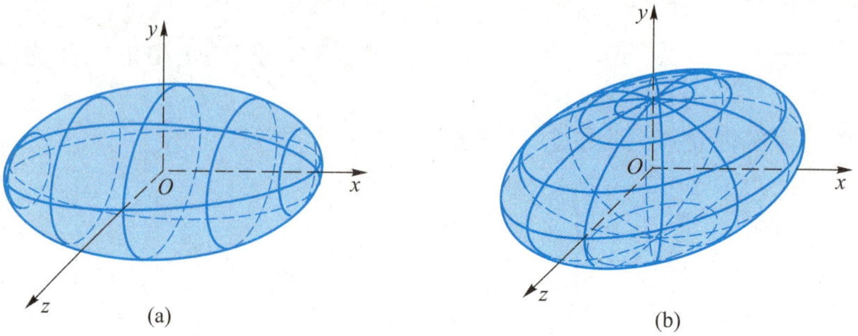

图 6–38

这种旋转曲面叫作扁形旋转椭球面 (见图 6–38(b)).

例 4 将圆 $\Gamma:\begin{cases}(y-b)^2+z^2=a^2 \quad (b>a>0),\\ x=0\end{cases}$ 绕 z 轴旋转, 求所得的旋转曲面方程.

解 因为绕 z 轴旋转, 所以在方程 $(y-b)^2+z^2=a^2$ 中保留 z 不变, 而 y 用 $\pm\sqrt{x^2+y^2}$ 代入, 就得将圆 Γ 绕 z 轴旋转而成的旋转曲面方程为

$$(\pm\sqrt{x^2+y^2}-b)^2+z^2=a^2,$$

即 $x^2+y^2+z^2+b^2-a^2=\pm 2b\sqrt{x^2+y^2}$ 或

$$(x^2+y^2+z^2+b^2-a^2)^2=4b^2(x^2+y^2).$$

这样的曲面叫作环面, 它的形状像救生圈 (如图 6–39).

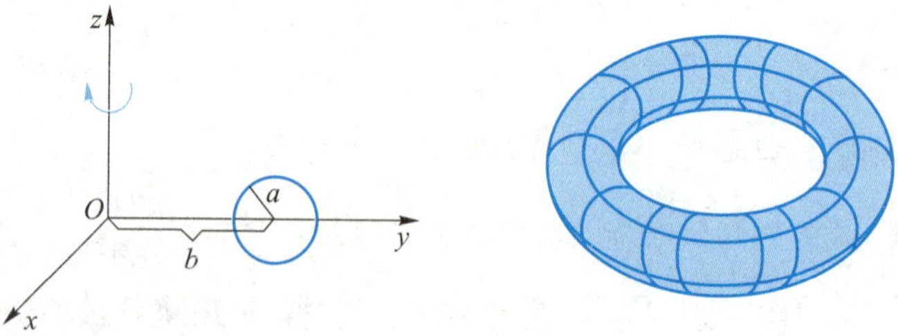

图 6–39

6.7.3 二次曲面

在空间直角坐标系下我们已经知道, 若方程 $F(x,y,z)=0$ 是一次方程, 则它的图形是平面, 平面也称为一次曲面. 若方程 $F(x,y,z)=0$

为二次方程, 则它的图形就称为二次曲面. 二次曲面是常见曲面, 在科学技术上也有广泛应用, 位于贵州省平塘县的国家重大科技基础设施、俗称“中国天眼”的 500 米口径球面射电望远镜以及广东省广州市新地标广州塔等, 其形状均是二次曲面. 为看出曲面的大致形状, 我们考虑曲面与一组平行平面的交线, 这些交线都是平面曲线. 当这些平面曲线的形状都已清楚时, 曲面的大致形状也就看出来了. 这就是所谓利用平行平面的截口 (即曲面与平面的交线) 来研究曲面图形的方法, 简称为平行割线法. 为方便, 常取与坐标平面平行的一组平面.

二次曲面共有 9 种, 适当选取空间直角坐标系, 可以得到它们的标准方程. 前面我们已经学过 3 种二次曲面, 即椭圆柱面、双曲柱面与抛物柱面. 下面就另 6 种二次曲面的标准方程用平行割线法分别讨论它们的形状.

1. 椭圆锥面

定义 6.7.3 由方程 $\dfrac{x^2}{a^2}+\dfrac{y^2}{b^2}=z^2$ 所表示的图形称为椭圆锥面, 该方程称为椭圆锥面的标准方程.

为了讨论椭圆锥面的形状, 用一系列平行于 xOy 坐标面的平面 $z=h$ 去截椭圆锥面, 截线方程是

$$\begin{cases}\dfrac{x^2}{(ah)^2}+\dfrac{y^2}{(bh)^2}=1,\\ z=h.\end{cases}$$

上述截线当 $h=0$ 时为一点 (坐标原点), 而当 $h\neq 0$ 时为一族椭圆. 当 h 变化时, 这族椭圆两轴之比不变 (因而为相似椭圆); 当 $|h|$ 从大变小时, 它们由大变小并缩为一点 (椭圆锥面的顶点). 由此不难想象椭圆锥面的形状 (见图 6-40).

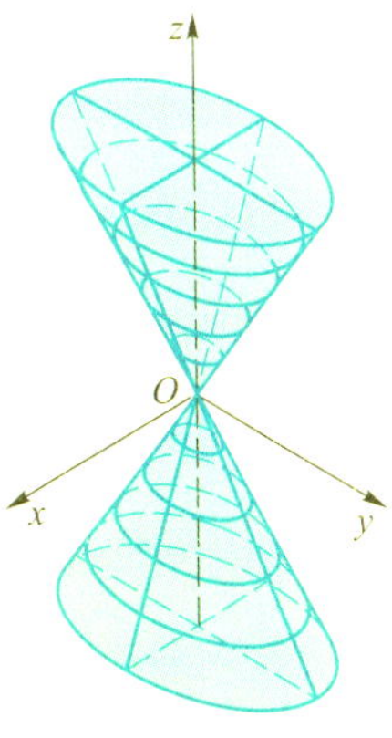

图 6-40

类似地, 方程

$$\frac{x^2}{a^2}+\frac{z^2}{c^2}=y^2$$

及

$$\frac{y^2}{b^2}+\frac{z^2}{c^2}=x^2$$

所表示的图形也是椭圆锥面.

2. 椭球面

定义 6.7.4 由方程 $\frac{x^2}{a^2}+\frac{y^2}{b^2}+\frac{z^2}{c^2}=1$ 所表示的图形称为椭球面, 该方程称为椭球面的标准方程.

上述椭球面与三个坐标面的截线是三个椭圆:

$$\begin{cases}\frac{x^2}{a^2}+\frac{y^2}{b^2}=1,\\ z=0,\end{cases}\quad \begin{cases}\frac{x^2}{a^2}+\frac{z^2}{c^2}=1,\\ y=0,\end{cases}\quad \begin{cases}\frac{y^2}{b^2}+\frac{z^2}{c^2}=1,\\ x=0.\end{cases}$$

用一系列平行于 xOy 坐标面的平面 $z=h$ 去截椭球面, 当 $|h|>c$ 时, 无图形; 当 $|h|=c$ 时, 为一点 $(0,0,\pm c)$; 当 $|h|<c$ 时, 为一族相似椭圆:

$$\begin{cases}\frac{x^2}{\left(a\sqrt{1-\frac{h^2}{c^2}}\right)^2}+\frac{y^2}{\left(b\sqrt{1-\frac{h^2}{c^2}}\right)^2}=1,\\ z=h.\end{cases}$$

椭球面的形状如图 6–41 所示. 当 a,b,c 中有两个相等时, 椭球面变成旋转椭球面. 特别地, 当 $a=b=c$ 时, 椭球面成为球面.

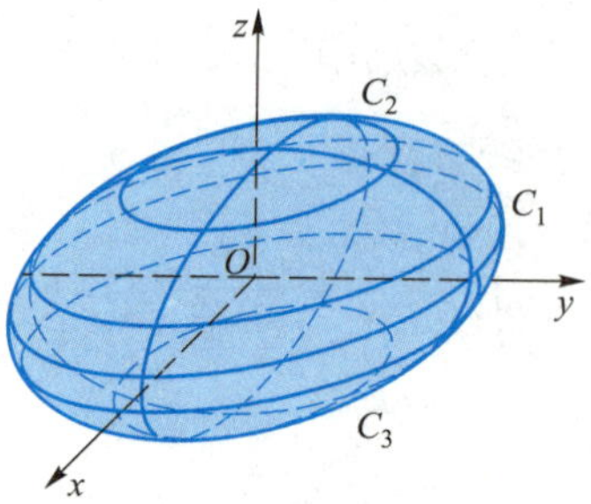

图 6–41

3. 单叶双曲面

定义 6.7.5 由方程 $\frac{x^2}{a^2}+\frac{y^2}{b^2}-\frac{z^2}{c^2}=1$ 所表示的图形称为单叶双曲面, 该方程称为单叶双曲面的标准方程.

上述单叶双曲面与 xOy 坐标面的截线是椭圆

$$\begin{cases}\frac{x^2}{a^2}+\frac{y^2}{b^2}=1,\\ z=0\end{cases}$$

与 zOx, yOz 坐标面的截线是两条双曲线:

$$\begin{cases}\dfrac{x^2}{a^2}-\dfrac{z^2}{c^2}=1,\\ y=0,\end{cases}\qquad \begin{cases}\dfrac{y^2}{b^2}-\dfrac{z^2}{c^2}=1,\\ x=0.\end{cases}$$

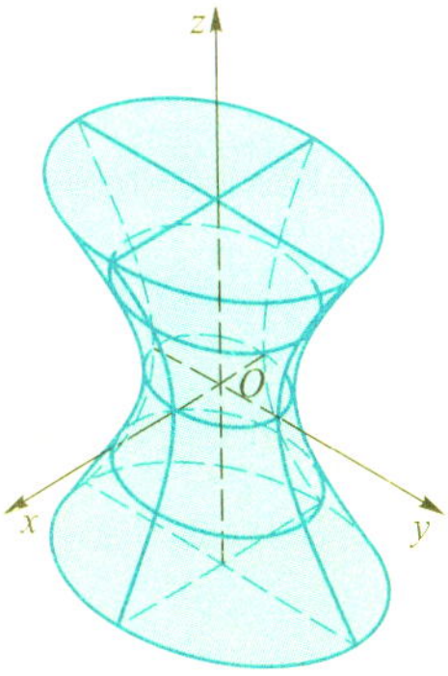

图 6-42

上述椭圆称为腰椭圆. 当用一系列平行于 xOy 坐标面的平面 $z=h$ 去截单叶双曲面时, 也可得一族相似椭圆, 它在腰椭圆处最小, 并沿着上下两端不断增大. 单叶双曲面的形状如图 6-42 所示. 当 $a=b$ 时, 单叶双曲面成为旋转单叶双曲面. 另外, 方程

$$\frac{x^2}{a^2}-\frac{y^2}{b^2}+\frac{z^2}{c^2}=1$$

及

$$-\frac{x^2}{a^2}+\frac{y^2}{b^2}+\frac{z^2}{c^2}=1$$

的图形也是单叶双曲面.

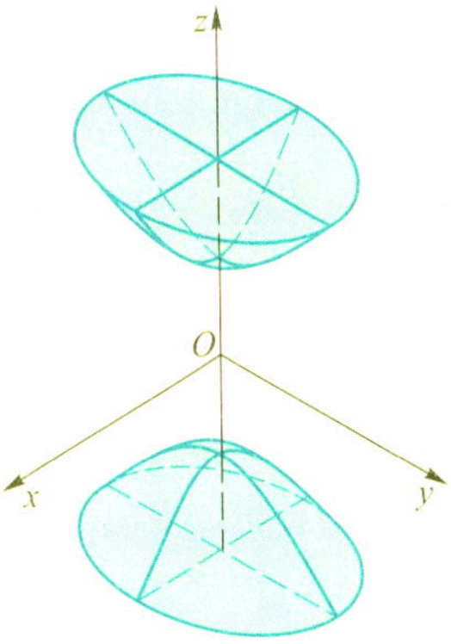

图 6-43

4. 双叶双曲面

定义 6.7.6 由方程 $\dfrac{x^2}{a^2}+\dfrac{y^2}{b^2}-\dfrac{z^2}{c^2}=-1$ 所表示的图形称为双叶双曲面, 该方程称为双叶双曲面的标准方程.

双叶双曲面的形状如图 6-43 所示. 当 $a=b$ 时, 双叶双曲面成为旋转双叶双曲面.

5. 椭圆抛物面

定义 6.7.7 由方程 $\dfrac{x^2}{a^2}+\dfrac{y^2}{b^2}=2z$ 所表示的图形称为椭圆抛物面, 该方程称为椭圆抛物面的标准方程.

用一系列平行于 xOy 坐标面的平面 $z=h(>0)$ 去截椭圆抛物面, 得一族相似椭圆, 它们生成了椭圆抛物面 (见图 6-44). 当 $a=b$ 时, 椭圆抛物面成为旋转抛物面.

6. 双曲抛物面

定义 6.7.8 由方程 $\dfrac{x^2}{a^2}-\dfrac{y^2}{b^2}=2z$ 所表示的图形称为双曲抛物面, 该方程称为双曲抛物面的标准方程.

双曲抛物面与 zOx, yOz 坐标面的截线是两条抛物线

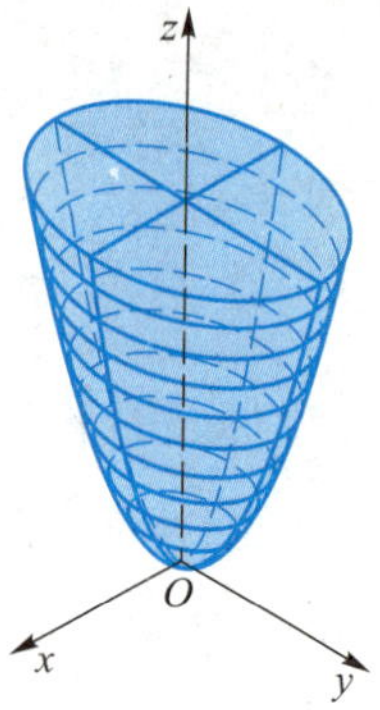

图 6-44

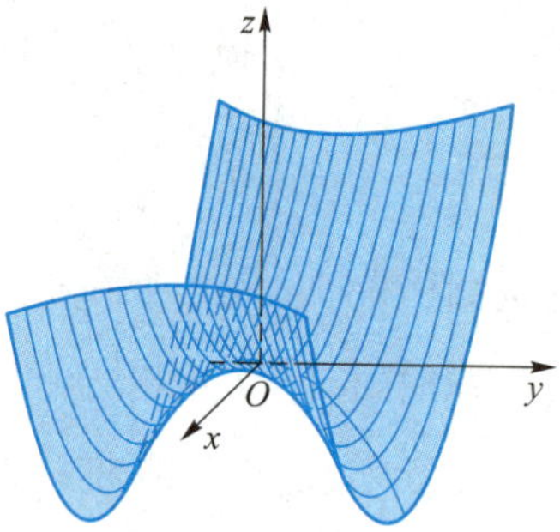

图 6-45

$$C_1:\begin{cases}x^2=2a^2z,\\y=0\end{cases}\text{与 }C_2:\begin{cases}y^2=-2b^2z,\\x=0,\end{cases}$$

它们所在的平面互相垂直, 有相同的顶点与对称轴, 但开口方向相反, 称为双曲抛物面的主抛物线. 用一系列平行于 zOx 坐标面的平面 $y=t$ 来截双曲抛物面, 所得的截线为抛物线 $\begin{cases}x^2=2a^2\left(z+\dfrac{t^2}{2b^2}\right),\\y=t.\end{cases}$ 容易看出, 不论 t 取什么样的实数值, 所截得的抛物线与主抛物线 C_1 是全等的, 而它的顶点 $\left(0,t,-\dfrac{t^2}{2b^2}\right)$ 则在另一个主抛物线 C_2 上 (见图 6-45). 因此, 如果取两个这样的抛物线, 它们的所在平面互相垂直, 有公共的顶点与轴, 而两抛物线的开口方向相反, 让其中一个抛物线平行于自己 (即与抛物线所在的平面平行) 且使其顶点在另一个抛物线上滑动, 那么前一个抛物线的运动轨迹便是一个双曲抛物面. 双曲抛物面的形状大体像一只马鞍子, 因而也叫作马鞍面.

除了上面介绍的 6 种二次曲面以外, 还有 3 种二次曲面是二次柱面, 即椭圆柱面、双曲柱面与抛物柱面, 它们的标准方程及形状如图 6-32 所示.

习题 6-7

A 题

1. 求下列空间曲线对三个坐标面的射影柱面的方程.

(1) $\begin{cases} x^2+3y^2-z=0, \\ z=2x+1; \end{cases}$　　(2) $\begin{cases} 2x^2+z^2-3yz+5z-4=0, \\ y-z+2=0; \end{cases}$

(3) $\begin{cases} 2x+y+6z=5, \\ 3x-2y-6z=8; \end{cases}$　　(4) $\begin{cases} x^2+y^2+z^2=1, \\ x^2+(y-1)^2+(z-1)^2=1. \end{cases}$

2. 求曲线 $\begin{cases} y^2+z^2-2x=0, \\ z=3 \end{cases}$ 在 xOy 坐标面上的射影曲线, 并指出原曲线是什么曲线.

3. 指出下列方程所表示的曲面, 对于其中的旋转曲面, 请说明它们是怎样产生的.

(1) $\dfrac{x^2}{4}+\dfrac{y^2}{9}+\dfrac{z^2}{9}=1$;　　(2) $x^2+y^2-3z^2=9$;

(3) $3x^2+6y^2+12z^2=1$;　　(4) $\dfrac{x^2}{9}+\dfrac{z^2}{2}=2y$;

(5) $\dfrac{x^2}{6}-\dfrac{y^2}{16}-\dfrac{z^2}{16}=1$;　　(6) $x^2-3y^2=6z$;

(7) $\dfrac{x^2}{4}+\dfrac{z^2}{9}=1$;　　(8) $2x^2+y^2-3z^2=0$;

(9) $\dfrac{y^2}{4}-\dfrac{z^2}{9}=1$;　　(10) $z=x^2$.

4. 求下列旋转曲面的方程.

(1) 直线 $y=kx$ 绕 x 轴旋转;

(2) 正弦曲线 $y=\sin x$ 绕 x 轴旋转.

5. 给定方程

$$\frac{x^2}{A-\lambda}+\frac{y^2}{B-\lambda}+\frac{z^2}{C-\lambda}=1 \quad (A>B>C).$$

试问当 λ 取异于 A,B,C 的各种数值时, 它表示怎样的曲面?

B 题

1. 证明曲面 $x^2+4xz+4z^2=1-y^2$ 是一柱面.

2. 已知椭圆柱面 $\dfrac{x^2}{a^2}+\dfrac{y^2}{b^2}=1(a>b)$, 试求过 x 轴且与曲面交线是圆的平面.

3. 用一组平行平面 $z=h$ (h 为任意实数) 截割单叶双曲面

$$\frac{x^2}{a^2}+\frac{y^2}{b^2}-\frac{z^2}{c^2}=1 \quad (a<b)$$

得到一族椭圆, 求这些椭圆焦点的轨迹.

4. 用一组平行平面 $y=h$ (h 为任意实数) 截割单叶双曲面

$$\frac{x^2}{a^2}+\frac{y^2}{b^2}-\frac{z^2}{c^2}=1,$$

试讨论截线的形状.

本章学习要点

1. 理解空间直角坐标系的相关知识, 理解向量的概念及其坐标表示.

2. 掌握向量的运算 (线性运算、数量积、向量积) 的概念及其坐标表示, 掌握利用向量的运算解决相关几何问题 (两个向量垂直及平行的条件、向量的方向数与方向余弦、向量的长度与夹角、平行四边形的面积等).

3. 掌握平面方程和直线方程及其求法, 会利用平面、直线的相互关系 (平行、垂直、相交等) 解决有关问题.

4. 理解曲面方程的概念, 了解常用二次曲面的标准方程及其图形, 理解球坐标与柱坐标, 会求以坐标轴为旋转轴的旋转曲面及母线平行于坐标轴的柱面方程.

5. 了解空间曲线的参数方程和一般方程, 了解空间曲线在坐标平面上的射影, 并会求其方程.

网上更多……

第 6 章自测 A 题

第 6 章自测 B 题

第 6 章综合练习 A 题

第 6 章综合练习 B 题

第 7 章　多元函数微分法及其应用

在上册中，讨论的函数都只有一个自变量，这种函数称为一元函数. 但在自然科学和工程技术中，经常会遇到一个变量依赖于多个变量的问题，反映到数学上就是多元函数. 本章讨论多元函数的微分法及其应用，它们与一元函数微分法既紧密联系，又有很大区别，在学习中应注意加以比较. 在讨论过程中主要以二元函数为主，所得的结论大都可以类推到二元以上的多元函数.

7.1　多元函数的极限与连续

微视频 7-1
平面点集

7.1.1　平面点集

PPT 课件 7-1
多元函数的极限与连续

一元函数的定义域是实数轴上的点集，二元函数的定义域则是坐标平面上的点集. 因此下面先介绍平面点集的一些基本概念.

1. 平面点集

坐标平面上具有某种性质 P 的点的集合 E，称为平面点集，记作

$$E=\{(x,y)|(x,y)\text{ 具有性质 }P\}.$$

例如，平面上以原点为中心、r 为半径的圆内所有点的集合是

$$S=\{(x,y)|x^2+y^2<r^2\}.$$

坐标平面上的所有点组成的集合是

$$\mathbf{R}^2=\{(x,y)|x,y\in\mathbf{R}\}.$$

设 $P_0(x_0,y_0)$ 是平面 $\mathbf{R}^2$ 上的一个点，δ 是一个正数，与点 $P_0(x_0,y_0)$ 距离小于 δ 的点 $P(x,y)$ 的全体，称为点 P_0 的 δ 邻域，记作 $U(P_0,\delta)$，即

$$U(P_0,\delta)=\left\{(x,y)|\sqrt{(x-x_0)^2+(y-y_0)^2}<\delta\right\}.$$

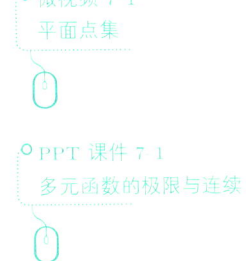

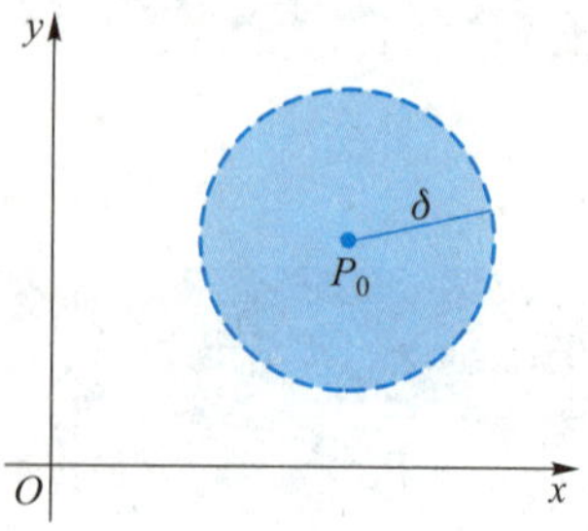

图 7-1

在几何上, $U(P_0,\delta)$ 表示圆心在 P_0, 半径为 δ 的圆的内部 (如图 7-1 所示, 其中虚线表示该圆周不包含在该邻域内).

点 P_0 的去心 δ 邻域, 记作 $\mathring{U}(P_0,\delta)$, 它的定义是

$$\mathring{U}(P_0,\delta)=\left\{(x,y)|0<\sqrt{(x-x_0)^2+(y-y_0)^2}<\delta\right\}.$$

在不需要强调邻域半径 δ 时, 可用 $U(P_0)$ 表示点 P_0 的某个邻域, $\mathring{U}(P_0)$ 表示点 P_0 的某个去心邻域. 下面利用邻域来描述点与点集之间的关系.

设 E 为平面点集, 相对于 E, 平面上的点可以分为三类:

(1) 内点: 如果存在点 P 的某个邻域 $U(P)$, 使得 $U(P)\subset E$, 那么称点 P 为 E 的内点.

(2) 外点: 如果存在点 P 的某个邻域 $U(P)$, 使得 $U(P)\bigcap E=\varnothing$, 那么称点 P 为 E 的外点.

(3) 边界点: 如果点 P 的任一邻域内既有属于 E 的点, 又有不属于 E 的点, 那么称点 P 为 E 的边界点.

注　E 的内点必属于 E; E 的外点必不属于 E; 而 E 的边界点可能属于 E, 也可能不属于 E.

E 的边界点的全体, 称为 E 的边界, 记作 ∂E.

如果点 P 的任一去心邻域 $\mathring{U}(P)$ 内总有 E 中的点, 那么称 P 是 E 的聚点. 聚点本身可能属于 E, 也可能不属于 E, 但从定义易知, E 的内点必定是聚点. 例如, 设平面点集

$$E=\{(x,y)|1\leqslant x^2+y^2<4\},$$

则满足 $1<x^2+y^2<4$ 的一切点 (x,y) 都是 E 的内点; 满足 $x^2+y^2=1$ 的一切点 (x,y) 都是 E 的边界点, 它们都属于 E; 满足 $x^2+y^2=4$ 的一切点 (x,y) 也是 E 的边界点, 但它们不属于 E; 满足 $1\leqslant x^2+y^2\leqslant 4$ 的一切点 (x,y) 都是 E 的聚点.

如果点集 E 中的点都是 E 的内点, 那么称 E 为开集; 如果点集 E 的边界 $\partial E\subset E$, 那么称 E 为闭集. 例如, 集合 $\{(x,y)|1<x^2+y^2<4\}$ 是开集, 集合 $\{(x,y)|1\leqslant x^2+y^2\leqslant 4\}$ 是闭集; 而集合 $\{(x,y)|1\leqslant x^2+y^2<4\}$ 既非开集, 也非闭集.

若点集 E 中任意两点之间都可用一条完全含于 E 的折线连接起来, 则称 E 为连通集. 连通的开集称为区域或开区域. 区域与它的边

界的并集称为闭区域. 例如, 集合 $\{(x,y)|1<x^2+y^2<4\}$ 是开区域, 集合 $\{(x,y)|1\leqslant x^2+y^2\leqslant 4\}$ 是闭区域; 而集合 $\{(x,y)||x|>1\}$ 虽然是开集, 但不连通, 所以它不是区域.

对于平面点集 E, 若存在某一正数 r, 使得

$$E\subset U(O,r),$$

其中 O 为坐标原点, 则称 E 为有界集, 否则称为无界集. 例如, 集合 $\{(x,y)|1\leqslant x^2+y^2\leqslant 4\}$ 是有界闭区域; 集合 $\{(x,y)|x>0\}$ 是无界开区域.

2. n 维空间

一般地, 对于确定的正整数 n, 称有序 n 元数组 $(x_1,x_2,\cdots,x_n)$ 的全体为 n 维空间, 记为 $\mathbf{R}^n$. 每个有序 n 元数组 $(x_1,x_2,\cdots,x_n)$ 称为 $\mathbf{R}^n$ 中的一个点, x_i 称为该点的第 i 个坐标. $\mathbf{R}^n$ 中的两点 $P(x_1,x_2,\cdots,x_n)$ 和 $Q(y_1,y_2,\cdots,y_n)$ 之间的距离规定为

$$|PQ|=\sqrt{(y_1-x_1)^2+(y_2-x_2)^2+\cdots+(y_n-x_n)^2}.$$

当 $n=1,2,3$ 时, 上式就是数轴上、平面上及空间中两点间的距离公式.

前面针对平面点集给出的一系列概念都可推广到 n 维空间中去. 例如, 设 P_0 是 $\mathbf{R}^n$ 中一点, $\delta>0$, 则点 P_0 的 δ 邻域为

$$U(P_0,\delta)=\{P||PP_0|<\delta,P\in\mathbf{R}^n\}.$$

7.1.2　多元函数的概念

多元函数就是含有两个或两个以上自变量的函数, 在许多实际问题中是经常遇到的. 下面给出二元函数的定义.

定义 7.1.1　设点集 D 是 $\mathbf{R}^2$ 的一个非空子集, 若对于 D 中的每一个点 $P(x,y)$, 按照一定的对应法则 f, 都有唯一确定的实数 z 与之对应, 则称 f 是定义在 D 上的二元函数, 有时也称 z 是 x,y 的二元函

数, 记作

$$z=f(x,y),(x,y)\in D,$$

或

$$z=f(P),P\in D.$$

这里点集 D 称为该函数的定义域, x,y 称为自变量, z 称为因变量. 与 (x,y) 对应的值 z 称为 f 在点 (x,y) 的函数值, 记为 $f(x,y)$. 全体函数值的集合

$$f(D)=\{z|z=f(x,y),(x,y)\in D\}$$

称为函数 f 的值域.

上述表示二元函数的字母 f 也可以用其他字母表示. 例如记 $z=z(x,y),z=\varphi(x,y)$, 等等.

设函数 $z=f(x,y)$ 的定义域为 D. 对于任意取定的点 $P(x,y)\in D$, 对应的函数值为 $z=f(x,y)$. 这样, 以 x 为横坐标、y 为纵坐标、$z=f(x,y)$ 为竖坐标在空间就确定一点 $M(x,y,z)$. 当 (x,y) 遍取 D 上一切点时, 得到一个空间点集

$$S=\{(x,y,z)|z=f(x,y),(x,y)\in D\},$$

这个点集称为二元函数 $z=f(x,y)$ 的图形 (图 7–2).

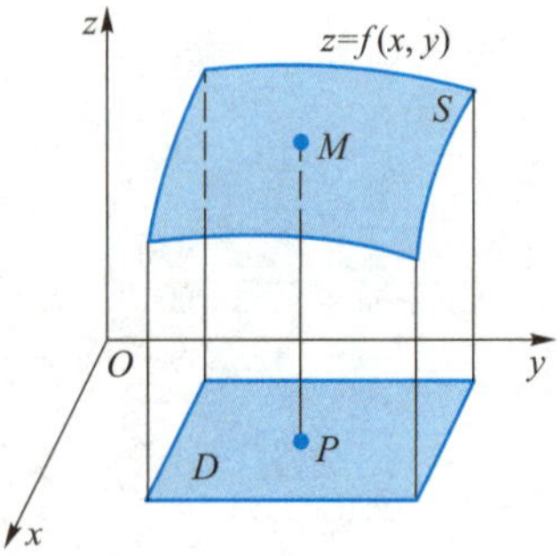

图 7–2

今后遇到的二元函数的图形大部分是三维空间中的一张曲面. 例如, 由空间解析几何知道, $z=\sqrt{1-x^2-y^2}$ 的图形是以原点为中心的单位球面的上半部分, $z=x^2+y^2$ 的图形是以原点为顶点开口向上的旋转抛物面.

如果将定义 7.1.1 中的平面点集 D 换成 n 维空间 $\mathbf{R}^n$ 内的点集, 就可类似地定义 n 元函数. 当 $n=1$ 时, n 元函数就是一元函数. 当 $n\geqslant 2$ 时, n 元函数统称为多元函数.

n 元函数通常记为

$$u=f(x_1,x_2,\cdots,x_n),\ (x_1,x_2,\cdots,x_n)\in D,$$

或

$$u=f(P),\ P=(x_1,x_2,\cdots,x_n)\in D.$$

例如, 当 $n=3$ 时, 习惯上将点 (x_1,x_2,x_3) 记为 (x,y,z), 因此三元函数可记作

$$u=f(x,y,z),(x,y,z)\in D\subset\mathbf{R}^3.$$

与一元函数类似, 对于多元函数的定义域, 我们约定: 若仅用算式 $u=f(P)$ 表示函数, 而没有明确指出定义域, 则该函数的定义域理解为使算式有意义的所有点 P 组成的集合, 也称作该函数的自然定义域.

例 1 求下列函数的定义域.

(1) $z=\ln(x^2+y^2-1)+\dfrac{1}{\sqrt{4-x^2-y^2}}$;

(2) $u=\arcsin(x^2+y^2+z^2-1)$.

解 (1) 为使算式有意义, 则

$$\begin{cases}x^2+y^2-1>0,\\4-x^2-y^2>0.\end{cases}$$

所以该函数的定义域为 $D=\{(x,y)|1<x^2+y^2<4\}$, 如图 7-3 所示.

(2) 由反正弦函数的定义域, 得 $-1\leqslant x^2+y^2+z^2-1\leqslant 1$, 所以该函数的定义域为 $D=\{(x,y,z)|x^2+y^2+z^2\leqslant 2\}$, 如图 7-4 所示.

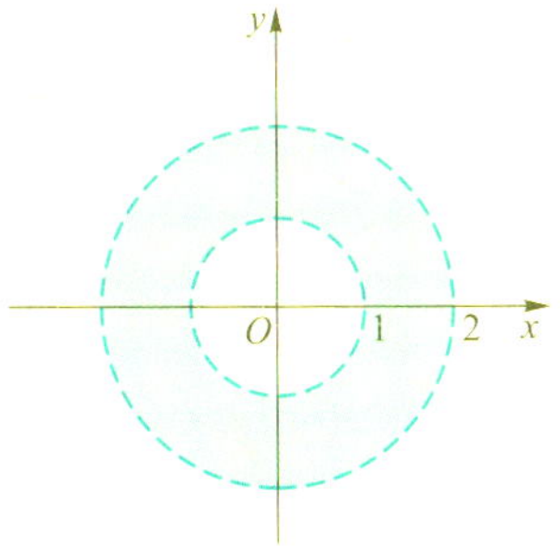

图 7-3

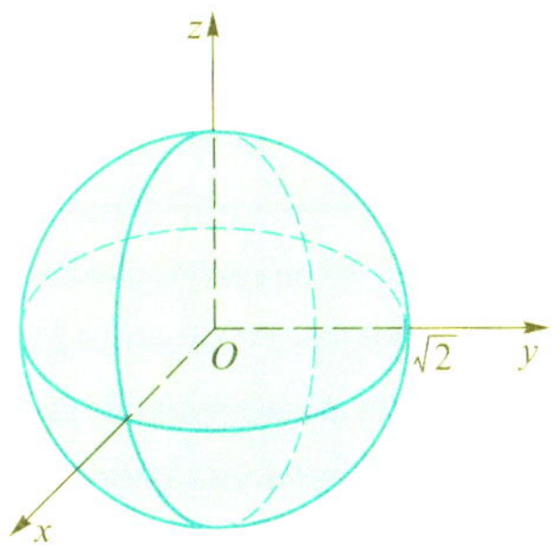

图 7-4

7.1.3 多元函数的极限

与一元函数的极限概念类似, 如果当点 $P(x,y)$ 无限趋于点 $P_0(x_0,y_0)$ 时, 对应的函数值无限接近于一个确定的常数 A, 就说 A 是二元函数 $f(x,y)$ 当 $(x,y)\to(x_0,y_0)$ 时的极限.

定义 7.1.2 设二元函数 $f(x,y)$ 的定义域为 D, 点 (x_0,y_0) 是 D 的聚点. 如果存在常数 A, 使得对于任意给定的正数 ε, 总存在正数 δ, 使得对于适合不等式

$$0<\sqrt{(x-x_0)^2+(y-y_0)^2}<\delta$$

的一切属于 D 的点 (x,y), 都有

$$|f(x,y)-A|<\varepsilon$$

成立, 则称 A 为函数 $f(x,y)$ 当 $(x,y)\to(x_0,y_0)$ 时的极限, 记作

$$\lim_{(x,y)\to(x_0,y_0)} f(x,y)=A,$$

也可记作

$$\lim_{\substack{x\to x_0\\ y\to y_0}} f(x,y)=A \text{ 或 } f(x,y)\to A\ \big((x,y)\to(x_0,y_0)\big).$$

注 在定义 7.1.2 中, 条件 "$0<\sqrt{(x-x_0)^2+(y-y_0)^2}<\delta$" 也可以用 "$|x-x_0|<\delta, |y-y_0|<\delta, (x,y)\neq(x_0,y_0)$" 替代.

区别于一元函数的极限, 称二元函数的极限为二重极限.

注 对一元函数 $f(x)$ 而言, 只要 $f(x)$ 在点 x_0 的左、右极限存在且相等, 那么 $f(x)$ 在点 x_0 的极限就存在. 但在二重极限定义中, 要求动点 (x,y) 以任意的方式趋于点 (x_0,y_0) 时, $f(x,y)$ 都无限接近于 A. 因此如果点 (x,y) 沿不同的直线或曲线趋于点 (x_0,y_0) 时, $f(x,y)$ 趋于不同的值, 或点 (x,y) 沿某一特殊的直线或曲线趋于点 (x_0,y_0) 时, $f(x,y)$ 的极限不存在, 那么就可以断定 $f(x,y)$ 在点 (x_0,y_0) 的极限不存在. 这就给我们提供了判别二元函数在某一点极限不存在的一种常用方法.

例 2 设 $f(x,y)=(x^2+y^2)\sin\dfrac{1}{x^2+y^2}$, 证明 $\lim\limits_{(x,y)\to(0,0)} f(x,y)=0$.

证 由于

$$|f(x,y)-0|=\left|(x^2+y^2)\sin\frac{1}{x^2+y^2}\right|\leqslant x^2+y^2,$$

于是 $\forall\varepsilon>0$, 取 $\delta=\sqrt{\varepsilon}$, 当 $0<\sqrt{(x-0)^2+(y-0)^2}<\delta$ 时, 有

$$|f(x,y)-0|<\varepsilon,$$

所以

$$\lim_{(x,y)\to(0,0)} f(x,y)=0.$$

例 3 考察函数

$$f(x,y)=\begin{cases}\dfrac{xy}{x^2+y^2}, & x^2+y^2\neq 0,\\ 0, & x^2+y^2=0,\end{cases}$$

当点 $(x,y)\to(0,0)$ 时的极限是否存在.

解 当点 (x,y) 沿直线 $y=kx$ 趋于点 $(0,0)$ 时有

$$\lim_{\substack{y=kx\\ x\to 0}} f(x,y)=\lim_{x\to 0}\frac{kx^2}{x^2+k^2x^2}=\frac{k}{1+k^2}.$$

该极限值随着 k 的值的不同而不同, 所以 $\lim\limits_{(x,y)\to(0,0)} f(x,y)$ 不存在.

以上关于二元函数的极限概念, 可以相应地推广到 n 元函数上去. 多元函数极限的定义在形式上与一元函数的极限定义相同, 因此多元函数的极限有与一元函数极限类似的性质, 如极限的唯一性、四则运算法则及夹逼准则等.

例 4 求 $\lim\limits_{(x,y)\to(0,2)}\dfrac{\sin(xy)}{x}$.

解 原式 $=\lim\limits_{(x,y)\to(0,2)}\left[\dfrac{\sin(xy)}{xy}\cdot y\right]=\lim\limits_{xy\to 0}\dfrac{\sin(xy)}{xy}\cdot\lim\limits_{y\to 2} y=2.$

例 5 求 $\lim\limits_{(x,y)\to(0,0)}(x+y)\sin\dfrac{1}{x^2+y^2}$.

解 因为

$$\lim_{(x,y)\to(0,0)}(x+y)=0, \qquad \left|\sin\frac{1}{x^2+y^2}\right|\leqslant 1,$$

所以由有界量与无穷小量的乘积仍为无穷小量可得

$$\lim_{(x,y)\to(0,0)}(x+y)\sin\frac{1}{x^2+y^2}=0.$$

例 6 求 $\lim\limits_{(x,y)\to(0,0)}\dfrac{xy}{\sqrt{x^2+y^2}}$.

解 因为

$$0\leqslant\left|\frac{xy}{\sqrt{x^2+y^2}}\right|\leqslant\frac{\frac{1}{2}(x^2+y^2)}{\sqrt{x^2+y^2}}=\frac{1}{2}\sqrt{x^2+y^2},$$

而

$$\lim_{(x,y)\to(0,0)}\frac{1}{2}\sqrt{x^2+y^2}=0,$$

所以由夹逼准则得

$$\lim_{(x,y)\to(0,0)}\frac{xy}{\sqrt{x^2+y^2}}=0.$$

7.1.4 多元函数的连续性

微视频 7-2
多元函数的连续性

以下以二元函数为例, 将一元函数连续的概念推广到多元函数.

定义 7.1.3 设二元函数 $f(x,y)$ 的定义域为 D, 点 (x_0,y_0) 是 D 的聚点, 且 $(x_0,y_0)\in D$. 若

$$\lim_{(x,y)\to(x_0,y_0)}f(x,y)=f(x_0,y_0),$$

则称函数 $f(x,y)$ 在点 (x_0,y_0) 连续. 若函数 $f(x,y)$ 在点 (x_0,y_0) 不连续, 则称点 (x_0,y_0) 为函数 $f(x,y)$ 的间断点.

例如, 函数

$$f(x,y)=\begin{cases}\dfrac{xy}{x^2+y^2}, & x^2+y^2\neq 0,\\ 0, & x^2+y^2=0\end{cases}$$

类似地, 可定义 n 元函数的连续性. 和一元函数一样, 多元连续函数的和、差、积、商 (在分母不为零处) 仍为连续函数; 多元连续函数的复合函数也是连续函数.

类似于一元初等函数, 多元初等函数是指由常数及具有不同自变量的一元基本初等函数经过有限次的四则运算和复合运算得到的可用一个式子表示的多元函数. 例如, $\ln(x^2+y^2)$, $\dfrac{xy}{x^2+z^2}$, e^{y+z} 等都是多元初等函数.

根据上面的讨论, 可得一般结论: 一切多元初等函数在其定义区域内是连续的. 所谓定义区域是指包含在定义域内的区域或闭区域. 因此, 多元初等函数在其定义区域内一点的极限值就是函数在该点的函数值.

的定义域 $D=\mathbf{R}^2$, 由例 3 知 $\lim\limits_{(x,y)\to(0,0)} f(x,y)$ 不存在, 所以点 $(0,0)$ 是 $f(x,y)$ 的间断点. 又如函数

$$f(x,y)=\frac{1}{x+y},$$

其定义域为

$$D=\{(x,y)|x+y\neq 0\},$$

直线 $x+y=0$ 上的点都是 D 的聚点, 而 $f(x,y)$ 在该直线上无定义, 所以直线 $x+y=0$ 上的点都是 $f(x,y)$ 的间断点.

若函数 $f(x,y)$ 在 D 的每一点都连续, 则称函数 $f(x,y)$ 在 D 上连续, 或称 $f(x,y)$ 是 D 上的连续函数.

例 7 求 $\lim\limits_{(x,y)\to(1,0)} \dfrac{\ln(x+e^y)}{\sqrt{x^2+y^2}}$.

解 函数 $f(x,y)=\dfrac{\ln(x+e^y)}{\sqrt{x^2+y^2}}$ 是多元初等函数, 在点 $(1,0)$ 的某邻域内有定义, 从而在点 $(1,0)$ 连续. 所以

$$\lim_{(x,y)\to(1,0)} \frac{\ln(x+e^y)}{\sqrt{x^2+y^2}}=f(1,0)=\ln 2.$$

例 8 求 $\lim\limits_{(x,y)\to(0,0)} \dfrac{x^2+y^2}{\sqrt{1+x^2+y^2}-1}$.

解 分母有理化, 得

$$\begin{aligned}\text{原式}&=\lim_{(x,y)\to(0,0)} \frac{(x^2+y^2)(\sqrt{1+x^2+y^2}+1)}{1+x^2+y^2-1}\\&=\lim_{(x,y)\to(0,0)}(\sqrt{1+x^2+y^2}+1)=2.\end{aligned}$$

例 9 求 $\lim\limits_{(x,y)\to(0,0)} \dfrac{xy}{\sqrt{2-e^{xy}}-1}$.

解 分母有理化, 得

$$\begin{aligned}\text{原式}&=\lim_{(x,y)\to(0,0)} \frac{xy}{1-e^{xy}}(\sqrt{2-e^{xy}}+1)\\&=\lim_{(x,y)\to(0,0)} \frac{xy}{-xy}(\sqrt{2-e^{xy}}+1)\\&=-\lim_{(x,y)\to(0,0)}(\sqrt{2-e^{xy}}+1)=-2.\end{aligned}$$

上面第二个等式利用了 $e^{xy}-1\sim xy\ ((x,y)\to(0,0))$.

与闭区间上一元连续函数的性质相类似，有界闭区域上多元连续函数也有如下重要性质：

定理 7.1.1 有界闭区域 D 上连续的多元函数，必定在 D 上有界，且能取到最大值和最小值.

定理 7.1.2 有界闭区域 D 上连续的多元函数，如果在 D 上取得两个不同的函数值，那么它必能在 D 上取得介于这两个函数值的任何值.

推论 有界闭区域 D 上连续的多元函数必取得介于最大值和最小值的任何值.

习题 7–1

A 题

1. 已知 $f(x,y)=x^2-y^2$，求 $f(x+y,x-y)$.

2. 已知 $f\left(x+y,\dfrac{y}{x}\right)=x^2-y^2$，求 $f(x,y)$.

3. 试证函数 $F(x,y)=\ln x\cdot\ln y$ 满足关系式

$$F(xy,uv)=F(x,u)+F(x,v)+F(y,u)+F(y,v).$$

4. 求下列各函数的定义域.

(1) $z=\sqrt{1-x^2}+\sqrt{y^2-1}$; (2) $z=\sqrt{y-\sqrt{x}}$;

(3) $z=\dfrac{\sqrt{1-x^2-y^2}}{x-y}$; (4) $u=\arccos\dfrac{z}{\sqrt{x^2+y^2}}$;

(5) $u=\sqrt{R^2-x^2-y^2-z^2}+\dfrac{1}{\sqrt{x^2+y^2+z^2-r^2}}\ (R>r>0)$;

(6) $u=\dfrac{1}{\sqrt{x}}+\dfrac{1}{\sqrt{y}}+\dfrac{1}{\sqrt{z}}$.

5. 求下列各极限.

(1) $\lim\limits_{(x,y)\to(1,2)}\dfrac{x+y}{x^2-xy+y^2}$; (2) $\lim\limits_{(x,y)\to(2,0)}\dfrac{\ln(1+xy)}{y}$;

(3) $\lim\limits_{(x,y)\to(0,0)}\dfrac{\arcsin(x^2+y^2)}{x^2+y^2}$; (4) $\lim\limits_{(x,y)\to(0,0)}\dfrac{2-\sqrt{xy+4}}{xy}$;

(5) $\lim\limits_{(x,y)\to(0,0)}\dfrac{\cos(xy)-1}{\sqrt{x^2y^2+1}-1}$; (6) $\lim\limits_{(x,y)\to(0,0)}\left(x\sin\dfrac{1}{y}+y\sin\dfrac{1}{x}\right)$;

(7) $\lim\limits_{\substack{x\to\infty\\ y\to a}}\left(1+\dfrac{1}{x}\right)^{\frac{x^2}{x+y}}$; (8) $\lim\limits_{\substack{x\to+\infty\\ y\to+\infty}}\left(\dfrac{xy}{x^2+y^2}\right)^{x}$.

6. 下列函数在何处间断?

(1) $z=\dfrac{y^2+2x}{y^2-2x}$;　　(2) $z=\ln(1-x^2-y^2)$.

7. 判断下列极限是否存在, 并说明理由.

(1) $\lim\limits_{(x,y)\to(0,0)}\dfrac{x+y}{x-y}$;　　(2) $\lim\limits_{(x,y)\to(0,0)}\dfrac{x^2}{x^2+y^2}$.

B 题

1. 求下列各极限.

(1) $\lim\limits_{(x,y)\to(0,0)}\dfrac{x^3+y^3}{x^2+y^2}$;　　(2) $\lim\limits_{(x,y)\to(0,0)}\dfrac{1-\cos(x^2+y^2)}{(x^2+y^2)\mathrm{e}^{x^2y^2}}$;

(3) $\lim\limits_{\substack{x\to+\infty\\ y\to+\infty}}\dfrac{x+y}{x^2+y^2}$;　　(4) $\lim\limits_{\substack{x\to\infty\\ y\to 2}}\dfrac{x^2y}{x+y}\ln\left(1-\dfrac{1}{xy}\right)$.

2. 证明极限 $\lim\limits_{(x,y)\to(0,0)}\dfrac{x^2y^2}{x^2y^2+(x-y)^2}$ 不存在.

3. 判断函数

$$f(x,y)=\begin{cases}\dfrac{\sin(xy)}{\sqrt{x^2+y^2}}, & x^2+y^2\neq 0,\\ 0, & x^2+y^2=0\end{cases}$$

在原点 $(0,0)$ 处的连续性.

4. 设 $F(x,y)=f(x)$, $f(x)$ 在 x_0 处连续, 证明: 对任意 $y_0\in\mathbf{R}$, $F(x,y)$ 在 (x_0,y_0) 处连续.

7.2 偏导数

PPT 课件 7-2 偏导数

7.2.1 偏导数的定义及其计算方法

对于一元函数, 其导数定义为函数增量与自变量增量的比值的极限, 它刻画了函数对于自变量的变化率. 但多元函数的自变量不止一个, 因变量与自变量的关系要比一元函数复杂. 本节先考虑多元函数关于其中一个自变量的变化率. 以二元函数 $z=f(x,y)$ 为例, 若先将自变量 y 固定, 例如固定 $y=y_0$ (常数), 则 $z=f(x,y_0)$ 就是 x 的一元函数, 它对 x 的导数就称为二元函数 $z=f(x,y)$ 对 x 的偏导数. 具体定义如下:

定义 7.2.1 设函数 $z=f(x,y)$ 在点 (x_0,y_0) 的某一邻域内有定义. 当 y 固定在 y_0, 而 x 在 x_0 处有增量 Δx 时, 相应的函数有增量(也称为对 x 的偏增量)

$$f(x_0+\Delta x,y_0)-f(x_0,y_0).$$

若

$$\lim_{\Delta x\to 0}\frac{f(x_0+\Delta x,y_0)-f(x_0,y_0)}{\Delta x}$$

存在, 则称此极限为函数 $z=f(x,y)$ 在点 (x_0,y_0) 处对 x 的偏导数, 记作

$$\left.\frac{\partial z}{\partial x}\right|_{\substack{x=x_0\\y=y_0}},\quad \left.\frac{\partial f}{\partial x}\right|_{\substack{x=x_0\\y=y_0}},\quad z_x(x_0,y_0)\text{ 或 }f_x(x_0,y_0).$$

类似地, 函数 $z=f(x,y)$ 在点 (x_0,y_0) 处对 y 的偏导数定义为

$$\lim_{\Delta y\to 0}\frac{f(x_0,y_0+\Delta y)-f(x_0,y_0)}{\Delta y},$$

记作

$$\left.\frac{\partial z}{\partial y}\right|_{\substack{x=x_0\\y=y_0}},\quad \left.\frac{\partial f}{\partial y}\right|_{\substack{x=x_0\\y=y_0}},\quad z_y(x_0,y_0)\text{ 或 }f_y(x_0,y_0).$$

如果函数 $z=f(x,y)$ 在区域 D 内每一点 (x,y) 处对 x 的偏导数都存在, 那么这个偏导数仍是 x,y 的函数, 称它为函数 $z=f(x,y)$ 对 x 的偏导函数, 记作

$$\frac{\partial z}{\partial x},\ \frac{\partial f}{\partial x},\ z_x\text{ 或 }f_x(x,y).$$

类似地, 可定义函数 $z=f(x,y)$ 对 y 的偏导函数, 记作

$$\frac{\partial z}{\partial y},\ \frac{\partial f}{\partial y},\ z_y\text{ 或 }f_y(x,y).$$

由偏导数的定义可知,

$$f_x(x_0,y_0)=f_x(x,y)\Big|_{(x_0,y_0)},\qquad f_y(x_0,y_0)=f_y(x,y)\Big|_{(x_0,y_0)}.$$

今后在不会产生混淆的情况下, 偏导函数也简称偏导数.

偏导数的定义可以推广到三元及三元以上的函数. 例如, 三元函数 $u=f(x,y,z)$ 在点 (x,y,z) 处对 x 的偏导数定义为

$$f_x(x,y,z)=\lim_{\Delta x\to 0}\frac{f(x+\Delta x,y,z)-f(x,y,z)}{\Delta x},$$

注 从偏导数的定义可以得知, 求多元函数对某一个自变量的偏导数, 就是先把其他自变量看作常量, 从而变成一元函数的求导问题. 例如, 设二元函数 $z=f(x,y)$, 求 $\dfrac{\partial f}{\partial x}$ 时, 只要把 y 看作常量而对 x 求导数; 求 $\dfrac{\partial f}{\partial y}$ 时, 只要把 x 看作常量而对 y 求导数. 因此一元函数的求导公式和求导法则, 对多元函数仍然适用.

其中 $u=f(x,y,z)$ 在点 (x,y,z) 的某一邻域内有定义.

例 1 求 $z=x^2+xy^2+1$ 在点 $(2,1)$ 的偏导数.

解 把 y 看作常量, 对 x 求导得

$$\frac{\partial z}{\partial x}=2x+y^2;$$

把 x 看作常量, 对 y 求导得

$$\frac{\partial z}{\partial y}=2xy.$$

将 $(2,1)$ 代入上面的结果, 得

$$\left.\frac{\partial z}{\partial x}\right|_{\substack{x=2\\y=1}}=2\times 2+1^2=5,$$

$$\left.\frac{\partial z}{\partial y}\right|_{\substack{x=2\\y=1}}=2\times 2\times 1=4.$$

例 2 求 $z=x^y\ (x>0,x\neq 1)$ 的偏导数.

解

$$\frac{\partial z}{\partial x}=y\cdot x^{y-1},$$

$$\frac{\partial z}{\partial y}=x^y\ln x.$$

例 3 求 $u=\ln(x+y^2+z^3)$ 的偏导数.

解 把 y,z 看作常量, 对 x 求导得

$$\frac{\partial u}{\partial x}=\frac{1}{x+y^2+z^3};$$

把 x,z 看作常量, 对 y 求导得

$$\frac{\partial u}{\partial y}=\frac{2y}{x+y^2+z^3};$$

把 x,y 看作常量, 对 z 求导得

$$\frac{\partial u}{\partial z}=\frac{3z^2}{x+y^2+z^3}.$$

例 4 已知理想气体的状态方程为 $pV=RT$ (R 为常数), 证明

$$\frac{\partial p}{\partial V}\cdot\frac{\partial V}{\partial T}\cdot\frac{\partial T}{\partial p}=-1.$$

证 因为

$$p=\frac{RT}{V},\qquad \frac{\partial p}{\partial V}=-\frac{RT}{V^2};$$

$$V=\frac{RT}{p},\qquad \frac{\partial V}{\partial T}=\frac{R}{p};$$

$$T=\frac{pV}{R},\qquad \frac{\partial T}{\partial p}=\frac{V}{R},$$

所以

$$\frac{\partial p}{\partial V}\cdot\frac{\partial V}{\partial T}\cdot\frac{\partial T}{\partial p}=-\frac{RT}{V^2}\cdot\frac{R}{p}\cdot\frac{V}{R}=-\frac{RT}{pV}=-1.$$

注 上式表明偏导数的记号是一个整体的记号，不能看作分子与分母之商，这一点与一元函数的导数 $\frac{\mathrm{d}y}{\mathrm{d}x}$ 可看作微分 $\mathrm{d}y$ 与 $\mathrm{d}x$ 的商是不同的.

我们知道，一元函数可导必定连续，但对于多元函数，可偏导与连续没有必然的联系，多元函数可偏导未必连续，函数连续也未必可偏导.

例 5 设函数

$$f(x,y)=\begin{cases}\dfrac{xy}{x^2+y^2}, & x^2+y^2\neq 0,\\ 0, & x^2+y^2=0,\end{cases}$$

求 $f_x(0,0)$，$f_y(0,0)$.

解 由偏导数的定义，

$$f_x(0,0)=\lim_{\Delta x\to 0}\frac{f(0+\Delta x,0)-f(0,0)}{\Delta x}=\lim_{\Delta x\to 0}\frac{0-0}{\Delta x}=0,$$

$$f_y(0,0)=\lim_{\Delta y\to 0}\frac{f(0,0+\Delta y)-f(0,0)}{\Delta y}=\lim_{\Delta y\to 0}\frac{0-0}{\Delta y}=0.$$

而在上一节中已经知道该函数在点 $(0,0)$ 不连续.

例 6 设函数 $f(x,y)=\sqrt{x^2+y^2}$，易知 $f(x,y)$ 在点 $(0,0)$ 连续，但

$$\lim_{\Delta x\to 0}\frac{f(0+\Delta x,0)-f(0,0)}{\Delta x}=\lim_{\Delta x\to 0}\frac{|\Delta x|}{\Delta x},$$

和

$$\lim_{\Delta y\to 0}\frac{f(0,0+\Delta y)-f(0,0)}{\Delta y}=\lim_{\Delta y\to 0}\frac{|\Delta y|}{\Delta y}$$

都不存在，即 $f_x(0,0)$ 和 $f_y(0,0)$ 都不存在.

7.2.2 偏导数的几何意义

在空间直角坐标系中，二元函数 $z=f(x,y)$ 的图形是一个曲面，记为 S. 由偏导数的定义可知，

$$f_x(x_0,y_0)=\left.\frac{\mathrm{d}f(x,y_0)}{\mathrm{d}x}\right|_{x=x_0},$$

$$f_y(x_0,y_0)=\left.\frac{\mathrm{d}f(x_0,y)}{\mathrm{d}y}\right|_{y=y_0}.$$

所以由一元函数导数的几何意义得:

$f_x(x_0,y_0)$ 就是曲面 S 与平面 $y=y_0$ 的交线

$$\Gamma_1:\begin{cases}z=f(x,y),\\ y=y_0\end{cases}$$

在点 $M_0(x_0,y_0,f(x_0,y_0))$ 处的切线对 x 轴的斜率; 而 $f_y(x_0,y_0)$ 就是曲面 S 与平面 $x=x_0$ 的交线

$$\Gamma_2:\begin{cases}z=f(x,y),\\ x=x_0\end{cases}$$

在点 $M_0(x_0,y_0,f(x_0,y_0))$ 处的切线对 y 轴的斜率 (图 7–5).

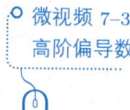

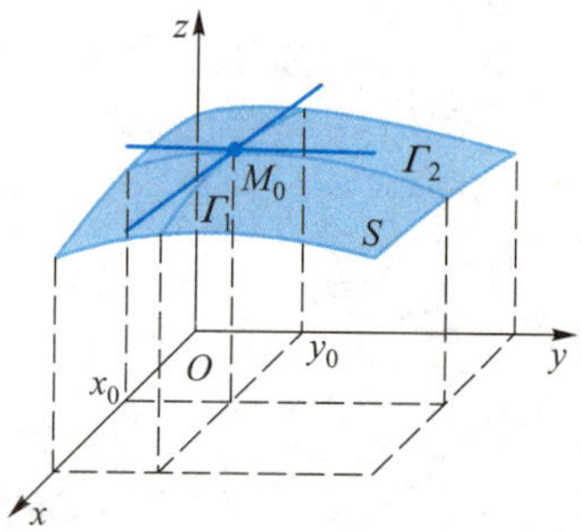

图 7–5

7.2.3 高阶偏导数

微视频 7–3 高阶偏导数

设函数 $z=f(x,y)$ 在区域 D 内具有偏导数

$$\frac{\partial z}{\partial x}=f_x(x,y),\qquad \frac{\partial z}{\partial y}=f_y(x,y),$$

则在 D 内 $f_x(x,y)$ 和 $f_y(x,y)$ 仍然是 x,y 的函数. 若这两个偏导函数的偏导数也存在, 则称它们是函数 $z=f(x,y)$ 的**二阶偏导数**.

按照对自变量的求导次序的不同, 函数 $z=f(x,y)$ 有以下四个二阶偏导数:

$$\frac{\partial}{\partial x}\left(\frac{\partial z}{\partial x}\right)=\frac{\partial^2 z}{\partial x^2}=f_{xx}(x,y),\qquad \frac{\partial}{\partial y}\left(\frac{\partial z}{\partial x}\right)=\frac{\partial^2 z}{\partial x\partial y}=f_{xy}(x,y),$$

$$\frac{\partial}{\partial x}\left(\frac{\partial z}{\partial y}\right)=\frac{\partial^2 z}{\partial y\partial x}=f_{yx}(x,y),\qquad \frac{\partial}{\partial y}\left(\frac{\partial z}{\partial y}\right)=\frac{\partial^2 z}{\partial y^2}=f_{yy}(x,y).$$

其中 $f_{xy}(x,y)$ 和 $f_{yx}(x,y)$ 称为**混合偏导数**. 类似可定义三阶、四阶以及更高阶的偏导数. 二阶及二阶以上的偏导数统称为**高阶偏导数**.

例 7 求 $z=x^3y^3+2x^2y-y^3$ 的二阶偏导数及 $\dfrac{\partial^3 z}{\partial x^3}$.

解 $\dfrac{\partial z}{\partial x}=3x^2y^3+4xy,\qquad \dfrac{\partial z}{\partial y}=3x^3y^2+2x^2-3y^2;$

$\dfrac{\partial^2 z}{\partial x^2}=6xy^3+4y,\qquad \dfrac{\partial^2 z}{\partial x\partial y}=9x^2y^2+4x;$

$$\frac{\partial^2 z}{\partial y \partial x} = 9x^2y^2 + 4x, \qquad \frac{\partial^2 z}{\partial y^2} = 6x^3y - 6y;$$
$$\frac{\partial^3 z}{\partial x^3} = 6y^3.$$

注 在例 7 中两个二阶混合偏导数相等, 即 $\frac{\partial^2 z}{\partial x \partial y} = \frac{\partial^2 z}{\partial y \partial x}$. 也就是说, 这个函数的混合偏导数与先对 x 还是先对 y 求导的顺序无关. 但这个结论并不是对任意的函数都成立 (如本节习题 B 中第 4 题). 但可以证明, 如果 $f_{xy}(x,y)$ 和 $f_{yx}(x,y)$ 在点 (x,y) 作为二元函数都是连续的, 那么两者必相等. 这就是下面的定理:

定理 7.2.1 如果函数 $z = f(x,y)$ 的两个二阶混合偏导数 $f_{xy}(x,y)$ 及 $f_{yx}(x,y)$ 在区域 D 内连续, 那么在 D 内

$$f_{xy}(x,y) = f_{yx}(x,y).$$

定理 7.2.1 的证明从略, 它说明二阶混合偏导数在连续的条件下与求导的次序无关.

类似可定义二元以上的函数的高阶偏导数, 而且高阶混合偏导数在连续的条件下也与求导的次序无关.

例 8 设 $u = xy^2 \sin z$, 求 u_{xyz}.

解 $u_x = y^2 \sin z, u_{xy} = 2y \sin z, u_{xyz} = 2y \cos z$.

例 9 验证函数 $z = \ln \sqrt{x^2 + y^2}$ 满足拉普拉斯方程

$$\frac{\partial^2 z}{\partial x^2} + \frac{\partial^2 z}{\partial y^2} = 0.$$

解 $z = \ln \sqrt{x^2 + y^2} = \frac{1}{2} \ln(x^2 + y^2)$, 所以

$$\frac{\partial z}{\partial x} = \frac{x}{x^2 + y^2}, \qquad \frac{\partial z}{\partial y} = \frac{y}{x^2 + y^2},$$
$$\frac{\partial^2 z}{\partial x^2} = \frac{(x^2 + y^2) - x \cdot 2x}{(x^2 + y^2)^2} = \frac{y^2 - x^2}{(x^2 + y^2)^2},$$
$$\frac{\partial^2 z}{\partial y^2} = \frac{(x^2 + y^2) - y \cdot 2y}{(x^2 + y^2)^2} = \frac{x^2 - y^2}{(x^2 + y^2)^2}.$$

因此
$$\frac{\partial^2 z}{\partial x^2} + \frac{\partial^2 z}{\partial y^2} = \frac{y^2 - x^2}{(x^2 + y^2)^2} + \frac{x^2 - y^2}{(x^2 + y^2)^2} = 0.$$

例 10 验证函数 $u = \frac{1}{r}$ 满足拉普拉斯方程

$$\frac{\partial^2 u}{\partial x^2} + \frac{\partial^2 u}{\partial y^2} + \frac{\partial^2 u}{\partial z^2} = 0,$$

其中 $r = \sqrt{x^2 + y^2 + z^2}$.

证
$$\frac{\partial u}{\partial x}=-\frac{1}{r^2}\frac{\partial r}{\partial x}=-\frac{1}{r^2}\cdot\frac{x}{r}=-\frac{x}{r^3},$$
$$\frac{\partial^2 u}{\partial x^2}=-\frac{1}{r^3}+\frac{3x}{r^4}\cdot\frac{\partial r}{\partial x}=-\frac{1}{r^3}+\frac{3x^2}{r^5}.$$

利用对称性, 得

$$\frac{\partial^2 u}{\partial y^2}=-\frac{1}{r^3}+\frac{3y^2}{r^5},\qquad \frac{\partial^2 u}{\partial z^2}=-\frac{1}{r^3}+\frac{3z^2}{r^5}.$$

因此

$$\frac{\partial^2 u}{\partial x^2}+\frac{\partial^2 u}{\partial y^2}+\frac{\partial^2 u}{\partial z^2}=-\frac{3}{r^3}+\frac{3(x^2+y^2+z^2)}{r^5}=-\frac{3}{r^3}+\frac{3r^2}{r^5}=0.$$

7.2.4 偏边际与偏弹性

与一元经济函数的边际分析与弹性分析相类似, 对多元经济函数也可进行边际与弹性分析, 即多元函数的偏边际与偏弹性, 它们在经济学中有广泛的应用. 这里仅以需求函数为例给出分析与讨论.

1. 需求函数的边际分析

设有 A,B 两种相关的商品, 可以认为 A 与 B 的需求量 Q_1 和 Q_2 分别是两种商品的价格 P_1 和 P_2 以及消费者的收入 y 的函数, 即

$$\begin{cases}Q_1=Q_1(P_1,P_2,y),\\ Q_2=Q_2(P_1,P_2,y).\end{cases}\tag{7–1}$$

有以下六个偏导数:

$$\frac{\partial Q_1}{\partial P_1},\ \frac{\partial Q_1}{\partial P_2},\ \frac{\partial Q_1}{\partial y},\ \frac{\partial Q_2}{\partial P_1},\ \frac{\partial Q_2}{\partial P_2},\ \frac{\partial Q_2}{\partial y},$$

称 $\frac{\partial Q_1}{\partial P_1}$ 为商品 A 的需求函数关于 P_1 的偏边际需求, 它表示商品 B 的价格和消费者的收入固定时, 商品 A 的价格变化 1 个单位时, A 的需求量 Q_1 的近似改变量. 称 $\frac{\partial Q_1}{\partial y}$ 为商品 A 的需求函数关于消费者收入 y 的偏边际需求, 它表示当商品 A,B 的价格均固定时, 消费者收入变化 1 个单位时, A 的需求量 Q_1 的近似改变量. 可以类似地解释其他偏边际的经济意义.

一般来说, 当 P_2, y 都固定时, Q_1 是 P_1 的单调递减函数, 即有 $\dfrac{\partial Q_1}{\partial P_1} < 0$; 而当 P_1, P_2 固定时, Q_1 是消费者收入 y 的单调增加函数, 即 $\dfrac{\partial Q_1}{\partial y} > 0$.

如果 $\dfrac{\partial Q_1}{\partial P_2} > 0$ 及 $\dfrac{\partial Q_2}{\partial P_1} > 0$, 那么两种商品中任意一个价格减少, 将使其中一个需求量减少, 另一个需求量增加, 此时称 A, B 两种商品为替代品. 例如钢笔与圆珠笔就是替代品. 如果 $\dfrac{\partial Q_1}{\partial P_2} < 0$ 和 $\dfrac{\partial Q_2}{\partial P_1} < 0$, 那么两种商品中任一个价格减少, 都将使需求量 Q_1 和 Q_2 同时增加, 此时称 A, B 两种商品为互补品. 例如汽车和汽油就是互补品.

例 11 设 A, B 两种商品是彼此相关的, 它们的需求函数分别为

$$Q_A = 100 - P_A + 3aP_B, \quad Q_B = 200 + 2aP_A - 2P_B \ (a \neq 0).$$

试确定 A, B 两种商品的关系.

解 直接计算得

$$\frac{\partial Q_A}{\partial P_B} = 3a, \quad \frac{\partial Q_B}{\partial P_A} = 2a.$$

因此, 当 $a > 0$ 时, A, B 两种商品是替代品; 当 $a < 0$ 时, 则是互补品.

2. 需求函数的偏弹性

设 A, B 两种商品的需求函数由式 (7–1) 表示, 需求量 Q_1 与 Q_2 对价格 P_1 的偏弹性分别定义为

$$E_{AA} = E_{11} = \frac{P_1}{Q_1}\frac{\partial Q_1}{\partial P_1}, \quad E_{BA} = E_{21} = \frac{P_1}{Q_2}\frac{\partial Q_2}{\partial P_1}.$$

类似可定义需求量 Q_1 与 Q_2 对价格 P_2 的偏弹性为

$$E_{AB} = E_{12} = \frac{P_2}{Q_1}\frac{\partial Q_1}{\partial P_2}, \quad E_{BB} = E_{22} = \frac{P_2}{Q_2}\frac{\partial Q_2}{\partial P_2}.$$

E_{11}, E_{22} 分别是商品 A, B 的需求量对自身价格的偏弹性, 称为直接价格偏弹性 (或自价格弹性), 而 E_{12}, E_{21} 则是商品 A, B 的需求量对商品 B, A 的价格的偏弹性, 称为交叉价格偏弹性 (或互价格弹性).

偏弹性具有明确的经济意义. 例如, E_{12} 表示商品 B 的价格 P_2 改变 1% 时, 商品 A 的需求量 Q_1 改变的百分数. 对其他偏弹性可作类

似的解释. 通常有 $E_{ii}<0$, 即一种商品提价时其需求量会下降. 当 $|E_{ii}|>1$ 时, 商品提价的百分数小于其需求量下降的百分数, 通常可以认为它是奢侈品; 反之, 当 $|E_{ii}|<1$ 时, 则该商品是必需品. 此外, 若 $E_{12}>0$, 则商品 B 提价将使商品 A 的需求量增加, 商品 A 可作为商品 B 的替代品; 反之, 若 $E_{12}<0$, 则商品 A 为商品 B 的互补品. E_{21} 的符号也有类似的经济意义.

除了上述 4 种偏弹性, 还有需求对消费者收入 y 的偏弹性

$$E_{iy}=\frac{y}{Q_i}\frac{\partial Q_i}{\partial y}\quad(i=1,2).$$

若 $E_{1y}>0$, 它表明商品 A 的需求量随着消费者收入的增加而增加, 所以 A 为正常品; 而 $E_{1y}<0$ 则表明商品 A 是低档品或劣质品. E_{2y} 的符号也有类似的经济意义.

例 12　设两种相关商品 A,B 的需求量 Q_1,Q_2 与价格 P_1,P_2 之间的需求函数关系为

$$Q_1=\frac{P_2}{P_1},\quad Q_2=\frac{P_1^2}{P_2}.$$

求需求的各种价格偏弹性.

解　直接计算得

$$E_{11}=\frac{P_1}{Q_1}\frac{\partial Q_1}{\partial P_1}=\frac{P_1^2}{P_2}\cdot\left(-\frac{P_2}{P_1^2}\right)=-1,$$

$$E_{22}=\frac{P_2}{Q_2}\frac{\partial Q_2}{\partial P_2}=\frac{P_2^2}{P_1^2}\cdot\left(-\frac{P_1^2}{P_2^2}\right)=-1,$$

$$E_{12}=\frac{P_2}{Q_1}\frac{\partial Q_1}{\partial P_2}=P_1\cdot\frac{1}{P_1}=1,\quad E_{21}=\frac{P_1}{Q_2}\frac{\partial Q_2}{\partial P_1}=\frac{P_2}{P_1}\cdot\frac{2P_1}{P_2}=2.$$

由 $E_{12}>0,E_{21}>0$ 知, 这两种商品是替代品.

习题 7–2

A 题

1. 求下列函数的偏导数.

(1) $z=x^3y-y^3x$;　　(2) $z=\dfrac{1}{\sqrt{x^2+y^2}}$;

(3) $z = xy + \frac{x}{y}$;　　(4) $z = \tan\left(\frac{x^2}{y}\right)$;

(5) $z = \sin(xy) + \cos^2(xy)$;　　(6) $z = x^2\ln(x^2 + y^2)$;

(7) $z = (1 + xy)^y$;　　(8) $u = \frac{y}{x} + \frac{z}{y} - \frac{x}{z}$;

(9) $u = \sqrt{x^2 + y^2 + z^2}$;　　(10) $u = x^{\frac{y}{z}}$.

2. 设 $z = \mathrm{e}^{-\left(\frac{1}{x}+\frac{1}{y}\right)}$, 求证 $x^2\frac{\partial z}{\partial x} + y^2\frac{\partial z}{\partial y} = 2z$.

3. 设 $f(x, y) = x + (y - 1)\arcsin\sqrt{\frac{x}{y}}$, 求 $f_x(x, 1)$.

4. 曲线 $\begin{cases} z = \frac{x^2 + y^2}{4}, \\ y = 4 \end{cases}$ 在点 $(2, 4, 5)$ 处的切线对于 x 轴的倾角是多少?

5. 求下列函数的二阶偏导数 $\frac{\partial^2 z}{\partial x^2}$, $\frac{\partial^2 z}{\partial x\partial y}$ 和 $\frac{\partial^2 z}{\partial y^2}$.

(1) $z = x\sin(x + y) + y\cos(x + y)$;　　(2) $z = y^x$.

6. 设 $z = x\ln(xy)$, 求 $\frac{\partial^3 z}{\partial x^2\partial y}$, $\frac{\partial^3 z}{\partial x\partial y^2}$.

7. 验证:

(1) $y = \mathrm{e}^{-kn^2t}\sin(nx)$ 满足热传导方程 $\frac{\partial y}{\partial t} = k\frac{\partial^2 y}{\partial x^2}$;

(2) $u = \sqrt{x^2 + y^2 + z^2}$ 满足方程 $\frac{\partial^2 u}{\partial x^2} + \frac{\partial^2 u}{\partial y^2} + \frac{\partial^2 u}{\partial z^2} = \frac{2}{u}$.

8. 设 A, B 两种商品是彼此相关的, 它们的需求函数分别为 $Q_A = 2P_A^{-2}P_B^a$, $Q_B = 3P_A^{2a}P_B^{-1}$ $(a \neq 0)$. 试求需求函数的各种偏边际需求, 并讨论 A, B 两种商品间的关系.

9. 设某商品的需求量 Q_1 与其价格 P_1, 另一种商品的价格 P_2 及消费者收入 y 之间满足关系 $Q_1 = CP_1^{-\alpha}P_2^{-\beta}y^{\gamma}$, 其中 C, α, β, γ 均为正常数. 试求直接价格偏弹性 E_{11}, 交叉价格偏弹性 E_{12} 及需求收入偏弹性 E_{1y}.

B 题

1. 填空题.

(1) (考研真题, 2011 年数学一) 设函数 $F(x, y) = \int_0^{xy}\frac{\sin t}{1 + t^2}\mathrm{d}t$, 则 $\left.\frac{\partial^2 F}{\partial x^2}\right|_{\substack{x=0\\y=2}}$ =____;

(2) (考研真题, 2008 年数学二) 设 $z = \left(\frac{y}{x}\right)^{\frac{x}{y}}$, 则 $\left.\frac{\partial z}{\partial x}\right|_{\substack{x=1\\y=2}}$ =____.

2. 设 $u = xyz\mathrm{e}^{x+y+z}$, 求 $\frac{\partial^{p+q+r}u}{\partial x^p\partial y^q\partial z^r}$.

3. 设 $f(x, y) = \int_0^{xy}\mathrm{e}^{-t^2}\mathrm{d}t$, 求 $\frac{x}{y}\frac{\partial^2 f}{\partial x^2} - 2\frac{\partial^2 f}{\partial x\partial y} + \frac{y}{x}\frac{\partial^2 f}{\partial y^2}$.

4. 设函数

$$f(x,y)=\begin{cases} xy\dfrac{x^2-y^2}{x^2+y^2}, & x^2+y^2\neq 0,\\ 0, & x^2+y^2=0,\end{cases}$$

求 $f_{xy}(0,0)$, $f_{yx}(0,0)$.

5. (考研真题, 2012 年数学三) 某企业为生产甲、乙两种型号的产品, 投入的固定成本为 10 000 万元. 设该企业生产甲、乙两种产品的产量分别为 x 件和 y 件, 且两种产品的边际成本分别为 $\left(20+\dfrac{x}{2}\right)$ 万元/件与 $(6+y)$ 万元/件.

(1) 求生产甲乙两种产品的总成本函数 $C(x,y)$;

(2) 当总产量为 50 件时, 甲乙两种产品的产量各为多少时可以使总成本最小? 求最小成本;

(3) 求总产量为 50 件时且总成本最小时甲产品的边际成本, 并解释其经济意义.

6. (考研真题, 2023 年数学三) 已知函数 $f(x,y)=\ln(y+|x\sin y|)$, 则 (　　).

(A) $\left.\dfrac{\partial f}{\partial x}\right|_{\substack{x=0\\y=1}}$ 不存在, $\left.\dfrac{\partial f}{\partial y}\right|_{\substack{x=0\\y=1}}$ 存在　(B) $\left.\dfrac{\partial f}{\partial x}\right|_{\substack{x=0\\y=1}}$ 存在, $\left.\dfrac{\partial f}{\partial y}\right|_{\substack{x=0\\y=1}}$ 不存在

(C) $\left.\dfrac{\partial f}{\partial x}\right|_{\substack{x=0\\y=1}}$ 存在, $\left.\dfrac{\partial f}{\partial y}\right|_{\substack{x=0\\y=1}}$ 存在　(D) $\left.\dfrac{\partial f}{\partial x}\right|_{\substack{x=0\\y=1}}$ 不存在, $\left.\dfrac{\partial f}{\partial y}\right|_{\substack{x=0\\y=1}}$ 不存在

7. (考研真题, 2022 年数学二) 设函数 $f(t)$ 连续, 令 $F(x,y)=\displaystyle\int_0^{x-y}(x-y-t)f(t)\mathrm{d}t$, 则 (　　).

(A) $\dfrac{\partial F}{\partial x}=\dfrac{\partial F}{\partial y}$, $\dfrac{\partial^2 F}{\partial x^2}=\dfrac{\partial^2 F}{\partial y^2}$　(B) $\dfrac{\partial F}{\partial x}=\dfrac{\partial F}{\partial y}$, $\dfrac{\partial^2 F}{\partial x^2}=-\dfrac{\partial^2 F}{\partial y^2}$

(C) $\dfrac{\partial F}{\partial x}=-\dfrac{\partial F}{\partial y}$, $\dfrac{\partial^2 F}{\partial x^2}=\dfrac{\partial^2 F}{\partial y^2}$　(D) $\dfrac{\partial F}{\partial x}=-\dfrac{\partial F}{\partial y}$, $\dfrac{\partial^2 F}{\partial x^2}=-\dfrac{\partial^2 F}{\partial y^2}$

8. (考研真题, 2020 年数学一) 设函数 $f(x,y)=\displaystyle\int_0^{xy}\mathrm{e}^{xt^2}\mathrm{d}t$, 则 $\left.\dfrac{\partial^2 f}{\partial x\partial y}\right|_{\substack{x=1\\y=1}}=$ ________.

7.3 全微分

PPT 课件 7-3
全微分

7.3.1 全微分的定义

在偏导数一节中, 讨论的是多元函数关于它的一个自变量的变化

率. 但在许多实际问题中, 需要研究当多元函数中每个自变量都取得增量时函数所获得的增量问题. 例如, 一圆柱体的底半径为 r, 高为 h, 体积为 $V(r,h)=\pi r^2h$. 当底半径和高分别产生增量 Δr 和 Δh 时, 如何估计体积的改变量

$$\Delta V=V(r+\Delta r,h+\Delta h)-V(r,h).$$

以下以二元函数为例进行讨论. 设函数 $z=f(x,y)$ 在点 (x,y) 的某邻域内有定义, $(x+\Delta x,y+\Delta y)$ 为该邻域内任意一点, 称

$$\Delta z=f(x+\Delta x,y+\Delta y)-f(x,y)$$

为函数 $z=f(x,y)$ 在点 (x,y) 的全增量.

与一元函数类似, 我们希望用自变量的增量 $\Delta x,\Delta y$ 的线性函数来近似代替函数的全增量 Δz, 从而引入如下定义.

定义 7.3.1 设函数 $z=f(x,y)$ 在点 (x,y) 的某邻域内有定义, 如果 $f(x,y)$ 在点 (x,y) 的全增量

$$\Delta z=f(x+\Delta x,y+\Delta y)-f(x,y)$$

可表示为

$$\Delta z=A\Delta x+B\Delta y+o(\rho), \tag{7-2}$$

其中 A,B 与 $\Delta x,\Delta y$ 无关而仅与 x,y 有关, $\rho=\sqrt{(\Delta x)^2+(\Delta y)^2}$, 则称函数 $z=f(x,y)$ 在点 (x,y) 可微分, 并称 $A\Delta x+B\Delta y$ 为函数 $z=f(x,y)$ 在点 (x,y) 的全微分, 记作 $\mathrm{d}z$, 即

$$\mathrm{d}z=A\Delta x+B\Delta y.$$

习惯上, 将自变量的增量 Δx, Δy 分别记为 $\mathrm{d}x$, $\mathrm{d}y$, 则函数 $z=f(x,y)$ 在点 (x,y) 的全微分可写成

$$\mathrm{d}z=A\mathrm{d}x+B\mathrm{d}y.$$

7.3.2 可微分的条件

定理 7.3.1 (可微的必要条件) 若函数 $z=f(x,y)$ 在点 (x,y) 可微分, 则

(1) $f(x,y)$ 在点 (x,y) 处连续;

(2) $f(x,y)$ 在点 (x,y) 的偏导数 $\dfrac{\partial z}{\partial x}$, $\dfrac{\partial z}{\partial y}$ 存在, 且函数 $z=f(x,y)$

在点 (x,y) 的全微分为

$$\mathrm{d}z = \frac{\partial z}{\partial x}\mathrm{d}x + \frac{\partial z}{\partial y}\mathrm{d}y.$$

证 (1) 因为 $z = f(x,y)$ 在点 (x,y) 可微分，所以由式 (7–2) 可得 $\lim\limits_{\rho \to 0} \Delta z = 0$，即

$$\lim_{(\Delta x, \Delta y) \to (0,0)} f(x + \Delta x, y + \Delta y) = f(x,y),$$

所以 $f(x,y)$ 在点 (x,y) 处连续.

(2) 因为 $z = f(x,y)$ 在点 (x,y) 可微分，所以在式 (7–2) 中令 $\Delta y = 0$，得

$$f(x + \Delta x, y) - f(x,y) = A\Delta x + o(|\Delta x|),$$

于是

$$\lim_{\Delta x \to 0} \frac{f(x + \Delta x, y) - f(x,y)}{\Delta x} = A + \lim_{\Delta x \to 0} \frac{o(|\Delta x|)}{\Delta x} = A,$$

即 $\dfrac{\partial z}{\partial x} = A$. 同理可证 $\dfrac{\partial z}{\partial y} = B$. 所以结论成立.

例 1 证明函数

$$z = f(x,y) = \begin{cases} \dfrac{xy}{\sqrt{x^2 + y^2}}, & x^2 + y^2 \neq 0, \\ 0, & x^2 + y^2 = 0 \end{cases}$$

在点 $(0,0)$ 不可微.

解 由偏导数的定义可求得 $f_x(0,0) = 0$，$f_y(0,0) = 0$. 所以

$$\Delta z - [f_x(0,0)\Delta x + f_y(0,0)\Delta y] = \frac{\Delta x \cdot \Delta y}{\sqrt{(\Delta x)^2 + (\Delta y)^2}},$$

但因为

$$\lim_{(\Delta x, \Delta y) \to (0,0)} \frac{\Delta x \cdot \Delta y}{\sqrt{(\Delta x)^2 + (\Delta y)^2}} \Big/ \rho = \lim_{(\Delta x, \Delta y) \to (0,0)} \frac{\Delta x \cdot \Delta y}{(\Delta x)^2 + (\Delta y)^2}$$

不存在，所以

$$\Delta z - [f_x(0,0)\Delta x + f_y(0,0)\Delta y] \neq o(\rho).$$

因此 $f(x,y)$ 在点 $(0,0)$ 不可微.

> 定理 7.3.1 表明二元函数在一点可微，则在该点的偏导数一定存在，但反之未必成立.

由此可见, 对多元函数而言, 偏导数存在是可微的必要而非充分条件. 这一点与一元函数可导与可微等价是不同的. 但是在一定条件下, 偏导数存在与可微之间有密切联系, 即有如下定理:

以上关于二元函数全微分的定义及可微分的必要条件和充分条件, 可以类似地推广到三元及三元以上的多元函数. 例如, 对可微的三元函数 $u=f(x,y,z)$, 其全微分

$$du=\frac{\partial u}{\partial x}dx+\frac{\partial u}{\partial y}dy+\frac{\partial u}{\partial z}dz.$$

定理 7.3.2 (可微的充分条件) 若函数 $f(x,y)$ 的偏导数 $f_x(x,y)$ 和 $f_y(x,y)$ 在点 (x,y) 连续, 则 $f(x,y)$ 在该点可微分.

此定理的证明略去.

例 2 求 $z=x^2y+xy^2$ 的全微分.

解 因为

$$\frac{\partial z}{\partial x}=2xy+y^2,$$

$$\frac{\partial z}{\partial y}=x^2+2xy,$$

所以

$$dz=(2xy+y^2)dx+(x^2+2xy)dy.$$

例 3 求 $z=\ln(x+y^2)$ 在点 $(1,1)$ 的全微分.

解 因为

$$\frac{\partial z}{\partial x}=\frac{1}{x+y^2},\qquad \frac{\partial z}{\partial y}=\frac{2y}{x+y^2},$$

$$\left.\frac{\partial z}{\partial x}\right|_{\substack{x=1\\y=1}}=\frac{1}{2},\qquad \left.\frac{\partial z}{\partial y}\right|_{\substack{x=1\\y=1}}=1,$$

所以

$$\left.dz\right|_{\substack{x=1\\y=1}}=\frac{1}{2}dx+dy.$$

例 4 求 $u=x+\sin\frac{y}{2}+e^{yz}$ 的全微分.

解 因为

$$\frac{\partial u}{\partial x}=1,\qquad \frac{\partial u}{\partial y}=\frac{1}{2}\cos\frac{y}{2}+ze^{yz},\qquad \frac{\partial u}{\partial z}=ye^{yz},$$

所以

$$du=dx+\left(\frac{1}{2}\cos\frac{y}{2}+ze^{yz}\right)dy+ye^{yz}dz.$$

7.3.3 全微分在近似计算中的应用

由全微分的定义, 若函数 $z=f(x,y)$ 在点 (x_0,y_0) 可微, 则当 $|\Delta x|$, $|\Delta y|$ 充分小时,

$$\Delta z \approx f_x(x_0,y_0)\Delta x + f_y(x_0,y_0)\Delta y, \tag{7–3}$$

即

$$f(x_0+\Delta x, y_0+\Delta y) \approx f(x_0,y_0) + f_x(x_0,y_0)\Delta x + f_y(x_0,y_0)\Delta y. \tag{7–4}$$

与一元函数类似, 可以利用式 (7–3) 或式 (7–4) 对二元函数作近似计算和误差估计.

例 5 计算 $1.04^{2.02}$ 的近似值.

解 设 $f(x,y)=x^y$. 取 $x_0=1,\ y_0=2,\ \Delta x=0.04,\ \Delta y=0.02$, 则

$$\begin{aligned} &f(1,2)=1,\ f_x(x,y)=yx^{y-1},\ f_y(x,y)=x^y\ln x,\\ &f_x(1,2)=2,\ f_y(1,2)=0. \end{aligned}$$

所以由式 (7–4), 有

$$\begin{aligned} 1.04^{2.02} &= f(1+0.04, 2+0.02)\\ &\approx f(1,2)+f_x(1,2)\cdot\Delta x + f_y(1,2)\cdot\Delta y\\ &= 1+2\times 0.04+0\times 0.02 = 1.08. \end{aligned}$$

例 6 要在高为 $H=20$ cm, 半径为 $R=4$ cm 的圆柱体表面均匀地镀上一层厚度为 0.1 cm 的黄铜, 问大约需要准备多少黄铜 (黄铜的密度是 $\rho=8.5\ \mathrm{g/cm^3}$)?

解 圆柱体的体积为 $V=\pi R^2H$. 依题意, 当 $R=4, H=20, \Delta R=0.1, \Delta H=0.2$ 时, 要求 $\Delta V\cdot\rho$. 由于

$$\begin{aligned} &\left.\frac{\partial V}{\partial R}\right|_{\substack{R=4\\H=20}} = 2\pi RH\Big|_{\substack{R=4\\H=20}} = 160\pi,\\ &\left.\frac{\partial V}{\partial H}\right|_{\substack{R=4\\H=20}} = \pi R^2\Big|_{\substack{R=4\\H=20}} = 16\pi. \end{aligned}$$

于是由式 (7-3),

$$\Delta V \approx 160\pi \times 0.1 + 16\pi \times 0.2 = 19.2\pi.$$

所以需要准备黄铜为

$$\Delta V \cdot \rho \approx 19.2 \times 3.14 \times 8.5 \approx 512.45\ (\mathrm{g}).$$

对二元函数 $z = f(x, y)$, 可类似于一元函数, 定义绝对误差限和相对误差限.

设 x, y 的绝对误差限分别为 δ_x, δ_y, 即

$$|\Delta x| \leqslant \delta_x,\ |\Delta y| \leqslant \delta_y,$$

则

$$\begin{aligned} |\Delta z| &\approx |\mathrm{d}z| = |f_x(x, y)\Delta x + f_y(x, y)\Delta y| \\ &\leqslant |f_x(x, y)|\delta_x + |f_y(x, y)|\delta_y = \delta_z, \end{aligned}$$

$$\left|\frac{\Delta z}{z}\right| \leqslant \frac{\delta_z}{|f(x, y)|},$$

其中 δ_z, $\dfrac{\delta_z}{|f(x, y)|}$ 分别称为 z 的绝对误差限和相对误差限.

例 7 利用单摆摆动测定重力加速度 g 的公式是 $g = \dfrac{4\pi^2 l}{T^2}$. 现测得单摆摆长 $l = 100$ cm 与振动周期 $T = 2$ s. 若测量 l 的绝对误差限 $\delta_l = 0.1$, 测量 T 的绝对误差限 $\delta_T = 0.004$, 试求因测量 l 与 T 的误差而引起重力加速度 g 的绝对误差限和相对误差限.

解 当 $|\Delta l|$, $|\Delta T|$ 都很小时,

$$\begin{aligned} |\Delta g| \approx |\mathrm{d}g| &= \left|\frac{\partial g}{\partial l}\Delta l + \frac{\partial g}{\partial T}\Delta T\right| \\ &\leqslant \left|\frac{\partial g}{\partial l}\right| \cdot \delta_l + \left|\frac{\partial g}{\partial T}\right| \cdot \delta_T \\ &= 4\pi^2\left(\frac{1}{T^2} \cdot \delta_l + \frac{2\,l}{T^3} \cdot \delta_T\right), \end{aligned}$$

所以 g 的绝对误差限约为

$$\begin{aligned}\delta_g &= 4\pi^2\left(\frac{1}{T^2}\cdot\delta_l+\frac{2\,l}{T^3}\cdot\delta_T\right)\\ &= 4\pi^2\left(\frac{0.1}{2^2}+\frac{2\times 100}{2^3}\times 0.004\right)\\ &= 0.5\pi^2\approx 4.93\ (\mathrm{cm/s^2}).\end{aligned}$$

g 的相对误差限约为

$$\frac{\delta_g}{g}=\frac{0.5\pi^2}{\dfrac{4\pi^2\times 100}{2^2}}=0.5\,\%.$$

习题 7–3

A 题

1. 求下列函数的全微分.

(1) $z=\sin(x^2+y^2)$; (2) $z=\dfrac{x+y}{x-y}$;

(3) $z=xye^{xy}$; (4) $z=\dfrac{y}{\sqrt{x^2+y^2}}$;

(5) $u=x^{yz}$; (6) $u=\ln(x^2+y^2+z^2)$.

2. 求下列函数在指定点的全微分.

(1) $z=x^2y-xy^2$, $(1,2)$; (2) $z=\ln(x^2+y^3)$, $(1,1)$.

3. 求函数 $z=\dfrac{y}{x}$ 当 $x=2, y=1, \Delta x=0.1, \Delta y=-0.2$ 时的全增量和全微分.

4. 有一圆柱体, 受压后发生形变, 它的半径由 20 cm 增大到 20.05 cm, 高度由 100 cm 减少到 99 cm. 求此圆柱体体积变化的近似值.

B 题

1. (考研真题, 2012 年数学一) 如果 $f(x,y)$ 在点 $(0,0)$ 处连续, 那么下列命题正确的是 (   ).

(A) 若极限 $\lim\limits_{\substack{x\to 0\\ y\to 0}}\dfrac{f(x,y)}{|x|+|y|}$ 存在, 则 $f(x,y)$ 在 $(0,0)$ 处可微

(B) 若极限 $\lim\limits_{\substack{x\to 0\\ y\to 0}}\dfrac{f(x,y)}{x^2+y^2}$ 存在, 则 $f(x,y)$ 在 $(0,0)$ 处可微

(C) 若 $f(x,y)$ 在 $(0,0)$ 处可微, 则极限 $\lim\limits_{\substack{x\to 0\\ y\to 0}}\dfrac{f(x,y)}{|x|+|y|}$ 存在

(D) 若 $f(x,y)$ 在 $(0,0)$ 处可微, 则极限 $\lim\limits_{\substack{x\to 0\\ y\to 0}}\dfrac{f(x,y)}{x^2+y^2}$ 存在

2. 设函数 $f(x,y)=|x-y|g(x,y)$, 其中 $g(x,y)$ 在点 $(0,0)$ 的某一邻域内连续. 试问:

(1) $g(0,0)$ 为何值时, 偏导数 $f_x(0,0)$, $f_y(0,0)$ 都存在?

(2) $g(0,0)$ 为何值时, $f(x,y)$ 在点 $(0,0)$ 处可微?

3. 计算 $\sqrt{1.02^3+1.97^3}$ 的近似值.

4. 设有直角三角形, 测得其两直角边的长分别为 (7 ± 0.1) cm 和 (24 ± 0.1) cm. 试求利用上述二值来计算斜边长度时的绝对误差.

5. 证明函数

$$f(x,y)=\begin{cases}(x^2+y^2)\sin\dfrac{1}{\sqrt{x^2+y^2}}, & x^2+y^2\neq 0,\\ 0, & x^2+y^2=0\end{cases}$$

在点 $(0,0)$ 处可微, 但 $f_x(x,y)$ 和 $f_y(x,y)$ 在点 $(0,0)$ 处都不连续.

7.4 复合函数的微分法

PPT 课件 7-4
复合函数的微分法

7.4.1 复合函数的求导法则

微视频 7-4
复合函数求导法则 (1)

对一元复合函数而言, 如果函数 $u=\varphi(x)$ 在点 x 可导, 函数 $y=f(u)$ 在对应点 u 可导, 那么复合函数 $y=f[\varphi(x)]$ 在点 x 可导, 且

$$\frac{\mathrm{d}y}{\mathrm{d}x}=\frac{\mathrm{d}y}{\mathrm{d}u}\cdot\frac{\mathrm{d}u}{\mathrm{d}x}.$$

本节将一元复合函数的这一链式求导法则推广到多元复合函数. 多元复合函数的求导法则, 因复合情形不同, 其求导公式也各不相同. 但求导的思想方法是相同的. 以下讨论三种情形.

1. 复合函数的中间变量均为一元函数

定理 7.4.1 如果函数 $u=\varphi(t)$ 及 $v=\psi(t)$ 都在点 t 可导, 函数 $z=f(u,v)$ 在对应点 (u,v) 具有连续偏导数, 那么复合函数 $z=$

$f[\varphi(t),\psi(t)]$ 在点 t 可导, 且

$$\frac{\mathrm{d}z}{\mathrm{d}t}=\frac{\partial z}{\partial u}\cdot\frac{\mathrm{d}u}{\mathrm{d}t}+\frac{\partial z}{\partial v}\cdot\frac{\mathrm{d}v}{\mathrm{d}t}. \tag{7-5}$$

证 设 t 获得增量 Δt, 相应地函数 $u=\varphi(t)$ 和 $v=\psi(t)$ 就有增量 Δu 和 Δv, 从而函数 $z=f(u,v)$ 就有增量 Δz. 由已知条件可知, $z=f(u,v)$ 在点 (u,v) 可微, 所以

$$\Delta z=\frac{\partial z}{\partial u}\Delta u+\frac{\partial z}{\partial v}\Delta v+o(\rho),$$

其中 $\rho=\sqrt{(\Delta u)^2+(\Delta v)^2}$. 上式两边同除以 Δt, 得

$$\frac{\Delta z}{\Delta t}=\frac{\partial z}{\partial u}\cdot\frac{\Delta u}{\Delta t}+\frac{\partial z}{\partial v}\cdot\frac{\Delta v}{\Delta t}+\frac{o(\rho)}{\Delta t}.$$

因为 $u=\varphi(t)$ 及 $v=\psi(t)$ 都在点 t 可导, 从而连续. 所以当 $\Delta t\to 0$ 时, $\Delta u\to 0$, $\Delta v\to 0$, 于是 $\rho\to 0$, 且

$$\lim_{\Delta t\to 0}\frac{\Delta u}{\Delta t}=\frac{\mathrm{d}u}{\mathrm{d}t},\quad \lim_{\Delta t\to 0}\frac{\Delta v}{\Delta t}=\frac{\mathrm{d}v}{\mathrm{d}t}.$$

当 $\rho\neq 0$ 时,

$$\frac{o(\rho)}{\Delta t}=\frac{o(\rho)}{\rho}\cdot\frac{\rho}{\Delta t}=\operatorname{sgn}(\Delta t)\cdot\frac{o(\rho)}{\rho}\cdot\sqrt{\left(\frac{\Delta u}{\Delta t}\right)^2+\left(\frac{\Delta v}{\Delta t}\right)^2}\to 0\ (\Delta t\to 0).$$

上式对 $\rho=0$ 也成立. 所以

$$\frac{\mathrm{d}z}{\mathrm{d}t}=\lim_{\Delta t\to 0}\frac{\Delta z}{\Delta t}=\frac{\partial z}{\partial u}\cdot\frac{\mathrm{d}u}{\mathrm{d}t}+\frac{\partial z}{\partial v}\cdot\frac{\mathrm{d}v}{\mathrm{d}t}.$$

为了便于记忆公式 (7–5), 可以按照各变量间的复合关系, 画成图 7–6 那样的树形图. 首先从因变量 z 向中间变量 u,v 画两个分枝 (表示 z 是 u 和 v 的二元函数), 然后再分别从中间变量 u 和 v 向自变量 t 各画一个分枝 (表示 u 和 v 是 t 的一元函数), 这样就得到了图 7–6. 求 $\frac{\mathrm{d}z}{\mathrm{d}t}$ 时, 只要先对从 z 到 t 的每条路径运用一元函数的链式法则, 即因变量对中间变量的导数乘中间变量对自变量的导数, 然后将这些积相加便得式 (7–5).

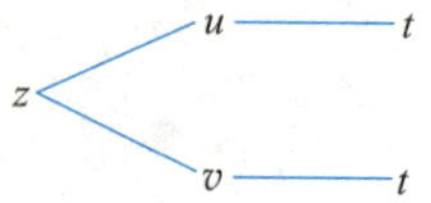

图 7–6

定理 7.4.1 可推广到中间变量多于两个的复合函数的情形. 例如, 设 $z=f(u,v,w)$, $u=\varphi(t), v=\psi(t), w=\omega(t)$ 复合而得复合函数

$$z=f[\varphi(t),\psi(t),\omega(t)],$$

则在与定理 7.4.1 相似的条件下, 这个复合函数在点 t 可导, 且

$$\frac{\mathrm{d}z}{\mathrm{d}t}=\frac{\partial z}{\partial u}\cdot\frac{\mathrm{d}u}{\mathrm{d}t}+\frac{\partial z}{\partial v}\cdot\frac{\mathrm{d}v}{\mathrm{d}t}+\frac{\partial z}{\partial w}\cdot\frac{\mathrm{d}w}{\mathrm{d}t}. \tag{7-6}$$

式 (7–5) 和式 (7–6) 中的导数 $\frac{\mathrm{d}z}{\mathrm{d}t}$ 称为**全导数**.

例 1 设 $z=\mathrm{e}^{u-2v}$, 其中 $u=\sin t$, $v=t^2$, 求 $\frac{\mathrm{d}z}{\mathrm{d}t}$.

解 由式 (7–5) 得

$$\begin{aligned}\frac{\mathrm{d}z}{\mathrm{d}t}&=\frac{\partial z}{\partial u}\cdot\frac{\mathrm{d}u}{\mathrm{d}t}+\frac{\partial z}{\partial v}\cdot\frac{\mathrm{d}v}{\mathrm{d}t}=\mathrm{e}^{u-2v}\cdot\cos t-2\mathrm{e}^{u-2v}\cdot 2t\\&=\mathrm{e}^{u-2v}(\cos t-4t)=\mathrm{e}^{\sin t-2t^2}(\cos t-4t).\end{aligned}$$

2. 复合函数的中间变量均为多元函数

定理 7.4.2 如果函数 $u=\varphi(x,y)$ 及 $v=\psi(x,y)$ 在点 (x,y) 对 x 和对 y 的偏导数都存在，函数 $z=f(u,v)$ 在对应点 (u,v) 具有连续偏导数，那么复合函数 $z=f[\varphi(x,y),\psi(x,y)]$(树形图如图 7–7 所示) 在点 (x,y) 的两个偏导数存在，且

$$\frac{\partial z}{\partial x}=\frac{\partial z}{\partial u}\cdot\frac{\partial u}{\partial x}+\frac{\partial z}{\partial v}\cdot\frac{\partial v}{\partial x}, \tag{7–7}$$

$$\frac{\partial z}{\partial y}=\frac{\partial z}{\partial u}\cdot\frac{\partial u}{\partial y}+\frac{\partial z}{\partial v}\cdot\frac{\partial v}{\partial y}. \tag{7–8}$$

事实上，求 $\dfrac{\partial z}{\partial x}$ 时，y 看作常量，因此中间变量 u 和 v 就可看作 x 的一元函数，所以可应用定理 7.4.1. 但由于函数 $z=f[\varphi(x,y),\psi(x,y)]$，$u=\varphi(x,y)$ 及 $v=\psi(x,y)$ 都是 x,y 的二元函数，所以在式 (7–5) 中，应将 d 换成 ∂，再把 t 换成 x，即得式 (7–7). 类似可得式 (7–8).

定理 7.4.2 可推广到中间变量和自变量多于两个的函数中. 例如，设 $u=\varphi(x,y)$，$v=\psi(x,y)$ 及 $w=\omega(x,y)$ 在点 (x,y) 对 x 和对 y 的偏导数都存在，函数 $z=f(u,v,w)$ 在对应点 (u,v,w) 具有连续偏导数，则复合函数

$$z=f[\varphi(x,y),\psi(x,y),\omega(x,y)]$$

在点 (x,y) 的两个偏导数存在，且

$$\frac{\partial z}{\partial x}=\frac{\partial z}{\partial u}\cdot\frac{\partial u}{\partial x}+\frac{\partial z}{\partial v}\cdot\frac{\partial v}{\partial x}+\frac{\partial z}{\partial w}\cdot\frac{\partial w}{\partial x},$$

$$\frac{\partial z}{\partial y}=\frac{\partial z}{\partial u}\cdot\frac{\partial u}{\partial y}+\frac{\partial z}{\partial v}\cdot\frac{\partial v}{\partial y}+\frac{\partial z}{\partial w}\cdot\frac{\partial w}{\partial y}.$$

例 2 设 $z=\mathrm{e}^u\sin v, u=xy, v=x+y$，求 $\dfrac{\partial z}{\partial x}$ 和 $\dfrac{\partial z}{\partial y}$.

解 根据复合关系，画出树形图 (图 7–7)，则

$$\begin{aligned}\frac{\partial z}{\partial x}&=\frac{\partial z}{\partial u}\cdot\frac{\partial u}{\partial x}+\frac{\partial z}{\partial v}\cdot\frac{\partial v}{\partial x}\\&=\mathrm{e}^u\sin v\cdot y+\mathrm{e}^u\cos v\cdot 1\\&=\mathrm{e}^{xy}[y\sin(x+y)+\cos(x+y)];\\\frac{\partial z}{\partial y}&=\frac{\partial z}{\partial u}\cdot\frac{\partial u}{\partial y}+\frac{\partial z}{\partial v}\cdot\frac{\partial v}{\partial y}\\&=\mathrm{e}^u\sin v\cdot x+\mathrm{e}^u\cos v\cdot 1\\&=\mathrm{e}^{xy}[x\sin(x+y)+\cos(x+y)].\end{aligned}$$

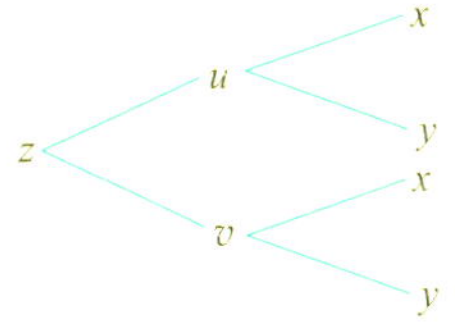

图 7–7

3. 复合函数中间变量既有一元函数，又有多元函数

定理 7.4.3 设函数 $u=\varphi(x,y)$ 在点 (x,y) 对 x 和对 y 的偏导数都存在，$v=\psi(y)$ 在点 y 可导，函数 $z=f(u,v)$ 在对应点 (u,v) 具有

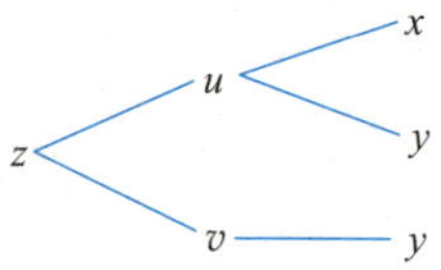

图 7–8

连续偏导数, 则复合函数 $z=f[\varphi(x,y),\psi(y)]$(树形图如图 7–8 所示) 在点 (x,y) 的两个偏导数存在, 且

$$\frac{\partial z}{\partial x}=\frac{\partial z}{\partial u}\cdot\frac{\partial u}{\partial x},$$
$$\frac{\partial z}{\partial y}=\frac{\partial z}{\partial u}\cdot\frac{\partial u}{\partial y}+\frac{\partial z}{\partial v}\cdot\frac{\mathrm{d}v}{\mathrm{d}y}.$$

在第三种情形中, 有时会遇到所给复合函数的某些中间变量本身又是复合函数的自变量. 例如, 设函数 $z=f(u,x,y)$ 具有连续偏导数, 而 $u=\varphi(x,y)$ 具有偏导数, 则复合函数 $z=f[\varphi(x,y),x,y]$(树形图如图 7–9 所示) 在点 (x,y) 的两个偏导数存在, 且

$$\frac{\partial z}{\partial x}=\frac{\partial f}{\partial u}\cdot\frac{\partial u}{\partial x}+\frac{\partial f}{\partial x},\tag{7–9}$$
$$\frac{\partial z}{\partial y}=\frac{\partial f}{\partial u}\cdot\frac{\partial u}{\partial y}+\frac{\partial f}{\partial y}.\tag{7–10}$$

注 这里 x 和 y 既是中间变量, 又是自变量. 式 (7–9) 中的 $\frac{\partial z}{\partial x}$ 与 $\frac{\partial f}{\partial x}$ 是不同的. $\frac{\partial z}{\partial x}$ 是在 $z=f[\varphi(x,y),x,y]$ 中把自变量 y 看作常量而对自变量 x 求偏导数, 而 $\frac{\partial f}{\partial x}$ 是在 $z=f(u,x,y)$ 中把中间变量 u 和 y 看作常量而对中间变量 x 求偏导数. 式 (7–10) 中的 $\frac{\partial z}{\partial y}$ 与 $\frac{\partial f}{\partial y}$ 也有类似的区别.

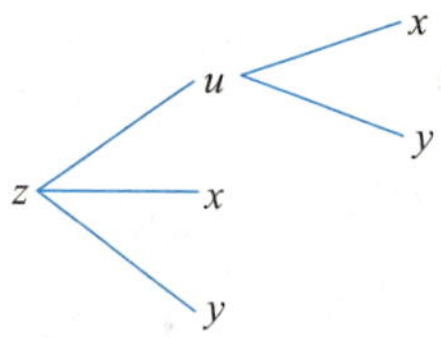

图 7–9

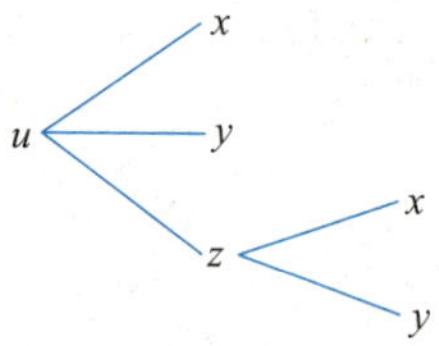

图 7–10

例 3 设 $u=f(x,y,z)=\mathrm{e}^{x^2+y^2+z^2}, z=x^2\sin y$, 求 $\frac{\partial u}{\partial x}$ 和 $\frac{\partial u}{\partial y}$.

解 根据复合关系, 画出树形图如图 7–10 所示, 则

$$\begin{aligned}\frac{\partial u}{\partial x}&=\frac{\partial f}{\partial x}+\frac{\partial f}{\partial z}\cdot\frac{\partial z}{\partial x}\\&=2x\mathrm{e}^{x^2+y^2+z^2}+2z\mathrm{e}^{x^2+y^2+z^2}\cdot 2x\sin y\\&=2x(1+2x^2\sin^2 y)\mathrm{e}^{x^2+y^2+x^4\sin^2 y};\\\frac{\partial u}{\partial y}&=\frac{\partial f}{\partial y}+\frac{\partial f}{\partial z}\cdot\frac{\partial z}{\partial y}=2y\mathrm{e}^{x^2+y^2+z^2}+2z\mathrm{e}^{x^2+y^2+z^2}\cdot x^2\cos y\\&=2(y+x^4\sin y\cos y)\mathrm{e}^{x^2+y^2+x^4\sin^2 y}.\end{aligned}$$

注 从以上各例可以看出, 在求多元复合函数的导数时, 关键在于分析清楚函数的复合结构, 哪些是中间变量, 哪些是自变量. 为直观地显示变量之间的复合结构, 可先用树形图表示出因变量经过中间变量再到自变量的各条途径.

例 4 设 $z=f(xy^2,x^2y)$, 其中 f 具有二阶连续偏导数, 求 $\frac{\partial z}{\partial x},\frac{\partial z}{\partial y}$ 和 $\frac{\partial^2 z}{\partial x\partial y}$.

解 令 $u=xy^2, v=x^2y$, 则 $z=f(u,v)$. 为表达简便起见, 引入如下记号:

$$f_1'=f_u(u,v), f_{11}''=f_{uu}(u,v), f_{12}''=f_{uv}(u,v),$$

这里下标 1 表示对第一个变量 u 求偏导数, 下标 2 表示对第二个变量 v 求偏导数. 同理有 f_2', f_{21}'', f_{22}'', 等等.

由复合函数求导法则, 得

$$\frac{\partial z}{\partial x}=\frac{\partial f}{\partial u}\cdot\frac{\partial u}{\partial x}+\frac{\partial f}{\partial v}\cdot\frac{\partial v}{\partial x}=y^2f_1'+2xyf_2',$$

$$\frac{\partial z}{\partial y}=\frac{\partial f}{\partial u}\cdot\frac{\partial u}{\partial y}+\frac{\partial f}{\partial v}\cdot\frac{\partial v}{\partial y}=2xyf_1'+x^2f_2',$$

于是

$$\frac{\partial^2 z}{\partial x\partial y}=\frac{\partial}{\partial y}(y^2f_1'+2xyf_2')=2yf_1'+y^2\frac{\partial f_1'}{\partial y}+2xf_2'+2xy\frac{\partial f_2'}{\partial y}.$$

注意到 f_1', f_2' 都是 u,v 的函数, 从而还是 x,y 的复合函数, 所以仍运用复合函数求导法则, 得到

$$\frac{\partial f_1'}{\partial y}=\frac{\partial f_1'}{\partial u}\cdot\frac{\partial u}{\partial y}+\frac{\partial f_1'}{\partial v}\cdot\frac{\partial v}{\partial y}=2xyf_{11}''+x^2f_{12}'',$$

和

$$\frac{\partial f_2'}{\partial y}=\frac{\partial f_2'}{\partial u}\cdot\frac{\partial u}{\partial y}+\frac{\partial f_2'}{\partial v}\cdot\frac{\partial v}{\partial y}=2xyf_{21}''+x^2f_{22}''.$$

从而

$$\begin{aligned}\frac{\partial^2 z}{\partial x\partial y}&=2yf_1'+y^2(2xyf_{11}''+x^2f_{12}'')+2xf_2'+2xy(2xyf_{21}''+x^2f_{22}'')\\&=2xy^3f_{11}''+5x^2y^2f_{12}''+2x^3yf_{22}''+2yf_1'+2xf_2'.\end{aligned}$$

上面最后一个等式用到了 $f_{12}''=f_{21}''$.

注 熟练之后可以省去引入中间变量的过程.

例 5 设 $z=xf\left(y,\dfrac{y}{x}\right)$, 其中 f 具有二阶连续偏导数, 求 $\dfrac{\partial^2 z}{\partial x^2}$.

解

$$\frac{\partial z}{\partial x}=f+xf_2'\cdot\left(-\frac{y}{x^2}\right)=f-\frac{y}{x}f_2',$$

$$\begin{aligned}\frac{\partial^2 z}{\partial x^2}&=\frac{\partial}{\partial x}\left(\frac{\partial z}{\partial x}\right)=\frac{\partial f}{\partial x}-\frac{\partial}{\partial x}\left(\frac{y}{x}\right)\cdot f_2'-\frac{y}{x}\frac{\partial f_2'}{\partial x}\\&=-\frac{y}{x^2}f_2'+\frac{y}{x^2}f_2'+\frac{y^2}{x^3}f_{22}''\\&=\frac{y^2}{x^3}f_{22}''.\end{aligned}$$

例 6 已知 $u=f(x,y)$ 为可微函数, 试求 $\left(\frac{\partial u}{\partial x}\right)^2+\left(\frac{\partial u}{\partial y}\right)^2$ 在极坐标下的表达式.

解 直角坐标与极坐标有如下关系:

$$x=r\cos\theta,\qquad y=r\sin\theta.$$

将 x,y 看成中间变量, 得

$$\frac{\partial u}{\partial r}=\frac{\partial u}{\partial x}\cdot\frac{\partial x}{\partial r}+\frac{\partial u}{\partial y}\cdot\frac{\partial y}{\partial r}=\frac{\partial u}{\partial x}\cos\theta+\frac{\partial u}{\partial y}\sin\theta,$$

$$\frac{\partial u}{\partial \theta}=\frac{\partial u}{\partial x}\cdot\frac{\partial x}{\partial \theta}+\frac{\partial u}{\partial y}\cdot\frac{\partial y}{\partial \theta}=-r\sin\theta\frac{\partial u}{\partial x}+r\cos\theta\frac{\partial u}{\partial y}.$$

第一式的平方加上第二式除以 r 后的平方, 得

$$\left(\frac{\partial u}{\partial x}\right)^2+\left(\frac{\partial u}{\partial y}\right)^2=\left(\frac{\partial u}{\partial r}\right)^2+\frac{1}{r^2}\left(\frac{\partial u}{\partial \theta}\right)^2.$$

7.4.2 复合函数的全微分

设函数 $z=f(u,v)$ 具有连续偏导数, 那么当 u 和 v 是自变量时,

$$\mathrm{d}z=\frac{\partial z}{\partial u}\mathrm{d}u+\frac{\partial z}{\partial v}\mathrm{d}v;$$

当 u 和 v 是中间变量, 即 $u=\varphi(x,y), v=\psi(x,y)$, 且这两个函数具有连续偏导数时, 复合函数 $z=f[\varphi(x,y),\psi(x,y)]$ 的全微分为

$$\begin{aligned}\mathrm{d}z&=\frac{\partial z}{\partial x}\mathrm{d}x+\frac{\partial z}{\partial y}\mathrm{d}y\\&=\left(\frac{\partial z}{\partial u}\cdot\frac{\partial u}{\partial x}+\frac{\partial z}{\partial v}\cdot\frac{\partial v}{\partial x}\right)\mathrm{d}x+\left(\frac{\partial z}{\partial u}\cdot\frac{\partial u}{\partial y}+\frac{\partial z}{\partial v}\cdot\frac{\partial v}{\partial y}\right)\mathrm{d}y\\&=\frac{\partial z}{\partial u}\left(\frac{\partial u}{\partial x}\mathrm{d}x+\frac{\partial u}{\partial y}\mathrm{d}y\right)+\frac{\partial z}{\partial v}\left(\frac{\partial v}{\partial x}\mathrm{d}x+\frac{\partial v}{\partial y}\mathrm{d}y\right)\\&=\frac{\partial z}{\partial u}\mathrm{d}u+\frac{\partial z}{\partial v}\mathrm{d}v.\end{aligned}$$

由此可见, 无论 u 和 v 是自变量还是中间变量, 函数 $z=f(u,v)$ 的全微分具有相同的形式, 即

$$\mathrm{d}z=\frac{\partial z}{\partial u}\mathrm{d}u+\frac{\partial z}{\partial v}\mathrm{d}v.$$

这种性质叫作全微分形式不变性.

例 7 设 $z=\sqrt[3]{\dfrac{x+y}{x-y}}$, 求 $\mathrm{d}z$.

解 $|z|=\sqrt[3]{\left|\dfrac{x+y}{x-y}\right|}$ 的两边同时取对数, 得

$$\ln|z|=\frac{1}{3}[\ln|x+y|-\ln|x-y|].$$

两边求全微分, 利用全微分形式不变性, 得

$$\frac{\mathrm{d}z}{z}=\frac{1}{3}\left(\frac{\mathrm{d}x+\mathrm{d}y}{x+y}-\frac{\mathrm{d}x-\mathrm{d}y}{x-y}\right),$$

即

$$\mathrm{d}z=\frac{2}{3}\sqrt[3]{\frac{x+y}{x-y}}\cdot\frac{x\mathrm{d}y-y\mathrm{d}x}{x^2-y^2}.$$

注 将上式和 $\mathrm{d}z=\dfrac{\partial z}{\partial x}\mathrm{d}x+\dfrac{\partial z}{\partial y}\mathrm{d}y$ 比较, 可得

$$\frac{\partial z}{\partial x}=-\frac{2}{3}\sqrt[3]{\frac{x+y}{x-y}}\cdot\frac{y}{x^2-y^2},$$

$$\frac{\partial z}{\partial y}=\frac{2}{3}\sqrt[3]{\frac{x+y}{x-y}}\cdot\frac{x}{x^2-y^2},$$

所以利用全微分形式不变性可以同时求得几个偏导数, 这是求偏导数的方法之一.

习题 7-4

A 题

1. 设 $z=x^2+xy+y^2, x=t^2, y=t$, 求 $\dfrac{\mathrm{d}z}{\mathrm{d}t}$.

2. 设 $z=u^2v^3w, u=2x+1, v=x^3, w=3x-1$, 求 $\dfrac{\mathrm{d}z}{\mathrm{d}x}$.

3. 设 $z=uv+\sin t, u=\mathrm{e}^t, v=\cos t$, 求 $\dfrac{\mathrm{d}z}{\mathrm{d}t}$.

4. 设 $z=u^2v^3, u=x+2y, v=x-y$, 求 $\dfrac{\partial z}{\partial x}, \dfrac{\partial z}{\partial y}$.

5. 设 $z=u^2\ln v, u=\dfrac{x}{y}, v=3x-2y$, 求 $\dfrac{\partial z}{\partial x}, \dfrac{\partial z}{\partial y}$.

6. 设 $z=x^2+y^2+\cos(x+y), x=u+v, y=\mathrm{e}^v$, 求 $\dfrac{\partial z}{\partial u}, \dfrac{\partial z}{\partial v}$.

7. 设 $z=\arctan\dfrac{x}{y}, x=u+v, y=u-v$, 验证

$$\frac{\partial z}{\partial u}+\frac{\partial z}{\partial v}=\frac{u-v}{u^2+v^2}.$$

8. 求下列函数的一阶偏导数 (其中 f 具有一阶连续偏导数).

(1) $z=f(x^2-y^2, \mathrm{e}^{xy})$;　　(2) $z=f\left(\dfrac{x}{y}, \dfrac{y}{x}\right)$;

(3) $u=f(x+y+z, xyz)$;　　(4) $u=f(x, xy, xyz)$.

9. 求下列函数的二阶偏导数 $\dfrac{\partial^2 z}{\partial x^2}, \dfrac{\partial^2 z}{\partial x\partial y}, \dfrac{\partial^2 z}{\partial y^2}$ (其中 f 具有二阶连续偏导数).

(1) $z=f(x,xy)$; (2) $z=f\left(x,\dfrac{x}{y}\right)$.

10. 设 $z=f(u,x,y),u=x\mathrm{e}^y$, 其中 f 具有二阶连续偏导数, 求 $\dfrac{\partial^2 z}{\partial x\partial y}$.

11. 设 $z=\dfrac{y}{f(x^2-y^2)}$, 其中 $f(u)$ 为可导函数, 验证

$$\frac{1}{x}\frac{\partial z}{\partial x}+\frac{1}{y}\frac{\partial z}{\partial y}=\frac{z}{y^2}.$$

12. 设 $z=f(x^2+y^2)$, 其中 f 具有二阶导数, 求 $\dfrac{\partial^2 z}{\partial x^2},\dfrac{\partial^2 z}{\partial x\partial y},\dfrac{\partial^2 z}{\partial y^2}$.

13. 设 $z=xy+xF(u),u=\dfrac{y}{x}$, 其中 $F(u)$ 为可导函数, 证明

$$x\frac{\partial z}{\partial x}+y\frac{\partial z}{\partial y}=z+xy.$$

14. 已知函数 f,g 具有二阶连续导数, 验证:

(1) $u=yf(x^2-y^2)$ 满足 $y\dfrac{\partial u}{\partial x}+x\dfrac{\partial u}{\partial y}=\dfrac{x}{y}u$.

(2) $u=f(x+at)+g(x-at)$ 满足 $\dfrac{\partial^2 u}{\partial t^2}=a^2\dfrac{\partial^2 u}{\partial x^2}$.

B 题

1. 填空题.

(1) (考研真题, 2012 年数学二) 设 $z=f\left(\ln x+\dfrac{1}{y}\right)$, 其中 $f(u)$ 可微, 则 $x\dfrac{\partial z}{\partial x}+y^2\dfrac{\partial z}{\partial y}=$____;

(2) (考研真题, 2007 年数学一) 设 $f(u,v)$ 为二元可微函数, $z=f(x^y,y^x)$, 则 $\dfrac{\partial z}{\partial x}=$____.

2. 求下列函数的一阶偏导数 (其中 f 具有一阶连续偏导数).

(1) $z=xy+\dfrac{y}{x}f(xy)$; (2) $z=x^3f\left(xy,\dfrac{y}{x}\right)$.

3. (考研真题, 2009 年数学二) 设 $z=f(x+y,x-y,xy)$, 其中 f 具有二阶连续偏导数, 求 $\mathrm{d}z$ 与 $\dfrac{\partial^2 z}{\partial x\partial y}$.

4. (考研真题, 2000 年数学一) 设 $z=f\left(xy,\dfrac{x}{y}\right)+g\left(\dfrac{y}{x}\right)$, 其中 f 具有二阶连续偏导数, g 具有二阶连续导数, 求 $\dfrac{\partial^2 z}{\partial x\partial y}$.

5. (考研真题, 2011 年数学一) 设 $z=f(xy,yg(x))$, 其中 f 具有二阶连续偏导数, $g(x)$ 可导, 且在 $x=1$ 处取得极值 $g(1)=1$, 求 $\left.\dfrac{\partial^2 z}{\partial x\partial y}\right|_{\substack{x=1\\y=1}}$.

6. 设 $z=f(x,y)$ 具有二阶连续偏导数, 试求 $\dfrac{\partial^2 z}{\partial x^2}+\dfrac{\partial^2 z}{\partial y^2}$ 在坐标变换 $u=x^2-y^2,v=2xy$ 下的表达式.

7. (考研真题, 2010 年数学二) 设函数 $u=f(x,y)$ 具有二阶连续偏导数, 且满足等式

$$4\frac{\partial^2 u}{\partial x^2}+12\frac{\partial^2 u}{\partial x\partial y}+5\frac{\partial^2 u}{\partial y^2}=0.$$

确定 a,b 的值, 使等式在变换 $\xi=x+ay,\eta=x+by$ 下化简为 $\dfrac{\partial^2 u}{\partial\xi\partial\eta}=0$.

8. (考研真题, 2022 年数学一) 设 $f(u)$ 可导, $z=xyf\left(\dfrac{y}{x}\right)$, 若 $x\dfrac{\partial z}{\partial x}+y\dfrac{\partial z}{\partial y}=xy(\ln y-\ln x)$, 则 (　　).

(A) $f(1)=\dfrac{1}{2},\ f'(1)=0$　　(B) $f(1)=0,\ f'(1)=\dfrac{1}{2}$

(C) $f(1)=1,\ f'(1)=0$　　(D) $f(1)=1,\ f'(1)=\dfrac{1}{2}$

9. (考研真题, 2021 年数学一) 设函数 $f(x,y)$ 可微, 且 $f(x+1,\mathrm{e}^x)=x(x+1)^2$, $f(x,x^2)=2x^2\ln x$, 则 $\mathrm{d}f(1,1)=$ (　　).

(A) $\mathrm{d}x+\mathrm{d}y$　　(B) $\mathrm{d}x-\mathrm{d}y$　　(C) $\mathrm{d}y$　　(D) $-\mathrm{d}y$

7.5 隐函数的求导公式

PPT 课件 7-5 隐函数的求导公式

在第二章中我们已给出隐函数的概念, 且在假设方程 $F(x,y)=0$ 可确定隐函数 $y=f(x)$ 的前提下, 介绍过隐函数的求导法则. 那么, 在什么条件下, 一个方程 $F(x,y)=0$ 可确定一个隐函数且这个隐函数是可导的呢? 本节将介绍隐函数存在定理, 并根据多元复合函数的求导法则导出隐函数的求导公式, 进一步推广到多元隐函数及由方程组确定的隐函数中去.

7.5.1 一个方程的情形

定理 7.5.1 (隐函数存在定理 1) 设函数 $F(x,y)$ 满足下面三个条件:

(1) 在点 (x_0,y_0) 的某一邻域内, $F_x(x,y)$ 及 $F_y(x,y)$ 连续;

(2) $F(x_0,y_0)=0$;

(3) $F_y(x_0,y_0)\neq 0$,

则方程 $F(x,y)=0$ 在点 (x_0,y_0) 的某一邻域内能唯一确定一个具有连

续导数的函数 $y=f(x)$, 它满足 $y_0=f(x_0)$, 且

$$\frac{\mathrm{d}y}{\mathrm{d}x}=-\frac{F_x}{F_y}. \tag{7–11}$$

证 这里只证明公式 (7–11).

因为 $y=f(x)$ 是由方程 $F(x,y)=0$ 确定的函数, 所以

$$F[x,f(x)]\equiv 0.$$

将上式两端对 x 求导, 应用复合函数求导法则, 得

$$\frac{\partial F}{\partial x}+\frac{\partial F}{\partial y}\cdot\frac{\mathrm{d}y}{\mathrm{d}x}=0.$$

由于 $F_y(x,y)$ 连续且 $F_y(x_0,y_0)\neq 0$, 所以存在点 (x_0,y_0) 的某个邻域, 在这个邻域内 $F_y(x,y)\neq 0$, 于是得

$$\frac{\mathrm{d}y}{\mathrm{d}x}=-\frac{F_x}{F_y}.$$

例 1 验证方程 $x-y+\frac{1}{2}\sin y=0$ 在点 $(0,0)$ 的某一邻域内能唯一确定一个有连续导数、当 $x=0$ 时 $y=0$ 的隐函数 $y=f(x)$, 并求 $f'(0)$.

解 设 $F(x,y)=x-y+\frac{1}{2}\sin y$, 则

$$F_x=1,\ F_y=\frac{1}{2}\cos y-1,\ F(0,0)=0,\ F_y(0,0)=-\frac{1}{2}\neq 0.$$

由定理 7.5.1 可知, 方程 $x-y+\frac{1}{2}\sin y=0$ 在点 $(0,0)$ 的某一邻域内能唯一确定一个有连续导数、当 $x=0$ 时 $y=0$ 的隐函数 $y=f(x)$, 且

$$f'(x)=-\frac{F_x}{F_y}=\frac{2}{2-\cos y}.$$

所以 $f'(0)=2$.

定理 7.5.1 可以推广到方程变量多于两个的情形. 以三元方程 $F(x,y,z)=0$ 为例, 有如下定理.

定理 7.5.2 (隐函数存在定理 2) 设函数 $F(x,y,z)$ 满足下面三个条件:

(1) 在点 (x_0,y_0,z_0) 的某邻域内具有连续偏导数;

(2) $F(x_0,y_0,z_0)=0$;

(3) $F_z(x_0,y_0,z_0)\neq 0$,

则方程 $F(x,y,z)=0$ 在点 (x_0,y_0,z_0) 的某邻域内能唯一确定一个具有连续偏导数的函数 $z=f(x,y)$, 它满足 $z_0=f(x_0,y_0)$, 且

$$\frac{\partial z}{\partial x}=-\frac{F_x}{F_z},\qquad \frac{\partial z}{\partial y}=-\frac{F_y}{F_z}. \tag{7-12}$$

证 这里只证明公式 (7-12).

由于 $z=f(x,y)$ 是由方程 $F(x,y,z)=0$ 确定的函数, 所以

$$F[x,y,f(x,y)]\equiv 0.$$

将上式两端分别对 x 和 y 求导, 应用复合函数求导法则, 得

$$F_x+F_z\cdot\frac{\partial z}{\partial x}=0,\quad F_y+F_z\cdot\frac{\partial z}{\partial y}=0.$$

由于 F_z 连续且 $F_z(x_0,y_0,z_0)\neq 0$, 所以存在点 (x_0,y_0,z_0) 的某邻域, 在该邻域内 $F_z\neq 0$, 于是得

$$\frac{\partial z}{\partial x}=-\frac{F_x}{F_z},\ \frac{\partial z}{\partial y}=-\frac{F_y}{F_z}.$$

注 式 (7-11) 和式 (7-12) 称为隐函数的求导公式.

例 2 设 $z=z(x,y)$ 是由方程 $xy+\sin z+y=2z$ 确定的隐函数, 求 $\dfrac{\partial z}{\partial x},\dfrac{\partial z}{\partial y}$ 及 $\dfrac{\partial^2 z}{\partial x\partial y}$.

解 设 $F(x,y,z)=xy+\sin z+y-2z$, 则

$$F_x=y,\ F_y=x+1,\ F_z=\cos z-2.$$

由式 (7-12) 得

$$\frac{\partial z}{\partial x}=-\frac{F_x}{F_z}=\frac{y}{2-\cos z},\quad \frac{\partial z}{\partial y}=-\frac{F_y}{F_z}=\frac{1+x}{2-\cos z},$$

从而

$$\frac{\partial^2 z}{\partial x\partial y}=\frac{\partial}{\partial y}\left(\frac{\partial z}{\partial x}\right)=\frac{\partial}{\partial y}\left(\frac{y}{2-\cos z}\right)$$

$$=\frac{(2-\cos z)-y\sin z\cdot\dfrac{\partial z}{\partial y}}{(2-\cos z)^2}$$

$$=\frac{(2-\cos z)-y\sin z\cdot\dfrac{1+x}{2-\cos z}}{(2-\cos z)^2}$$

$$=\frac{(2-\cos z)^2-(1+x)y\sin z}{(2-\cos z)^3}.$$

注　这三个例子都是直接利用隐函数求导公式得到隐函数的导数或偏导数. 对于由一个方程确定的隐函数的导数或偏导数, 我们也可以根据推导公式 (7–11) 和 (7–12) 的方法去求解, 读者自己可以利用这种方法去解这三个例子, 同时注意比较两种解法的不同之处.

例 3　设 $z=z(x,y)$ 是由方程 $F(x-y,y-z)=0$ 确定的隐函数, 其中 F 具有连续偏导数, 求 $\dfrac{\partial z}{\partial x},\dfrac{\partial z}{\partial y}$.

解　$F_x=F_1',\ F_y=-F_1'+F_2',\ F_z=-F_2'$, 所以

$$\frac{\partial z}{\partial x}=-\frac{F_x}{F_z}=\frac{F_1'}{F_2'},$$

$$\frac{\partial z}{\partial y}=-\frac{F_y}{F_z}=\frac{F_2'-F_1'}{F_2'}.$$

7.5.2　方程组的情形

隐函数存在定理还可以推广到方程组的情形. 以方程组

$$\begin{cases}F(x,y,u,v)=0,\\ G(x,y,u,v)=0\end{cases}\tag{7–13}$$

为例. 一般情况下, 在方程组 (7–13) 的四个变量中只有两个变量独立变化, 另外两个变量随之改变, 因此该方程组就有可能确定两个二元函数.

定理 7.5.3 (隐函数存在定理 3)　设函数 $F(x,y,u,v),G(x,y,u,v)$ 满足下面三个条件:

(1) 在点 (x_0,y_0,u_0,v_0) 的某一邻域内具有连续偏导数;

(2) $F(x_0,y_0,u_0,v_0)=0,G(x_0,y_0,u_0,v_0)=0$;

(3) 偏导数所组成的函数行列式 (也称雅可比 (Jacobi) 行列式)

$$J=\frac{\partial(F,G)}{\partial(u,v)}=\begin{vmatrix}F_u & F_v\\ G_u & G_v\end{vmatrix}$$

在点 (x_0,y_0,u_0,v_0) 不等于零, 则方程组 (7–13) 在点 (x_0,y_0,u_0,v_0) 的某一邻域内能唯一确定一组具有连续偏导数的函数 $u=u(x,y),v=v(x,y)$, 它们满足 $u_0=u(x_0,y_0),v_0=v(x_0,y_0)$, 且

$$\frac{\partial u}{\partial x}=-\frac{1}{J}\frac{\partial(F,G)}{\partial(x,v)}=-\frac{\begin{vmatrix}F_x & F_v\\ G_x & G_v\end{vmatrix}}{\begin{vmatrix}F_u & F_v\\ G_u & G_v\end{vmatrix}},\quad \frac{\partial v}{\partial x}=-\frac{1}{J}\frac{\partial(F,G)}{\partial(u,x)}=-\frac{\begin{vmatrix}F_u & F_x\\ G_u & G_x\end{vmatrix}}{\begin{vmatrix}F_u & F_v\\ G_u & G_v\end{vmatrix}},$$

$$\frac{\partial u}{\partial y}=-\frac{1}{J}\frac{\partial(F,G)}{\partial(y,v)}=-\frac{\begin{vmatrix}F_y & F_v\\ G_y & G_v\end{vmatrix}}{\begin{vmatrix}F_u & F_v\\ G_u & G_v\end{vmatrix}},\quad \frac{\partial v}{\partial y}=-\frac{1}{J}\frac{\partial(F,G)}{\partial(u,y)}=-\frac{\begin{vmatrix}F_u & F_y\\ G_u & G_y\end{vmatrix}}{\begin{vmatrix}F_u & F_v\\ G_u & G_v\end{vmatrix}}. \tag{7–14}$$

证 这里只证明公式 (7–14). 由于函数 $u=u(x,y),v=v(x,y)$ 是由方程组 (7–13) 所确定的, 故

$$\begin{cases}F[x,y,u(x,y),v(x,y)]\equiv 0,\\ G[x,y,u(x,y),v(x,y)]\equiv 0.\end{cases}$$

将此方程组两边对 x 求导, 应用复合函数求导法则, 得

$$\begin{cases}F_x+F_u\cdot\dfrac{\partial u}{\partial x}+F_v\cdot\dfrac{\partial v}{\partial x}=0,\\ G_x+G_u\cdot\dfrac{\partial u}{\partial x}+G_v\cdot\dfrac{\partial v}{\partial x}=0,\end{cases}$$

这是关于 $\dfrac{\partial u}{\partial x},\dfrac{\partial v}{\partial x}$ 的线性方程组, 由定理 7.5.3 的条件知在点 (x_0,y_0,u_0,v_0) 的某邻域内, 系数行列式

$$J=\begin{vmatrix}F_u & F_v\\ G_u & G_v\end{vmatrix}\neq 0,$$

从而可解出

$$\frac{\partial u}{\partial x}=-\frac{1}{J}\frac{\partial(F,G)}{\partial(x,v)},\ \frac{\partial v}{\partial x}=-\frac{1}{J}\frac{\partial(F,G)}{\partial(u,x)}.$$

同理可得

$$\frac{\partial u}{\partial y}=-\frac{1}{J}\frac{\partial(F,G)}{\partial(y,v)},\ \frac{\partial v}{\partial y}=-\frac{1}{J}\frac{\partial(F,G)}{\partial(u,y)}.$$

例 4 设 $u=u(x,y),v=v(x,y)$ 是由方程组

$$\begin{cases}xu-yv=0,\\ yu+xv=1\end{cases}$$

确定的隐函数, 求 $\frac{\partial u}{\partial x},\frac{\partial v}{\partial x},\frac{\partial u}{\partial y},\frac{\partial v}{\partial y}$.

解 方程组的两边对 x 求导, 得

$$\begin{cases}u+x\frac{\partial u}{\partial x}-y\frac{\partial v}{\partial x}=0,\\ y\frac{\partial u}{\partial x}+v+x\frac{\partial v}{\partial x}=0,\end{cases}$$

整理得

$$\begin{cases}x\frac{\partial u}{\partial x}-y\frac{\partial v}{\partial x}=-u,\\ y\frac{\partial u}{\partial x}+x\frac{\partial v}{\partial x}=-v.\end{cases}$$

当系数行列式 $J=\begin{vmatrix}x & -y\\ y & x\end{vmatrix}=x^2+y^2\neq 0$ 时, 解得

$$\frac{\partial u}{\partial x}=\frac{\begin{vmatrix}-u & -y\\ -v & x\end{vmatrix}}{\begin{vmatrix}x & -y\\ y & x\end{vmatrix}}=-\frac{xu+yv}{x^2+y^2},\qquad \frac{\partial v}{\partial x}=\frac{\begin{vmatrix}x & -u\\ y & -v\end{vmatrix}}{\begin{vmatrix}x & -y\\ y & x\end{vmatrix}}=\frac{yu-xv}{x^2+y^2}.$$

注 例 4 可以直接利用公式 (7–14) 求解, 这里我们按照推导公式 (7–14) 的方法求解.

对于求由其他类型的方程组所确定的隐函数的导数或偏导数, 也可以仿照例 4 的方法求解.

方程组的两边对 y 求导, 同理当 $x^2+y^2\neq 0$ 时, 可得

$$\frac{\partial u}{\partial y}=\frac{xv-yu}{x^2+y^2},\qquad \frac{\partial v}{\partial y}=-\frac{xu+yv}{x^2+y^2}.$$

例 5 设方程组

$$\begin{cases}x^2+y^2+z^2=50,\\ x+2y+3z=4,\end{cases}$$

求 $\dfrac{\mathrm{d}y}{\mathrm{d}x},\dfrac{\mathrm{d}z}{\mathrm{d}x}$.

解 方程组的两边对 x 求导, 得

$$\begin{cases} 2x+2y\dfrac{\mathrm{d}y}{\mathrm{d}x}+2z\dfrac{\mathrm{d}z}{\mathrm{d}x}=0, \\ 1+2\dfrac{\mathrm{d}y}{\mathrm{d}x}+3\dfrac{\mathrm{d}z}{\mathrm{d}x}=0, \end{cases}$$

整理得

$$\begin{cases} y\dfrac{\mathrm{d}y}{\mathrm{d}x}+z\dfrac{\mathrm{d}z}{\mathrm{d}x}=-x, \\ 2\dfrac{\mathrm{d}y}{\mathrm{d}x}+3\dfrac{\mathrm{d}z}{\mathrm{d}x}=-1. \end{cases}$$

当 $3y-2z\neq 0$ 时, 解得

$$\frac{\mathrm{d}y}{\mathrm{d}x}=\frac{\begin{vmatrix} -x & z \\ -1 & 3 \end{vmatrix}}{\begin{vmatrix} y & z \\ 2 & 3 \end{vmatrix}}=\frac{z-3x}{3y-2z}, \qquad \frac{\mathrm{d}z}{\mathrm{d}x}=\frac{\begin{vmatrix} y & -x \\ 2 & -1 \end{vmatrix}}{\begin{vmatrix} y & z \\ 2 & 3 \end{vmatrix}}=\frac{2x-y}{3y-2z}.$$

习题 7-5

A 题

1. 求由下列方程所确定的隐函数 $y=y(x)$ 的一阶导数.

(1) $\sin y+\mathrm{e}^x-xy^2=0$;　　(2) $\ln\sqrt{x^2+y^2}=\arctan\dfrac{y}{x}$.

2. 求由下列方程所确定的隐函数 $z=z(x,y)$ 的一阶偏导数.

(1) $xyz^3+x^2+y^3-z=0$;　　(2) $\mathrm{e}^{-xy}+\mathrm{e}^{-z}=2z$;

(3) $\sin(x+y+z)=z+x$;　　(4) $\dfrac{x}{z}=\ln\dfrac{z}{y}$.

3. 设 $x=x(y,z),y=y(x,z),z=z(x,y)$ 都是由方程 $F(x,y,z)=0$ 所确定的具有连续偏导数的函数, 证明

$$\frac{\partial x}{\partial y}\cdot\frac{\partial y}{\partial z}\cdot\frac{\partial z}{\partial x}=-1.$$

4. 设 $F(u,v)$ 具有连续偏导数, 证明由方程 $F(cx-az,cy-bz)=0$ 所确定的函数 $z=f(x,y)$ 满足 $a\dfrac{\partial z}{\partial x}+b\dfrac{\partial z}{\partial y}=c$.

5. 求由下列方程组所确定的函数的导数或偏导数.

(1) 设 $\begin{cases} z = x^2 + y^2, \\ x^2 + 2y^2 + 3z^2 = 20, \end{cases}$ 求 $\dfrac{\mathrm{d}y}{\mathrm{d}x}, \dfrac{\mathrm{d}z}{\mathrm{d}x}$.

(2) 设 $\begin{cases} x + y + z = 0, \\ x^2 + y^2 + z^2 = 1, \end{cases}$ 求 $\dfrac{\mathrm{d}x}{\mathrm{d}z}, \dfrac{\mathrm{d}y}{\mathrm{d}z}$.

(3) 设 $\begin{cases} u^3 + xv = y, \\ v^3 + yu = x, \end{cases}$ 求 $\dfrac{\partial u}{\partial x}, \dfrac{\partial u}{\partial y}, \dfrac{\partial v}{\partial x}, \dfrac{\partial v}{\partial y}$.

(4) 设 $\begin{cases} u = f(ux, v + y), \\ v = g(u - x, v^2 y), \end{cases}$ 其中 f, g 具有一阶连续偏导数, 求 $\dfrac{\partial u}{\partial x}, \dfrac{\partial v}{\partial x}$.

B 题

1. 设 f 可微, 且方程 $y + z = xf(y^2 - z^2)$ 确定了 $z = z(x, y)$, 计算 $x\dfrac{\partial z}{\partial x} + z\dfrac{\partial z}{\partial y}$.

2. (考研真题, 2010 年数学二) 设函数 $z = z(x, y)$ 由方程 $F\left(\dfrac{y}{x}, \dfrac{z}{x}\right) = 0$ 确定, 其中 F 为可微函数, 且 $F_2' \neq 0$, 求 $x\dfrac{\partial z}{\partial x} + y\dfrac{\partial z}{\partial y}$.

3. 求由下列方程所确定的隐函数 $z = z(x, y)$ 指定的偏导数.

(1) $\mathrm{e}^z - xyz = 0$, $\dfrac{\partial^2 z}{\partial x^2}$; (2) $z^3 - 3xyz = a^3$, $\dfrac{\partial^2 z}{\partial x \partial y}$.

4. 设 $z = x^2 + y^2$, 其中 $y = f(x)$ 为由方程 $x^2 - xy + y^2 = 1$ 所确定的隐函数, 求 $\dfrac{\mathrm{d}z}{\mathrm{d}x}$.

5. 设 $u = x^2 + y^2 + z^2$, 其中 $z = f(x, y)$ 为由方程 $x^3 + y^3 + z^3 = 3xyz$ 所确定的隐函数, 求 $\dfrac{\partial u}{\partial x}$.

6. 设 $x = u + v, y = u^2 + v^2, z = u^3 + v^3$ 确定函数 $z = z(x, y)$, 求 $\dfrac{\partial z}{\partial x}, \dfrac{\partial z}{\partial y}$.

7. (考研真题, 2023 年数学二) 设函数 $z = z(x, y)$ 由方程 $\mathrm{e}^z + xz = 2x - y$ 确定, 则 $\left.\dfrac{\partial^2 z}{\partial x^2}\right|_{\substack{x=1 \\ y=1}} =$ ________.

PPT 课件 7–6
多元函数微分学的几何应用

微视频 7–5
空间曲线的切线与法平面

7.6 多元函数微分学的几何应用

微分学的思想在理论上源于曲线的切线方程及曲面的切平面方程的计算, 而其在几何上的系统应用则形成了数学经典分支学科微分几何, 数学家陈省身、苏步青等人均在微分几何上作出了杰出贡献. 本节将介绍多元函数微分学在空间曲线与曲面上的应用.

7.6.1 空间曲线的切线与法平面

设空间曲线 Γ 的参数方程为

$$\begin{cases} x=\varphi(t), \\ y=\psi(t), \\ z=\omega(t), \end{cases} \qquad \alpha \leqslant t \leqslant \beta. \tag{7-15}$$

假定式 (7-15) 中的三个函数都在 $[\alpha,\beta]$ 上可导, 且导数不同时为零. 设点 $P_0(x_0,y_0,z_0)$ 为曲线 Γ 上对应于 $t=t_0$ 的一点. 以下讨论曲线 Γ 在点 P_0 处的切线. 与平面曲线情形类似, 空间曲线 Γ 在点 P_0 处的切线定义为割线的极限位置.

在 Γ 上另取一点 $P(x_0+\Delta x, y_0+\Delta y, z_0+\Delta z)$, 其对应参数 $t=t_0+\Delta t\,(\Delta t\neq 0)$, 则过点 P_0 和 P 的割线方程为

$$\frac{x-x_0}{\Delta x}=\frac{y-y_0}{\Delta y}=\frac{z-z_0}{\Delta z},$$

上式各分母同除以 Δt, 得

$$\frac{x-x_0}{\dfrac{\Delta x}{\Delta t}}=\frac{y-y_0}{\dfrac{\Delta y}{\Delta t}}=\frac{z-z_0}{\dfrac{\Delta z}{\Delta t}}.$$

令 $\Delta t\to 0$, 得曲线 Γ 在点 P_0 处的切线方程为

$$\frac{x-x_0}{\varphi'(t_0)}=\frac{y-y_0}{\psi'(t_0)}=\frac{z-z_0}{\omega'(t_0)}.$$

切线的方向向量

$$\boldsymbol{T}=(\varphi'(t_0),\psi'(t_0),\omega'(t_0))$$

称为曲线 Γ 在点 P_0 处的切向量.

过点 P_0 且与切线垂直的平面称为曲线 Γ 在点 P_0 处的法平面. 显然, 法平面的法向量就是曲线在点 P_0 的切向量, 于是曲线 Γ 在点 P_0 处的法平面方程为

$$\varphi'(t_0)(x-x_0)+\psi'(t_0)(y-y_0)+\omega'(t_0)(z-z_0)=0.$$

例 1 求螺旋线 $x = 2\cos t, y = \sin t, z = t$ 在点 $\left(0, 1, \frac{\pi}{2}\right)$ 处的切线方程和法平面方程.

解 $x'(t) = -2\sin t$, $y'(t) = \cos t$, $z'(t) = 1$, 而点 $\left(0, 1, \frac{\pi}{2}\right)$ 对应的参数 $t = \frac{\pi}{2}$. 所以曲线在点 $\left(0, 1, \frac{\pi}{2}\right)$ 处的切向量为

$$\boldsymbol{T} = (-2, 0, 1).$$

于是曲线在点 $\left(0, 1, \frac{\pi}{2}\right)$ 处的切线方程为

$$\frac{x}{-2} = \frac{y-1}{0} = \frac{z-\frac{\pi}{2}}{1},$$

即

$$\begin{cases} x + 2z - \pi = 0, \\ y = 1. \end{cases}$$

法平面方程为

$$-2x + 0 \cdot (y-1) + 1 \cdot \left(z - \frac{\pi}{2}\right) = 0,$$

即

$$4x - 2z + \pi = 0.$$

如果空间曲线 Γ 的方程为

$$\begin{cases} y = y(x), \\ z = z(x), \end{cases}$$

则可以将它看成以 x 为参数的参数方程

$$\begin{cases} x = x, \\ y = y(x), \\ z = z(x). \end{cases}$$

如果 $y(x)$ 与 $z(x)$ 都在 $x = x_0$ 处可导, 并且记 $y_0 = y(x_0), z_0 = z(x_0)$, 那么曲线在点 $P_0(x_0, y_0, z_0)$ 处的切向量为 $\boldsymbol{T} = (1, y'(x_0), z'(x_0))$. 所以曲线 Γ 在点 P_0 处的切线方程为

$$\frac{x-x_0}{1} = \frac{y-y_0}{y'(x_0)} = \frac{z-z_0}{z'(x_0)};$$

在点 P_0 处的法平面方程为

$$(x-x_0)+y'(x_0)(y-y_0)+z'(x_0)(z-z_0)=0.$$

如果空间曲线 Γ 表示为两个曲面的交线:

$$\begin{cases} F(x,y,z)=0, \\ G(x,y,z)=0, \end{cases} \tag{7-16}$$

点 $P_0(x_0,y_0,z_0)$ 为曲线 Γ 上的一个点. 假设 F,G 都具有对 x 和 y 的连续偏导数, 且

$$\left.\frac{\partial(F,G)}{\partial(x,y)}\right|_{P_0},\quad \left.\frac{\partial(F,G)}{\partial(y,z)}\right|_{P_0},\quad \left.\frac{\partial(F,G)}{\partial(z,x)}\right|_{P_0}$$

不同时为零. 不妨设 $\left.\dfrac{\partial(F,G)}{\partial(y,z)}\right|_{P_0}\neq 0$. 由隐函数存在定理, 方程组 (7-16) 在点 P_0 的某邻域内确定了一组函数

$$y=y(x),\ z=z(x), \tag{7-17}$$

即在点 P_0 的某邻域内曲线 Γ 可由式 (7-17) 给出. 所以曲线 Γ 在点 P_0 处的切向量 $\boldsymbol{T}=(1,y'(x_0),z'(x_0))$. 以下先求 $\dfrac{\mathrm{d}y}{\mathrm{d}x}, \dfrac{\mathrm{d}z}{\mathrm{d}x}$.

将方程组 (7-16) 的两边对 x 求导, 注意到 y,z 是 x 的函数, 得

$$\begin{cases} F_x+F_y\dfrac{\mathrm{d}y}{\mathrm{d}x}+F_z\dfrac{\mathrm{d}z}{\mathrm{d}x}=0, \\ G_x+G_y\dfrac{\mathrm{d}y}{\mathrm{d}x}+G_z\dfrac{\mathrm{d}z}{\mathrm{d}x}=0, \end{cases} \tag{7-18}$$

由假设可知, 在点 P_0 的某邻域内,

$$\frac{\partial(F,G)}{\partial(y,z)}\neq 0,$$

所以由方程组 (7-18) 解得

$$\frac{\mathrm{d}y}{\mathrm{d}x}=\frac{\partial(F,G)}{\partial(z,x)}\Big/\frac{\partial(F,G)}{\partial(y,z)},$$

$$\frac{\mathrm{d}z}{\mathrm{d}x}=\frac{\partial(F,G)}{\partial(x,y)}\Big/\frac{\partial(F,G)}{\partial(y,z)}.$$

所以曲线 Γ 在点 P_0 处的切线方程为

$$\frac{x-x_0}{1}=\frac{y-y_0}{y'(x_0)}=\frac{z-z_0}{z'(x_0)},$$

即

$$\frac{x-x_0}{\left.\frac{\partial(F,G)}{\partial(y,z)}\right|_{P_0}}=\frac{y-y_0}{\left.\frac{\partial(F,G)}{\partial(z,x)}\right|_{P_0}}=\frac{z-z_0}{\left.\frac{\partial(F,G)}{\partial(x,y)}\right|_{P_0}},\tag{7–19}$$

在点 P_0 处的法平面方程为

$$\left.\frac{\partial(F,G)}{\partial(y,z)}\right|_{P_0}(x-x_0)+\left.\frac{\partial(F,G)}{\partial(z,x)}\right|_{P_0}(y-y_0)+\left.\frac{\partial(F,G)}{\partial(x,y)}\right|_{P_0}(z-z_0)=0.\tag{7–20}$$

当 $\left.\frac{\partial(F,G)}{\partial(z,x)}\right|_{P_0}\neq 0$ 或 $\left.\frac{\partial(F,G)}{\partial(x,y)}\right|_{P_0}\neq 0$ 时, 同理可推出曲线 Γ 在点 P_0 处的切线方程和法平面方程仍分别是式 (7–19) 和式 (7–20).

例 2 求曲线 $\begin{cases}x^2+y^2+z^2=14,\\ x+y+z=6\end{cases}$ 在点 $(1,2,3)$ 处的切线及法平面方程.

解 本题可直接利用公式 (7–19) 及 (7–20) 来解, 但这里依照推导公式的方法来解. 所给方程组两边对 x 求导并移项, 得

$$\begin{cases}y\dfrac{\mathrm{d}y}{\mathrm{d}x}+z\dfrac{\mathrm{d}z}{\mathrm{d}x}=-x,\\ \dfrac{\mathrm{d}y}{\mathrm{d}x}+\dfrac{\mathrm{d}z}{\mathrm{d}x}=-1,\end{cases}$$

解得

$$\frac{\mathrm{d}y}{\mathrm{d}x}=\frac{z-x}{y-z},\qquad \frac{\mathrm{d}z}{\mathrm{d}x}=\frac{x-y}{y-z}.$$

所以

$$\left.\frac{\mathrm{d}y}{\mathrm{d}x}\right|_{(1,2,3)}=-2,\qquad \left.\frac{\mathrm{d}z}{\mathrm{d}x}\right|_{(1,2,3)}=1.$$

于是曲线在点 $(1,2,3)$ 的切向量为 $\boldsymbol{T}=(1,-2,1)$. 从而曲线在点 $(1,2,3)$ 处的切线方程为

$$\frac{x-1}{1}=\frac{y-2}{-2}=\frac{z-3}{1},$$

法平面方程为

$$(x-1)-2(y-2)+(z-3)=0,$$

即

$$x-2y+z=0.$$

7.6.2 曲面的切平面与法线

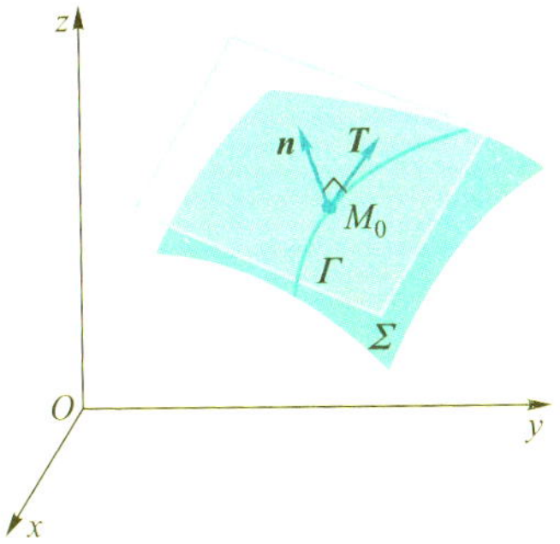

图 7-11

设空间曲面 Σ 的方程为 $F(x,y,z)=0$, $M_0(x_0,y_0,z_0)$ 为曲面 Σ 上的一点, 函数 $F(x,y,z)$ 的偏导数在该点连续且不同时为零. 在曲面 Σ 上过点 M_0 任意作一条曲线 Γ (如图 7-11 所示). 设 Γ 的参数方程为

$$x=\varphi(t),\ y=\psi(t),\ z=\omega(t),$$

其中 $\alpha \leqslant t \leqslant \beta$, 并设点 M_0 对应于 $t=t_0$, 且 $\varphi'(t_0),\psi'(t_0),\omega'(t_0)$ 不同时为零. 因为 Γ 在曲面 Σ 上, 所以

$$F[\varphi(t),\psi(t),\omega(t)]\equiv 0.$$

上式两边对 t 求导, 得

$$F_x\cdot\varphi'(t)+F_y\cdot\psi'(t)+F_z\cdot\omega'(t)\equiv 0,$$

从而在点 M_0 有

$$F_x(x_0,y_0,z_0)\cdot\varphi'(t_0)+F_y(x_0,y_0,z_0)\cdot\psi'(t_0)+F_z(x_0,y_0,z_0)\cdot\omega'(t_0)=0.$$

这说明, 曲线 Γ 在点 M_0 的切向量 $\boldsymbol{T}=(\varphi'(t_0),\psi'(t_0),\omega'(t_0))$ 与向量

$$\boldsymbol{n}=(F_x(x_0,y_0,z_0),F_y(x_0,y_0,z_0),F_z(x_0,y_0,z_0))$$

垂直. 由曲线 Γ 的任意性, 可知曲面 Σ 上过点 M_0 的任意一条曲线在点 M_0 的切线都与同一个向量 $\boldsymbol{n}$ 垂直, 所以这些切线应在同一个平面上, 这个平面就称为曲面 Σ 在点 M_0 的切平面 (图 7-11). $\boldsymbol{n}$ 就是该切平面的法向量, 也称为曲面在点 M_0 的法向量. 于是曲面 Σ 在点 M_0 的切平面方程为

$$F_x(x_0,y_0,z_0)(x-x_0)+F_y(x_0,y_0,z_0)(y-y_0)+F_z(x_0,y_0,z_0)(z-z_0)=0.$$

过点 M_0 且与切平面垂直的直线称为曲面 Σ 在点 M_0 的法线, 其方程为

$$\frac{x-x_0}{F_x(x_0,y_0,z_0)}=\frac{y-y_0}{F_y(x_0,y_0,z_0)}=\frac{z-z_0}{F_z(x_0,y_0,z_0)}.$$

若曲面 Σ 的方程为

$$z=f(x,y),$$

则可化为

$$F(x,y,z)=f(x,y)-z=0,$$

于是，当 $f(x,y)$ 在点 (x_0,y_0) 具有连续偏导数时，曲面 Σ 在点 $M_0(x_0,y_0,z_0)$ (这里 $z_0=f(x_0,y_0)$) 的法向量为

$$\boldsymbol{n}=(f_x(x_0,y_0),f_y(x_0,y_0),-1).$$

切平面方程为

$$f_x(x_0,y_0)(x-x_0)+f_y(x_0,y_0)(y-y_0)-(z-z_0)=0,$$

法线方程为

$$\frac{x-x_0}{f_x(x_0,y_0)}=\frac{y-y_0}{f_y(x_0,y_0)}=\frac{z-z_0}{-1}.$$

例 3 求球面 $x^2+y^2+z^2-x=5$ 在点 $(1,2,1)$ 处的切平面方程和法线方程.

解 令

$$F(x,y,z)=x^2+y^2+z^2-x-5,$$

则

$$F_x=2x-1,\ F_y=2y,\ F_z=2z,$$

$$F_x(1,2,1)=1,\ F_y(1,2,1)=4,\ F_z(1,2,1)=2,$$

所以球面在点 $(1,2,1)$ 的法向量

$$\boldsymbol{n}=(1,4,2).$$

从而球面在点 $(1,2,1)$ 的切平面方程为

$$(x-1)+4(y-2)+2(z-1)=0,$$

即

$$x+4y+2z-11=0,$$

法线方程为

$$\frac{x-1}{1}=\frac{y-2}{4}=\frac{z-1}{2}.$$

例 4 求旋转抛物面 $z=x^2+y^2-1$ 在点 $(2,1,4)$ 处的切平面方程和法线方程.

解 令 $f(x,y)=x^2+y^2-1$, 则

$$f_x=2x,\quad f_y=2y,\quad f_x(2,1)=4,\quad f_y(2,1)=2,$$

所以曲面在点 $(2,1,4)$ 的法向量

$$\boldsymbol{n}=(f_x(2,1),f_y(2,1),-1)=(4,2,-1).$$

从而曲面在点 $(2,1,4)$ 的切平面方程为

$$4(x-2)+2(y-1)-(z-4)=0,$$

即

$$4x+2y-z-6=0,$$

法线方程为

$$\frac{x-2}{4}=\frac{y-1}{2}=\frac{z-4}{-1}.$$

习题 7-6

A 题

1. 求下列曲线在指定点处的切线与法平面方程.

(1) $x=t-\sin t, y=1-\cos t, z=4\sin\dfrac{t}{2}$, 在 $t=\dfrac{\pi}{2}$ 处;

(2) $y=x^2, z=\dfrac{x}{1+x}$, 在点 $\left(1,1,\dfrac{1}{2}\right)$ 处;

(3) $\begin{cases} x^2+y^2+z^2-3x=0, \\ 2x-3y+5z-4=0, \end{cases}$ 在点 $(1,1,1)$ 处.

2. 求曲线 $x=t, y=t^2, z=t^3$ 上的点, 使曲线在该点的切线平行于平面 $x+2y+z=4$.

3. 求下列曲面在指定点处的切平面与法线方程.

(1) $e^z-z+xy=3$, 在点 $(2,1,0)$ 处;

(2) $x^2+2y^2+3z^2=21$, 在点 $(1,-2,2)$ 处.

4. 求曲面 $z=x^2+y^2$ 上平行于平面 $2x+4y-z=0$ 的切平面方程.

B 题

1. 求曲线 $y^2=2mx, z^2=m-x$ 在点 (x_0,y_0,z_0) 处的切线与法平面方程.

2. (考研真题, 2013 年数学一) 求曲面 $x^2+\cos(xy)+yz+x=0$ 在点 $(0,1,-1)$ 处的切平面方程.

3. 在曲面 $z=xy$ 上求一点, 使这点处的法线垂直于平面 $x+3y+z+9=0$, 并写出该法线的方程.

4. 证明曲面 $\sqrt{x}+\sqrt{y}+\sqrt{z}=\sqrt{a}\ (a>0)$ 上任何点处的切平面在各坐标轴上的截距之和等于 a.

5. 设 $F(u,v)$ 是可微函数, 证明: 曲面 $F(ax-bz,ay-cz)=0\ (abc\neq 0)$ 上的切平面都与某一定直线平行.

PPT 课件 7–7
方向导数与梯度

7.7 方向导数与梯度

7.7.1 方向导数

偏导数反映的是函数沿坐标轴方向的变化率. 但在许多实际问题中, 常常需要知道函数在一点沿任何方向的变化率, 即方向导数. 下面以二元函数为例, 给出方向导数的定义.

定义 7.7.1 设函数 $f(x,y)$ 在点 $P_0(x_0,y_0)$ 的某邻域 $U(P_0)$ 内有定义, l 为从点 P_0 出发的射线, 其方向是 $\boldsymbol{l}$, $P(x_0+\Delta x,y_0+\Delta y)$ 为射线 l 上的另一点且 $P\in U(P_0)$, ρ 表示 P_0 和 P 两点间的距离. 若极限

$$\lim_{\rho\to 0^+}\frac{f(x_0+\Delta x,y_0+\Delta y)-f(x_0,y_0)}{\rho}$$

存在, 则称此极限为函数 $f(x,y)$ 在点 P_0 沿方向 $\boldsymbol{l}$ 的方向导数, 记作 $\left.\dfrac{\partial f}{\partial \boldsymbol{l}}\right|_{(x_0,y_0)}$.

关于方向导数的存在性及计算, 有如下定理.

定理 7.7.1 设函数 $f(x,y)$ 在点 $P_0(x_0,y_0)$ 可微, 则 $f(x,y)$ 在点

P_0 沿任一方向 $\boldsymbol{l}$ 的方向导数都存在, 且

$$\left.\frac{\partial f}{\partial \boldsymbol{l}}\right|_{(x_0,y_0)}=f_x(x_0,y_0)\cos\alpha+f_y(x_0,y_0)\cos\beta, \tag{7-21}$$

其中 $\cos\alpha, \cos\beta$ 是方向 $\boldsymbol{l}$ 的方向余弦.

证 在射线 l 上任取一点 $P(x_0+\Delta x, y_0+\Delta y)$. 由于 $f(x,y)$ 在 P_0 可微, 故

$$f(x_0+\Delta x,y_0+\Delta y)-f(x_0,y_0)=f_x(x_0,y_0)\Delta x+f_y(x_0,y_0)\Delta y+o(\rho),$$

这里 $\rho=\sqrt{(\Delta x)^2+(\Delta y)^2}$. 因为 $\dfrac{\Delta x}{\rho}=\cos\alpha, \dfrac{\Delta y}{\rho}=\cos\beta$ (图 7-12), 所以

$$\frac{f(x_0+\Delta x,y_0+\Delta y)-f(x_0,y_0)}{\rho}=f_x(x_0,y_0)\cos\alpha+f_y(x_0,y_0)\cos\beta+\frac{o(\rho)}{\rho},$$

从而

$$\begin{aligned}\left.\frac{\partial f}{\partial \boldsymbol{l}}\right|_{(x_0,y_0)}&=\lim_{\rho\to 0^+}\frac{f(x_0+\Delta x,y_0+\Delta y)-f(x_0,y_0)}{\rho}\\&=f_x(x_0,y_0)\cos\alpha+f_y(x_0,y_0)\cos\beta.\end{aligned}$$

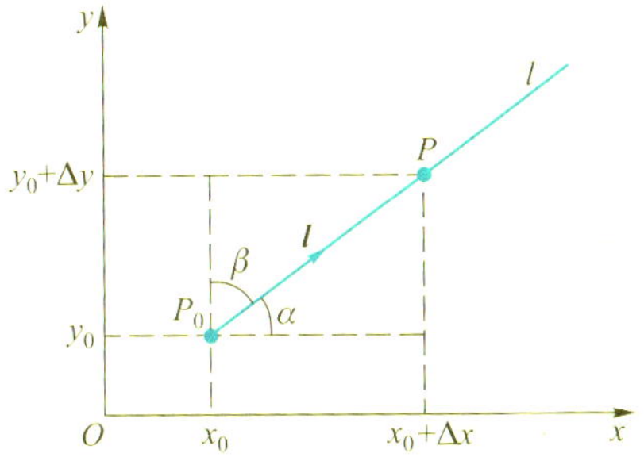

图 7-12

注 由定理 7.7.1 易知, 若函数 $f(x,y)$ 在点 $P_0(x_0,y_0)$ 可微, 则

(1) 当 $\boldsymbol{l}$ 的方向为 x 轴正方向时,

$$\left.\frac{\partial f}{\partial \boldsymbol{l}}\right|_{(x_0,y_0)}=f_x(x_0,y_0);$$

(2) 当 $\boldsymbol{l}$ 的方向为 x 轴负方向时,

$$\left.\frac{\partial f}{\partial \boldsymbol{l}}\right|_{(x_0,y_0)}=-f_x(x_0,y_0);$$

(3) 当 $\boldsymbol{l}$ 的方向为 y 轴正方向时,

$$\left.\frac{\partial f}{\partial \boldsymbol{l}}\right|_{(x_0,y_0)}=f_y(x_0,y_0);$$

(4) 当 $\boldsymbol{l}$ 的方向为 y 轴负方向时,

$$\left.\frac{\partial f}{\partial \boldsymbol{l}}\right|_{(x_0,y_0)}=-f_y(x_0,y_0).$$

类似地, 可定义三元函数 $f(x,y,z)$ 在点 $P_0(x_0,y_0,z_0)$ 沿任一方向 $\boldsymbol{l}$ 的方向导数. 同样可证明: 若 $f(x,y,z)$ 在点 $P_0(x_0,y_0,z_0)$ 可微, 则 $f(x,y,z)$ 在点 P_0 沿任一方向 $\boldsymbol{l}$ 的方向导数都存在, 且

$$\left.\frac{\partial f}{\partial \boldsymbol{l}}\right|_{(x_0,y_0,z_0)}=f_x(x_0,y_0,z_0)\cos\alpha+f_y(x_0,y_0,z_0)\cos\beta+f_z(x_0,y_0,z_0)\cos\gamma,$$

其中 $\cos\alpha, \cos\beta, \cos\gamma$ 是方向 $\boldsymbol{l}$ 的方向余弦.

例 1 求函数 $f(x,y)=\cos(2x+y)$ 在点 $\left(0,\dfrac{\pi}{2}\right)$ 沿方向 $\boldsymbol{l}=(3,-4)$

的方向导数.

解

$$f_x(x,y)=-2\sin(2x+y),\ f_y(x,y)=-\sin(2x+y),$$

所以

$$f_x\left(0,\frac{\pi}{2}\right)=-2,\quad f_y\left(0,\frac{\pi}{2}\right)=-1.$$

方向 $\boldsymbol{l}$ 的方向余弦

$$\cos\alpha=\frac{3}{5},\quad \cos\beta=-\frac{4}{5}.$$

因为 $f(x,y)$ 在点 $\left(0,\dfrac{\pi}{2}\right)$ 可微, 所以

$$\begin{aligned}\left.\frac{\partial f}{\partial \boldsymbol{l}}\right|_{(0,\frac{\pi}{2})}&=f_x\left(0,\frac{\pi}{2}\right)\cdot\cos\alpha+f_y\left(0,\frac{\pi}{2}\right)\cdot\cos\beta\\&=-2\cdot\frac{3}{5}+\frac{4}{5}=-\frac{2}{5}.\end{aligned}$$

例 2　求函数 $u=x+y^2+z^3$ 在点 $P(1,1,1)$ 沿从点 $P(1,1,1)$ 到点 $Q(3,-1,2)$ 的方向的方向导数.

解

$$u_x(x,y,z)=1,\quad u_y(x,y,z)=2y,\quad u_z(x,y,z)=3z^2,$$

$$u_x(1,1,1)=1,\quad u_y(1,1,1)=2,\quad u_z(1,1,1)=3.$$

$\boldsymbol{l}=\overrightarrow{PQ}=(2,-2,1)$, 其方向余弦

$$\cos\alpha=\frac{2}{3},\quad \cos\beta=-\frac{2}{3},\quad \cos\gamma=\frac{1}{3}.$$

因为函数 $u=x+y^2+z^3$ 在点 $(1,1,1)$ 可微, 所以

$$\begin{aligned}\left.\frac{\partial u}{\partial \boldsymbol{l}}\right|_{(1,1,1)}&=u_x(1,1,1)\cdot\cos\alpha+u_y(1,1,1)\cdot\cos\beta+u_z(1,1,1)\cdot\cos\gamma\\&=\frac{2}{3}-2\times\frac{2}{3}+3\times\frac{1}{3}=\frac{1}{3}.\end{aligned}$$

7.7.2 梯度

在实际问题中, 除了要知道函数在一点沿某方向的变化率, 即方向导数之外, 有时还需要知道函数在某一点沿什么方向变化最快. 为此引入如下梯度概念.

定义 7.7.2 设函数 $f(x,y)$ 在点 $P_0(x_0,y_0)$ 对 x 和对 y 的偏导数都存在, 则称向量

$$f_x(x_0,y_0)\boldsymbol{i}+f_y(x_0,y_0)\boldsymbol{j}$$

为函数 $f(x,y)$ 在点 P_0 的梯度, 记作 $\mathbf{grad}\ f(x_0,y_0)$ 或 $\nabla f(x_0,y_0)$, 即

$$\mathbf{grad}\ f(x_0,y_0)=\nabla f(x_0,y_0)=f_x(x_0,y_0)\boldsymbol{i}+f_y(x_0,y_0)\boldsymbol{j}.$$

若函数 $f(x,y)$ 在点 P_0 可微, $\boldsymbol{e}_l=(\cos\alpha,\cos\beta)$ 是 $\boldsymbol{l}$ 方向上的单位向量, 则方向导数公式 (7-21) 可写成

$$\begin{aligned}\left.\frac{\partial f}{\partial l}\right|_{(x_0,y_0)}&=(f_x(x_0,y_0),f_y(x_0,y_0))\cdot(\cos\alpha,\cos\beta)\\&=\mathbf{grad}\ f(x_0,y_0)\cdot\boldsymbol{e}_l=|\mathbf{grad}\ f(x_0,y_0)|\cos\theta,\end{aligned}$$

其中 θ 是向量 $\mathbf{grad}\ f(x_0,y_0)$ 与 $\boldsymbol{e}_l$ 的夹角. 由此可知:

(1) 当 $\theta=0$, 即方向 $\boldsymbol{e}_l$ 与梯度 $\mathbf{grad}\ f(x_0,y_0)$ 的方向相同时, 方向导数 $\left.\dfrac{\partial f}{\partial l}\right|_{(x_0,y_0)}$ 取最大值 $|\mathbf{grad}\ f(x_0,y_0)|$, 即函数 $f(x,y)$ 在点 P_0 沿梯度方向增加最快, 且在点 P_0 的最大变化率就是梯度的模.

(2) 当 $\theta=\pi$, 即方向 $\boldsymbol{e}_l$ 与梯度 $\mathbf{grad}\ f(x_0,y_0)$ 的方向相反时, 函数 $f(x,y)$ 在点 P_0 减少最快, 方向导数 $\left.\dfrac{\partial f}{\partial l}\right|_{(x_0,y_0)}$ 取最小值 $-|\mathbf{grad}\ f(x_0,y_0)|$.

(3) 当 $\theta=\dfrac{\pi}{2}$, 即方向 $\boldsymbol{e}_l$ 与梯度 $\mathbf{grad}\ f(x_0,y_0)$ 的方向垂直时, 函数 $f(x,y)$ 在点 P_0 的变化率为零, 方向导数 $\left.\dfrac{\partial f}{\partial l}\right|_{(x_0,y_0)}=0$.

接下来看一下梯度的几何意义. 曲面 $z=f(x,y)$ 被平面 $z=c$ (c 是常数) 所截得的曲线 L 的方程为

$$\begin{cases}z=f(x,y),\\z=c,\end{cases}$$

它在 xOy 面上的投影为平面曲线 $L^*: f(x,y)=c$, 该曲线称为函数 $z=f(x,y)$ 的等值线.

若 f_x, f_y 不同时为零, 则等值线 $f(x,y)=c$ 上任一点 $P_0(x_0,y_0)$ 处的一个单位法向量为

$$\boldsymbol{n}=\frac{f_x(x_0,y_0)\boldsymbol{i}+f_y(x_0,y_0)\boldsymbol{j}}{\sqrt{f_x^2(x_0,y_0)+f_y^2(x_0,y_0)}}.$$

于是

$$\frac{\partial f}{\partial \boldsymbol{n}}=|\mathbf{grad}\, f(x_0,y_0)|, \qquad \mathbf{grad}\, f(x_0,y_0)=\frac{\partial f}{\partial \boldsymbol{n}}\boldsymbol{n}.$$

这说明函数 $f(x,y)$ 在一点 (x_0,y_0) 的梯度方向与等值线 $f(x,y)=c$ 在这点的一个法线方向相同, 这个法线方向就是函数在这点方向导数取得最大值的方向, 且从数值较低的等值线指向数值较高的等值线, 梯度的模就等于函数沿这个方向的方向导数.

对三元函数可类似引入梯度概念. 设 $f(x,y,z)$ 在点 $P_0(x_0,y_0,z_0)$ 处存在对所有变量的偏导数, 则称向量

$$f_x(x_0,y_0,z_0)\boldsymbol{i}+f_y(x_0,y_0,z_0)\boldsymbol{j}+f_z(x_0,y_0,z_0)\boldsymbol{k}$$

为函数 $f(x,y,z)$ 在点 P_0 的梯度, 记作 $\mathbf{grad}\ f(x_0,y_0,z_0)$ 或 $\nabla f(x_0,y_0,z_0)$.

类似地, 如果函数 $f(x,y,z)$ 在点 P_0 可微, $\boldsymbol{e_l}=(\cos\alpha,\cos\beta,\cos\gamma)$ 是 $\boldsymbol{l}$ 方向上的单位向量, 则

$$\left.\frac{\partial f}{\partial \boldsymbol{l}}\right|_{(x_0,y_0,z_0)}=\mathbf{grad}\ f(x_0,y_0,z_0)\cdot\boldsymbol{e_l}=|\mathbf{grad}\ f(x_0,y_0,z_0)|\cos\theta,$$

其中 θ 是向量 $\mathbf{grad}\ f(x_0,y_0,z_0)$ 与 $\boldsymbol{e_l}$ 的夹角.

因此对三元函数 $f(x,y,z)$ 而言, 同样有: $f(x,y,z)$ 在点 P_0 沿梯度方向增加最快, 方向导数 $\left.\frac{\partial f}{\partial \boldsymbol{l}}\right|_{(x_0,y_0,z_0)}$ 取最大值 $|\mathbf{grad}\ f(x_0,y_0,z_0)|$; $f(x,y,z)$ 在点 P_0 沿梯度的反方向减少最快, 方向导数 $\left.\frac{\partial f}{\partial \boldsymbol{l}}\right|_{(x_0,y_0,z_0)}$ 取最小值 $-|\mathbf{grad}\ f(x_0,y_0,z_0)|$.

如果称曲面 $f(x,y,z)=c$ (c 是常数) 为函数 $f(x,y,z)$ 的等值面, 那么函数 $f(x,y,z)$ 在一点 (x_0,y_0,z_0) 的梯度方向与等值面 $f(x,y,z)=c$ 在这点的一个法线方向相同, 且从数值较低的等值面指向数值较高的等值面, 而梯度的模就等于函数沿该法线方向的方向导数.

例 3 设函数 $u=\sqrt{x^2+y^2+z^2}$, 求 $\mathbf{grad}\ u$.

解

$$u_x=\frac{x}{u},\ u_y=\frac{y}{u},\ u_z=\frac{z}{u},$$

所以

$$\mathbf{grad}\ u=u_x\boldsymbol{i}+u_y\boldsymbol{j}+u_z\boldsymbol{k}=\frac{1}{u}(x\boldsymbol{i}+y\boldsymbol{j}+z\boldsymbol{k}).$$

例 4 设函数 $f(x,y)=\frac{1}{2}(x^2+y^2)$, $P_0(1,1)$, 求:

(1) $f(x,y)$ 在 P_0 处增加最快的方向以及沿这个方向的方向导数;

(2) $f(x,y)$ 在 P_0 处减少最快的方向以及沿这个方向的方向导数;

(3) $f(x,y)$ 在 P_0 处变化率为零的方向.

解 (1) $f(x,y)$ 在 P_0 处沿 $\mathbf{grad}\ f(1,1)$ 的方向增加最快, 由于

$$f_x(x,y)=x,\quad f_y(x,y)=y,$$

所以

$$\mathbf{grad}\ f(1,1)=f_x(1,1)\boldsymbol{i}+f_y(1,1)\boldsymbol{j}=\boldsymbol{i}+\boldsymbol{j},$$

于是所求方向可取为

$$\boldsymbol{n}=\frac{\mathbf{grad}\ f(1,1)}{|\mathbf{grad}\ f(1,1)|}=\frac{1}{\sqrt{2}}\boldsymbol{i}+\frac{1}{\sqrt{2}}\boldsymbol{j},$$

方向导数为

$$\left.\frac{\partial f}{\partial \boldsymbol{n}}\right|_{(1,1)}=|\mathbf{grad}\ f(1,1)|=\sqrt{2}.$$

(2) $f(x,y)$ 在 P_0 处沿 $-\mathbf{grad}\ f(1,1)$ 的方向减少最快, 这一方向可取为

$$\boldsymbol{n}_1=-\boldsymbol{n}=-\frac{1}{\sqrt{2}}\boldsymbol{i}-\frac{1}{\sqrt{2}}\boldsymbol{j},$$

方向导数为

$$\left.\frac{\partial f}{\partial \boldsymbol{n}_1}\right|_{(1,1)}=-|\mathbf{grad}\ f(1,1)|=-\sqrt{2}.$$

(3) $f(x,y)$ 在 P_0 处沿垂直于 $\mathbf{grad}\ f(1,1)$ 的方向变化率为零, 这一方向为

$$\boldsymbol{n}_2=-\frac{1}{\sqrt{2}}\boldsymbol{i}+\frac{1}{\sqrt{2}}\boldsymbol{j}\quad 或\quad \boldsymbol{n}_3=\frac{1}{\sqrt{2}}\boldsymbol{i}-\frac{1}{\sqrt{2}}\boldsymbol{j}.$$

习题 7–7

A 题

1. 求函数 $z=x\mathrm{e}^{2y}$ 在点 $P(1,0)$ 处沿从点 $P(1,0)$ 到点 $Q(2,-1)$ 的方向的方向导数.

2. 求函数 $z=\ln(x^2+y^2)$ 在点 $(1,1)$ 处沿与 x 轴正向所成夹角为 $\theta=\dfrac{\pi}{3}$ 的方向的方向导数.

3. 求函数 $u=xy^2+z^3-xyz$ 在点 $(1,1,2)$ 处沿方向角为 $\alpha=\dfrac{\pi}{3},\beta=\dfrac{\pi}{4},\gamma=\dfrac{\pi}{3}$ 的方向的方向导数.

4. 求函数 $u=xyz$ 在点 $(5,1,2)$ 处沿从点 $(5,1,2)$ 到点 $(9,4,14)$ 的方向的方向导数.

5. 求函数 $u=x^2+y^2+z^2$ 在曲线 $x=t,y=t^2,z=t^3$ 上点 $(1,1,1)$ 处, 沿曲线在该点的切线正方向 (对应于 t 增大的方向) 的方向导数.

6. 求下列函数的梯度.

(1) $u=x^2+y^2\sin(xy)$;　　(2) $u=\arctan\dfrac{x}{y}$, 在点 $(0,1)$;

(3) $u=x^3+y^3+z^3-3xyz$;　　(4) $u=\dfrac{x}{y}+\dfrac{y}{z}$, 在点 $(4,2,1)$.

7. 设函数 $f(x,y,z)=x^3-xy^2-z$, $P_0(1,1,0)$, 求:

(1) $f(x,y,z)$ 在 P_0 处增加最快的方向以及沿这个方向的方向导数;

(2) $f(x,y,z)$ 在 P_0 处减少最快的方向以及沿这个方向的方向导数.

B 题

1. 求函数 $u=x^2-xy+y^2$ 在点 $(1,1)$ 处沿方向 $\boldsymbol{l}=(\cos\theta,\sin\theta)$ 的方向导数, 并分别确定 θ, 使这方向导数有 (1) 最大值; (2) 最小值; (3) 等于 0.

2. 求函数 $z=1-\left(\dfrac{x^2}{a^2}+\dfrac{y^2}{b^2}\right)$ 在点 $\left(\dfrac{a}{\sqrt{2}},\dfrac{b}{\sqrt{2}}\right)$ 处沿曲线 $\dfrac{x^2}{a^2}+\dfrac{y^2}{b^2}=1$ 在这点的内法线方向的方向导数.

3. 求函数 $u=x+y+z$ 在球面 $x^2+y^2+z^2=1$ 上点 (x_0,y_0,z_0) 处, 沿球面在该点的外法线方向的方向导数.

4. 求函数 $u=\dfrac{x^2}{a^2}+\dfrac{y^2}{b^2}+\dfrac{z^2}{c^2}$ 在点 $P(x,y,z)$ 处沿此点的向径 $\boldsymbol{r}$ 的方向导数; 在什么情形下, 此方向导数等于函数 u 的梯度的模?

7.8 多元函数的极值及其应用

PPT 课件 7-8
多元函数的极值及其应用

在许多实际问题中, 经常会遇到多元函数的最大值或最小值问题. 类似于一元函数, 多元函数的最值与极值有着密切的联系, 因此以下先讨论极值问题. 我们以二元函数为例, 对于二元以上的函数可类似地讨论.

微视频 7-6
二元函数的极值与最值

7.8.1 二元函数的极值

定义 7.8.1 设函数 $f(x,y)$ 在点 $P_0(x_0,y_0)$ 的某邻域 $U(P_0)$ 内有定义. 若对于该邻域内异于 P_0 的任何点 (x,y), 都有

$$f(x,y) < f(x_0,y_0),$$

则称函数 $f(x,y)$ 在点 P_0 取得极大值 $f(x_0,y_0)$, 点 $P_0(x_0,y_0)$ 称为函数的极大值点; 若对于该邻域内异于 P_0 的任何点 (x,y), 都有

$$f(x,y) > f(x_0,y_0),$$

则称函数 $f(x,y)$ 在点 P_0 取得极小值 $f(x_0,y_0)$, 点 $P_0(x_0,y_0)$ 称为函数的极小值点; 极大值、极小值统称为极值. 极大值点、极小值点统称为极值点.

例如, 由定义易知, 函数 $f(x,y)=x^2+y^2$ 在点 $(0,0)$ 取得极小值 0; 函数 $g(x,y)=-\sqrt{x^2+y^2}$ 在点 $(0,0)$ 取得极大值 0. 而对函数 $h(x,y)=xy$ 而言, $h(0,0)=0$, 但在点 $(0,0)$ 的任一邻域内, 既含有使 $h(x,y)>0$ 的点, 又含有使 $h(x,y)<0$ 的点, 所以点 $(0,0)$ 不是 $h(x,y)=xy$ 的极值点.

可导的一元函数 $f(x)$ 在点 x_0 处取得极值的必要条件是 $f'(x_0)=0$. 对于二元函数也有类似的结论.

定理 7.8.1 (必要条件) 函数 $f(x,y)$ 在点 (x_0,y_0) 具有偏导数, 且在点 (x_0,y_0) 处取得极值, 则它在点 (x_0,y_0) 的一阶偏导数都为零, 即

$$f_x(x_0,y_0)=f_y(x_0,y_0)=0.$$

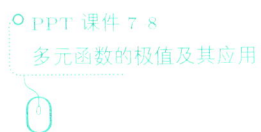

证 不妨设 $f(x,y)$ 在点 (x_0,y_0) 取得极大值. 由极大值的定义, 在点 (x_0,y_0) 的某邻域内异于点 (x_0,y_0) 的任何点 (x,y), 都有

$$f(x,y) < f(x_0,y_0).$$

特别地, 在该邻域内固定 $y=y_0$ 而 $x \neq x_0$, 则有

$$f(x,y_0) < f(x_0,y_0),$$

即一元函数 $f(x,y_0)$ 在点 x_0 处取得极大值, 于是由一元函数取得极值的必要条件, 可知

$$f_x(x_0,y_0)=0.$$

类似可证

$$f_y(x_0,y_0)=0.$$

注 由定理 7.8.1 可知: 若 $f(x,y)$ 存在偏导数, 则它的极值点一定是驻点. 但函数的驻点不一定是极值点. 例如, 点 $(0,0)$ 是 $z=xy$ 的驻点但不是极值点.

凡是能使 $f_x(x,y)=0, f_y(x,y)=0$ 同时成立的点称为函数 $f(x,y)$ 的**驻点**.

那么如何判断函数的驻点是否是极值点? 有如下定理:

定理 7.8.2 (充分条件) 设函数 $f(x,y)$ 在点 (x_0,y_0) 的某邻域内具有二阶连续偏导数, 且点 (x_0,y_0) 为 $f(x,y)$ 的驻点. 记

$$A=f_{xx}(x_0,y_0),\ B=f_{xy}(x_0,y_0),\ C=f_{yy}(x_0,y_0),$$

则

(1) 当 $AC-B^2>0$ 时, $f(x_0,y_0)$ 是极值, 且 $A>0$ 时 $f(x_0,y_0)$ 是极小值, $A<0$ 时 $f(x_0,y_0)$ 是极大值;

(2) 当 $AC-B^2<0$ 时, $f(x_0,y_0)$ 不是极值;

(3) 当 $AC-B^2=0$ 时, $f(x_0,y_0)$ 是否为极值需要用其他方法判别.

利用上面两个定理, 对于具有二阶连续偏导数的函数 $f(x,y)$, 求其极值的步骤如下:

(1) 解方程组

$$\begin{cases} f_x(x,y)=0, \\ f_y(x,y)=0, \end{cases}$$

求得所有驻点;

(2) 求 $f(x,y)$ 的二阶偏导数;

(3) 求出每一个驻点 (x_0,y_0) 处 A, B 和 C 的值, 定出 $AC-B^2$ 的符号, 按定理 7.8.2 的结论判定 $f(x_0,y_0)$ 是不是极值, 是极大值还是极小值.

例 1 求函数 $f(x,y)=x^3+y^3-3(x^2+y^2)$ 的极值.

解 解方程组

$$\begin{cases} f_x(x,y)=3x^2-6x=0, \\ f_y(x,y)=3y^2-6y=0, \end{cases}$$

得驻点 $(0,0),(0,2),(2,0),(2,2)$.

再求二阶偏导数

$$f_{xx}(x,y)=6x-6, f_{xy}(x,y)=0, f_{yy}(x,y)=6y-6.$$

在点 $(0,0)$ 处, $A=-6,B=0,C=-6$, 故 $AC-B^2=36>0, A<0$, 所以 $f(0,0)=0$ 是极大值;

在点 $(0,2)$ 处, $A=-6,B=0,C=6$, 故 $AC-B^2=-36<0$, 所以 $f(0,2)$ 不是极值;

在点 $(2,0)$ 处, $A=6,B=0,C=-6$, 故 $AC-B^2=-36<0$, 所以 $f(2,0)$ 也不是极值;

在点 $(2,2)$ 处, $A=6,B=0,C=6$, 故 $AC-B^2=36>0, A>0$, 所以 $f(2,2)=-8$ 是极小值.

注 由定理 7.8.1 可知, 若函数在所考虑的区域内偏导数存在, 则函数的极值只可能在驻点处取得. 但偏导数不存在的点也可能是函数的极值点. 例如, 函数 $z=\sqrt{x^2+y^2}$ 在点 $(0,0)$ 的偏导数不存在, 但该函数在点 $(0,0)$ 取得极小值. 因此, 在讨论函数的极值时, 除了考虑函数的驻点外, 如果有偏导数不存在的点, 那么对这些点也应当考虑.

7.8.2 二元函数的最大值与最小值

如果二元函数 $f(x,y)$ 在有界闭区域 D 上连续, 由定理 7.1.1 可知 $f(x,y)$ 在 D 上必能取得最大值和最小值. 若函数的最值点在 D 的内部, 则该最值点必是极值点. 但是函数的最大值 (最小值) 也可能在 D 的边界上取到. 因此, 假定 $f(x,y)$ 在 D 内部的所有可能极值点只有有限个, 在这种假设下, 求 $f(x,y)$ 在有界闭区域 D 上的最值的一般方法是: 先求出 $f(x,y)$ 在 D 内部的所有可能极值点处的函数值及 $f(x,y)$ 在 D 的边界上的最大值和最小值, 然后比较这些函数值, 其中最大者

就是函数在 D 上的最大值，最小者就是函数在 D 上的最小值. 但要求出 $f(x,y)$ 在 D 的边界上的最值往往很复杂. 在通常遇到的实际问题中，如果根据问题的性质，可以确定 $f(x,y)$ 的最大值 (最小值) 一定在 D 的内部取得，而 $f(x,y)$ 在 D 的内部又只有一个可能极值点，则可以断定在该点的函数值就是 $f(x,y)$ 在 D 上的最大值 (最小值).

例 2 某工厂要用铁板做成一个体积为 2 m^3 的有盖长方体水箱. 问当长、宽、高各取怎样的尺寸时，才能使用料最省?

解 设水箱的长为 x m，宽为 y m，则其高为 $\dfrac{2}{xy}$ m. 此水箱所用材料的面积

$$S=2\left(xy+y\cdot\frac{2}{xy}+x\cdot\frac{2}{xy}\right)=2\left(xy+\frac{2}{x}+\frac{2}{y}\right),$$

S 的定义域 $D=\{(x,y)|x>0,y>0\}$. 因此问题转化为求函数 S 在 D 内的最小值.

令

$$\begin{cases} S_x=2\left(y-\dfrac{2}{x^2}\right)=0,\\ S_y=2\left(x-\dfrac{2}{y^2}\right)=0,\end{cases}$$

解得

$$x=\sqrt[3]{2},\qquad y=\sqrt[3]{2}.$$

根据题意，水箱所用材料面积的最小值一定存在，且在 D 的内部取得，而函数在 D 内只有唯一的驻点 $(\sqrt[3]{2},\sqrt[3]{2})$，因此可断定当 $x=\sqrt[3]{2}$, $y=\sqrt[3]{2}$ 时，S 取得最小值. 所以当水箱的长为 $\sqrt[3]{2}$ m，宽为 $\sqrt[3]{2}$ m，高为 $\dfrac{2}{\sqrt[3]{2}\cdot\sqrt[3]{2}}=\sqrt[3]{2}$ m 时，即当水箱为正方体时，所用的材料最省.

7.8.3 条件极值 拉格朗日乘数法

数学史 7–1
拉格朗日乘数法的应用

在讨论函数的极值问题时，如果函数的自变量只受到定义域的限制，而没有其他约束条件，那么称这类极值为无条件极值，如本节例 1. 如果函数的自变量不仅受到定义域的限制，还受到其他附加条件的约束，那么称这类极值为条件极值. 例如本节例 2，若设水箱的长、宽、高

分别为 x, y, z, 则水箱所用材料的面积为

$$S = 2(xy + yz + xz).$$

依题意, 函数 S 中的自变量 x, y, z 除了要在定义域 $D = \{(x, y, z) | x > 0, y > 0, z > 0\}$ 内, 还必须满足条件

$$xyz = 2.$$

所以例 2 就属于条件极值问题.

如何求条件极值? 有些条件极值可以转化为无条件极值. 如本节例 2, 先从约束条件 $xyz = 2$ 中解出

$$z = \frac{2}{xy},$$

将它代入 $S = 2(xy + yz + xz)$, 从而将条件极值问题转化为求函数

$$S = 2\left(xy + \frac{2}{x} + \frac{2}{y}\right) \quad (x > 0, y > 0)$$

的无条件极值.

但在很多情形下, 要想将条件极值转化为无条件极值是很难做到的. 因此以下介绍一种直接求解条件极值的方法, 即拉格朗日乘数法.

以二元函数为例, 条件极值问题的提法通常是:

求目标函数

$$z = f(x, y)$$

在约束条件

$$\varphi(x, y) = 0$$

下的极值.

先讨论函数 $z = f(x, y)$ 在条件 $\varphi(x, y) = 0$ 下取得极值的必要条件. 设点 (x_0, y_0) 为条件极值点, 则

$$\varphi(x_0, y_0) = 0. \tag{7-22}$$

假定 $f(x, y)$ 与 $\varphi(x, y)$ 在点 (x_0, y_0) 的某邻域内均有连续的一阶偏导数, 且 $\varphi_y(x_0, y_0) \neq 0$. 由隐函数存在定理知, 方程 $\varphi(x, y) = 0$ 在点

(x_0,y_0) 的某一邻域内唯一确定一个具有连续导数的函数 $y=\psi(x)$, 将其代入 $z=f(x,y)$, 得

$$z=f[x,\psi(x)].$$

因为函数 $f(x,y)$ 在点 (x_0,y_0) 取得条件极值, 所以点 $x=x_0$ 是函数 $z=f[x,\psi(x)]$ 的极值点, 因此 $\left.\dfrac{\mathrm{d}z}{\mathrm{d}x}\right|_{x=x_0}=0$. 又

$$\frac{\mathrm{d}z}{\mathrm{d}x}=f_x(x,y)+f_y(x,y)\frac{\mathrm{d}y}{\mathrm{d}x},$$

从而得

$$f_x(x_0,y_0)+f_y(x_0,y_0)\left.\frac{\mathrm{d}y}{\mathrm{d}x}\right|_{x=x_0}=0. \tag{7–23}$$

而由隐函数求导公式,

$$\left.\frac{\mathrm{d}y}{\mathrm{d}x}\right|_{x=x_0}=-\frac{\varphi_x(x_0,y_0)}{\varphi_y(x_0,y_0)},$$

将其代入式 (7–23), 得

$$f_x(x_0,y_0)-f_y(x_0,y_0)\frac{\varphi_x(x_0,y_0)}{\varphi_y(x_0,y_0)}=0. \tag{7–24}$$

式 (7–22) 和 (7–24) 就是函数 $z=f(x,y)$ 在条件 $\varphi(x,y)=0$ 下在点 (x_0,y_0) 取得极值的必要条件.

记

$$\frac{f_y(x_0,y_0)}{\varphi_y(x_0,y_0)}=-\lambda,$$

则上述必要条件就变为

$$\begin{cases} f_x(x_0,y_0)+\lambda\varphi_x(x_0,y_0)=0, \\ f_y(x_0,y_0)+\lambda\varphi_y(x_0,y_0)=0, \\ \varphi(x_0,y_0)=0. \end{cases} \tag{7–25}$$

若引入辅助函数

$$L(x,y)=f(x,y)+\lambda\varphi(x,y),$$

则式 (7–25) 中前两式就是

$$L_x(x_0,y_0)=0,\qquad L_y(x_0,y_0)=0.$$

函数 $L(x,y)$ 称为拉格朗日函数, 参数 λ 称为拉格朗日乘子.

由以上讨论可知, 求函数 $z=f(x,y)$ 在约束条件 $\varphi(x,y)=0$ 下的可能极值点的步骤如下:

(1) 作拉格朗日函数

$$L(x,y)=f(x,y)+\lambda\varphi(x,y);$$

(2) 解方程组

$$\begin{cases}L_x=f_x(x,y)+\lambda\varphi_x(x,y)=0,\\ L_y=f_y(x,y)+\lambda\varphi_y(x,y)=0,\\ \varphi(x,y)=0,\end{cases}$$

得到 x,y,λ 的值, 其所对应的点 (x,y) 就是要求的可能的条件极值点. 这种求可能的条件极值点的方法, 称为拉格朗日乘数法.

一般地, 考虑目标函数 $f(x_1,x_2,\cdots,x_n)$ 在 m 个约束条件

$$\varphi_k(x_1,x_2,\cdots,x_n)=0\ (k=1,2,\cdots,m;\ m<n)$$

下的极值, 可以用类似的方法求可能的条件极值点. 例如, 求函数 $u=f(x,y,z)$ 在条件

$$\begin{cases}G(x,y,z)=0,\\ H(x,y,z)=0\end{cases}$$

下的极值. 首先, 作拉格朗日函数

$$L(x,y,z)=f(x,y,z)+\lambda G(x,y,z)+\mu H(x,y,z);$$

其次, 解方程组

$$\begin{cases}L_x=f_x(x,y,z)+\lambda G_x(x,y,z)+\mu H_x(x,y,z)=0,\\ L_y=f_y(x,y,z)+\lambda G_y(x,y,z)+\mu H_y(x,y,z)=0,\\ L_z=f_z(x,y,z)+\lambda G_z(x,y,z)+\mu H_z(x,y,z)=0,\\ G(x,y,z)=0,\\ H(x,y,z)=0.\end{cases}$$

得到 x,y,z,λ,μ 的所有值, 所对应的点 (x,y,z) 就是可能的条件极值点.

注 利用拉格朗日乘数法求得的点只是可能的条件极值点, 至于如何判断其是否是极值点, 需要一些特殊的方法. 但在实际问题中往往遇到的是求最值问题, 因此可以根据问题本身的性质来判断最值的存在性.

例 3 利用拉格朗日乘数法解本节例 2.

解 设水箱的长为 x m, 宽为 y m, 高为 z m. 则问题实际上就是求水箱表面积函数

$$S(x,y,z)=2(xy+yz+xz)$$

在水箱体积

$$xyz=2$$

的约束条件下的最小值.

作拉格朗日函数

$$L(x,y,z)=2(xy+yz+xz)+\lambda(xyz-2),$$

令

$$\begin{cases}L_x=2y+2z+\lambda yz=0,\\ L_y=2x+2z+\lambda xz=0,\\ L_z=2y+2x+\lambda xy=0,\\ xyz=2,\end{cases}$$

解得

$$x=y=z=\sqrt[3]{2}.$$

根据问题的实际意义, 最小值必存在, 而可能的条件极值点唯一. 所以当水箱的长、宽、高都为 $\sqrt[3]{2}$ m 时, 水箱所用的材料最省.

例 4 在椭圆 $x^2+4y^2=4$ 上求一点, 使其到直线 $2x+3y-6=0$ 的距离最短.

解 设 $P(x,y)$ 为椭圆上任意一点, 则点 P 到直线 $2x+3y-6=0$ 的距离为

$$d=\frac{|2x+3y-6|}{\sqrt{13}}.$$

于是问题转化为求函数 d 在约束条件 $x^2+4y^2=4$ 下的最小值点. 由于函数 d 与 d^2 的最小值点是相同的, 因此为了便于计算, 作拉格朗日函数

$$L(x,y)=\frac{1}{13}(2x+3y-6)^2+\lambda(x^2+4y^2-4).$$

令

$$\begin{cases} L_x = \dfrac{4}{13}(2x+3y-6)+2\lambda x = 0, \\ L_y = \dfrac{6}{13}(2x+3y-6)+8\lambda y = 0, \\ x^2+4y^2=4. \end{cases}$$

由方程组的前两式可得 $y=\dfrac{3}{8}x$, 代入第三式, 求得

$$\begin{cases} x_1 = \dfrac{8}{5}, \\ y_1 = \dfrac{3}{5}, \end{cases} \qquad \begin{cases} x_2 = -\dfrac{8}{5}, \\ y_2 = -\dfrac{3}{5}. \end{cases}$$

因为

$$d(x_1,y_1)=\frac{1}{\sqrt{13}}, \qquad d(x_2,y_2)=\frac{11}{\sqrt{13}}.$$

而根据问题的实际意义, 最短距离必存在, 所以点 $\left(\dfrac{8}{5},\dfrac{3}{5}\right)$ 即为所求点.

例 5 形状为椭球 $4x^2+y^2+4z^2\leqslant 16$ 的空间探测器进入地球大气层, 其表面温度开始受热, 1 小时后在探测器上的点 (x,y,z) 处的温度 $T=8x^2+4yz-16z+600$, 求探测器表面最热的点.

解 作拉格朗日函数

$$L(x,y,z)=8x^2+4yz-16z+600+\lambda(4x^2+y^2+4z^2-16),$$

令

$$\begin{cases} L_x = 16x+8\lambda x = 0, \\ L_y = 4z+2\lambda y = 0, \\ L_z = 4y-16+8\lambda z = 0, \\ 4x^2+y^2+4z^2=16. \end{cases}$$

由方程组的第一式得 $x=0$ 或 $\lambda=-2$.

若 $\lambda=-2$, 代入方程组的第二式和第三式, 得

$$y=z=-\frac{4}{3}.$$

将上式代入方程组的第四式, 得 $x=\pm\dfrac{4}{3}$. 于是得到两个可能的极值点

$$M_1\left(\frac{4}{3},-\frac{4}{3},-\frac{4}{3}\right), \qquad M_2\left(-\frac{4}{3},-\frac{4}{3},-\frac{4}{3}\right).$$

若 $x=0$, 代入方程组的第二、第三和第四式, 解得

$$\begin{cases}\lambda_1=0,\\ y_1=4,\\ z_1=0,\end{cases}\qquad \begin{cases}\lambda_2=\sqrt{3},\\ y_2=-2,\\ z_2=\sqrt{3},\end{cases}\qquad \begin{cases}\lambda_3=-\sqrt{3},\\ y_3=-2,\\ z_3=-\sqrt{3}.\end{cases}$$

于是又得到三个可能的极值点

$$M_3(0,4,0),\qquad M_4(0,-2,\sqrt{3}),\qquad M_5(0,-2,-\sqrt{3}).$$

通过计算可知函数 T 在上述五个可能极值点处的函数值中, $T\Big|_{M_1}=T\Big|_{M_2}=642\dfrac{2}{3}$ 为最大, 故探测器表面最热的点为 $\left(\pm\dfrac{4}{3},-\dfrac{4}{3},-\dfrac{4}{3}\right)$.

习题 7–8

A 题

1. 求下列函数的极值.

(1) $f(x,y)=4(x-y)-x^2-y^2$;　　(2) $f(x,y)=\mathrm{e}^{2x}(x+y^2+2y)$;

(3) $f(x,y)=x^3-y^3+3x^2+3y^2-9x$.

2. 在平面 xOy 上求一点, 使它到 $x=0, y=0$ 及 $x+2y-16=0$ 三直线的距离平方之和为最小.

3. 将周长为 $2p$ 的矩形绕它的一边旋转而构成一个圆柱体. 问矩形的边长各为多少, 才可使圆柱体的体积最大?

4. 求表面积为 a^2 而体积为最大的长方体的体积.

5. 从斜边长为 l 的一切直角三角形中, 求有最大周长的直角三角形.

6. 求内接于半径为 a 的球且有最大体积的长方体.

7. 抛物面 $z=x^2+y^2$ 被平面 $x+y+z=1$ 截成一椭圆, 求原点到这个椭圆的最长距离与最短距离.

B 题

1. (考研真题, 2013 年数学一) 求函数 $f(x,y)=\left(y+\dfrac{x^3}{3}\right)\mathrm{e}^{x+y}$ 的极值.

2. 求由 $x^2-6xy+10y^2-2yz-z^2+18=0$ 确定的函数 $z=f(x,y)$ 的极值.

3. 求二元函数 $z=f(x,y)=x^2+4xy-2y^2-10x+4y$ 在有界闭区域 $D=\{(x,y)|x\geqslant 0,y\geqslant 0,x+y\leqslant 4\}$ 上的最大值与最小值.

4. (考研真题, 2008 年数学二) 求函数 $u=x^2+y^2+z^2$ 在约束条件 $z=x^2+y^2$ 和 $x+y+z=4$ 下的最大值和最小值.

5. (考研真题, 2013 年数学二) 求曲线 $x^3-xy+y^3=1\ (x\geqslant 0, y\geqslant 0)$ 上的点到坐标原点的最长距离与最短距离.

6. (考研真题, 2023 年数学一) 求函数 $f(x,y)=(y-x^2)(y-x^3)$ 的极值.

7. (考研真题, 2023 年数学二) 求函数 $f(x,y)=x\mathrm{e}^{\cos y}+\dfrac{x^2}{2}$ 的极值.

8. (考研真题, 2022 年数学一) 设 $x\geqslant 0, y\geqslant 0$, 满足 $x^2+y^2\leqslant k\cdot \mathrm{e}^{x+y}$, 则 k 的最小值为 ________.

PPT 课件 7.9 二元函数的泰勒公式

7.9 二元函数的泰勒公式

与一元函数类似, 也有多元函数的泰勒公式. 以下给出二元函数的泰勒公式.

定理 7.9.1 (泰勒定理) 设函数 $f(x,y)$ 在点 $P_0(x_0,y_0)$ 的某邻域 $U(P_0)$ 上有直到 $n+1$ 阶的连续偏导数, 则对 $U(P_0)$ 内任一点 (x_0+h, y_0+k), 有

$$\begin{aligned}f(x_0+h,y_0+k)=f(x_0,y_0)+&\left(h\frac{\partial}{\partial x}+k\frac{\partial}{\partial y}\right)f(x_0,y_0)+\\&\frac{1}{2!}\left(h\frac{\partial}{\partial x}+k\frac{\partial}{\partial y}\right)^2 f(x_0,y_0)+\cdots+\\&\frac{1}{n!}\left(h\frac{\partial}{\partial x}+k\frac{\partial}{\partial y}\right)^n f(x_0,y_0)+R_n.\end{aligned}$$

上式称为二元函数 $f(x,y)$ 在点 P_0 的 n 阶泰勒公式, 其中

$$R_n=\frac{1}{(n+1)!}\left(h\frac{\partial}{\partial x}+k\frac{\partial}{\partial y}\right)^{n+1} f(x_0+\theta h, y_0+\theta k)\ \ (0<\theta<1)$$

称为拉格朗日型余项, 记号

$$\left(h\frac{\partial}{\partial x}+k\frac{\partial}{\partial y}\right)^m f(x_0,y_0)=\sum_{i=0}^{m}\mathrm{C}_m^i h^i k^{m-i}\frac{\partial^m}{\partial x^i\partial y^{m-i}}f(x_0,y_0).$$

证 对于给定的点 $(x_0+h,y_0+k)\in U(P_0)$, 构造辅助函数

$$\varPhi(t)=f(x_0+th,y_0+tk),$$

则

$$\Phi(1)=f(x_0+h,y_0+k),$$

$$\Phi(0)=f(x_0,y_0).$$

由定理条件可知, 一元函数 $\Phi(t)$ 在 $t=0$ 处具有直到 $n+1$ 阶的连续导数, 因此由一元函数泰勒定理,

$$\Phi(t)=\Phi(0)+\frac{\Phi'(0)}{1\,!}t+\frac{\Phi''(0)}{2\,!}t^2+\cdots+ \frac{\Phi^{(n)}(0)}{n\,!}t^n+\frac{\Phi^{(n+1)}(\theta t)}{(n+1)\,!}t^{n+1}\quad(0<\theta<1).$$

特别当 $t=1$ 时, 有

$$\Phi(1)=\Phi(0)+\frac{\Phi'(0)}{1\,!}+\frac{\Phi''(0)}{2\,!}+\cdots+ \frac{\Phi^{(n)}(0)}{n\,!}+\frac{\Phi^{(n+1)}(\theta)}{(n+1)\,!}\quad(0<\theta<1). \tag{7–26}$$

应用复合函数求导法则, 可得

$$\begin{aligned}\Phi'(t)&=hf_x(x_0+th,y_0+tk)+kf_y(x_0+th,y_0+tk)\\&=\left(h\frac{\partial}{\partial x}+k\frac{\partial}{\partial y}\right)f(x_0+th,y_0+tk),\\ \Phi''(t)&=h^2f_{xx}(x_0+th,y_0+tk)+2hkf_{xy}(x_0+th,y_0+tk)+\\&\quad k^2f_{yy}(x_0+th,y_0+tk)\\&=\left(h\frac{\partial}{\partial x}+k\frac{\partial}{\partial y}\right)^2f(x_0+th,y_0+tk),\\&\cdots,\\ \Phi^{(n+1)}(t)&=\left(h\frac{\partial}{\partial x}+k\frac{\partial}{\partial y}\right)^{n+1}f(x_0+th,y_0+tk).\end{aligned}$$

当 $t=0$ 时, 有

$$\Phi^{(i)}(0)=\left(h\frac{\partial}{\partial x}+k\frac{\partial}{\partial y}\right)^{i}f(x_0,y_0)\quad(i=1,2,\cdots,n),$$

$$\Phi^{(n+1)}(\theta)=\left(h\frac{\partial}{\partial x}+k\frac{\partial}{\partial y}\right)^{n+1}f(x_0+\theta h,y_0+\theta k).$$

将以上两式代入式 (7–26), 即得定理结论.

在不需要余项的精确表达式时, n 阶泰勒公式中的余项可写成

$$R_n=o(\rho^n)\ \ (\rho=\sqrt{h^2+k^2}\,),$$

称之为皮亚诺余项.

若在二元函数的泰勒公式中取 $n=0$, 则可得

$$\begin{aligned}&f(x_0+h,y_0+k)-f(x_0,y_0)\\=&hf_x(x_0+\theta h,y_0+\theta k)+kf_y(x_0+\theta h,y_0+\theta k)\quad(0<\theta<1).\end{aligned}$$

上式称为二元函数的拉格朗日中值公式. 由此可推得如下推论:

推论 若函数 $f(x,y)$ 的偏导数 $f_x(x,y)$ 和 $f_y(x,y)$ 在某区域内恒等于零, 则 $f(x,y)$ 在该区域内为常数.

例 1 求函数 $f(x,y)=x^y$ 在点 $(1,4)$ 处的二阶泰勒公式, 并利用它计算 $1.08^{3.96}$ 的近似值.

解 直接计算知

$$f_x(x,y)=yx^{y-1},\quad f_y(x,y)=x^y\ln x,\quad f_{xx}(x,y)=y(y-1)x^{y-2},$$

$$f_{xy}(x,y)=x^{y-1}+yx^{y-1}\ln x,\quad f_{yy}(x,y)=x^y\ln^2 x,$$

因此

$$f(1,4)=1,\qquad f_x(1,4)=4,\quad f_y(1,4)=0,$$

$$f_{xx}(1,4)=12,\quad f_{xy}(1,4)=1,\quad f_{yy}(1,4)=0.$$

代入泰勒公式, 得

$$x^y=1+4(x-1)+6(x-1)^2+(x-1)(y-4)+o(\rho^2).$$

取 $x=1.08$, $y=3.96$, 并略去余项, 得

$$1.08^{3.96}\approx 1+4\times 0.08+6\times 0.08^2-0.08\times 0.04=1.355\,2.$$

它与精确值 $1.356\,307\,21\cdots$ 的误差小于 2‰.

习题 7–9

A 题

1. 求函数 $f(x,y)=2x^2-xy-y^2-6x-3y+5$ 在点 $(1,-2)$ 的泰勒公式.
2. 求函数 $f(x,y)=\ln(1+x+y)$ 在点 $(0,0)$ 的三阶泰勒公式.

3. 求函数 $f(x,y)=\mathrm{e}^{x+y}$ 在点 $(0,0)$ 的 n 阶泰勒公式.

B 题

1. 求函数 $f(x,y)=\mathrm{e}^{x}\ln(1+y)$ 在点 $(0,0)$ 的三阶泰勒公式.

2. 求函数 $f(x,y)=x^{y}$ 的三阶泰勒公式, 并计算 $1.1^{1.02}$ 的近似值.

7.10 最小二乘法

在实际问题中, 常常需要根据两个变量的几组实验数据, 找出这两个变量的函数关系的近似表达式. 通常把这样得到的函数的近似表达式叫作经验公式. 本节举例介绍常用的一种建立经验公式的方法.

例 1 某种机器零件的加工需经两道工序, x 表示零件在第一道工序中出现的疵点数 (疵点指气泡、砂眼、裂痕等), y 表示零件在第二道工序中出现的疵点数. 某日测得 8 个零件的 x 与 y 的值如表 7–1 所示.

表 7–1

序号 i	1	2	3	4	5	6	7	8
x_i	0	1	3	6	8	5	4	2
y_i	1	2	2	4	4	3	3	2

试根据上面的数据建立 y 与 x 之间的经验公式 $y=f(x)$.

解 先确定 $y=f(x)$ 的类型. 在直角坐标系中描出上述各对数据所对应的点, 如图 7–13 所示, 这种图形称为散点图. 从图中可以看出, 这些点大体上在一条直线上, 因此可认为 y 与 x 之间的关系近似为一线性函数. 于是, 可设 $f(x)=ax+b$, 其中 a 和 b 是待定的常数.

接下来确定系数 a 和 b, 使得所有观测值 y_i 与函数值 ax_i+b 的偏差的平方和

$$Q=\sum_{i=1}^{8}(y_i-ax_i-b)^2$$

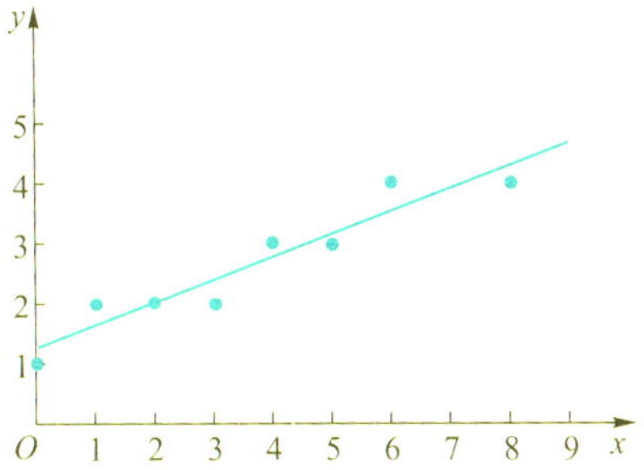

图 7-13

最小, 这样就可以保证每个偏差的绝对值都很小. 这种确定系数 a,b 的方法叫作最小二乘法, 经验公式 $f(x)=ax+b$ 也称为这组数据在最小二乘意义下的拟合曲线.

显然 Q 是 a,b 的函数, 因此问题转化为求函数 Q 的最小值点.

令

$$\begin{cases}\dfrac{\partial Q}{\partial a}=-2\sum\limits_{i=1}^{8}(y_i-ax_i-b)x_i=0,\\[2ex]\dfrac{\partial Q}{\partial b}=-2\sum\limits_{i=1}^{8}(y_i-ax_i-b)=0,\end{cases}$$

即

$$\begin{cases}a\sum\limits_{i=1}^{8}x_i^2+b\sum\limits_{i=1}^{8}x_i=\sum\limits_{i=1}^{8}x_iy_i,\\[2ex]a\sum\limits_{i=1}^{8}x_i+8b=\sum\limits_{i=1}^{8}y_i,\end{cases}$$

解这个方程组, 得

$$\begin{cases}a=\dfrac{8\sum\limits_{i=1}^{8}x_iy_i-\sum\limits_{i=1}^{8}x_i\sum\limits_{i=1}^{8}y_i}{8\sum\limits_{i=1}^{8}x_i^2-\left(\sum\limits_{i=1}^{8}x_i\right)^2},\\[4ex]b=\dfrac{\sum\limits_{i=1}^{8}x_i^2\sum\limits_{i=1}^{8}y_i-\sum\limits_{i=1}^{8}x_i\sum\limits_{i=1}^{8}x_iy_i}{8\sum\limits_{i=1}^{8}x_i^2-\left(\sum\limits_{i=1}^{8}x_i\right)^2}.\end{cases}$$

具体计算结果如表 7-2 所示.

最小二乘法广泛应用于实际生活中，物理学、化学、生物学、医学、经济学等领域都要用它来计算经验公式. 在本例中，按实验数据描出的散点图接近于一条直线. 在这种情形下，就可以认为经验公式是线性函数类型. 对于一些实际问题，经验公式的类型虽不是线性函数，但可以设法将它化为线性函数的类型来讨论.

表 7–2

$\sum_{i=1}^{8} x_i$	$\sum_{i=1}^{8} x_i^2$	$\sum_{i=1}^{8} x_i y_i$	$\sum_{i=1}^{8} y_i$	a	b
29	155	95	21	0.378 45	1.253 13

所以所求经验公式是 $y = 0.378\,45x + 1.253\,13$.

习题 7–10

A 题

1. 为了测定刀具的磨损速度，经过一定时间 (如每隔一小时)，测量一次刀具的厚度，得到一组实验数据如表 7–3 所示.

表 7–3

顺序编号 i	0	1	2	3	4	5	6	7
时间 t_i/h	0	1	2	3	4	5	6	7
刀具厚度 y_i/mm	27.0	26.8	26.5	26.3	26.1	25.7	25.3	24.8

试用最小二乘法建立 y 与 t 之间的经验公式 $y = f(t)$.

2. 已知一组实验数据为 $(x_1, y_1), (x_2, y_2), \cdots, (x_n, y_n)$. 现若假定经验公式是

$$y = ax^2 + bx + c.$$

试用最小二乘法建立 a, b, c 应满足的三元一次方程组.

B 题

在研究某单分子化学反应速度时，得到表 7–4 的数据.

表 7–4

i	1	2	3	4	5	6	7	8
t_i	3	6	9	12	15	18	21	24
y_i	57.6	41.9	31.0	22.7	16.6	12.2	8.9	6.5

其中 t 表示从实验开始算起的时间, y 表示时刻 t 反应物的量. 试用最小二乘法建立 y 与 t 之间的经验公式 $y=f(t)$ (提示: y 与 t 的关系为 $y=ke^{mt}$, 其中 k 和 m 为待定常数.).

本章学习要点

1. 理解二元函数的概念, 了解二元以上的多元函数的概念, 了解二元函数的几何表示.

2. 了解二元函数的极限与连续的概念, 以及有界闭区域上连续函数的性质.

3. 理解二元函数偏导数的概念, 掌握偏导数和二阶偏导数的求法. 了解混合偏导数与求导次序无关的条件.

4. 理解二元函数全微分的概念, 会求二元函数的全微分. 了解二元函数可微的必要条件和充分条件.

5. 掌握多元复合函数偏导数的求法.

6. 会求隐函数的导数或偏导数.

7. 了解曲线的切线和法平面及曲面的切平面和法线的概念, 并会求它们的方程.

8. 了解方向导数与梯度的概念及其计算方法.

9. 理解多元函数极值和条件极值的概念, 会求二元函数的极值, 会用拉格朗日乘数法求条件极值, 会求一些简单的最大值和最小值的应用问题.

网上更多……

第 7 章自测 A 题

第 7 章自测 B 题

第 7 章综合练习 A 题

第 7 章综合练习 B 题

第 8 章　多元函数积分学

由一元函数积分学知识可知, 定积分是某种确定形式的和的极限. 将这种和的极限的概念推广到定义在区域、曲线和曲面上多元函数的情形, 就可得到重积分、曲线积分和曲面积分的概念. 本章将介绍重积分 (包括二重积分和三重积分), 曲线积分和曲面积分的概念、性质、计算方法及其应用.

8.1　二重积分

数学史 8-1
多元函数积分学发展简史

PPT 课件 8-1
二重积分

8.1.1　二重积分的概念与性质

1. 二重积分的概念

设有一立体, 它的底是坐标平面上可求面积的有界闭区域 D, 它的顶是定义在 D 上的正值连续函数 $z=f(x,y)$ 所表示的曲面, 它的侧面是以 D 的边界为准线且与 z 轴平行的柱面. 这种立体称为曲顶柱体 (见图 8-1). 以下定义并计算这种曲顶柱体的体积 V.

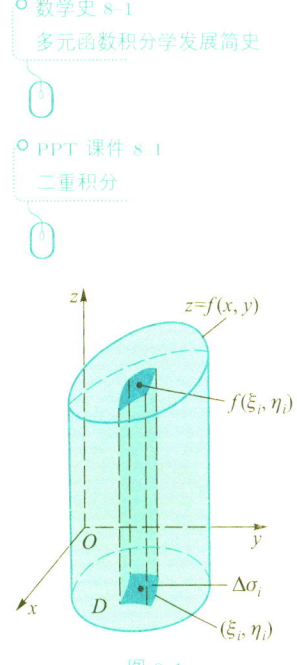

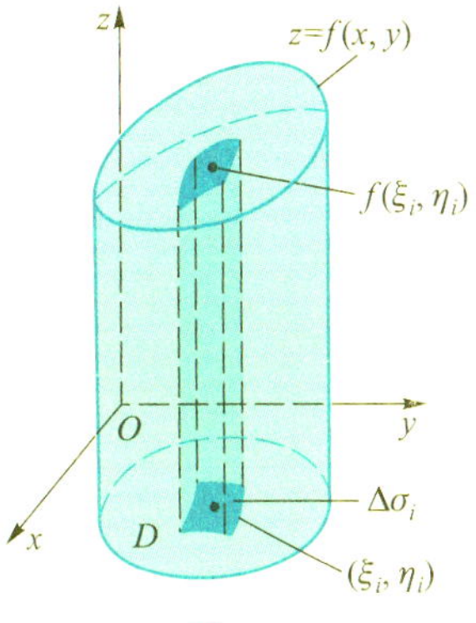

图 8-1

用任意曲线将区域 D 分成 n 个小闭区域 $D_1,D_2,\cdots,D_n$. 设 D_i 的面积为 $\Delta\sigma_i$. 通过 $D_i(i=1,2,\cdots,n)$ 的边界作平行于 z 轴的柱面, 得到的 n 个细曲顶柱体的体积之和就是原曲顶柱体的体积. 当小区域 D_i 很小时, 由于 $f(x,y)$ 连续, 这时细曲顶柱体可近似看作平顶柱体.

在每个 D_i 中任取一点 (ξ_i,η_i), 以 $f(\xi_i,\eta_i)$ 为高, 以 D_i 为底的平顶柱体体积为 $f(\xi_i,\eta_i)\Delta\sigma_i(i=1,2,\cdots,n)$, 如图 8-1 所示. 于是和数 $\sum\limits_{i=1}^{n} f(\xi_i,\eta_i)\Delta\sigma_i$ 应是整个曲顶柱体体积的近似值. 令所有小闭区域的直径中的最大值 (记为 d) 趋于零, 对上述和取极限, 所得便自然地定义为所考虑曲顶柱体的体积 V, 即

$$V = \lim_{d \to 0} \sum_{i=1}^{n} f(\xi_i, \eta_i) \Delta \sigma_i.$$

从而可抽象出下述二重积分的定义.

定义 8.1.1 设 $f(x,y)$ 是有界闭区域 D 上的有界函数, 将 D 任意分成 n 个小闭区域 $D_1, D_2, \cdots, D_n$. 设它们的面积分别为 $\Delta\sigma_1$, $\Delta\sigma_2, \cdots, \Delta\sigma_n$, 且记各小闭区域的直径中的最大值为 d. 在每个 D_i 上任意取一点 $(\xi_i, \eta_i)(i=1,2,\cdots,n)$, 作和 $\sum_{i=1}^{n} f(\xi_i, \eta_i)\Delta\sigma_i$. 若当 d 趋于零时, 这和总趋于唯一的极限 I, 则称此极限为函数 $f(x,y)$ 在闭区域 D 上的<u>二重积分</u>, 记为 $\iint\limits_{D} f(x,y)\,\mathrm{d}\sigma$. 即

$$\iint\limits_{D} f(x,y)\,\mathrm{d}\sigma = I = \lim_{d \to 0} \sum_{i=1}^{n} f(\xi_i, \eta_i)\Delta\sigma_i, \tag{8-1}$$

其中 $f(x,y)$ 称为<u>被积函数</u>, $f(x,y)\,\mathrm{d}\sigma$ 称为<u>被积表达式</u>, $\mathrm{d}\sigma$ 称为<u>面积微元</u>, x 与 y 称为<u>积分变量</u>, D 称为<u>积分区域</u>, $\sum_{i=1}^{n} f(\xi_i, \eta_i)\Delta\sigma_i$ 称为<u>积分和</u>. 在直角坐标系中面积元素 $\mathrm{d}\sigma$ 也常记为 $\mathrm{d}x\mathrm{d}y$, 二重积分也记为 $\iint\limits_{D} f(x,y)\,\mathrm{d}x\mathrm{d}y$. 这里 $\mathrm{d}x\mathrm{d}y$ 叫作<u>直角坐标系中的面积微元</u>.

由定义 8.1.1 可知, 定义在有界闭区域 D 上的以正值连续函数 $f(x,y)$ 为曲顶的曲顶柱体的体积 V, 就是函数 $f(x,y)$ 在 D 上的二重积分. 需要指明的是, 当函数 $f(x,y)$ 在闭区域 D 上连续时, 式 (8-1) 右端的和的极限必存在, 即 $f(x,y)$ 在 D 上的二重积分必定存在.

2. 二重积分的性质

二重积分具有与定积分相类似的性质, 不加证明地叙述如下.

性质 1 设 α, β 为常数, 则

$$\iint\limits_{D} [\alpha f(x,y) + \beta g(x,y)]\,\mathrm{d}\sigma = \alpha \iint\limits_{D} f(x,y)\,\mathrm{d}\sigma + \beta \iint\limits_{D} g(x,y)\,\mathrm{d}\sigma.$$

性质 2 若闭区域 D 被有限条曲线分成有限个部分闭区域, 则在 D 上的二重积分等于在各部分闭区域上的二重积分之和. 例如 D 分成两个闭区域 D_1 与 D_2, 有

$$\iint\limits_{D} f(x,y)\,\mathrm{d}\sigma = \iint\limits_{D_1} f(x,y)\,\mathrm{d}\sigma + \iint\limits_{D_2} f(x,y)\,\mathrm{d}\sigma.$$

性质 3 若 $f(x,y) \equiv 1$, 则

$$\iint_D \mathrm{d}\sigma = \sigma,$$

其中 σ 表示 D 的面积.

性质 4 若在 D 上, $f(x,y) \leqslant g(x,y)$, 则有

$$\iint_D f(x,y)\,\mathrm{d}\sigma \leqslant \iint_D g(x,y)\,\mathrm{d}\sigma,$$

注意到 $-|f(x,y)| \leqslant f(x,y) \leqslant |f(x,y)|$, 于是有

$$\left|\iint_D f(x,y)\,\mathrm{d}\sigma\right| \leqslant \iint_D |f(x,y)|\,\mathrm{d}\sigma.$$

性质 5 设 M 与 m 分别表示 $f(x,y)$ 在闭区域 D 上的最大值与最小值, σ 表示 D 的面积, 则有

$$m\sigma \leqslant \iint_D f(x,y)\mathrm{d}\sigma \leqslant M\sigma.$$

性质 6 (二重积分的中值定理) 设函数 $f(x,y)$ 在闭区域 D 上连续, 则至少存在一点 $(\xi,\eta) \in D$, 使得

$$\iint_D f(x,y)\mathrm{d}\sigma = f(\xi,\eta)\cdot\sigma,$$

其中 σ 为 D 的面积.

性质 7 (二重积分的对称性) 设闭区域 D 关于 x 轴 (或 y 轴) 对称, 且 $f(x,y)$ 是关于 y (或 x) 的奇函数, 则

$$\iint_D f(x,y)\mathrm{d}\sigma = 0.$$

类似地, 若 D 关于原点对称, 且 $f(-x,-y) = -f(x,y)$, 则上式仍然成立.

8.1.2 二重积分的计算

对于一般的函数和区域而言, 直接从定义出发来计算二重积分, 往往是非常困难的. 以下介绍计算二重积分的方法, 其思路在于将二重积分化为两次定积分, 再进行计算.

1. 利用直角坐标计算二重积分

以下从几何观点来进行二重积分 $\iint\limits_D f(x,y)\mathrm{d}\sigma$ 的计算，假定 $f(x,y)\geqslant 0$.

设积分区域 D 可由以下不等式表示:

$$\varphi_1(x)\leqslant y\leqslant \varphi_2(x),\quad a\leqslant x\leqslant b,$$

其中 $\varphi_1(x)$ 及 $\varphi_2(x)$ 均在 $[a,b]$ 上连续 (见图 8–2). 这种形状的区域称为 X 型区域.

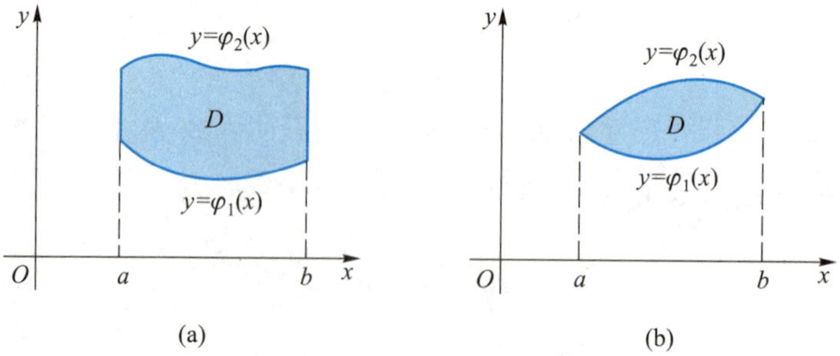

图 8–2

由二重积分的几何意义, $\iint\limits_D f(x,y)\mathrm{d}\sigma$ 的值即为以 D 为底, 以曲面 $z=f(x,y)$ 为顶的曲顶柱体的体积. 为计算此曲顶柱体体积, 采用计算 "平行截面面积为已知的立体的体积" 的方法.

$\forall x_0\in[a,b]$, 作平行于 yOz 面的平面 $x=x_0$, 此平面截曲顶柱体所得截面是一个以 $[\varphi_1(x_0),\varphi_2(x_0)]$ 为底, $z=f(x_0,y)$ 为曲边的曲边梯形 (见图 8–3), 故截面面积为

$$A(x_0)=\int_{\varphi_1(x_0)}^{\varphi_2(x_0)} f(x_0,y)\,\mathrm{d}y.$$

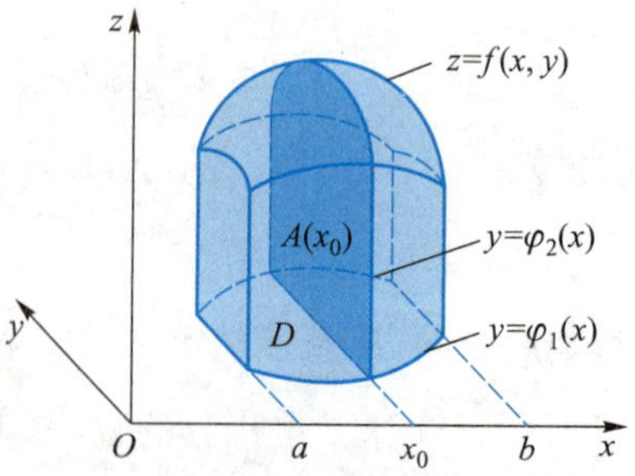

图 8–3

从而过区间 $[a,b]$ 上任一点且平行于 yOz 面的平面截曲顶柱体所得截面面积为

$$A(x)=\int_{\varphi_1(x)}^{\varphi_2(x)} f(x,y)\,\mathrm{d}y.$$

由求空间立体体积的定积分微元法 (见第 5 章) 知曲顶柱体的体积为

$$V=\int_a^b A(x)\,\mathrm{d}x=\int_a^b\left[\int_{\varphi_1(x)}^{\varphi_2(x)} f(x,y)\,\mathrm{d}y\right]\mathrm{d}x,$$

即

$$\iint\limits_D f(x,y)\,\mathrm{d}\sigma=\int_a^b\left[\int_{\varphi_1(x)}^{\varphi_2(x)} f(x,y)\,\mathrm{d}y\right]\mathrm{d}x.$$

上式右端的积分称为先对 y, 后对 x 的 "二次积分". 具体而言, 先将 x 看作常数, 将 $f(x,y)$ 仅看作 y 的函数, 计算出 $A(x)=\int_{\varphi_1(x)}^{\varphi_2(x)} f(x,y)\,\mathrm{d}y$, 所得结果为关于 x 的函数, 再来计算 $\int_a^b A(x)\,\mathrm{d}x$, 即为所求. 以上二次积分也常记为

$$\int_a^b \mathrm{d}x\int_{\varphi_1(x)}^{\varphi_2(x)} f(x,y)\,\mathrm{d}y,$$

即

$$\iint\limits_D f(x,y)\,\mathrm{d}\sigma=\int_a^b \mathrm{d}x\int_{\varphi_1(x)}^{\varphi_2(x)} f(x,y)\,\mathrm{d}y. \qquad (8\text{–}2)$$

实际上公式 (8–2) 的成立并不受假定 $f(x,y)\geqslant 0$ 的限制. 类似地, 对于 Y 型区域, 即积分区域 D 可以用不等式

$$\psi_1(y)\leqslant x\leqslant\psi_2(y),\ c\leqslant y\leqslant d$$

表示 (见图 8–4), 也有

$$\iint\limits_D f(x,y)\,\mathrm{d}\sigma=\int_c^d\left[\int_{\psi_1(y)}^{\psi_2(y)} f(x,y)\,\mathrm{d}x\right]\mathrm{d}y=\int_c^d \mathrm{d}y\int_{\psi_1(y)}^{\psi_2(y)} f(x,y)\,\mathrm{d}x.$$

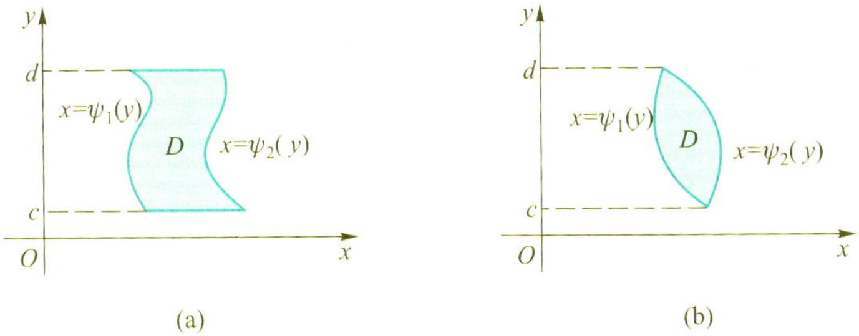

图 8–4

这里 $\psi_1(y)$ 与 $\psi_2(y)$ 均在 $[c,d]$ 上连续 (见图 8–4). 上式为把二重积分化成先对 x, 后对 y 的二次积分的公式.

例 1 计算积分 $\iint\limits_D xy\,\mathrm{d}\sigma$, 其中 D 是由直线 $x=2$, $y=1$ 及 $y=2x$ 围成的区域.

解 1 如图 8–5 所示, 积分区域 D 是 X 型的, 即有

$$1 \leqslant y \leqslant 2x, \quad \frac{1}{2} \leqslant x \leqslant 2,$$

故有

$$\begin{aligned}\iint\limits_D xy\,\mathrm{d}\sigma &= \int_{\frac{1}{2}}^{2}\left(\int_{1}^{2x} xy\,\mathrm{d}y\right)\mathrm{d}x \\ &= \int_{\frac{1}{2}}^{2}\frac{x}{2}(4x^2-1)\,\mathrm{d}x \\ &= \frac{225}{32}.\end{aligned}$$

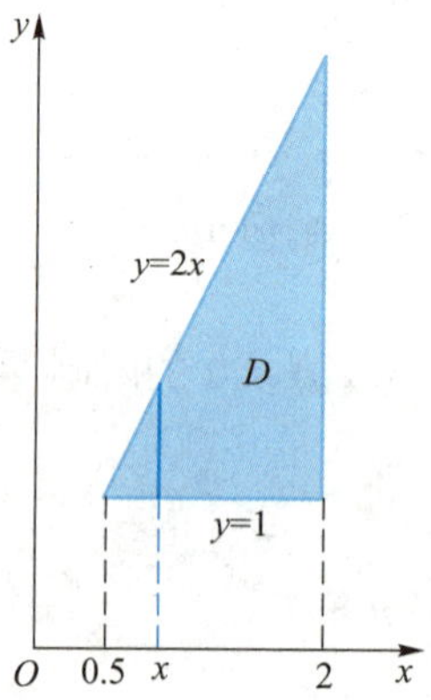

图 8–5

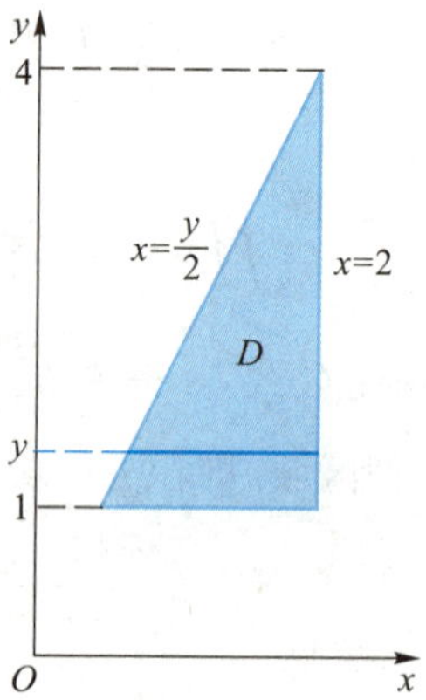

图 8–6

解 2 如图 8–6 所示, 积分区域 D 是 Y 型的, 即有

$$\frac{y}{2} \leqslant x \leqslant 2, \quad 1 \leqslant y \leqslant 4,$$

故有

$$\begin{aligned}\iint\limits_D xy\,\mathrm{d}\sigma &= \int_{1}^{4}\left(\int_{\frac{y}{2}}^{2} xy\,\mathrm{d}x\right)\mathrm{d}y \\ &= \int_{1}^{4}\frac{y}{2}\left(4-\frac{y^2}{4}\right)\mathrm{d}y \\ &= \frac{225}{32}.\end{aligned}$$

例 2 计算积分 $\iint\limits_D \frac{\sin y}{y}\mathrm{d}\sigma$, 其中 D 是由抛物线 $x=y^2$ 及直线 $y=x$ 围成的区域.

解 若先对 x 后对 y 积分, 区域 D (见图 8-7) 可看作 Y 型区域,

$$y^2 \leqslant x \leqslant y,\quad 0 \leqslant y \leqslant 1,$$

故有

$$\iint\limits_D \frac{\sin y}{y}\mathrm{d}\sigma = \int_0^1 \mathrm{d}y\int_{y^2}^{y}\frac{\sin y}{y}\mathrm{d}x$$
$$= \int_0^1 \frac{\sin y}{y}(y-y^2)\,\mathrm{d}y$$
$$= \int_0^1 \sin y\,\mathrm{d}y - \int_0^1 y\sin y\,\mathrm{d}y = 1-\sin 1.$$

注 例 2 若先对 y 后对 x 积分, 则有

$$\iint\limits_D \frac{\sin y}{y}\mathrm{d}\sigma = \int_0^1 \mathrm{d}x\int_x^{\sqrt{x}}\frac{\sin y}{y}\mathrm{d}y.$$

由于 $\frac{\sin x}{x}$ 的原函数不能以初等函数表示, 其积分难以进一步求出. 由此可见, 在化二重积分为二次积分时, 要根据被积函数和积分区域的不同情况去选择对哪一个变量先积分, 以使计算简便.

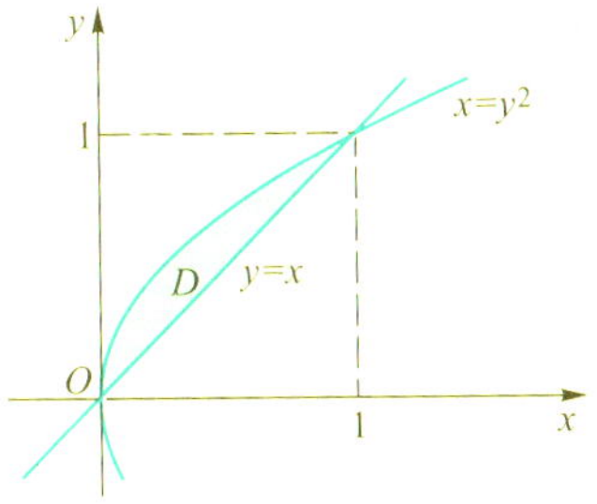

图 8-7

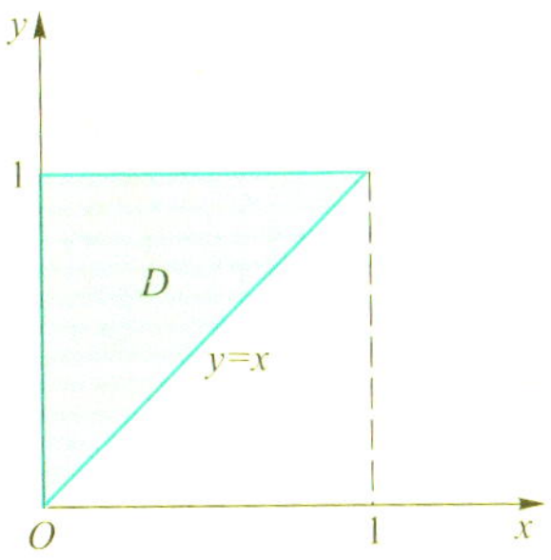

图 8-8

例 3 求积分 $\int_0^1 \mathrm{d}x\int_x^1 \mathrm{e}^{-y^2}\mathrm{d}y$.

解 先画出积分区域 D (见图 8-8), 改变积分次序可得

$$\int_0^1 \mathrm{d}x\int_x^1 \mathrm{e}^{-y^2}\mathrm{d}y = \iint\limits_D \mathrm{e}^{-y^2}\mathrm{d}\sigma$$
$$= \int_0^1 \mathrm{d}y\int_0^y \mathrm{e}^{-y^2}\mathrm{d}x = \int_0^1 y\mathrm{e}^{-y^2}\mathrm{d}y$$
$$= \frac{1}{2}(1-\mathrm{e}^{-1}).$$

例 4 求两个底圆半径都等于 r 的直交圆柱面所围成的立体的体积 V.

解 设两圆柱面方程分别为

$$x^2+y^2=r^2,\quad x^2+z^2=r^2.$$

记立体在第一卦限部分为 Q (见图 8–9). 设 Q 的体积为 V_1, 由立体关于坐标平面的对称性可知

$$V = 8V_1.$$

易知 Q 的底为 (见图 8–10)

$$D = \left\{(x, y)|0 \leqslant y \leqslant \sqrt{r^2 - x^2},\ 0 \leqslant x \leqslant r\right\},$$

Q 的顶为

$$z = \sqrt{r^2 - x^2},$$

从而有

$$\begin{aligned} V_1 &= \iint_D \sqrt{r^2 - x^2}\,\mathrm{d}\sigma \\ &= \int_0^r \left[\int_0^{\sqrt{r^2-x^2}} \sqrt{r^2 - x^2}\,\mathrm{d}y\right] \mathrm{d}x \\ &= \int_0^r (r^2 - x^2)\,\mathrm{d}x = \frac{2}{3}r^3, \end{aligned}$$

故所求体积为

$$V = 8V_1 = \frac{16}{3}r^3.$$

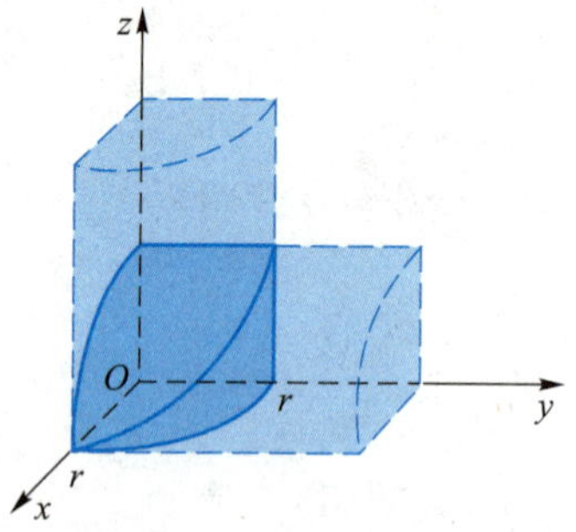

图 8–9

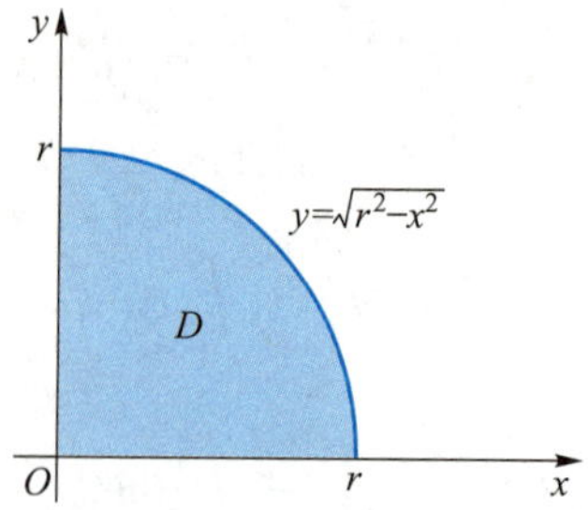

图 8–10

例 5　计算二重积分 $I = \iint\limits_D (|x| + y^3)\mathrm{d}x\mathrm{d}y$, 其中 $D = \{(x, y)||x| + |y| \leqslant 1\}$.

解　积分区域 D 关于 x 轴, y 轴及原点对称, y^3 关于 y 为奇函数, 故 $\iint\limits_D y^3\mathrm{d}x\mathrm{d}y = 0$, 而 $\iint\limits_D |x|\mathrm{d}x\mathrm{d}y = 4\iint\limits_{D_1} x\mathrm{d}x\mathrm{d}y$, 其中 D_1 为 D 位于

第一象限的部分, 故有

$$I=\iint\limits_{D}(|x|+y^{3})\mathrm{d}x\mathrm{d}y=4\iint\limits_{D_1}x\mathrm{d}x\mathrm{d}y$$
$$=4\int_0^1\mathrm{d}x\int_0^{1-x}x\mathrm{d}y=4\int_0^1x(1-x)\mathrm{d}x=\frac{2}{3}.$$

2. 利用极坐标计算二重积分

微视频 8-1
二重积分计算 (极坐标)

对于二重积分, 有时候用直角坐标计算并不方便, 例如当积分区域 D 的边界曲线用极坐标方程表示比较方便, 并且被积函数用极坐标变量 ρ,θ 表达比较简便时, 采用极坐标计算往往要便利很多.

下设 D 为一平面区域, 在极坐标中用 $\rho=$ 常数的一族同心圆以及 $\theta=$ 常数的一族过极点的射线将 D 划分为许多小闭区域 (见图 8-11), 小区域面积为

$$\Delta\sigma=\frac{1}{2}[(\rho+\Delta\rho)^2\Delta\theta-\rho^2\Delta\theta]=\left(\rho+\frac{1}{2}\Delta\rho\right)\Delta\rho\Delta\theta,$$

则当 $\Delta\rho$ 与 $\Delta\theta$ 充分小时, 有 $\Delta\sigma\approx\rho\Delta\rho\Delta\theta$, 从而积分和为

$$\sum_{i=1}^{n}f(\xi_i,\eta_i)\Delta\sigma_i\approx\sum_{i=1}^{n}f(\rho_i\cos\theta_i,\rho_i\sin\theta_i)\rho_i\Delta\rho_i\Delta\theta_i.$$

记 d 为各小闭区域直径的最大值, 在上式两边取 $d\to0$ 时的极限, 有

$$\iint\limits_{D}f(x,y)\,\mathrm{d}\sigma=\iint\limits_{D}f(\rho\cos\theta,\rho\sin\theta)\rho\,\mathrm{d}\rho\mathrm{d}\theta,$$

即

$$\iint\limits_{D}f(x,y)\,\mathrm{d}x\mathrm{d}y=\iint\limits_{D}f(\rho\cos\theta,\rho\sin\theta)\rho\,\mathrm{d}\rho\mathrm{d}\theta.$$

以上即为二重积分的变量从直角坐标变换为极坐标的变换公式, 其中 $\rho\mathrm{d}\rho\mathrm{d}\theta$ 称为极坐标系中的面积微元.

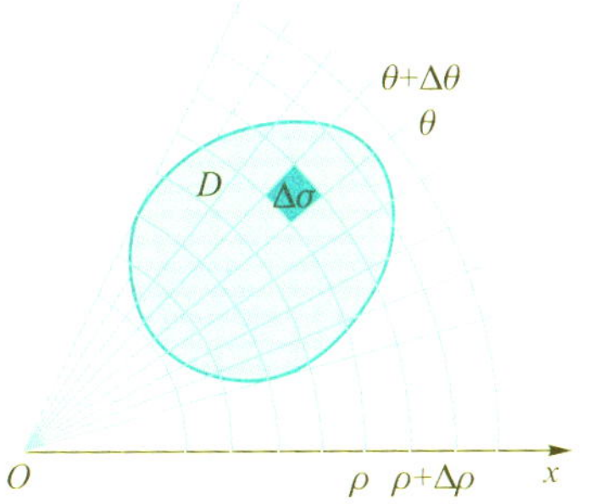

图 8-11

在极坐标下, 同样可将二重积分化为二次积分来计算. 若 D 可表示为 (见图 8–12)

$$\varphi_1(\theta) \leqslant \rho \leqslant \varphi_2(\theta),\ \alpha \leqslant \theta \leqslant \beta,$$

且设 $\varphi_1(\theta)$, $\varphi_2(\theta)$ 在 $[\alpha, \beta]$ 上连续, 则有

$$\iint\limits_D f(\rho\cos\theta, \rho\sin\theta)\rho\,\mathrm{d}\rho\mathrm{d}\theta = \int_\alpha^\beta \left[\int_{\varphi_1(\theta)}^{\varphi_2(\theta)} f(\rho\cos\theta, \rho\sin\theta)\rho\mathrm{d}\rho\right]\mathrm{d}\theta,$$

即

$$\iint\limits_D f(\rho\cos\theta, \rho\sin\theta)\rho\,\mathrm{d}\rho\mathrm{d}\theta = \int_\alpha^\beta \mathrm{d}\theta \int_{\varphi_1(\theta)}^{\varphi_2(\theta)} f(\rho\cos\theta, \rho\sin\theta)\rho\mathrm{d}\rho. \tag{8–3}$$

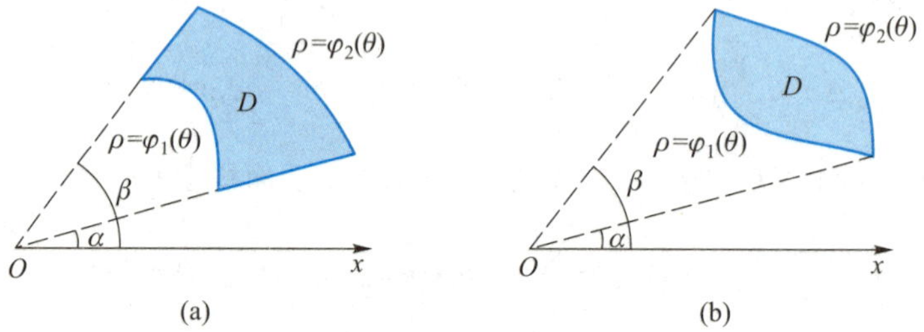

图 8–12

特别地, 当积分区域 D 包含极点 O 在内时 (见图 8–13), 式 (8–3) 化为

$$\iint\limits_D f(\rho\cos\theta, \rho\sin\theta)\rho\,\mathrm{d}\rho\mathrm{d}\theta = \int_0^{2\pi} \mathrm{d}\theta \int_0^{\varphi(\theta)} f(\rho\cos\theta, \rho\sin\theta)\rho\mathrm{d}\rho.$$

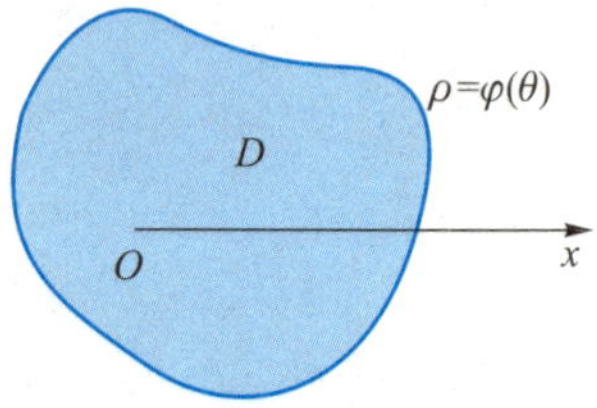

图 8–13

当积分区域的边界曲线 $\rho = \varphi(\theta)$ 通过极点 O 时, 应求出相继使 $\varphi(\theta) = 0$ 的两个角度 α 及 β, 式 (8–3) 化为

$$\iint\limits_D f(\rho\cos\theta, \rho\sin\theta)\rho\,\mathrm{d}\rho\mathrm{d}\theta = \int_\alpha^\beta \mathrm{d}\theta \int_0^{\varphi(\theta)} f(\rho\cos\theta, \rho\sin\theta)\rho\mathrm{d}\rho.$$

例 6 计算二重积分 $I = \iint\limits_D \left(\dfrac{x^2}{a^2} + \dfrac{y^2}{b^2}\right)\mathrm{d}x\mathrm{d}y$, 其中 D 为圆域 $x^2 + y^2 \leqslant R^2$.

解 利用极坐标计算有

$$\iint\limits_D \left(\frac{x^2}{a^2} + \frac{y^2}{b^2}\right)\mathrm{d}x\mathrm{d}y = \int_0^{2\pi} \mathrm{d}\theta \int_0^R \rho^2\left(\frac{\cos^2\theta}{a^2} + \frac{\sin^2\theta}{b^2}\right)\rho\mathrm{d}\rho$$

$$=\int_0^{2\pi}\left(\frac{\cos^2\theta}{a^2}+\frac{\sin^2\theta}{b^2}\right)\mathrm{d}\theta\cdot\int_0^R\rho^3\mathrm{d}\rho$$

$$=\pi\left(\frac{1}{a^2}+\frac{1}{b^2}\right)\cdot\frac{1}{4}R^4=\frac{\pi R^4}{4}\left(\frac{1}{a^2}+\frac{1}{b^2}\right).$$

例 7 计算 $\iint\limits_D\sqrt{x}\mathrm{d}x\mathrm{d}y$, 其中 D 是由圆周 $x^2+y^2=x$ 所围区域.

解 所给圆周 $x^2+y^2=x$ 的中心是 $(0.5,0)$, 半径是 0.5, 因此在极坐标系下, 它的方程可写成 (见图 8-14)

$$\rho=\cos\theta,\quad -\frac{\pi}{2}\leqslant\theta\leqslant\frac{\pi}{2},$$

从而闭区域 D 可表示为

$$0\leqslant\rho\leqslant\cos\theta,\quad -\frac{\pi}{2}\leqslant\theta\leqslant\frac{\pi}{2}.$$

于是有

$$\iint\limits_D\sqrt{x}\,\mathrm{d}x\mathrm{d}y=\int_{-\frac{\pi}{2}}^{\frac{\pi}{2}}\mathrm{d}\theta\int_0^{\cos\theta}\sqrt{\rho\cos\theta}\rho\,\mathrm{d}\rho$$

$$=\frac{2}{5}\int_{-\frac{\pi}{2}}^{\frac{\pi}{2}}\cos^3\theta\,\mathrm{d}\theta=\frac{8}{15}.$$

注 例 7 中圆周方程也可描述为 $\rho=\cos\theta,\frac{3\pi}{2}\leqslant\theta\leqslant\frac{5\pi}{2}$, 由类似解法得到相同的结果.

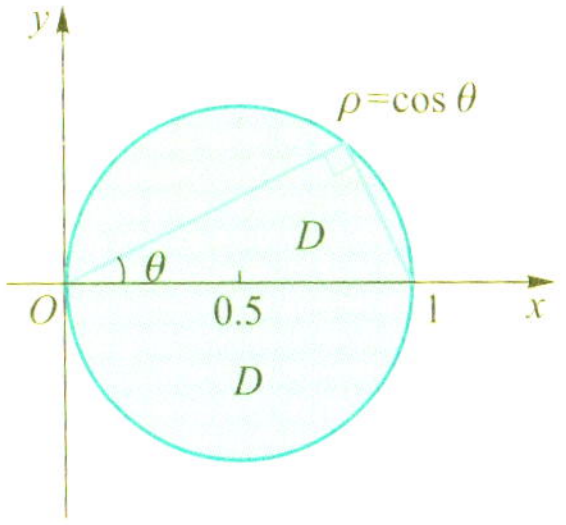

图 8-14

例 8 计算 $\iint\limits_D\mathrm{e}^{-x^2-y^2}\mathrm{d}x\mathrm{d}y$, 其中 D 是由中心在原点, 半径为 a 的圆周所围成的区域.

解 极坐标系中, 闭区域 D 可表示为 $0\leqslant\rho\leqslant a,0\leqslant\theta\leqslant 2\pi$, 于是

有

$$\iint\limits_D e^{-x^2-y^2}\,dxdy=\iint\limits_D e^{-\rho^2}\rho\,d\rho d\theta=\int_0^{2\pi}\left[\int_0^a e^{-\rho^2}\rho\,d\rho\right]d\theta$$
$$=\int_0^{2\pi}\frac{1}{2}\left(1-e^{-a^2}\right)d\theta=\frac{1}{2}\left(1-e^{-a^2}\right)\int_0^{2\pi}d\theta$$
$$=\pi\left(1-e^{-a^2}\right).$$

利用以上结果可以求出工程上常见的广义积分 $\int_0^{+\infty}e^{-x^2}\,dx$. 记 (见图 8–15)

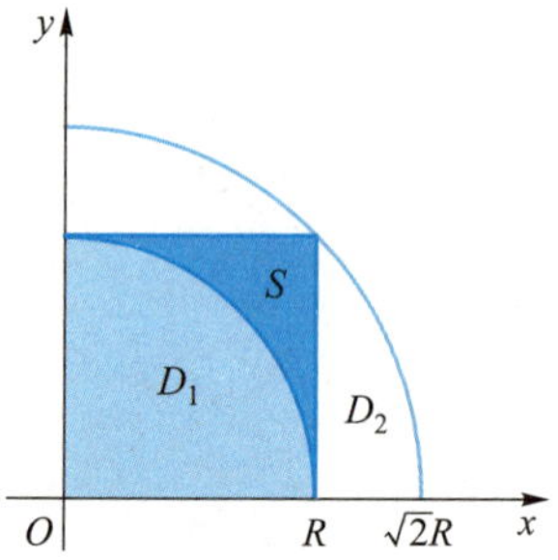

图 8–15

$$D_1=\{(x,y)\mid x^2+y^2\leqslant R^2,x\geqslant 0,y\geqslant 0\},$$

$$D_2=\{(x,y)\mid x^2+y^2\leqslant 2R^2,x\geqslant 0,y\geqslant 0\},$$

$$S=\{(x,y)\mid 0\leqslant x\leqslant R,0\leqslant y\leqslant R\},$$

则有

$$\iint\limits_{D_1} e^{-x^2-y^2}\,dxdy<\iint\limits_{S} e^{-x^2-y^2}\,dxdy<\iint\limits_{D_2} e^{-x^2-y^2}\,dxdy. \tag{8–4}$$

由例 8 的结果可知

$$\iint\limits_{D_1} e^{-x^2-y^2}\,dxdy=\frac{\pi}{4}\left(1-e^{-R^2}\right),$$
$$\iint\limits_{D_2} e^{-x^2-y^2}\,dxdy=\frac{\pi}{4}\left(1-e^{-2R^2}\right),$$

而

$$\iint\limits_{S} e^{-x^2-y^2}\,dxdy=\int_0^R e^{-x^2}\,dx\cdot\int_0^R e^{-y^2}\,dy=\left(\int_0^R e^{-x^2}\,dx\right)^2,$$

从而由式 (8–4) 可知

$$\frac{\pi}{4}\left(1-e^{-R^2}\right)<\left(\int_0^R e^{-x^2}\,dx\right)^2<\frac{\pi}{4}\left(1-e^{-2R^2}\right),$$

令 $R\to+\infty$, 上式两端趋于相同的极限 $\frac{\pi}{4}$, 于是

$$\int_0^{+\infty}e^{-x^2}\,dx=\frac{\sqrt{\pi}}{2}.$$

习题 8-1

A 题

1. 利用二重积分的定义证明:

(1) $\iint\limits_D \mathrm{d}\sigma=\sigma$ (其中 σ 为 D 的面积);

(2) $\iint\limits_D kf(x,y)\mathrm{d}\sigma=k\iint\limits_D f(x,y)\mathrm{d}\sigma$ (其中 k 为常数).

2. 根据二重积分的性质, 比较下列积分的大小.

(1) $\iint\limits_D (x+y)^2\mathrm{d}\sigma$ 与 $\iint\limits_D (x+y)^3\mathrm{d}\sigma$, 其中积分区域 D 是由 x 轴, y 轴与直线 $x+y=1$ 所围成;

(2) $\iint\limits_D \ln(x+y)\,\mathrm{d}\sigma$ 与 $\iint\limits_D [\ln(x+y)]^3\mathrm{d}\sigma$, 其中 D 是三角形区域, 三顶点分别为 $(1,0),(1,1),(2,0)$.

3. 计算二重积分 $\iint\limits_D (x^2+y)\,\mathrm{d}\sigma$, 其中 $D=\{\,(x,y)\,|\,|x|\leqslant 1,|y|\leqslant 1\,\}$.

4. 先画出积分区域, 再计算下列二重积分.

(1) $\iint\limits_D x\sqrt{y}\,\mathrm{d}\sigma$, 其中 D 是由两条抛物线 $y=\sqrt{x},y=x^2$ 所围成的区域;

(2) $\iint\limits_D \mathrm{e}^{x+y}\,\mathrm{d}\sigma$, 其中 $D=\{\,(x,y)\,|\,|x|+|y|\leqslant 1\,\}$.

5. 交换下列二次积分的积分次序.

(1) $\int_0^2\mathrm{d}y\int_0^y f(x,y)\mathrm{d}x$; (2) $\int_1^2\mathrm{d}x\int_{2-x}^{\sqrt{2x-x^2}} f(x,y)\mathrm{d}y$.

6. 求由平面 $x=0,y=0,x+y=1$ 所围成的柱体被平面 $z=0$ 及抛物面 $x^2+y^2=6-z$ 截得的立体的体积.

7. 利用极坐标计算下列各题.

(1) $\iint\limits_D \mathrm{e}^{x^2+y^2}\,\mathrm{d}\sigma$, 其中 D 是由圆周 $x^2+y^2=9$ 所围成的闭区域;

(2) $\iint\limits_D \ln(1+x^2+y^2)\,\mathrm{d}\sigma$, 其中 D 是由圆周 $x^2+y^2=4$ 及坐标轴所围成的在第一象限内的闭区域.

B 题

1. (考研真题, 2011 年数学二) 设平面区域 D 由直线 $y=x$, 圆 $x^2+y^2=2y$

及 y 轴围成, 则二重积分 $\iint\limits_D xy\,\mathrm{d}\sigma =$ ______.

2. (考研真题, 2013 年数学二) 设平面区域 D 由直线 $x=3y, y=3x$ 及 $x+y=8$ 围成, 计算 $\iint\limits_D x^2\,\mathrm{d}x\mathrm{d}y$.

3. (考研真题, 2010 年数学二) 计算二重积分 $I=\iint\limits_D r^2\sin\theta\sqrt{1-r^2\cos 2\theta}\,\mathrm{d}r\mathrm{d}\theta$, 其中 $D=\left\{(r,\theta)\middle|0\leqslant r\leqslant \sec\theta, 0\leqslant\theta\leqslant\frac{\pi}{4}\right\}$.

4. (考研真题, 2012 年数学二) 计算二重积分 $\iint\limits_D xy\,\mathrm{d}\sigma$, 其中区域 D 由曲线 $r=1+\cos\theta(0\leqslant\theta\leqslant\pi)$ 与极轴围成.

5. (考研真题, 2011 年数学一) 已知函数 $f(x,y)$ 具有二阶连续偏导数, 且 $f(1,y)=0, f(x,1)=0, \iint\limits_D f(x,y)\,\mathrm{d}x\mathrm{d}y=a$, 其中 $D=\{(x,y)|0\leqslant x\leqslant 1, 0\leqslant y\leqslant 1\}$, 计算二重积分 $I=\iint\limits_D xyf_{xy}(x,y)\,\mathrm{d}x\mathrm{d}y$.

6. (考研真题, 2023 年数学二) 设平面区域 D 位于第一象限, 由曲线 $x^2+y^2-xy=1, x^2+y^2-xy=2$ 与直线 $y=0, y=\sqrt{3}x$ 围成, 计算 $\iint\limits_D \frac{1}{3x^2+y^2}\mathrm{d}x\mathrm{d}y$.

7. (考研真题, 2022 年数学二) $\int_0^2 \mathrm{d}y\int_y^2 \frac{y}{\sqrt{1+x^3}}\mathrm{d}x=(\quad)$.

(A) $\frac{\sqrt{2}}{6}$　　(B) $\frac{1}{3}$　　(C) $\frac{\sqrt{2}}{3}$　　(D) $\frac{2}{3}$

8. (考研真题, 2020 年数学二) 计算二重积分 $\iint\limits_D \frac{\sqrt{x^2+y^2}}{x}\mathrm{d}\sigma$, 其中区域 D 由 $x=1, x=2, y=x$ 及 x 轴围成.

9. (考研真题, 2020 年数学三) 设 $D=\left\{(x,y)|x^2+y^2\leqslant 1, y\geqslant 0\right\}$, 连续函数 $f(x,y)$ 满足 $f(x,y)=y\sqrt{1-x^2}+x\iint\limits_D f(x,y)\mathrm{d}x\mathrm{d}y$, 求 $\iint\limits_D xf(x,y)\mathrm{d}x\mathrm{d}y$.

8.2　三重积分

PPT 课件 8–2 三重积分

8.2.1　三重积分的定义

由定积分和二重积分的定义, 可以很自然地推广到三重积分.

考虑分布在空间有界闭区域 Ω 上物体的质量 m, 其密度函数记为 $f(x,y,z)$. 将 Ω 任意分成 n 个小闭区域 $\Omega_1,\Omega_2,\cdots,\Omega_n$, 且设它们的体积分别为 $\Delta v_1,\Delta v_2,\cdots,\Delta v_n$. 在每个 Ω_i 上任取一点 (ξ_i,η_i,ζ_i), 则每一小体积 Δv_i 的质量近似为

$$f(\xi_i,\eta_i,\zeta_i)\Delta v_i \quad (i=1,2,\cdots,n),$$

自然地, 物体总质量 m 应为

$$m=\lim_{d\to 0}\sum_{i=1}^{n} f(\xi_i,\eta_i,\zeta_i)\Delta v_i,$$

其中 d 为各小闭区域直径中的最大值. 由此给出三重积分的定义.

定义 8.2.1 设 $f(x,y,z)$ 是空间有界闭区域 Ω 上的有界函数. 将 Ω 任意分成 n 个小闭区域 $\Omega_1,\Omega_2,\cdots,\Omega_n$, 且设它们的体积分别为 $\Delta v_1,\Delta v_2,\cdots,\Delta v_n$. 在每个 Ω_i 上任取一点 (ξ_i,η_i,ζ_i), 作和 $\sum\limits_{i=1}^{n} f(\xi_i,\eta_i,\zeta_i)\Delta v_i$, 若当各小闭区域直径中的最大值 d 趋于零时, 这和总趋于确定的极限 I, 则称此极限为函数 $f(x,y,z)$ 在 Ω 上的**三重积分**, 记作 $\iiint\limits_{\Omega} f(x,y,z)\,\mathrm{d}v$, 即

$$\iiint\limits_{\Omega} f(x,y,z)\,\mathrm{d}v=I=\lim_{d\to 0}\sum_{i=1}^{n} f(\xi_i,\eta_i,\zeta_i)\Delta v_i,$$

其中 $\mathrm{d}v$ 叫作**体积微元**. 在直角坐标系中常把 $\mathrm{d}v$ 记作 $\mathrm{d}x\mathrm{d}y\mathrm{d}z$, 并称为**直角坐标系中的体积微元**, 相应地三重积分也记作 $\iiint\limits_{\Omega} f(x,y,z)\,\mathrm{d}x\mathrm{d}y\mathrm{d}z$.

若函数 $f(x,y,z)$ 在 Ω 上是连续的, 则可证明三重积分 $\iiint\limits_{\Omega} f(x,y,z)\,\mathrm{d}v$ 必定存在. 另外, 三重积分的性质与二重积分类似, 这里不再叙述. 特别地, 若有被积函数 $f(x,y,z)\equiv 1$; $\forall(x,y,z)\in\Omega$, 则 $\iiint\limits_{\Omega}\mathrm{d}x\mathrm{d}y\mathrm{d}z$ 就是 Ω 的体积.

8.2.2 三重积分的计算

与计算二重积分类似, 计算三重积分的基本方法是将三重积分化

为三次积分. 以下分别介绍利用直角坐标、柱面坐标和球面坐标计算三重积分的方法.

1. 利用直角坐标计算三重积分

设 Ω 为一块可求体积的空间区域, 它的边界曲面与平行于某一坐标轴的直线至多相交于两点. 为确定起见, 不妨设平行于 z 轴的直线与 Ω 的边界曲面 S 至多有两个交点. 设 Ω 在 xOy 面上的投影为 D_{xy}, 边界曲面 S 分为上下两部分 S_1 与 S_2 (图 8–16), 它们的方程分别为

$$S_1: \ z = z_1(x, y),$$

$$S_2: \ z = z_2(x, y),$$

其中 $z_1(x, y)$ 与 $z_2(x, y)$ 均在 D_{xy} 上连续, 且

$$z_1(x, y) \leqslant z_2(x, y).$$

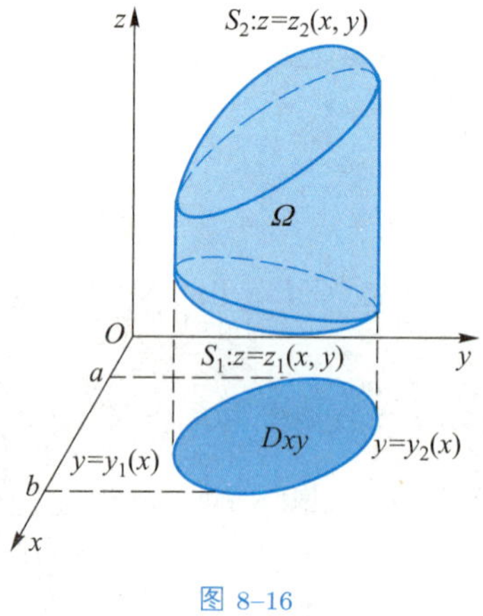

图 8–16

在 D_{xy} 内任取一点 (x, y), 作平行于 z 轴的直线, 从曲面 S_1 穿入 Ω, 并通过曲面 S_2 穿出 Ω. 记 $z_1(x, y)$ 与 $z_2(x, y)$ 分别为穿入点与穿出点的竖坐标, 从而积分区域 Ω 可表示成

$$\Omega = \{(x, y, z) | z_1(x, y) \leqslant z \leqslant z_2(x, y), (x, y) \in D_{xy}\}.$$

先固定 x, y, 将 $f(x, y, z)$ 只看成 z 的函数, 在区间 $[z_1(x, y), \ z_2(x, y)]$ 上对 z 积分, 得到关于 x, y 的函数

$$\varphi(x, y) = \int_{z_1(x,y)}^{z_2(x,y)} f(x, y, z) \, \mathrm{d}z,$$

再计算 $\varphi(x,y)$ 在 D_{xy} 上的二重积分

$$\iint\limits_{D_{xy}} \varphi(x,y)\,\mathrm{d}\sigma = \iint\limits_{D_{xy}} \left[\int_{z_1(x,y)}^{z_2(x,y)} f(x,y,z)\,\mathrm{d}z\right]\mathrm{d}\sigma.$$

又若 D_{xy} 可表示为

$$D_{xy} = \{\,(x,y) \mid y_1(x) \leqslant y \leqslant y_2(x),\ a \leqslant x \leqslant b\,\},$$

由二重积分化为二次积分的方法, 可得三重积分的计算公式

$$\iiint\limits_{\Omega} f(x,y,z)\,\mathrm{d}x\mathrm{d}y\mathrm{d}z = \int_a^b \mathrm{d}x \int_{y_1(x)}^{y_2(x)} \mathrm{d}y \int_{z_1(x,y)}^{z_2(x,y)} f(x,y,z)\,\mathrm{d}z. \quad (8\text{–}5)$$

注 对于能把积分区域投影到 zOx 平面或 yOz 平面的空间区域, 可得到类似的公式.

以上公式将三重积分化为先对 z, 次对 y, 再对 x 的三次积分.

例 1 计算平面 $x=0, y=0, z=0$ 与 $\dfrac{x}{a}+\dfrac{y}{b}+\dfrac{z}{c}=1$ 围成的四面体的体积 V, 这里 a,b,c 是正数.

解 易知四面体的体积为三重积分

$$V = \iiint\limits_{\Omega} \mathrm{d}x\mathrm{d}y\mathrm{d}z,$$

其中 Ω 由平面 $x=0, y=0, z=0$ 与 $\dfrac{x}{a}+\dfrac{y}{b}+\dfrac{z}{c}=1$ 围成 (见图 8–17),

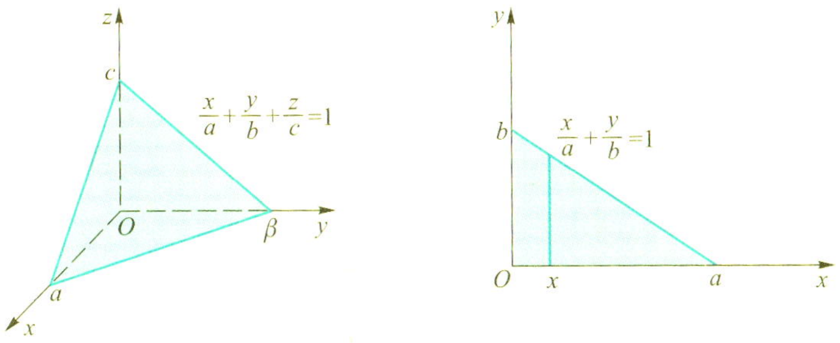

图 8–17

利用式 (8–5) 计算可得

$$\begin{aligned} V &= \int_0^a \mathrm{d}x \int_0^{b-\frac{b}{a}x} \mathrm{d}y \int_0^{c-\frac{c}{a}x-\frac{c}{b}y} \mathrm{d}z \\ &= \int_0^a \mathrm{d}x \int_0^{b-\frac{b}{a}x} \left(c-\frac{c}{a}x-\frac{c}{b}y\right)\mathrm{d}y \\ &= \int_0^a \left[cy-\frac{c}{a}xy-\frac{c}{2b}y^2\right]_0^{b-\frac{b}{a}x} \mathrm{d}x \\ &= \int_0^a \left(\frac{1}{2}cb-\frac{cb}{a}x+\frac{cb}{2a^2}x^2\right)\mathrm{d}x \\ &= \frac{1}{6}abc. \end{aligned}$$

注　从中学几何知识已经知道求四面体的体积公式，其结果与例 1 是一致的.

计算三重积分时，也可以化为先计算一个二重积分，再计算一个定积分的方式计算. 具体而言，若有空间闭区域

$$\Omega=\{(x,y,z)|(x,y)\in D_z, z_1\leqslant z\leqslant z_2\},$$

其中平面闭区域 D_z 为竖坐标取 z 的平面截 Ω 所得，则有计算公式

$$\iiint\limits_{\Omega} f(x,y,z)\,\mathrm{d}x\mathrm{d}y\mathrm{d}z=\int_{z_1}^{z_2}\mathrm{d}z\iint\limits_{D_z} f(x,y,z)\,\mathrm{d}x\mathrm{d}y.$$

例 2　计算三重积分

$$I=\iiint\limits_{\Omega} z^2\,\mathrm{d}x\mathrm{d}y\mathrm{d}z,$$

其中 Ω 是椭球面 $\dfrac{x^2}{a^2}+\dfrac{y^2}{b^2}+\dfrac{z^2}{c^2}=1$ 的内部区域.

解　过点 $(0,0,z_0)$ 作与平面 xOy 平行的平面，与椭球截得的区域记为 D_{z_0} (图 8–18). 显然 D_{z_0} 为平面 $z=z_0$ 上的椭圆

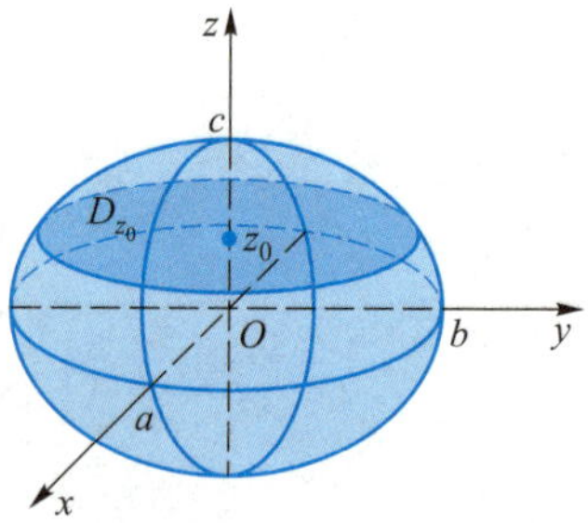

图 8–18

$$\frac{x^2}{a^2\left(1-\dfrac{z_0^2}{c^2}\right)}+\frac{y^2}{b^2\left(1-\dfrac{z_0^2}{c^2}\right)}=1,$$

其面积为

$$\iint\limits_{D_{z_0}}\mathrm{d}x\mathrm{d}y=\pi ab\left(1-\frac{z_0^2}{c^2}\right),$$

故有

$$\begin{aligned}I&=\iiint\limits_{\Omega} z^2\,\mathrm{d}x\mathrm{d}y\mathrm{d}z=\int_{-c}^{c}\left(\iint\limits_{D_z} z^2\,\mathrm{d}x\mathrm{d}y\right)\mathrm{d}z\\&=\int_{-c}^{c} z^2\left(\iint\limits_{D_z}\mathrm{d}x\mathrm{d}y\right)\mathrm{d}z=\int_{-c}^{c}\pi abz^2\left(1-\frac{z^2}{c^2}\right)\mathrm{d}z\\&=\frac{4}{15}\pi abc^3.\end{aligned}$$

例 3　计算三重积分

$$I=\iiint\limits_{\Omega}\frac{z\ln(x^4y^2+z^2+1)}{x^4y^2+z^2+1}\,\mathrm{d}x\mathrm{d}y\mathrm{d}z,$$

其中 Ω 是由球面 $x^2+y^2+z^2=1$ 围成的闭区域.

解 由于积分区域 Ω 关于坐标面 xOy 对称, 被积函数关于 z 为奇函数, 故根据对称性有

$$I=\iiint_{\Omega}\frac{z\ln(x^4y^2+z^2+1)}{x^4y^2+z^2+1}\,\mathrm{d}x\mathrm{d}y\mathrm{d}z=0.$$

2. 利用柱面坐标计算三重积分

设 $P(x,y,z)$ 为空间内一点, 且 P 在 xOy 面上投影 Q 的极坐标为 ρ,θ, 则 ρ,θ,z 叫作点 P 的柱面坐标 (参见第 6 章, 如图 8–19 所示). 我们规定

$$0\leqslant\rho<+\infty,\ 0\leqslant\theta\leqslant2\pi,\ -\infty<z<+\infty.$$

显然, 点 P 的直角坐标 (x,y,z) 与柱面坐标 (ρ,θ,z) 具有以下关系

$$\begin{cases}x=\rho\cos\theta,\\ y=\rho\sin\theta,\\ z=z.\end{cases}$$

由于在极坐标下的面积微元是 $\mathrm{d}\sigma=\rho\mathrm{d}\rho\mathrm{d}\theta$, 易知柱面坐标系中的体积微元为 $\mathrm{d}v=\rho\mathrm{d}\rho\mathrm{d}\theta\mathrm{d}z$, 从而

$$\iiint_{\Omega}f(x,y,z)\,\mathrm{d}x\mathrm{d}y\mathrm{d}z=\iiint_{\Omega}f(\rho\cos\theta,\rho\sin\theta,z)\rho\,\mathrm{d}\rho\mathrm{d}\theta\mathrm{d}z.$$

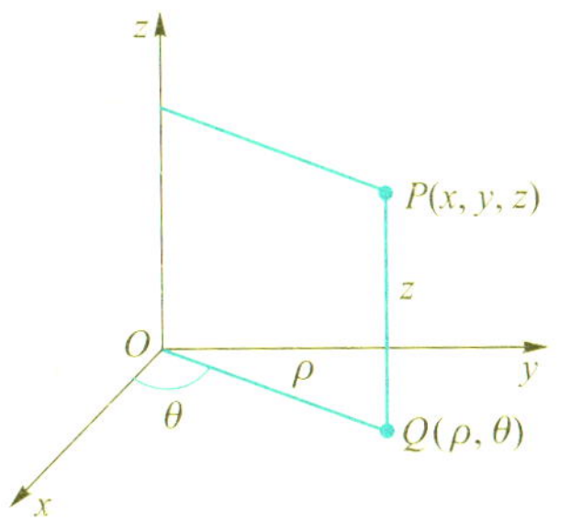

图 8–19

例 4 利用柱面坐标计算三重积分

$$I=\iiint_{\Omega}z^2\,\mathrm{d}x\mathrm{d}y\mathrm{d}z,$$

其中 Ω 是由曲面

$$x^2+y^2=\frac{1}{2}z$$

与平面 $z=2$ 所围闭区域 (图 8–20).

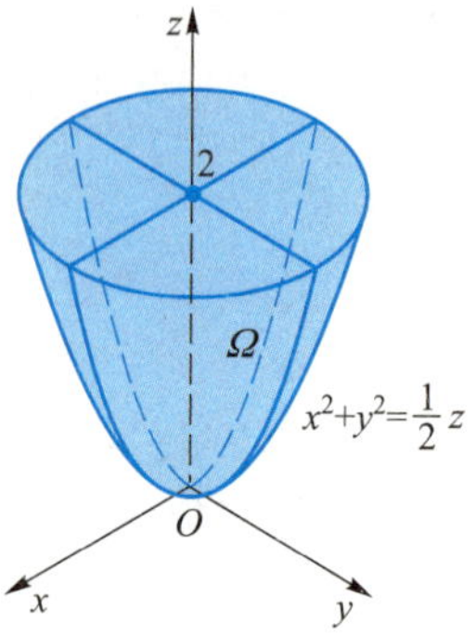

图 8–20

解 闭区域 Ω 可表示为

$$2\rho^2\leqslant z\leqslant 2,\quad 0\leqslant\rho\leqslant 1,\quad 0\leqslant\theta\leqslant 2\pi,$$

于是

$$\begin{aligned}I&=\iiint\limits_{\Omega}z^2\,\mathrm{d}x\mathrm{d}y\mathrm{d}z=\iiint\limits_{\Omega}z^2\rho\,\mathrm{d}\rho\mathrm{d}\theta\mathrm{d}z\\&=\int_0^{2\pi}\mathrm{d}\theta\int_0^1\rho\mathrm{d}\rho\int_{2\rho^2}^2 z^2\mathrm{d}z=\int_0^{2\pi}\mathrm{d}\theta\int_0^1\left(\frac{8}{3}-\frac{8\rho^6}{3}\right)\rho\mathrm{d}\rho\\&=2\pi\left[\frac{4\rho^2}{3}-\frac{\rho^8}{3}\right]_0^1=2\pi.\end{aligned}$$

3. 利用球面坐标计算三重积分

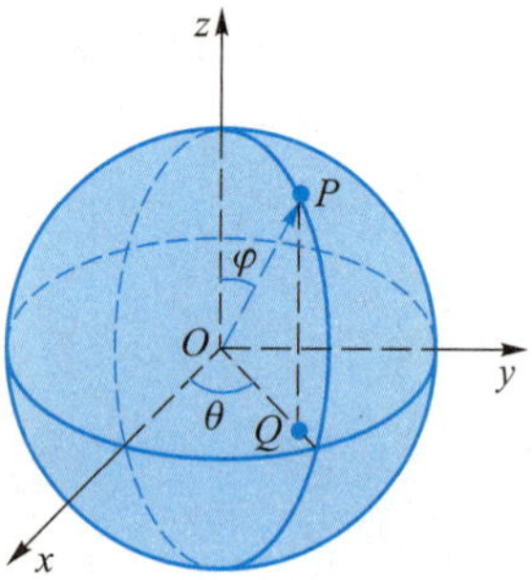

图 8–21

设 $P(x,y,z)$ 为空间内一点, 也可用球面坐标 (ρ,φ,θ) 来确定 P, 其中 ρ 为原点 O 到点 P 的距离, φ 为有向线段 $\overrightarrow{OP}$ 与 z 轴正向所夹的角, θ 为从 z 轴来看自 x 轴按逆时针方向转到有向线段 $\overrightarrow{OQ}$ 的角, 其中 Q 为 P 在 xOy 面上的投影 (参见第 6 章, 如图 8–21 所示). 它们的变化范围为

$$0\leqslant\rho<+\infty,\quad 0\leqslant\varphi\leqslant\pi,\quad 0\leqslant\theta\leqslant 2\pi.$$

点 P 的直角坐标与球面坐标具有以下关系:

$$\begin{cases}x=\rho\sin\varphi\cos\theta,\\y=\rho\sin\varphi\sin\theta,\\z=\rho\cos\varphi.\end{cases}$$

球面坐标系中的体积微元为 $\mathrm{d}v=\rho^2\sin\varphi\mathrm{d}\rho\mathrm{d}\varphi\mathrm{d}\theta$, 并有

$$\begin{aligned}&\iiint\limits_{\Omega}f(x,y,z)\,\mathrm{d}x\mathrm{d}y\mathrm{d}z\\=&\iiint\limits_{\Omega}f(\rho\sin\varphi\cos\theta,\rho\sin\varphi\sin\theta,\rho\cos\varphi)\rho^2\sin\varphi\,\mathrm{d}\rho\mathrm{d}\varphi\mathrm{d}\theta.\end{aligned}$$

例 5 计算三重积分 $\iiint\limits_{\Omega} \sqrt{x^2+y^2}\,\mathrm{d}x\mathrm{d}y\mathrm{d}z$, 其中 Ω 是右半球面 $x^2+y^2+z^2 \leqslant a^2,\ y \geqslant 0$ 所围成的区域.

解 闭区域 Ω 可表示为

$$0 \leqslant \rho \leqslant a,\ 0 \leqslant \varphi \leqslant \pi,\ 0 \leqslant \theta \leqslant \pi,$$

所以

$$\begin{aligned}\iiint\limits_{\Omega} \sqrt{x^2+y^2}\,\mathrm{d}x\mathrm{d}y\mathrm{d}z &= \iiint\limits_{\Omega} \rho\sin\varphi \cdot \rho^2 \sin\varphi\,\mathrm{d}\rho\mathrm{d}\varphi\mathrm{d}\theta \\ &= \int_0^{\pi}\mathrm{d}\theta\int_0^{\pi}\mathrm{d}\varphi\int_0^{a}\rho^3\sin^2\varphi\mathrm{d}\rho \\ &= \int_0^{\pi}\mathrm{d}\theta\int_0^{\pi}\sin^2\varphi\left[\frac{\rho^4}{4}\right]_0^a\mathrm{d}\varphi \\ &= \frac{1}{8}a^4\pi\left[\varphi-\frac{1}{2}\sin 2\varphi\right]_0^{\pi} = \frac{1}{8}a^4\pi^2.\end{aligned}$$

例 6 求由 $(x^2+y^2+z^2)^2 = z$ 所围立体的体积 V.

解 当 $(x,y,z) \in \Omega$ 时, 有 $(x,-y,z), (-x,y,z) \in \Omega$, 即 Ω 关于坐标面 zOx, yOz 对称. 注意到 $z \geqslant 0$, 故 V 为立体在第一卦限体积的 4 倍. 利用球面坐标计算有

$$V = 4\int_0^{\frac{\pi}{2}}\mathrm{d}\theta\int_0^{\frac{\pi}{2}}\mathrm{d}\varphi\int_0^{\cos^{\frac{1}{3}}\varphi}\rho^2\sin\varphi\mathrm{d}\rho = \frac{\pi}{3}.$$

习题 8-2

A 题

1. 将三重积分 $I = \iiint\limits_{\Omega} f(x,y,z)\,\mathrm{d}x\mathrm{d}y\mathrm{d}z$ 化为三次积分, 其中 Ω 为由曲面 $z = x^2+y^2$ 及平面 $z=1$ 所围成的闭区域.

2. 计算 $\iiint\limits_{\Omega} xy^2z\,\mathrm{d}x\mathrm{d}y\mathrm{d}z$, 其中 Ω 是由曲面 $z=xy$, 平面 $y=x, x=1$ 和 $z=0$ 所围成的闭区域.

3. 计算 $\iiint\limits_{\Omega} xyz\,\mathrm{d}x\mathrm{d}y\mathrm{d}z$, 其中 Ω 为球面 $x^2+y^2+z^2=4$ 及三个坐标面所围成的在第一卦限内的闭区域.

4. 利用柱面坐标计算三重积分 $I=\iiint\limits_{\Omega} z\,\mathrm{d}v$, 其中 Ω 是由曲面 $z=\sqrt{2-x^2-y^2}$ 及 $z=x^2+y^2$ 所围成的闭区域.

5. 利用球面坐标计算三重积分 $I=\iiint\limits_{\Omega}(x^2+y^2+z^2)\,\mathrm{d}v$, 其中 Ω 是由球面 $x^2+y^2+z^2=a^2(a>0)$ 所围成的闭区域.

6. 利用三重积分计算由曲面 $z=\sqrt{x^2+y^2}$ 及 $z=x^2+y^2$ 所围成的立体的体积.

B 题

1. 计算三重积分 $\iiint\limits_{\Omega}\left(\dfrac{x^2}{a^2}+\dfrac{y^2}{b^2}+\dfrac{z^2}{c^2}\right)\mathrm{d}x\mathrm{d}y\mathrm{d}z$, 其中 Ω 是曲面 $\dfrac{x^2}{a^2}+\dfrac{y^2}{b^2}+\dfrac{z^2}{c^2}=1$ 所围的区域.

2. 利用球面坐标计算积分 $\iiint\limits_{\Omega}\sqrt{x^2+y^2+z^2}\,\mathrm{d}x\mathrm{d}y\mathrm{d}z$, 其中 Ω 是曲面 $x^2+y^2+z^2=z$ 所围的区域.

3. 利用柱面坐标计算积分 $\iiint\limits_{\Omega}(x^2+y^2)\,\mathrm{d}x\mathrm{d}y\mathrm{d}z$, 其中 Ω 是曲面 $x^2+y^2=2z, z=2$ 所围的区域.

4. 设 $f(x,y,z)=F_{xyz}(x,y,z)$, 试求 $\int_a^A\mathrm{d}x\int_b^B\mathrm{d}y\int_c^C f(x,y,z)\,\mathrm{d}z$.

5. 求以曲面 $z=x^2+y^2, z=2x^2+2y^2, y=x, y=x^2$ 为界的物体的体积.

PPT 课件 8–3
重积分的应用

微视频 8–2
曲面的面积

8.3 重积分的应用

定积分的微元法可以用来计算许多求总量的问题, 现将其推广到重积分的应用, 以讨论几何及物理上的一些问题.

8.3.1 曲面的面积

设曲面 S 由方程 $z=f(x,y)$ 给出, S 在 xOy 面上的投影区域记为 D. 若函数 $f(x,y)$ 在 D 上具有连续偏导数 $f_x(x,y)$ 及 $f_y(x,y)$, 求曲面 S 的面积 A.

如图 8–22 所示, 在 D 上任取一直径很小的闭区域 $\mathrm{d}\sigma$, 其面积也记为 $\mathrm{d}\sigma$, 在 $\mathrm{d}\sigma$ 上取一点 $P(x,y)$, 对应的曲面 S 上有一点 $M(x,y,f(x,y))$,

点 M 在 xOy 上的投影即点 P. 在点 M 处作 S 的切平面 T, 再作以 $\mathrm{d}\sigma$ 的边界曲线为准线, 母线平行于 z 轴的柱面. 将含于柱面内的小块切平面的面积 (记作 $\mathrm{d}A$) 近似代替含于柱面内的小块曲面面积. 设点

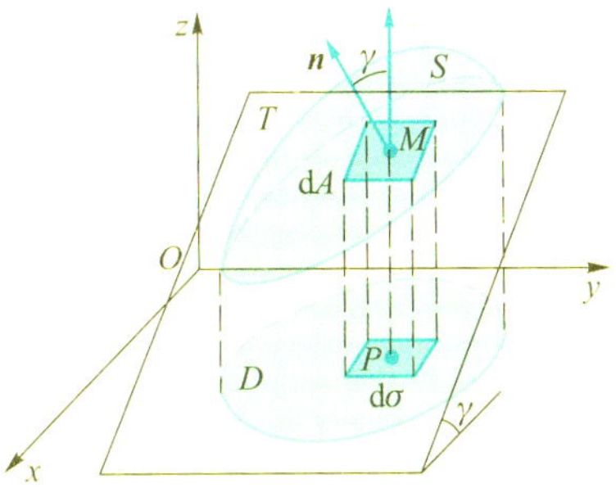

图 8-22

M 处 S 上的法线 (指向朝上) 与 z 轴所成角为 γ, 则有

$$\mathrm{d}A=\frac{\mathrm{d}\sigma}{\cos\gamma}=\sqrt{1+f_x^2(x,y)+f_y^2(x,y)}\,\mathrm{d}\sigma,$$

即为曲面 S 的面积微元. 从而 S 的面积为

$$A=\iint\limits_D\sqrt{1+\left(\frac{\partial z}{\partial x}\right)^2+\left(\frac{\partial z}{\partial y}\right)^2}\,\mathrm{d}x\mathrm{d}y.$$

例 1 求曲面 $z=\frac{1}{3}xy$ 包含在圆柱面 $x^2+y^2=9$ 内那部分的面积 A.

解 记 $D=\{(x,y)|x^2+y^2\leqslant 9\}$, 则有

$$\begin{aligned}A&=\iint\limits_D\sqrt{1+\left(\frac{\partial z}{\partial x}\right)^2+\left(\frac{\partial z}{\partial y}\right)^2}\,\mathrm{d}x\mathrm{d}y\\&=\iint\limits_D\sqrt{1+\left(\frac{y}{3}\right)^2+\left(\frac{x}{3}\right)^2}\,\mathrm{d}x\mathrm{d}y\\&=\frac{4}{3}\int_0^{\frac{\pi}{2}}\mathrm{d}\theta\int_0^3\rho\sqrt{9+\rho^2}\mathrm{d}\rho=6\pi\left(2\sqrt{2}-1\right).\end{aligned}$$

例 2 求半径为 a 的球的表面积.

解 以球心为原点, 建立直角坐标系, 则上半球面方程为

$$z=\sqrt{a^2-x^2-y^2}.$$

在 xOy 面上投影区域记为

$$D=\left\{(x,y)\mid x^2+y^2\leqslant a^2\right\},$$

直接计算得

$$\sqrt{1+\left(\frac{\partial z}{\partial x}\right)^2+\left(\frac{\partial z}{\partial y}\right)^2}=\frac{a}{\sqrt{a^2-x^2-y^2}}.$$

此函数在 D 上无界, 故利用无界函数的广义积分思想. 先求相应于

$$D_b=\left\{(x,y)\mid x^2+y^2\leqslant b^2\right\}\quad(0<b<a)$$

上的上半球面面积 A_b. 令 $b\to a$ 取 A_b 的极限, 即为半球面面积. 利用极坐标有

$$\begin{aligned}A_b&=\iint\limits_{D_b}\frac{a}{\sqrt{a^2-x^2-y^2}}\,\mathrm{d}x\mathrm{d}y=\iint\limits_{D_b}\frac{a}{\sqrt{a^2-\rho^2}}\rho\,\mathrm{d}\rho\mathrm{d}\theta\\&=a\int_0^{2\pi}\mathrm{d}\theta\int_0^b\frac{\rho\,\mathrm{d}\rho}{\sqrt{a^2-\rho^2}}=2\pi a\left(a-\sqrt{a^2-b^2}\right),\end{aligned}$$

于是球面面积为

$$2\lim_{b\to a}A_b=4\pi a^2.$$

8.3.2 质心

设在 xOy 平面上有 n 个质点, 其坐标分别为 $(x_1,y_1),(x_2,y_2),\cdots,(x_n,y_n)$, 质量分别为 $m_1,m_2,\cdots,m_n$. 由力学知识可知, 此质点系的质心坐标为

$$\bar{x}=\frac{M_y}{M}=\frac{\sum\limits_{i=1}^n m_ix_i}{\sum\limits_{i=1}^n m_i},\quad\bar{y}=\frac{M_x}{M}=\frac{\sum\limits_{i=1}^n m_iy_i}{\sum\limits_{i=1}^n m_i},$$

其中 $M=\sum\limits_{i=1}^n m_i$ 为质点系的总质量, 而

$$M_y=\sum_{i=1}^n m_ix_i,\quad M_x=\sum_{i=1}^n m_iy_i$$

分别为此质点系对 y 轴及 x 轴的静矩.

设有一平面薄片, 占有 xOy 面上的闭区域 D, 在点 (x,y) 处的面密度为 $\mu(x,y)$. 假定 $\mu(x,y)$ 在 D 上连续, 现求该薄片的质心坐标.

在 D 上任取一直径很小的闭区域 $\mathrm{d}\sigma$, 其面积微元也记作 $\mathrm{d}\sigma$, (x, y) 为 $\mathrm{d}\sigma$ 上的一个点, 从而可写出静矩微元

$$\mathrm{d}M_y = x\mu(x, y)\mathrm{d}\sigma, \quad \mathrm{d}M_x = y\mu(x, y)\mathrm{d}\sigma,$$

在 D 上积分即得

$$M_y = \iint\limits_D \mathrm{d}M_y = \iint\limits_D x\mu(x, y)\mathrm{d}\sigma,$$

$$M_x = \iint\limits_D \mathrm{d}M_x = \iint\limits_D y\mu(x, y)\mathrm{d}\sigma.$$

注意到薄片质量为 $M = \iint\limits_D \mu(x, y)\mathrm{d}\sigma$, 故薄片的质心坐标为

$$\bar{x} = \frac{M_y}{M} = \frac{\iint\limits_D x\mu(x, y)\mathrm{d}\sigma}{\iint\limits_D \mu(x, y)\mathrm{d}\sigma},$$

$$\bar{y} = \frac{M_x}{M} = \frac{\iint\limits_D y\mu(x, y)\mathrm{d}\sigma}{\iint\limits_D \mu(x, y)\mathrm{d}\sigma}.$$

特别地, 若平面薄片均匀, 上式可简化为

$$\bar{x} = \frac{\iint\limits_D x\mathrm{d}\sigma}{\iint\limits_D \mathrm{d}\sigma}, \quad \bar{y} = \frac{\iint\limits_D y\mathrm{d}\sigma}{\iint\limits_D \mathrm{d}\sigma}. \tag{8-6}$$

我们称均匀平面薄片的质心为这平面薄片所占的平面图形的形心或重心, 从而可用公式 (8-6) 计算平面图形的形心坐标.

类似地, 占有空间有界闭区域 Ω 的空间立体, 在点 (x, y, z) 处的密度为 $\rho(x, y, z)$ (假定 $\rho(x, y, z)$ 在 Ω 上连续) 的物体的质心坐标是

$$\bar{x} = \frac{1}{M}\iiint\limits_\Omega x\rho(x, y, z)\,\mathrm{d}v, \quad \bar{y} = \frac{1}{M}\iiint\limits_\Omega y\rho(x, y, z)\,\mathrm{d}v,$$

$$\bar{z} = \frac{1}{M}\iiint\limits_\Omega z\rho(x, y, z)\,\mathrm{d}v,$$

其中

$$M=\iiint\limits_{\Omega}\rho(x,y,z)\,\mathrm{d}v.$$

例 3 求位于两圆 $\rho=\sin\theta$ 和 $\rho=2\sin\theta$ 之间的均匀薄片 D 的质心 (图 8–23).

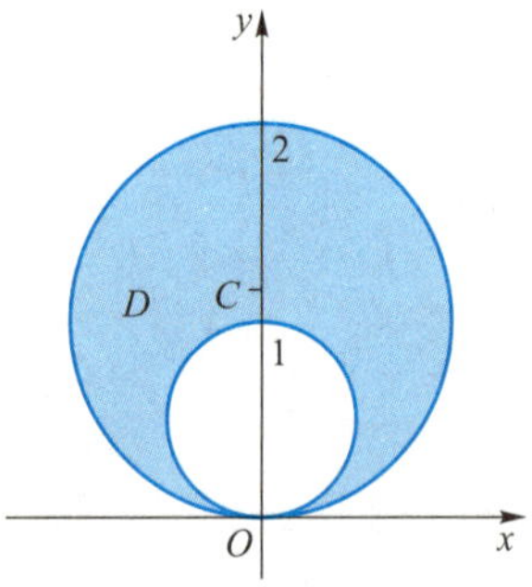

图 8–23

解 由 D 的对称性可知, 对于质心 $C(\bar{x},\bar{y})$, 有 $\bar{x}=0$, 且 $\iint\limits_{D}\mathrm{d}\sigma$ 为两圆面积之差, 即 $\iint\limits_{D}\mathrm{d}\sigma=\dfrac{3\pi}{4}$, 因为

$$\begin{aligned}\iint\limits_{D}y\,\mathrm{d}\sigma&=\iint\limits_{D}\rho^2\sin\theta\,\mathrm{d}\rho\mathrm{d}\theta\\&=\int_0^{\pi}\sin\theta\,\mathrm{d}\theta\int_{\sin\theta}^{2\sin\theta}\rho^2\mathrm{d}\rho\\&=\frac{7}{3}\int_0^{\pi}\sin^4\theta\,\mathrm{d}\theta=\frac{7\pi}{8},\end{aligned}$$

所以

$$\bar{y}=\frac{\iint\limits_{D}y\mathrm{d}\sigma}{\iint\limits_{D}\mathrm{d}\sigma}=\frac{\dfrac{7\pi}{8}}{\dfrac{3\pi}{4}}=\frac{7}{6},$$

故所求质心为 $C\left(0,\dfrac{7}{6}\right)$.

8.3.3 转动惯量

由力学知识可知, 上一小节给出的质点系对于 x 轴及 y 轴的转动惯量依次为

$$I_x=\sum_{i=1}^{n}y_i^2m_i,\quad I_y=\sum_{i=1}^{n}x_i^2m_i.$$

下面求平面薄片对于 x 轴的转动惯量 I_x 和对于 y 轴的转动惯量 I_y. 与静矩微元类似, 可以写出平面薄片对于 x 轴及对于 y 轴的转动惯量微元

$$\mathrm{d}I_x=y^2\mu(x,y)\mathrm{d}\sigma,\quad \mathrm{d}I_y=x^2\mu(x,y)\mathrm{d}\sigma,$$

在闭区域 D 上积分, 得到

$$I_x=\iint\limits_{D}y^2\mu(x,y)\mathrm{d}\sigma,\quad I_y=\iint\limits_{D}x^2\mu(x,y)\mathrm{d}\sigma.$$

例 4 求半径为 a 的均匀圆形薄片 (面密度记为常量 μ) 对于其直径边的转动惯量.

解 设薄片所占闭区域为

$$D = \{ (x, y) \mid x^2 + y^2 \leqslant a^2 \}.$$

薄片对于 x 轴的转动惯量 I_x 即为所求, 而

$$\begin{aligned} I_x &= \iint\limits_D y^2 \mu \, \mathrm{d}\sigma = \mu \iint\limits_D \rho^3 \sin^2 \theta \, \mathrm{d}\rho \mathrm{d}\theta = \mu \int_0^{2\pi} \mathrm{d}\theta \int_0^a \rho^3 \sin^2 \theta \, \mathrm{d}\rho \\ &= \frac{1}{4}\mu a^4 \int_0^{2\pi} \sin^2 \theta \, \mathrm{d}\theta = \frac{1}{4}\mu a^4 \pi = \frac{1}{4} M a^2, \end{aligned}$$

其中 $M = \pi a^2 \mu$ 为圆形薄片的质量.

习题 8-3

A 题

1. 求锥面 $z = \sqrt{x^2 + y^2}$ 被柱面 $z^2 = 4x$ 所割下部分的曲面面积.

2. 求曲线 $ay = x^2$ 与 $x + y = 2a(a > 0)$ 所围均匀薄片的质心坐标.

3. 设薄片所占闭区域 D 为半椭圆形闭区域 $\left\{ (x, y) \middle| \dfrac{x^2}{a^2} + \dfrac{y^2}{b^2} \leqslant 1, y \geqslant 0 \right\}$, 求此均匀薄片的质心.

4. 利用三重积分计算由曲面 $z^2 = x^2 + y^2$ 及 $z = 2$ 所围立体的质心, 这里密度 $\rho = 1$.

5. 设均匀薄片 (面密度为常数 1) 所占闭区域 D 由抛物线 $y^2 = \dfrac{9}{2}x$ 与直线 $x = 2$ 所围成, 求转动惯量 I_x 和 I_y.

B 题

1. (考研真题, 2010 年数学一) 设 $\Omega = \{ (x, y, z) | x^2 + y^2 \leqslant z \leqslant 1 \}$, 则 Ω 的形心的竖坐标 $\bar{z} =$ ____.

2. 求球面 $x^2 + y^2 + z^2 = 4$ 含在圆柱面 $x^2 + y^2 = 2x$ 内部的那部分面积.

3. 设薄片所占闭区域 D 为介于两个圆 $r = a\cos\theta, r = b\cos\theta (0 < a < b)$ 的闭区域, 求此均匀薄片的质心.

4. 已知球体 $x^2 + y^2 + z^2 \leqslant Rz$, 在其上任一点的密度在数量上等于该点到原点距离的平方, 求球体的质量与质心.

5. 设均匀薄片 (面密度为常数 1) 所占闭区域 D 由 $(x - a)^2 + (y - a)^2 = a^2$ 及 $x = 0, y = 0 (0 \leqslant x \leqslant a)$ 围成, 求转动惯量 I_x 和 I_y.

PPT 课件 8–4
曲线积分

8.4 曲线积分

前面已经把积分的范围进行了推广, 即从数轴上一个区间的情形发展到平面或空间的一个闭区域. 以下把积分的范围推广到一段曲线弧或一片曲面的情形, 即为曲线积分和曲面积分.

8.4.1 对弧长的曲线积分

1. 概念与性质

设有一构件处于 xOy 面上的一段曲线弧 $\widehat{AB}$ 上, 其端点为 A, B (见图 8–24). 设在弧上任一点 (x, y) 处线密度为 $\mu(x, y)$, 现需求此构件的质量 m.

取 $\widehat{AB}$ 上的点 $M_1, M_2, \cdots, M_{n-1}$ 把 $\widehat{AB}$ 分成 n 个小段, 记 (ξ_i, η_i) 为小弧段 $\widehat{M_{i-1}M_i}$ 上的任一点 (见图 8–24), Δs_i 为小弧段 $\widehat{M_{i-1}M_i}$ 的弧长, 则这一小段构件质量的近似值为 $\mu(\xi_i, \eta_i)\Delta s_i$, 而整个构件质量

$$m \approx \sum_{i=1}^{n} \mu(\xi_i, \eta_i)\Delta s_i.$$

记 d 为这 n 个小弧段的最大长度, 取上式右端之和当 $d \to 0$ 时的极限, 有

$$m = \lim_{d \to 0} \sum_{i=1}^{n} \mu(\xi_i, \eta_i)\Delta s_i.$$

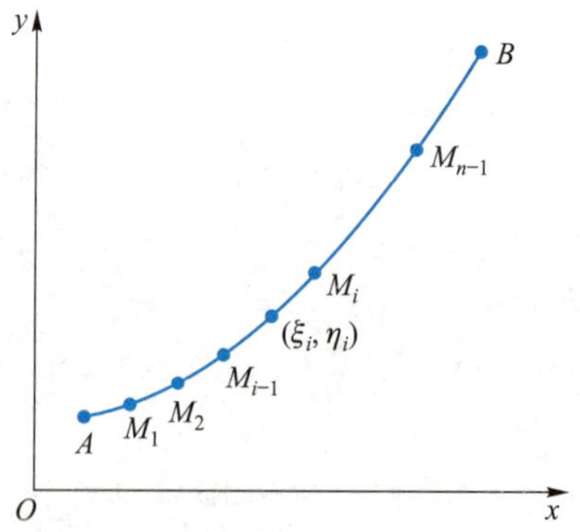

图 8–24

由此引入以下定义.

定义 8.4.1 设 L 为 xOy 面上的一条光滑曲线弧, 函数 $f(x,y)$ 在 L 上有界. 在 L 上顺序插入一任意点列 $M_1, M_2, \cdots, M_{n-1}$ 把 L 分成 n 个小段, 设第 i 个小段的长度为 Δs_i, 各小弧段长度最大值为 d, 又 (ξ_i, η_i) 为第 i 个小段上任意取定的一点, 作和 $\sum\limits_{i=1}^{n} f(\xi_i, \eta_i)\Delta s_i$. 若当 $d \to 0$ 时, 这和总趋于确定的极限 I, 则称此极限为 $f(x,y)$ 在 L 上对弧长的曲线积分或第一类曲线积分, 记作 $\int_L f(x,y)\,\mathrm{d}s$, 即

$$\int_L f(x,y)\,\mathrm{d}s = I = \lim_{d\to 0}\sum_{i=1}^{n} f(\xi_i, \eta_i)\Delta s_i,$$

其中 $f(x,y)$ 称为被积函数, L 称为积分弧段.

若 $f(x,y)$ 在 L 上是连续的, 可证明 $\int_L f(x,y)\,\mathrm{d}s$ 一定存在. 由以上定义, 前述构件质量为

$$m = \int_{\overset{\frown}{AB}} \mu(x,y)\,\mathrm{d}s.$$

类似地, 函数 $f(x,y,z)$ 在空间曲线弧 Γ 上对弧长的曲线积分为

$$\int_\Gamma f(x,y,z)\,\mathrm{d}s = \lim_{d\to 0}\sum_{i=1}^{n} f(\xi_i, \eta_i, \zeta_i)\Delta s_i.$$

特别地, 若 L 为闭曲线, 则 $f(x,y)$ 在 L 上对弧长的曲线积分记为 $\oint_L f(x,y)\,\mathrm{d}s$.

由对弧长的曲线积分定义, 易知以下性质.

性质 1 设 α, β 为常数, 则

$$\int_L [\alpha f(x,y) + \beta g(x,y)]\,\mathrm{d}s = \alpha\int_L f(x,y)\,\mathrm{d}s + \beta\int_L g(x,y)\,\mathrm{d}s.$$

性质 2 若 L 可分成两段光滑曲线弧 L_1 与 L_2, 则

$$\int_L f(x,y)\,\mathrm{d}s = \int_{L_1} f(x,y)\,\mathrm{d}s + \int_{L_2} f(x,y)\,\mathrm{d}s.$$

性质 3 若在 L 上有 $f(x,y) \leqslant g(x,y)$, 则

$$\int_L f(x,y)\,\mathrm{d}s \leqslant \int_L g(x,y)\,\mathrm{d}s.$$

特别地, 有

$$\left|\int_L f(x,y)\,\mathrm{d}s\right| \leqslant \int_L |f(x,y)|\,\mathrm{d}s.$$

2. 计算方法

现不加证明地给出以下定理.

定理 8.4.1 设 $f(x,y)$ 在曲线弧 L 上有定义且连续, 设 L 的参数方程为

$$\begin{cases} x=\varphi(t), \\ y=\psi(t) \end{cases} \quad (\alpha \leqslant t \leqslant \beta),$$

其中 $\varphi(t),\psi(t)$ 在 $[\alpha,\beta]$ 上具有一阶连续导数, 且 $\varphi'^2(t)+\psi'^2(t)\neq 0$, 则曲线积分 $\int_L f(x,y)\,\mathrm{d}s$ 存在, 并且有

$$\int_L f(x,y)\,\mathrm{d}s=\int_\alpha^\beta f[\varphi(t),\psi(t)]\sqrt{\varphi'^2(t)+\psi'^2(t)}\,\mathrm{d}t \quad (\alpha<\beta). \tag{8-7}$$

注 式 (8–7) 中定积分的下限 α 一定要小于上限 β.

若 L 由方程 $y=\psi(x)\,(x_0\leqslant x\leqslant x_1)$ 给出, 则其可看作特殊的参数方程

$$\begin{cases} x=t, \\ y=\psi(t) \end{cases} \quad (x_0 \leqslant t \leqslant x_1),$$

从而由公式 (8–7) 得到

$$\int_L f(x,y)\,\mathrm{d}s=\int_{x_0}^{x_1} f[x,\psi(x)]\sqrt{1+\psi'^2(x)}\,\mathrm{d}x \quad (x_0<x_1).$$

类似地, 若空间曲线弧 $\varGamma$ 由参数方程

$$\begin{cases} x=\varphi(t), \\ y=\psi(t), \\ z=\omega(t) \end{cases} \quad (\alpha \leqslant t \leqslant \beta)$$

给出, 则有

$$\begin{aligned}&\int_\varGamma f(x,y,z)\,\mathrm{d}s \\ =&\int_\alpha^\beta f[\varphi(t),\psi(t),\omega(t)]\sqrt{\varphi'^2(t)+\psi'^2(t)+\omega'^2(t)}\,\mathrm{d}t \quad (\alpha<\beta).\end{aligned}$$

例 1 计算 $\int_L \sqrt{y}\,\mathrm{d}s$, 其中 L 是抛物线 $y=x^2$ 上点 $O(0,0)$ 与点 $A(2,4)$ 之间的一段弧.

解 注意到 L 由方程 $y=x^2(0\leqslant x\leqslant 2)$ 表示, 则有

$$\begin{aligned}\int_L \sqrt{y}\,\mathrm{d}s&=\int_0^2 \sqrt{x^2}\sqrt{1+(x^2)'^2}\,\mathrm{d}x=\int_0^2 x\sqrt{1+4x^2}\,\mathrm{d}x\\&=\frac{1}{12}\left(17\sqrt{17}-1\right).\end{aligned}$$

例 2 计算积分 $\oint_L (x^2+y^2)\,\mathrm{d}s$, 其中 L 为圆周

$$\begin{cases}x=2\cos t,\\ y=2\sin t\end{cases}\quad(0\leqslant t\leqslant 2\pi).$$

解

$$\begin{aligned}\oint_L (x^2+y^2)\,\mathrm{d}s&=\int_0^{2\pi}[(2\sin t)^2+(2\cos t)^2]\sqrt{(2\sin t)'^2+(2\cos t)'^2}\,\mathrm{d}t\\&=8\int_0^{2\pi}\mathrm{d}t=16\pi.\end{aligned}$$

例 3 计算积分 $\oint_L (xy+2x^2+3y^2-6)\,\mathrm{d}s$, 其中 L 为椭圆 $\dfrac{x^2}{3}+\dfrac{y^2}{2}=1$.

解 注意到 L 关于 x 轴对称, 函数 xy 关于 y 为奇函数, 故有 $\oint_L xy\,\mathrm{d}s=0$, 由于在 L 上 $\dfrac{x^2}{3}+\dfrac{y^2}{2}=1$, 可得 $2x^2+3y^2=6$, 从而有

$$\oint_L (xy+2x^2+3y^2-6)\,\mathrm{d}s=\oint_L (6-6)\,\mathrm{d}s=0.$$

8.4.2 对坐标的曲线积分

1. 概念与性质

考虑变力沿曲线做功问题. 设在 xOy 平面内, 质点在力

$$\boldsymbol{F}(x,y)=P(x,y)\boldsymbol{i}+Q(x,y)\boldsymbol{j}$$

的作用下沿光滑曲线 L 从点 A 移动到点 B. 现需求该过程中变力 $\boldsymbol{F}$ 所做的功 W. 若 $\boldsymbol{F}$ 为恒力, 则所作功为 $W=\boldsymbol{F}\cdot\overrightarrow{AB}$. 现 $\boldsymbol{F}$ 为变力, 将 L 分成 n 个小弧段, 取一有向小弧段 $\overset{\frown}{M_{i-1}M_i}$ 进行分析 (图 8-24), 有

$$\overrightarrow{M_{i-1}M_i}=(\Delta x_i)\boldsymbol{i}+(\Delta y_i)\boldsymbol{j},$$

$$\overset{\frown}{M_{i-1}M_i} \approx \overrightarrow{M_{i-1}M_i} = (\Delta x_i)\boldsymbol{i} + (\Delta y_i)\boldsymbol{j},$$

其中 $\Delta x_i = x_i - x_{i-1}$, $\Delta y_i = y_i - y_{i-1}$, (x_i, y_i), (x_{i-1}, y_{i-1}) 分别为点 M_i 及 M_{i-1} 的坐标. 设 (ξ_i, η_i) 为 $\overset{\frown}{M_{i-1}M_i}$ 上任意一点, 则变力 $\boldsymbol{F}$ 沿 $\overset{\frown}{M_{i-1}M_i}$ 所做功 ΔW_i 近似等于恒力 $\boldsymbol{F}(\xi_i, \eta_i)$ 沿 $\overrightarrow{M_{i-1}M_i}$ 所做功, 即

$$\Delta W_i \approx \boldsymbol{F}(\xi_i, \eta_i) \cdot \overrightarrow{M_{i-1}M_i} = P(\xi_i, \eta_i)\Delta x_i + Q(\xi_i, \eta_i)\Delta y_i.$$

自然地, 整个过程中变力做功为 $\lim\limits_{d\to 0}\sum\limits_{i=1}^{n}\Delta W_i$, 其中 d 为各个小弧段长度的最大值. 由此给出对坐标的曲线积分的定义.

定义 8.4.2 设 L 为 xOy 面内从点 A 到点 B 的一条有向光滑曲线弧, 函数 $P(x,y)$, $Q(x,y)$ 在 L 上有界. 在 L 上沿 L 的方向顺序插入一任意点列

$$M_1(x_1, y_1), M_2(x_2, y_2), \cdots, M_{n-1}(x_{n-1}, y_{n-1}),$$

将 L 分成 n 个有向小弧段

$$\overset{\frown}{M_{i-1}M_i}\ (i = 1, 2, \cdots, n; M_0 = A, M_n = B).$$

令 $\Delta x_i = x_i - x_{i-1}, \Delta y_i = y_i - y_{i-1}$, 点 (ξ_i, η_i) 为 $\overset{\frown}{M_{i-1}M_i}$ 上任意取定的点. 若当各小弧段长度的最大值 $d \to 0$ 时, $\sum\limits_{i=1}^{n} P(\xi_i, \eta_i)\Delta x_i$ 总趋于确定的极限 I, 则称此极限 I 为函数 $P(x,y)$ 在有向曲线弧 L 上对坐标 x 的曲线积分, 记作 $\int_L P(x,y)\,\mathrm{d}x$ 或 $\int_{\overset{\frown}{AB}} P(x,y)\,\mathrm{d}x$. 类似地, 若当 $d \to 0$ 时, $\sum\limits_{i=1}^{n} Q(\xi_i, \eta_i)\Delta y_i$ 总趋于确定的极限, 则称此极限为函数 $Q(x,y)$ 在有向曲线弧 L 上对坐标 y 的曲线积分, 记作 $\int_L Q(x,y)\,\mathrm{d}y$ 或 $\int_{\overset{\frown}{AB}} Q(x,y)\,\mathrm{d}y$, 即

$$\int_L P(x,y)\,\mathrm{d}x = \int_{\overset{\frown}{AB}} P(x,y)\,\mathrm{d}x = \lim_{d\to 0}\sum_{i=1}^{n} P(\xi_i, \eta_i)\Delta x_i,$$

$$\int_L Q(x,y)\,\mathrm{d}y = \int_{\overset{\frown}{AB}} Q(x,y)\,\mathrm{d}y = \lim_{d\to 0}\sum_{i=1}^{n} Q(\xi_i, \eta_i)\Delta y_i,$$

其中 $P(x,y), Q(x,y)$ 叫作被积函数, L 叫作积分弧段. 以上两个积分也称为第二类曲线积分.

若 $P(x,y),Q(x,y)$ 在 L 上连续, 可证明对坐标的曲线积分 $\int_L P(x,y)\,\mathrm{d}x$ 及 $\int_L Q(x,y)\,\mathrm{d}y$ 都存在. 类似地, 上述定义可推广到积分弧段为空间有向曲线弧 Γ 的情形:

$$\int_\Gamma P(x,y,z)\,\mathrm{d}x=\lim_{d\to 0}\sum_{i=1}^n P(\xi_i,\eta_i,\zeta_i)\Delta x_i,$$

$$\int_\Gamma Q(x,y,z)\,\mathrm{d}y=\lim_{d\to 0}\sum_{i=1}^n Q(\xi_i,\eta_i,\zeta_i)\Delta y_i,$$

$$\int_\Gamma R(x,y,z)\,\mathrm{d}z=\lim_{d\to 0}\sum_{i=1}^n R(\xi_i,\eta_i,\zeta_i)\Delta z_i.$$

实际上, 将 $\int_L P(x,y)\,\mathrm{d}x+\int_L Q(x,y)\,\mathrm{d}y$ 简记为 $\int_L P(x,y)\,\mathrm{d}x+Q(x,y)\,\mathrm{d}y$, 还可写为向量形式 $\int_L \boldsymbol{F}(x,y)\cdot\mathrm{d}\boldsymbol{r}$, 其中向量值函数

$$\boldsymbol{F}(x,y)=P(x,y)\boldsymbol{i}+Q(x,y)\boldsymbol{j},\quad \mathrm{d}\boldsymbol{r}=\mathrm{d}x\boldsymbol{i}+\mathrm{d}y\boldsymbol{j}.$$

它的物理意义是: 设一个质点在 xOy 面内受力 $\boldsymbol{F}(x,y)$ 的作用, 沿有向光滑曲线弧 L 移动, 此移动过程中变力所做功为

$$W=\int_L \boldsymbol{F}(x,y)\cdot\mathrm{d}\boldsymbol{r}=\int_L P(x,y)\,\mathrm{d}x+Q(x,y)\,\mathrm{d}y.$$

对坐标的曲线积分具有以下性质:

性质 1　设 α,β 为常数, 则

$$\int_L[\alpha\boldsymbol{F}_1(x,y)+\beta\boldsymbol{F}_2(x,y)]\cdot\mathrm{d}\boldsymbol{r}=\alpha\int_L\boldsymbol{F}_1(x,y)\cdot\mathrm{d}\boldsymbol{r}+\beta\int_L\boldsymbol{F}_2(x,y)\cdot\mathrm{d}\boldsymbol{r}.$$

性质 2　若有向曲线弧 L 可分成两段光滑的有向曲线弧 L_1 和 L_2, 则

$$\int_L\boldsymbol{F}(x,y)\cdot\mathrm{d}\boldsymbol{r}=\int_{L_1}\boldsymbol{F}(x,y)\cdot\mathrm{d}\boldsymbol{r}+\int_{L_2}\boldsymbol{F}(x,y)\cdot\mathrm{d}\boldsymbol{r}.$$

性质 3　设 L^- 为有向光滑曲线弧 L 的反向曲线弧, 则

$$\int_{L^-}\boldsymbol{F}(x,y)\cdot\mathrm{d}\boldsymbol{r}=-\int_L\boldsymbol{F}(x,y)\cdot\mathrm{d}\boldsymbol{r}.$$

2. 对坐标的曲线积分的计算法

现不加证明地给出以下定理.

定理 8.4.2 设 $P(x,y),Q(x,y)$ 在有向曲线弧 L 上有定义且连续, L 的参数方程为

$$\begin{cases} x=\varphi(t), \\ y=\psi(t). \end{cases}$$

当参数 t 单调地由 α 变到 β 时, 点 $M(x,y)$ 从 L 的起点 A 沿 L 运动到终点 B, $\varphi(t),\psi(t)$ 在以 α 和 β 为端点的闭区间上具有一阶连续导数, 且

$$\varphi'^2(t)+\psi'^2(t)\neq 0,$$

则曲线积分 $\int_L P(x,y)\,\mathrm{d}x+Q(x,y)\,\mathrm{d}y$ 存在, 且

$$\begin{aligned}&\int_L P(x,y)\,\mathrm{d}x+Q(x,y)\,\mathrm{d}y\\ =&\int_\alpha^\beta \{P[\varphi(t),\psi(t)]\varphi'(t)+Q[\varphi(t),\psi(t)]\psi'(t)\}\,\mathrm{d}t.\end{aligned} \tag{8–8}$$

公式 (8–8) 给出了对坐标的曲线积分的计算方法, 即只要将 x,y, $\mathrm{d}x,\mathrm{d}y$ 依次换为 $\varphi(t),\psi(t),\varphi'(t)\mathrm{d}t,\psi'(t)\mathrm{d}t$, 然后从 α 到 β 作定积分即可, 其中 α 与 β 分别为 L 的起点与终点所对应的参数值, α 不一定小于 β.

特别地, 若 L 由 $y=\psi(x)$ 给出, 公式 (8–8) 化为

$$\int_L P(x,y)\,\mathrm{d}x+Q(x,y)\,\mathrm{d}y=\int_a^b \{P[x,\psi(x)]+Q[x,\psi(x)]\psi'(x)\}\,\mathrm{d}x,$$

其中 a 与 b 分别对应 L 的起点与终点.

若空间曲线 Γ 由参数方程

$$\begin{cases} x=\varphi(t), \\ y=\psi(t), \\ z=\omega(t) \end{cases}$$

给出, 则公式 (8–8) 可推广为

$$\begin{aligned}&\int_{\Gamma} P(x,y,z)\,\mathrm{d}x+Q(x,y,z)\,\mathrm{d}y+R(x,y,z)\,\mathrm{d}z\\=&\int_{\alpha}^{\beta}\left\{P[\varphi(t),\psi(t),\omega(t)]\varphi'(t)+Q[\varphi(t),\psi(t),\omega(t)]\psi'(t)+\right.\\&\left.R[\varphi(t),\psi(t),\omega(t)]\omega'(t)\right\}\mathrm{d}t,\end{aligned}$$

其中 α 与 β 分别对应 Γ 的起点与终点.

例 4 计算

$$I=\int_L xy\mathrm{d}x+(y-x)\mathrm{d}y,$$

其中 L 为

(1) 直线 $y=x$;

(2) 抛物线 $y=x^2$;

(3) $y=x^3$,

都是从点 $(0,0)$ 到点 $(1,1)$ 的一段弧.

解 (1) 沿直线 $y=x$ 有 $\mathrm{d}y=\mathrm{d}x$, 故

$$I=\int_0^1 x^2\mathrm{d}x=\frac{1}{3}.$$

(2) 沿 $y=x^2$ 有 $\mathrm{d}y=2x\mathrm{d}x$, 故

$$I=\int_0^1(3x^3-2x^2)\mathrm{d}x=\frac{1}{12}.$$

(3) 沿 $y=x^3$ 有 $\mathrm{d}y=3x^2\mathrm{d}x$, 故

$$I=\int_0^1(3x^5+x^4-3x^3)\mathrm{d}x=-\frac{1}{20}.$$

注 例 4 说明, 函数沿具有相同端点的不同曲线作第二类曲线积分时, 一般而言其积分值是不同的.

例 5 计算积分

$$I=\int_L\frac{x+y}{x^2+y^2}\mathrm{d}x-\frac{x-y}{x^2+y^2}\mathrm{d}y,$$

其中 L 为圆周

$$x^2+y^2=a^2,$$

方向为逆时针方向.

解 圆周 L 的参数方程为

$$\begin{cases}x=a\cos t,\\ y=a\sin t\end{cases}\quad(0\leqslant t\leqslant 2\pi),$$

不妨取圆周与正向 x 轴的交点 $(a,0)$ 为起点, 当逆时针环行一周回到该点, t 从 0 单调地增加至 2π, 从而有

$$I=\frac{1}{a^2}\int_0^{2\pi}[a(\cos t+\sin t)(-a\sin t)-a(\cos t-\sin t)a\cos t]\mathrm{d}t=-2\pi.$$

3. 两类曲线积分之间的联系

设 L 的参数方程为

$$\begin{cases}x=\varphi(t),\\ y=\psi(t)\end{cases}\quad(a\leqslant t\leqslant b),$$

则 L 的切向量为

$$\boldsymbol{\tau}=\varphi'(t)\boldsymbol{i}+\psi'(t)\boldsymbol{j}.$$

当 $\boldsymbol{\tau}\neq\boldsymbol{0}$ 时, 它的两个方向余弦是

$$\cos\alpha=\frac{\varphi'(t)}{\sqrt{\varphi'^2(t)+\psi'^2(t)}},\quad\cos\beta=\frac{\psi'(t)}{\sqrt{\varphi'^2(t)+\psi'^2(t)}},$$

其中 $\alpha=\alpha(x,y)$ 及 $\beta=\beta(x,y)$ 为 $\boldsymbol{\tau}$ 的方向角. 由两类曲线积分的计算公式得

$$\begin{aligned}&\int_L P\,\mathrm{d}x+Q\,\mathrm{d}y=\int_a^b(P(\varphi(t),\psi(t))\varphi'(t)+Q(\varphi(t),\psi(t))\psi'(t))\,\mathrm{d}t\\ =&\int_a^b\left(P(\varphi(t),\psi(t))\frac{\varphi'(t)}{\sqrt{\varphi'^2(t)+\psi'^2(t)}}+Q(\varphi(t),\psi(t))\frac{\psi'(t)}{\sqrt{\varphi'^2(t)+\psi'^2(t)}}\right)\times\\ &\sqrt{\varphi'^2(t)+\psi'^2(t)}\mathrm{d}t\\ =&\int_L(P\cos\alpha+Q\cos\beta)\mathrm{d}s,\end{aligned}$$

这就是说, 平面曲线 L 上的两类曲线积分之间有如下联系:

$$\int_L P\,\mathrm{d}x+Q\,\mathrm{d}y=\int_L(P\cos\alpha+Q\cos\beta)\mathrm{d}s.$$

类似地, 空间曲线 $\varGamma$ 上两类曲线积分的联系为

$$\int_\varGamma P\,\mathrm{d}x+Q\,\mathrm{d}y+R\,\mathrm{d}z=\int_\varGamma(P\cos\alpha+Q\cos\beta+R\cos\gamma)\mathrm{d}s,$$

也可用向量形式表示为

$$\int_\varGamma\boldsymbol{A}\cdot\mathrm{d}\boldsymbol{r}=\int_\varGamma\boldsymbol{A}\cdot\boldsymbol{\tau}\mathrm{d}s,$$

其中 $\boldsymbol{A}=(P,Q,R),\boldsymbol{\tau}=(\cos\alpha,\cos\beta,\cos\gamma)$ 为有向曲线弧 $\varGamma$ 在点 (x,y,z) 处的单位切向量, $\mathrm{d}\boldsymbol{r}=\boldsymbol{\tau}\mathrm{d}s=(\mathrm{d}x,\mathrm{d}y,\mathrm{d}z)$.

8.4.3 格林公式及其应用

微视频 8–3
格林公式及其应用

1. 格林公式

设 D 为平面区域, 若 D 内任一闭曲线所围成的部分都属于 D, 则称 D 为平面单连通区域, 否则称为复连通区域. 如平面上的圆 $x^2+y^2<1$, 右半平面 $x>0$ 都是单连通区域, 而圆环 $1<x^2+y^2<4$ 是复连通区域. 可见, 单连通区域也就是不含有 "洞" 甚至不含有 "点洞" 的区域. 不加证明地给出以下定理.

定理 8.4.3 设闭区域 D 由分段光滑的曲线 L 围成, 函数 $P(x,y)$ 及 $Q(x,y)$ 在 D 上具有一阶连续偏导数, 则有

$$\iint\limits_D \left(\frac{\partial Q}{\partial x}-\frac{\partial P}{\partial y}\right)\mathrm{d}x\mathrm{d}y=\oint_L P\mathrm{d}x+Q\mathrm{d}y. \tag{8–9}$$

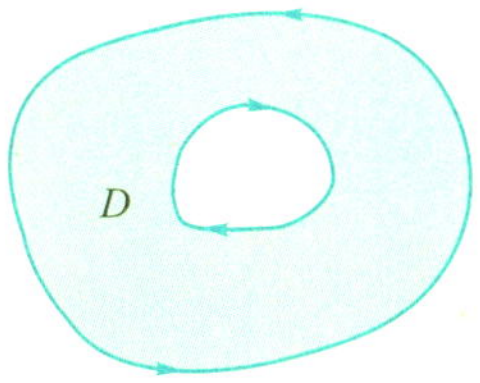

图 8–25

这里右端积分路径的方向是和区域正向联系的, 即当一个人沿着曲线 L 行走时, 区域 D 恒在他的左边 (图 8–25). 公式 (8–9) 称为格林 (Green) 公式, 它揭示了二重积分与沿其边界的曲线积分的联系.

以上公式中, 若取 $P=-y$, $Q=x$, 则获得一个计算区域 D 的面积公式

$$\iint\limits_D \mathrm{d}x\mathrm{d}y=\frac{1}{2}\oint_L x\mathrm{d}y-y\mathrm{d}x. \tag{8–10}$$

例 6 求椭圆

$$L:\begin{cases}x=a\cos\theta,\\ y=b\sin\theta\end{cases}$$

所围成图形的面积.

解 由面积公式 (8–10), 所求为

$$\begin{aligned}\frac{1}{2}\oint_L x\mathrm{d}y-y\mathrm{d}x&=\frac{1}{2}\int_0^{2\pi}(ab\cos^2\theta+ab\sin^2\theta)\mathrm{d}\theta\\&=\frac{1}{2}ab\int_0^{2\pi}\mathrm{d}\theta=\pi ab.\end{aligned}$$

例 7 计算积分

$$I=\iint\limits_D \mathrm{e}^{-y^2}\mathrm{d}x\mathrm{d}y,$$

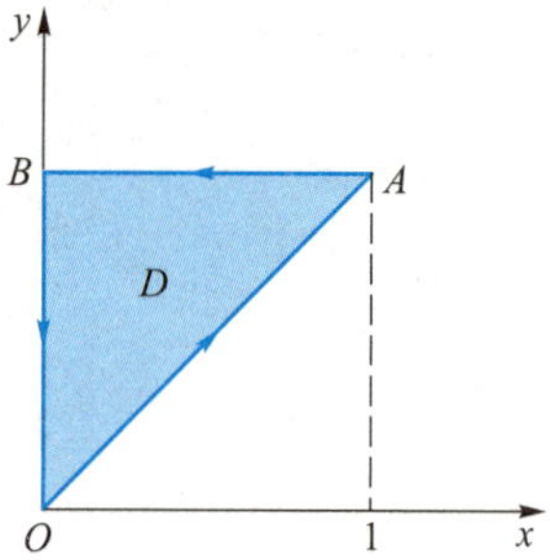

图 8–26

此处 D 是以 $O(0,0)$, $A(1,1)$, $B(0,1)$ 为顶点的三角形闭区域 (见图 8–26).

解 取 $P=0, Q=x\mathrm{e}^{-y^2}$, 则由格林公式有

$$\begin{aligned} I &= \oint_{OA+AB+BO} x\mathrm{e}^{-y^2}\mathrm{d}y = \int_{OA} x\mathrm{e}^{-y^2}\mathrm{d}y \\ &= \int_0^1 x\mathrm{e}^{-x^2}\mathrm{d}x = \frac{1}{2}(1-\mathrm{e}^{-1}). \end{aligned}$$

例 8 计算曲线积分 $I=\oint_L (2xy-2y)\mathrm{d}x+(x^2-4x)\mathrm{d}y$, 其中 L 为圆周 $x^2+y^2=a^2$, 方向为逆时针方向.

解 用 D 表示 L 围成的区域, 则由格林公式有

$$I=\iint_D \left[\frac{\partial}{\partial x}(x^2-4x)-\frac{\partial}{\partial y}(2xy-2y)\right]\mathrm{d}x\mathrm{d}y=-2\iint_D \mathrm{d}x\mathrm{d}y=-2\pi a^2.$$

2. 曲线积分和路径的无关性

设函数 $P(x,y)$ 及 $Q(x,y)$ 在区域 D 内具有一阶连续偏导数, 若对于 D 内任意指定的两个点 A,B 以及 D 内从点 A 到点 B 的任意两条曲线 L_1,L_2, 恒有

$$\int_{L_1} P\,\mathrm{d}x+Q\,\mathrm{d}y=\int_{L_2} P\,\mathrm{d}x+Q\,\mathrm{d}y,$$

则称曲线积分 $\int_L P\,\mathrm{d}x+Q\,\mathrm{d}y$ 在 D 内与路径无关, 否则称为与路径有关.

定理 8.4.4 设函数 $P(x,y)$ 及 $Q(x,y)$ 在平面单连通区域 D 上有连续的偏导数, 则以下四条件等价:

(1) 对任一全部含在 D 内的闭曲线 C,

$$\oint_C P\,\mathrm{d}x+Q\,\mathrm{d}y=0.$$

(2) 对任一全部含在 D 内的曲线 L, 曲线积分 $\int_L P\,\mathrm{d}x+Q\,\mathrm{d}y$ 与路径无关.

(3) $P\,\mathrm{d}x+Q\,\mathrm{d}y$ 在 D 内是某一函数 $U(x,y)$ 的全微分, 即有 $\mathrm{d}U=P\,\mathrm{d}x+Q\,\mathrm{d}y$.

(4) $\dfrac{\partial P}{\partial y}=\dfrac{\partial Q}{\partial x}$ 在 D 内恒成立.

证 (1) ⇒ (2). 若 (1) 成立, 则对 D 内任意两点 A,B 及任意两条曲线 $\overset{\frown}{ANB}$ 与 $\overset{\frown}{AMB}$ (见图 8–27), 有

$$\begin{aligned}&\int_{\overset{\frown}{ANB}}P\,\mathrm{d}x+Q\,\mathrm{d}y-\int_{\overset{\frown}{AMB}}P\,\mathrm{d}x+Q\,\mathrm{d}y\\=&\int_{\overset{\frown}{ANBMA}}P\,\mathrm{d}x+Q\,\mathrm{d}y\\=&\oint_{C}P\,\mathrm{d}x+Q\,\mathrm{d}y=0,\end{aligned}$$

于是有

$$\int_{\overset{\frown}{ANB}}P\,\mathrm{d}x+Q\,\mathrm{d}y=\int_{\overset{\frown}{AMB}}P\,\mathrm{d}x+Q\,\mathrm{d}y,$$

即 (2) 成立.

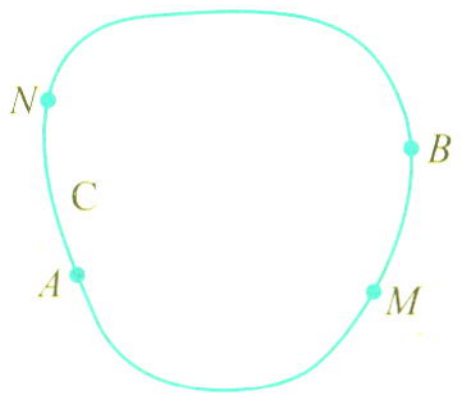

图 8–27

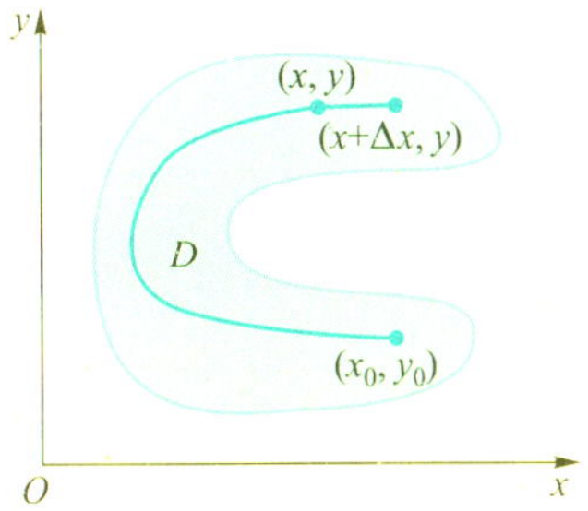

图 8–28

(2) ⇒ (3). 设 (x_0,y_0) 为 D 内固定一点. 由于在 D 内的曲线积分与路径无关, 它只与曲线的始点与终点有关, 故对任意点 $(x,y)\in D$, 构造函数

$$U(x,y)=\int_{(x_0,y_0)}^{(x,y)}P\,\mathrm{d}x+Q\,\mathrm{d}y,$$

其中积分表示沿 D 内任一以 (x_0,y_0) 为起点, (x,y) 为终点的曲线 (见图 8–28) 的曲线积分. 进一步, 对 $\Delta x\neq 0$ 有

$$\frac{U(x+\Delta x,y)-U(x,y)}{\Delta x}=\frac{\displaystyle\int_{(x,y)}^{(x+\Delta x,y)}P\,\mathrm{d}x+Q\,\mathrm{d}y}{\Delta x},\tag{8–11}$$

当 Δx 很小时, 由点 (x,y) 到 $(x+\Delta x,y)$ 的直线将全部落入 D 中, 取直线段作为积分路线, 即有

$$\frac{\displaystyle\int_{(x,y)}^{(x+\Delta x,y)}P\,\mathrm{d}x+Q\,\mathrm{d}y}{\Delta x}=\frac{\displaystyle\int_{(x,y)}^{(x+\Delta x,y)}P\,\mathrm{d}x}{\Delta x}=\frac{P(\xi,y)\Delta x}{\Delta x},\tag{8–12}$$

其中 ξ 位于 x 与 $x+\Delta x$ 之间, 从而由式 (8–11) 与式 (8–12) 得

$$\frac{\partial U}{\partial x}=\lim_{\Delta x\to 0}\frac{U(x+\Delta x,y)-U(x,y)}{\Delta x}=\lim_{\Delta x\to 0}P(\xi,y)=P(x,y).$$

同理可证 $\dfrac{\partial U}{\partial y}=Q(x,y)$. 从而有

$$\mathrm{d}U=P\,\mathrm{d}x+Q\,\mathrm{d}y.$$

(3) ⇒ (4). 注意到 $P=\dfrac{\partial U}{\partial x}$, $Q=\dfrac{\partial U}{\partial y}$, 因为 $\dfrac{\partial^2 U}{\partial x\partial y}=\dfrac{\partial^2 U}{\partial y\partial x}$, 所以有 $\dfrac{\partial P}{\partial y}=\dfrac{\partial Q}{\partial x}$ 在 D 内恒成立.

(4) ⇒ (1). 既然 $\dfrac{\partial P}{\partial y}=\dfrac{\partial Q}{\partial x}$, 对任一全含在 D 内的闭曲线 C, 记 D 为 C 所围区域, 根据格林公式得

$$\oint_C P\,\mathrm{d}x+Q\,\mathrm{d}y=\iint_D\left(\frac{\partial Q}{\partial x}-\frac{\partial P}{\partial y}\right)\mathrm{d}x\mathrm{d}y=0.$$

即有 (1) 成立.

综上所述, 定理得证.

当曲线积分和路径无关时, 令点 $A(x_0,y_0)\in D$ 固定, 而点 $B(x,y)$ 为区域 D 内任意一点, 上述由积分所定义函数

$$U(x,y)=\int_{(x_0,y_0)}^{(x,y)}P\,\mathrm{d}x+Q\,\mathrm{d}y$$

称为 $P\,\mathrm{d}x+Q\,\mathrm{d}y$ 的原函数. 可利用原函数计算曲线积分: 设 (x_1,y_1) 与 (x_2,y_2) 是 D 内任意两点, 则有

$$\int_{(x_1,y_1)}^{(x_2,y_2)}P\,\mathrm{d}x+Q\,\mathrm{d}y=U(x_2,y_2)-U(x_1,y_1).$$

例 9 验证 $\dfrac{x\mathrm{d}y-y\mathrm{d}x}{x^2+y^2}$ 在右半平面 $(x>0)$ 内是某个函数的全微分, 并求出一个这样的函数.

解 令

$$P=\frac{-y}{x^2+y^2},\quad Q=\frac{x}{x^2+y^2},$$

则

$$\frac{\partial P}{\partial y}=\frac{y^2-x^2}{(x^2+y^2)^2}=\frac{\partial Q}{\partial x}\quad(x>0),$$

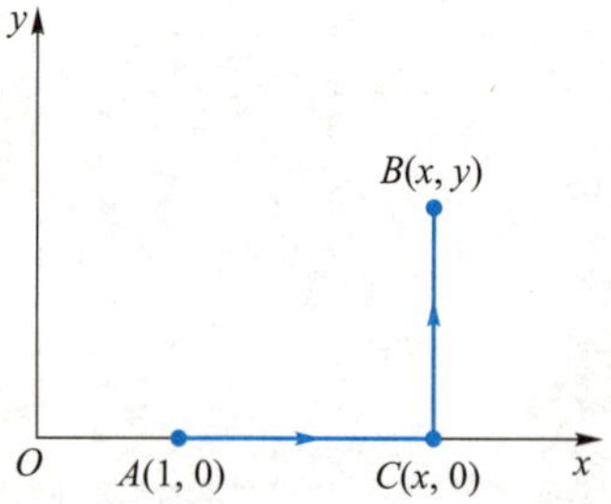

图 8–29

故 $\dfrac{x\mathrm{d}y-y\mathrm{d}x}{x^2+y^2}$ 是某个函数的全微分. 如图 8–29 所示, 取积分路径

ACB, 则所求函数为

$$\begin{aligned}U(x,y)&=\int_{(1,0)}^{(x,y)}\frac{x\mathrm{d}y-y\mathrm{d}x}{x^2+y^2}\\&=\int_{AC}\frac{x\mathrm{d}y-y\mathrm{d}x}{x^2+y^2}+\int_{CB}\frac{x\mathrm{d}y-y\mathrm{d}x}{x^2+y^2}\\&=0+\int_0^y\frac{x\mathrm{d}y}{x^2+y^2}=\arctan\frac{y}{x}.\end{aligned}$$

例 10 计算积分

$$\int_L(1+x\mathrm{e}^{2y})\mathrm{d}x+(x^2\mathrm{e}^{2y}-y)\mathrm{d}y,$$

其中 L 是 $(x-2)^2+y^2=4$ 的上半圆周, 取顺时针方向.

解 取

$$P(x,y)=1+x\mathrm{e}^{2y},\quad Q(x,y)=x^2\mathrm{e}^{2y}-y.$$

易知

$$\frac{\partial P}{\partial y}=2x\mathrm{e}^{2y}=\frac{\partial Q}{\partial x},$$

从而曲线积分与路径无关. 可取从 $(0,0)$ 到 $(4,0)$ 的线段积分, 得

$$\begin{aligned}\int_L(1+x\mathrm{e}^{2y})\mathrm{d}x+(x^2\mathrm{e}^{2y}-y)\mathrm{d}y&=\int_{(0,0)}^{(4,0)}(1+x\mathrm{e}^{2y})\mathrm{d}x\\&=\int_0^4(1+x)\mathrm{d}x=12.\end{aligned}$$

习题 8-4

A 题

1. 计算下列对弧长的曲线积分.

(1) $\oint_L(x^2+y^2)^n\,\mathrm{d}s$, 其中 L 为圆周 $\begin{cases}x=a\cos t,\\y=a\sin t\end{cases}$ $(0\leqslant t\leqslant 2\pi)$.

(2) $\int_\Gamma\frac{1}{x^2+y^2+z^2}\mathrm{d}s$, 其中 Γ 为曲线 $\begin{cases}x=\mathrm{e}^t\cos t,\\y=\mathrm{e}^t\sin t,\\z=\mathrm{e}^t\end{cases}$ 上相应于 t 从 0 变到 1 的这段弧.

2. 计算下列对坐标的曲线积分.

(1) $\int_L (x^2-y^2)\,\mathrm{d}x$, 其中 L 是抛物线 $y=x^2$ 从点 $(0,0)$ 到点 $(1,1)$ 的一段弧.

(2) $\int_\Gamma x^2\mathrm{d}x + z\mathrm{d}y - y\mathrm{d}z$, 其中 Γ 为曲线 $\begin{cases} x = k\theta, \\ y = a\cos\theta, \\ z = a\sin\theta \end{cases}$ 上对应 θ 从 0 到 π 的一段弧.

3. 利用曲线积分求椭圆 $9x^2 + 16y^2 = 144$ 所围成的图形的面积.

4. 证明曲线积分 $\int_{(1,2)}^{(3,4)} (6xy^2 - y^3)\mathrm{d}x + (6x^2y - 3xy^2)\mathrm{d}y$ 在整个 xOy 面内与路径无关, 并计算积分值.

5. 利用格林公式计算曲线积分 $\oint_L (2x - y + 4)\mathrm{d}x + (5y + 3x - 6)\mathrm{d}y$, 其中 L 为三顶点分别为 $(0,0), (2,0), (2,3)$ 的三角形正向边界.

6. 验证 $2xy\mathrm{d}x + x^2\mathrm{d}y$ 在整个 xOy 平面内是某个函数 $U(x,y)$ 的全微分, 并求这样的一个函数.

B 题

1. (考研真题, 2013 年数学一) 设 $L_1 : x^2 + y^2 = 1$, $L_2 : x^2 + y^2 = 2$, $L_3 : x^2 + 2y^2 = 2$, $L_4 : 2x^2 + y^2 = 2$ 为四条逆时针方向的平面曲线, 记

$$I_i = \int_{L_i} \left(y + \frac{y^3}{6}\right)\mathrm{d}x + \left(2x - \frac{x^3}{3}\right)\mathrm{d}y \quad (i = 1,2,3,4),$$

则 $\max\{I_1, I_2, I_3, I_4\} = (\quad)$.

(A) I_1　　(B) I_2　　(C) I_3　　(D) I_4

2. (考研真题, 2010 年数学一) 已知曲线 L 的方程为 $y = 1 - |x|, x \in [-1,1]$, 起点是 $(-1,0)$, 终点是 $(1,0)$, 则曲线积分 $\int_L xy\mathrm{d}x + x^2\mathrm{d}y =$ ____.

3. (考研真题, 2012 年数学一) 已知 L 是第一象限中从点 $(0,0)$ 沿圆周 $x^2 + y^2 = 2x$ 到点 $(2,0)$, 再沿圆周 $x^2 + y^2 = 4$ 到点 $(0,2)$ 的曲线段, 计算曲线积分 $I = \int_L 3x^2y\mathrm{d}x + (x^3 + x - 2y)\mathrm{d}y$.

4. (考研真题, 2008 年数学一) 计算曲线积分 $\int_L \sin 2x\mathrm{d}x + 2(x^2 - 1)y\mathrm{d}y$, 其中 L 是曲线 $y = \sin x$ 上从点 $(0,0)$ 到点 $(\pi,0)$ 的一段.

5. (考研真题, 2006 年数学一) 设在上半平面 $D = \{(x,y) | y > 0\}$ 内, 函数 $f(x,y)$ 具有连续偏导数, 且对任意的 $t > 0$ 都有 $f(tx,ty) = t^{-2}f(x,y)$. 证明: 对 D 内的任意分段光滑的有向简单闭曲线 L, 都有 $\oint_L yf(x,y)\mathrm{d}x - xf(x,y)\mathrm{d}y = 0$.

6. (考研真题, 2023 年数学二) 计算曲线积分 $I = \int_L \frac{4x - y}{4x^2 + y^2}\mathrm{d}x + \frac{x + y}{4x^2 + y^2}\mathrm{d}y$, 其中 L 是 $x^2 + y^2 = 2$, 方向为逆时针方向.

8.5 曲面积分

PPT 课件 8.5
曲面积分

8.5.1 对面积的曲面积分

微视频 8.4
对面积的曲面积分

1. 概念与性质

本节中讨论的曲面均为光滑曲面或分片光滑曲面. 光滑曲面是指曲面上各点处都具有切平面, 且当点在曲面上连续移动时, 切平面也连续转动. 而分片光滑曲面是指曲面由有限个光滑曲面拼接而成.

考虑质量分布在一块曲面 Σ 上的物体质量 m, 其面密度为函数 $\mu(x,y,z)$. 将 Σ 任意分成 n 个小部分 ΔS_i (ΔS_i 也表示第 i 部分的曲面面积), 设 d 为各小部分曲面的最大直径, 在每块 ΔS_i 上任意取一点 (ξ_i,η_i,ζ_i), 则曲面的总质量为

$$m=\lim_{d\to 0}\sum_{i=1}^{n}\mu(\xi_i,\eta_i,\zeta_i)\Delta S_i.$$

由此给出对面积的曲面积分的定义.

定义 8.5.1 设 $f(x,y,z)$ 为光滑曲面 Σ 上的有界函数. 将 Σ 任意分成 n 个小部分 ΔS_i (ΔS_i 也表示第 i 部分的曲面面积), 设 (ξ_i,η_i,ζ_i) 为 ΔS_i 上任意一点, 作和 $\sum\limits_{i=1}^{n}f(\xi_i,\eta_i,\zeta_i)\Delta S_i$, 若当各小部分曲面的最大直径 $d\to 0$ 时, 这和总趋于确定的极限 I, 则称此极限为函数 $f(x,y,z)$ 在 Σ 上对面积的曲面积分或第一类曲面积分, 记作 $\iint\limits_{\Sigma}f(x,y,z)\mathrm{d}S$. 即

$$\iint\limits_{\Sigma}f(x,y,z)\mathrm{d}S=I=\lim_{d\to 0}\sum_{i=1}^{n}f(\xi_i,\eta_i,\zeta_i)\Delta S_i,$$

其中 $f(x,y,z)$ 称为被积函数, Σ 称为积分曲面. 若 $f(x,y,z)$ 在 Σ 上连续, 则可证明对面积的曲面积分必存在.

由以上定义可知, 面密度为连续函数 $\mu(x,y,z)$ 的光滑曲面 Σ 的质量 m 可表示为

$$m=\iint\limits_{\Sigma}\mu(x,y,z)\mathrm{d}S.$$

对面积的曲面积分是对弧长的曲线积分的推广, 也具有相似的性质.

性质 1 设 α, β 为常数, 则

$$\begin{aligned}&\iint_{\Sigma}[\alpha f(x,y,z)+\beta g(x,y,z)]\,\mathrm{d}S\\&=\alpha\iint_{\Sigma}f(x,y,z)\,\mathrm{d}S+\beta\iint_{\Sigma}g(x,y,z)\,\mathrm{d}S.\end{aligned}$$

性质 2 若 Σ 可分成两片光滑曲面 Σ_1 与 Σ_2, 则

$$\iint_{\Sigma}f(x,y,z)\,\mathrm{d}S=\iint_{\Sigma_1}f(x,y,z)\,\mathrm{d}S+\iint_{\Sigma_2}f(x,y,z)\,\mathrm{d}S.$$

性质 3 若在 Σ 上有 $f(x,y,z)\leqslant g(x,y,z)$, 则

$$\iint_{\Sigma}f(x,y,z)\,\mathrm{d}S\leqslant\iint_{\Sigma}g(x,y,z)\,\mathrm{d}S.$$

特别地, 有

$$\left|\iint_{\Sigma}f(x,y,z)\,\mathrm{d}S\right|\leqslant\iint_{\Sigma}|f(x,y,z)|\,\mathrm{d}S.$$

性质 4 设曲面 Σ 关于 xOy 坐标面对称, 且 $f(x,y,z)$ 是关于 z 的奇函数, 则

$$\iint_{\Sigma}f(x,y,z)\mathrm{d}S=0.$$

对于关于 yOz 或 zOx 坐标面对称的曲面 Σ 也有类似的结果. 此外, 若 Σ 关于原点对称, 且 $f(-x,-y,-z)=-f(x,y,z)$, 则上式仍然成立.

2. 计算方法

设积分曲面 Σ 由方程 $z=z(x,y)$ 给出, D_{xy} 为 Σ 在 xOy 面上的投影区域, 且函数 $z=z(x,y)$ 在 D_{xy} 上具有连续偏导数且被积函数 $f(x,y,z)$ 在 Σ 上连续. 由 8.3 节已知曲面面积微元 $\mathrm{d}S$ 与 D_{xy} 上的面积微元 $\mathrm{d}\sigma=\mathrm{d}x\mathrm{d}y$ 有关系

$$\mathrm{d}S=\sqrt{1+z_x^2(x,y)+z_y^2(x,y)}\mathrm{d}x\mathrm{d}y,$$

从而有以下将对面积的曲面积分化为二重积分的公式

$$\iint_{\Sigma}f(x,y,z)\mathrm{d}S=\iint_{D_{xy}}f[x,y,z(x,y)]\sqrt{1+z_x^2(x,y)+z_y^2(x,y)}\mathrm{d}x\mathrm{d}y.$$

若积分曲面 Σ 的方程为 $x=x(y,z)$ 或 $y=y(z,x)$, 可类似地把对面积的曲面积分化为相应的二重积分.

例 1 计算 $\iint\limits_{\Sigma}(x+y+z)\mathrm{d}S$, 其中 Σ 为曲面 $x^2+y^2+z^2=a^2$, $z\geqslant 0$.

解 可令

$$z=\sqrt{a^2-x^2-y^2},\quad D_{xy}=\{(x,y)|x^2+y^2\leqslant a^2\},$$

因此

$$\sqrt{1+z_x^2+z_y^2}=\sqrt{1+\frac{x^2}{z^2}+\frac{y^2}{z^2}}=\frac{a}{\sqrt{a^2-x^2-y^2}},$$

从而

$$\begin{aligned}\iint\limits_{\Sigma}(x+y+z)\mathrm{d}S&=\iint\limits_{D_{xy}}\left(x+y+\sqrt{a^2-x^2-y^2}\right)\frac{a}{\sqrt{a^2-x^2-y^2}}\mathrm{d}x\mathrm{d}y\\&=\iint\limits_{D_{xy}}\left[\frac{a(x+y)}{\sqrt{a^2-x^2-y^2}}+a\right]\mathrm{d}x\mathrm{d}y\\&=0+\iint\limits_{D_{xy}}a\mathrm{d}x\mathrm{d}y=\pi a^3.\end{aligned}$$

例 2 计算曲面积分 $I=\iint\limits_{\Sigma}(x+y+z)^2\mathrm{d}S$, 其中 Σ 为球面 $x^2+y^2+z^2=a^2$.

解 由对称性有

$$\iint\limits_{\Sigma}xy\mathrm{d}S=\iint\limits_{\Sigma}xz\mathrm{d}S=\iint\limits_{\Sigma}yz\mathrm{d}S=0,$$

故

$$\begin{aligned}I&=\iint\limits_{\Sigma}[x^2+y^2+z^2+2(xy+yz+zx)]\mathrm{d}S\\&=\iint\limits_{\Sigma}[x^2+y^2+z^2]\mathrm{d}S=a^2\iint\limits_{\Sigma}\mathrm{d}S=4\pi a^4.\end{aligned}$$

8.5.2 对坐标的曲面积分

1. 概念与性质

对坐标的曲面积分的定义和计算与对坐标的曲线积分的定义和计算类似. 已经知道对坐标的曲线积分与曲线的方向有关, 同样对坐标

注 局部而言曲面总是有向的, 整体上说则不一定, 即存在单侧曲面, 所谓默比乌斯 (Möbius) 带就是一个典型的例子. 将长方形纸片的一对宽先扭转 180 度, 再粘合起来构成一个非闭的环带 (图8–30). 假设用一种颜色涂这个环带, 则可以不越过边界而涂遍整个曲面. 以下将只讨论有向曲面.

的曲面积分也与曲面方向有关. 以下先说明曲面的方向, 并假定所考虑的曲面是双侧的, 例如方程 $z=z(x,y)$ 所示的曲面有上侧与下侧之分, 对于闭曲面有内侧与外侧之分.

在讨论对坐标的曲面积分时, 可通过曲面上法向量的指向来定出曲面的侧, 例如对于曲面 $z=z(x,y)$, 若取其法向量 $\boldsymbol{n}$ 的指向朝上, 则取定曲面的上侧. 对于闭曲面若取其法向量的指向朝外, 则取其曲面的外侧. 这种选定了侧的曲面称为有向曲面.

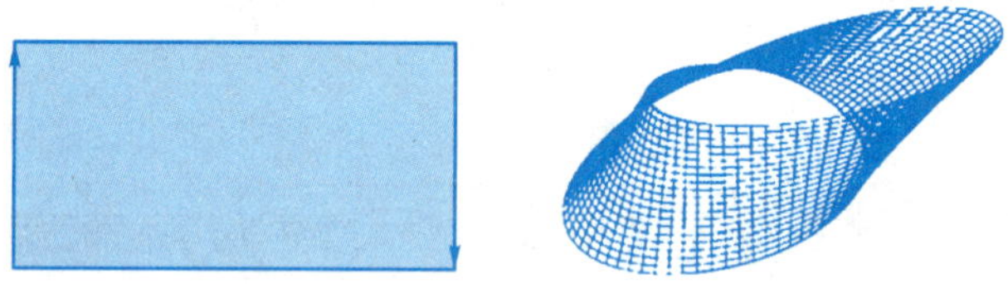

图 8–30

设 ΔS 为有向曲面 Σ 上的一小块曲面, 记 $(\Delta\sigma)_{xy}$ 为 ΔS 在 xOy 面上的投影区域面积, 并假定 ΔS 上各点处的法向量与 z 轴的夹角 γ 的余弦 $\cos\gamma$ 有相同的符号 (即 $\cos\gamma$ 全为正或全为负). 规定 ΔS 在 xOy 面上的投影 $(\Delta S)_{xy}$ 为

$$(\Delta S)_{xy}=\begin{cases}(\Delta\sigma)_{xy}, & \cos\gamma>0,\\ -(\Delta\sigma)_{xy}, & \cos\gamma<0,\\ 0, & \cos\gamma=0.\end{cases}$$

类似可定义 ΔS 在 yOz 面及 zOx 面上的投影 $(\Delta S)_{yz}$ 及 $(\Delta S)_{zx}$.

考虑流向曲面一侧的流量问题. 设稳定流动的密度为 1 的流体速度场为

$$\boldsymbol{v}(x,y,z)=P(x,y,z)\boldsymbol{i}+Q(x,y,z)\boldsymbol{j}+R(x,y,z)\boldsymbol{k},$$

求单位时间内流向有向曲面 Σ 指定侧的流体质量, 即求流量 ϕ. 若流体流过平面上面积为 A 的一个闭区域, 且在该闭区域上各点处 $\boldsymbol{v}$ 为常向量, 并设此平面的单位法向量为 $\boldsymbol{n}$, 则流体通过 A 流向 $\boldsymbol{n}$ 所指一侧的流量为 $\phi=A\boldsymbol{v}\cdot\boldsymbol{n}$.

现将 Σ 任意分成 n 小块曲面 ΔS_i(也表示第 i 小块的面积), ΔS_i

上任一点 (ξ_i,η_i,ζ_i) 处的流速记为

$$\boldsymbol{v}_i=\boldsymbol{v}(\xi_i,\eta_i,\zeta_i)=P(\xi_i,\eta_i,\zeta_i)\boldsymbol{i}+Q(\xi_i,\eta_i,\zeta_i)\boldsymbol{j}+R(\xi_i,\eta_i,\zeta_i)\boldsymbol{k},$$

且该点处曲面 Σ 的单位法向量记为

$$\boldsymbol{n}_i=\cos\alpha_i\boldsymbol{i}+\cos\beta_i\boldsymbol{j}+\cos\gamma_i\boldsymbol{k},$$

则通过 ΔS_i 流向指定侧的流量近似值为 $\boldsymbol{v}_i\cdot\boldsymbol{n}_i\Delta S_i$, 故通过 Σ 流向指定侧的流量

$$\begin{aligned}\phi&\approx\sum_{i=1}^{n}\boldsymbol{v}_i\cdot\boldsymbol{n}_i\Delta S_i\\&=\sum_{i=1}^{n}\big(P(\xi_i,\eta_i,\zeta_i)\cos\alpha_i+Q(\xi_i,\eta_i,\zeta_i)\cos\beta_i+R(\xi_i,\eta_i,\zeta_i)\cos\gamma_i\big)\Delta S_i.\end{aligned}$$

注意到

$$\cos\alpha_i\Delta S_i\approx(\Delta S_i)_{yz},\ \cos\beta_i\Delta S_i\approx(\Delta S_i)_{zx},\ \cos\gamma_i\Delta S_i\approx(\Delta S_i)_{xy},$$

因此

$$\begin{aligned}\phi=\lim_{d\to0}\sum_{i=1}^{n}\big(&P(\xi_i,\eta_i,\zeta_i)(\Delta S_i)_{yz}+Q(\xi_i,\eta_i,\zeta_i)(\Delta S_i)_{zx}+\\&R(\xi_i,\eta_i,\zeta_i)(\Delta S_i)_{xy}\big),\end{aligned}$$

其中 d 为各小块曲面直径的最大值. 由此给出对坐标的曲面积分定义.

定义 8.5.2 设函数 $R(x,y,z)$ 在光滑的有向曲面 Σ 上有界, 将 Σ 任意分成 n 小块曲面 ΔS_i, ΔS_i 在 xOy 面上的投影为 $(\Delta S_i)_{xy}$, (ξ_i,η_i,ζ_i) 是 ΔS_i 上任意一点. 若各小块曲面直径的最大值 $d\to0$ 时, $\sum\limits_{i=1}^{n}R(\xi_i,\eta_i,\zeta_i)(\Delta S_i)_{xy}$ 总趋于确定的极限 I, 则称此极限为 $R(x,y,z)$ 在 Σ 上**对坐标 x,y 的曲面积分**或**第二类曲面积分**, 记为 $\iint\limits_{\Sigma}R(x,y,z)\mathrm{d}x\mathrm{d}y$, 即

$$\iint\limits_{\Sigma}R(x,y,z)\mathrm{d}x\mathrm{d}y=I=\lim_{d\to0}\sum_{i=1}^{n}R(\xi_i,\eta_i,\zeta_i)(\Delta S_i)_{xy},$$

其中 $R(x,y,z)$ 称为被积函数, Σ 称为积分曲面. 类似可定义对其他两个坐标的曲面积分:

$$\iint\limits_{\Sigma}P(x,y,z)\mathrm{d}y\mathrm{d}z=\lim_{d\to0}\sum_{i=1}^{n}P(\xi_i,\eta_i,\zeta_i)(\Delta S_i)_{yz},$$

$$\iint\limits_{\Sigma} Q(x,y,z)\mathrm{d}z\mathrm{d}x=\lim_{d\to 0}\sum_{i=1}^{n}Q(\xi_i,\eta_i,\zeta_i)(\Delta S_i)_{zx}.$$

实际应用中, 常出现以上三个曲面积分之和, 将这种和记为

$$\iint\limits_{\Sigma} P(x,y,z)\mathrm{d}y\mathrm{d}z+Q(x,y,z)\mathrm{d}z\mathrm{d}x+R(x,y,z)\mathrm{d}x\mathrm{d}y.$$

若 P,Q,R 在 Σ 上连续, 可以证明对坐标的曲面积分必存在.

对坐标的曲面积分具有与对坐标的曲线积分类似的一些性质.

性质 1 设 α,β 为常数, 则

$$\begin{aligned}&\iint\limits_{\Sigma}[\alpha P_1(x,y,z)+\beta P_2(x,y,z)]\mathrm{d}y\mathrm{d}z\\ =\ &\alpha\iint\limits_{\Sigma} P_1(x,y,z)\mathrm{d}y\mathrm{d}z+\beta\iint\limits_{\Sigma} P_2(x,y,z)\mathrm{d}y\mathrm{d}z.\end{aligned}$$

性质 2 若有向曲面 Σ 可分成两片光滑的有向曲面 Σ_1 和 Σ_2, 则

$$\iint\limits_{\Sigma} P(x,y,z)\mathrm{d}y\mathrm{d}z=\iint\limits_{\Sigma_1} P(x,y,z)\mathrm{d}y\mathrm{d}z+\iint\limits_{\Sigma_2} P(x,y,z)\mathrm{d}y\mathrm{d}z.$$

性质 3 设 Σ^- 为有向光滑曲面 Σ 的相反侧曲面, 则有

$$\iint\limits_{\Sigma} P(x,y,z)\mathrm{d}y\mathrm{d}z=-\iint\limits_{\Sigma^-} P(x,y,z)\mathrm{d}y\mathrm{d}z.$$

性质 3 表明, 当积分曲面改变为相反侧时, 对坐标的曲面积分要改变符号.

性质 4 设 Σ 为关于 xOy 坐标面对称的闭曲面的外侧, 且 $f(x,y,z)$ 是关于 z 的偶函数, 则

$$\iint\limits_{\Sigma} f(x,y,z)\mathrm{d}x\mathrm{d}y=0.$$

对于关于 yOz 或 zOx 坐标面对称的闭曲面 Σ 的外侧也有类似的结果. 此外, 若 Σ 关于原点对称, 且 $f(-x,-y,-z)=f(x,y,z)$, 则上式仍然成立.

可以证明两类曲面积分具有以下联系:

$$\iint\limits_{\Sigma} P\mathrm{d}y\mathrm{d}z+Q\mathrm{d}z\mathrm{d}x+R\mathrm{d}x\mathrm{d}y=\iint\limits_{\Sigma}(P\cos\alpha+Q\cos\beta+R\cos\gamma)\mathrm{d}S,$$

其中 $\cos\alpha,\cos\beta,\cos\gamma$ 为有向曲面 Σ 在点 (x,y,z) 处的法向量的方向余弦.

2. 计算方法

设积分曲面 Σ 由方程 $z=z(x,y)$ 给出. Σ 在 xOy 面上的投影区域为 D_{xy}, 函数 $z=z(x,y)$ 在 D_{xy} 上具有一阶连续偏导数, 则有

$$\begin{aligned}\iint_{\Sigma} R(x,y,z)\mathrm{d}x\mathrm{d}y &= \iint_{\Sigma} R(x,y,z)\cos\gamma\mathrm{d}S \\ &= \pm\iint_{D_{xy}} R[x,y,z(x,y)]\mathrm{d}x\mathrm{d}y,\end{aligned}$$

其中 "±" 由 $\cos\gamma$ 确定, 当 $\cos\gamma>0$ 时, 取 "+", $\cos\gamma<0$ 时, 取 "−". 类似地, 若曲面 Σ 的方程分别为 $x=x(y,z)$ 和 $y=y(z,x)$, 则

$$\iint_{\Sigma} P(x,y,z)\mathrm{d}y\mathrm{d}z = \pm\iint_{D_{yz}} P[x(y,z),y,z]\mathrm{d}y\mathrm{d}z,$$

$$\iint_{\Sigma} Q(x,y,z)\mathrm{d}z\mathrm{d}x = \pm\iint_{D_{zx}} Q[x,y(z,x),z]\mathrm{d}z\mathrm{d}x,$$

上两式中 "±" 分别由 $\cos\alpha$ 与 $\cos\beta$ 是大于零还是小于零而定.

例 3 计算曲面积分 $I=\iint_{\Sigma} f(x)\mathrm{d}y\mathrm{d}z+g(y)\mathrm{d}z\mathrm{d}x+h(z)\mathrm{d}x\mathrm{d}y$, 式中 $f(x),g(y),h(z)$ 为连续函数, Σ 是长方体 Ω 的整个表面的外侧,

$$\Omega=\{(x,y,z)\mid 0\leqslant x\leqslant a, 0\leqslant y\leqslant b, 0\leqslant z\leqslant c\}.$$

解 只需计算一个积分, 其他两个可类似得出结果. 以计算 $\iint_{\Sigma} h(z)\mathrm{d}x\mathrm{d}y$ 为例, 由于 Ω 有四个面垂直于 xOy 平面, 故在这四个面上对坐标的曲面积分为零, 所以

$$\iint_{\Sigma} h(z)\mathrm{d}x\mathrm{d}y = \iint_{\substack{0\leqslant x\leqslant a\\0\leqslant y\leqslant b}} h(c)\mathrm{d}x\mathrm{d}y - \iint_{\substack{0\leqslant x\leqslant a\\0\leqslant y\leqslant b}} h(0)\mathrm{d}x\mathrm{d}y = abc\frac{h(c)-h(0)}{c},$$

于是所求积分为

$$I=abc\left[\frac{f(a)-f(0)}{a}+\frac{g(b)-g(0)}{b}+\frac{h(c)-h(0)}{c}\right].$$

例 4 计算曲面积分 $I=\iint_{\Sigma} xyz\mathrm{d}x\mathrm{d}y$, 其中 Σ 是球面 $x^2+y^2+z^2=1$ 外侧在 $x\geqslant 0, y\geqslant 0$ 的部分.

解 Σ 在 xOy 平面的上下两部分方程分别为 $\Sigma_1: z=\sqrt{1-x^2-y^2}$, $\Sigma_2: z=-\sqrt{1-x^2-y^2}$, 且两部分在 xOy 面上的投影都为扇形区域

$$D: \quad x^2+y^2 \leqslant 1(x \geqslant 0, y \geqslant 0),$$

故有

$$\begin{aligned}
I &= \iint_{\Sigma_1} xyz\mathrm{d}x\mathrm{d}y + \iint_{\Sigma_2} xyz\mathrm{d}x\mathrm{d}y \\
&= \iint_D xy\sqrt{1-x^2-y^2}\mathrm{d}x\mathrm{d}y - \iint_D xy\left(-\sqrt{1-x^2-y^2}\right)\mathrm{d}x\mathrm{d}y \\
&= 2\iint_D xy\sqrt{1-x^2-y^2}\mathrm{d}x\mathrm{d}y \\
&= \int_0^{\frac{\pi}{2}} \sin 2\theta \mathrm{d}\theta \int_0^1 \rho^3\sqrt{1-\rho^2}\mathrm{d}\rho = \frac{2}{15}.
\end{aligned}$$

8.5.3 高斯公式 通量与散度

微视频 8-5
高斯公式 通量与散度

1. 高斯公式

格林公式建立了平面闭区域上的二重积分与其边界曲线上的曲线积分之间的联系, 高斯公式是格林公式在三维空间中的推广, 它建立了空间闭区域上的三重积分与其边界曲面上的曲面积分之间的联系. 现不加证明地叙述如下.

定理 8.5.1 设空间闭区域 Ω 是由分片光滑的闭曲面 Σ 围成, 函数 $P(x,y,z)$, $Q(x,y,z)$, $R(x,y,z)$ 在 Ω 上具有一阶连续偏导数, 则有

$$\begin{aligned}
\iiint_\Omega \left(\frac{\partial P}{\partial x}+\frac{\partial Q}{\partial y}+\frac{\partial R}{\partial z}\right)\mathrm{d}v &= \iint_\Sigma P\mathrm{d}y\mathrm{d}z + Q\mathrm{d}z\mathrm{d}x + R\mathrm{d}x\mathrm{d}y \\
&= \iint_\Sigma (P\cos\alpha + Q\cos\beta + R\cos\gamma)\mathrm{d}S.
\end{aligned}$$

其中 Σ 为 Ω 的整个边界曲面的外侧, $\cos\alpha, \cos\beta, \cos\gamma$ 是 Σ 在点 (x,y,z) 处的外法向量的方向余弦. 此公式称为高斯 (Gauss) 公式.

例 5 计算 $I=\iint_\Sigma x\mathrm{d}y\mathrm{d}z+y\mathrm{d}z\mathrm{d}x+z\mathrm{d}x\mathrm{d}y$, Σ 为球面 $x^2+y^2+z^2=R^2$ 的外侧.

解 由高斯公式有

$$I=\iiint\limits_{x^2+y^2+z^2\leqslant R^2}(1+1+1)\mathrm{d}x\mathrm{d}y\mathrm{d}z=4\pi R^3.$$

例 6 计算曲面积分 $I=\iint\limits_{\Sigma}yz\mathrm{d}z\mathrm{d}x+2\mathrm{d}x\mathrm{d}y$, 其中 Σ 为球面 $x^2+y^2+z^2=9$ 的外侧且 $z\geqslant 0$.

解 构造辅助面 $\Sigma_1: z=0\,(x^2+y^2\leqslant 9)$, 取法向量朝下, 则 Σ 与 Σ_1 围成区域 Ω, 且 Σ 与 Σ_1 的法向量指向 Ω 外侧. 在 Ω 上利用高斯公式得到

$$\iint\limits_{\Sigma}yz\mathrm{d}z\mathrm{d}x+2\mathrm{d}x\mathrm{d}y+\iint\limits_{\Sigma_1}yz\mathrm{d}z\mathrm{d}x+2\mathrm{d}x\mathrm{d}y=\iiint\limits_{\Omega}z\mathrm{d}x\mathrm{d}y\mathrm{d}z.$$

而

$$\iiint\limits_{\Omega}z\mathrm{d}x\mathrm{d}y\mathrm{d}z=\int_0^{2\pi}\mathrm{d}\theta\int_0^{\frac{\pi}{2}}\mathrm{d}\varphi\int_0^3\rho\cos\varphi\cdot\rho^2\sin\varphi\mathrm{d}\rho=\frac{81}{4}\pi,$$

$$\iint\limits_{\Sigma_1}yz\mathrm{d}z\mathrm{d}x+2\mathrm{d}x\mathrm{d}y=-2\iint\limits_{D}\mathrm{d}x\mathrm{d}y=-18\pi,$$

其中 $D=\{(x,y)|x^2+y^2\leqslant 9\}$, 故有

$$I=\iiint\limits_{\Omega}z\mathrm{d}x\mathrm{d}y\mathrm{d}z-\iint\limits_{\Sigma_1}yz\mathrm{d}z\mathrm{d}x+2\mathrm{d}x\mathrm{d}y=\frac{81}{4}\pi-(-18\pi)=\frac{153}{4}\pi.$$

2. 通量与散度

设有向量场

$$\boldsymbol{A}(x,y,z)=P(x,y,z)\boldsymbol{i}+Q(x,y,z)\boldsymbol{j}+R(x,y,z)\boldsymbol{k},$$

其中函数 P,Q,R 都具有一阶连续偏导数, $\boldsymbol{n}$ 是场内有向曲面 Σ 在点 (x,y,z) 处的单位法向量, 称积分 $\iint\limits_{\Sigma}\boldsymbol{A}\cdot\boldsymbol{n}\mathrm{d}S$ 为向量场 $\boldsymbol{A}$ 通过曲面 Σ 向着指定侧的通量 (或流量), 而 $\dfrac{\partial P}{\partial x}+\dfrac{\partial Q}{\partial y}+\dfrac{\partial R}{\partial z}$ 叫作向量场 $\boldsymbol{A}$ 的散度, 记为 $\mathrm{div}\boldsymbol{A}$, 即

$$\mathrm{div}\boldsymbol{A}=\frac{\partial P}{\partial x}+\frac{\partial Q}{\partial y}+\frac{\partial R}{\partial z},$$

从而高斯公式可写成以下的向量形式:

$$\iiint_{\Omega} \operatorname{div} \boldsymbol{A} \mathrm{d}v = \iint_{\Sigma} \boldsymbol{A} \cdot \boldsymbol{n} \mathrm{d}S.$$

高斯公式表明, 向量场通过闭曲面的流量等于这个向量的散度在 Σ 所包围的区域上的三重积分.

8.5.4 斯托克斯公式 环流量与旋度

1. 斯托克斯公式

格林公式建立了平面闭区域上的二重积分与其边界曲线上的曲线积分间的联系, 而斯托克斯公式是格林公式的推广, 建立了曲面 Σ 上的曲面积分与沿着 Σ 的边界曲线的曲线积分的联系.

由行列式记号及两类曲面积分之间的联系, 斯托克斯公式可写为以下两类便于记忆的形式,

$$\iint_{\Sigma} \begin{vmatrix} \mathrm{d}y\mathrm{d}z & \mathrm{d}z\mathrm{d}x & \mathrm{d}x\mathrm{d}y \\ \dfrac{\partial}{\partial x} & \dfrac{\partial}{\partial y} & \dfrac{\partial}{\partial z} \\ P & Q & R \end{vmatrix} = \oint_{\Gamma} P\mathrm{d}x + Q\mathrm{d}y + R\mathrm{d}z,$$

$$\iint_{\Sigma} \begin{vmatrix} \cos\alpha & \cos\beta & \cos\gamma \\ \dfrac{\partial}{\partial x} & \dfrac{\partial}{\partial y} & \dfrac{\partial}{\partial z} \\ P & Q & R \end{vmatrix} \mathrm{d}S = \oint_{\Gamma} P\mathrm{d}x + Q\mathrm{d}y + R\mathrm{d}z,$$

其中 $(\cos\alpha, \cos\beta, \cos\gamma)$ 为有向曲面 Γ 在点 (x, y, z) 处的单位法向量.

特别地, 若 Σ 为 xOy 面上的一块平面闭区域, 斯托克斯公式即化为格林公式, 故格林公式是斯托克斯公式的一种特殊形式.

定理 8.5.2 设 Γ 为分段光滑的空间有向闭曲线, Σ 是以 Γ 为边界的分片光滑的有向曲面, 函数 $P(x,y,z), Q(x,y,z), R(x,y,z)$ 在 Σ (连同边界 Γ) 上具有一阶连续偏导数, 则有

$$\iint_{\Sigma} \left(\frac{\partial R}{\partial y} - \frac{\partial Q}{\partial z}\right) \mathrm{d}y\mathrm{d}z + \left(\frac{\partial P}{\partial z} - \frac{\partial R}{\partial x}\right) \mathrm{d}z\mathrm{d}x + \left(\frac{\partial Q}{\partial x} - \frac{\partial P}{\partial y}\right) \mathrm{d}x\mathrm{d}y$$

$$= \oint_{\Gamma} P\mathrm{d}x + Q\mathrm{d}y + R\mathrm{d}z,$$

这里曲线积分的方向和曲面的侧按右手法则联系, 即当右手除拇指外的四指依 Γ 的方向绕行时, 拇指所指的方向与 Σ 上法向量的指向相同. 此时称 Γ 是有向曲面 Σ 的正向边界曲线. 以上公式称为斯托克斯 (Stokes) 公式.

例 7 利用斯托克斯公式计算曲线积分 $I = \oint_{\Gamma} y\mathrm{d}x + z\mathrm{d}y + x\mathrm{d}z$, 其中 Γ 为球面 $x^2 + y^2 + z^2 = a^2$ 与平面 $x + y + z = 0$ 的交线 (为圆周), 从 x 轴的正向看去, Γ 的正向是逆时针方向.

解 平面 $x + y + z = 0$ 的法线的方向余弦为 $\cos\alpha = \cos\beta = \cos\gamma = \dfrac{1}{\sqrt{3}}$, 设曲线 Γ 围成的圆域为光滑曲面块 Σ, 则由斯托克斯公

式有

$$
\begin{aligned}
I &= \iint\limits_{\Sigma} \begin{vmatrix} \cos\alpha & \cos\beta & \cos\gamma \\ \dfrac{\partial}{\partial x} & \dfrac{\partial}{\partial y} & \dfrac{\partial}{\partial z} \\ y & z & x \end{vmatrix} \mathrm{d}S \\
&= -\iint\limits_{\Sigma} (\cos\alpha + \cos\beta + \cos\gamma)\mathrm{d}S \\
&= -\pi a^2(\cos\alpha + \cos\beta + \cos\gamma) = -\sqrt{3}\pi a^2.
\end{aligned}
$$

2. 环流量与旋度

设有向量场

$$
\boldsymbol{A}(x, y, z) = P(x, y, z)\boldsymbol{i} + Q(x, y, z)\boldsymbol{j} + R(x, y, z)\boldsymbol{k},
$$

其中函数 P, Q, R 都连续, $\varGamma$ 为 $\boldsymbol{A}$ 的定义域内的一条分段光滑的有向闭曲线, $\boldsymbol{\tau}$ 是 $\varGamma$ 在点 (x, y, z) 处的单位切向量, 称积分 $\oint_{\varGamma} \boldsymbol{A}\cdot\boldsymbol{\tau}\mathrm{d}s$ 为向量场 $\boldsymbol{A}$ 沿有向闭曲线 $\varGamma$ 的环流量.

由两类积分之间的联系, 环流量也可表示为

$$
\oint_{\varGamma} \boldsymbol{A}\cdot\boldsymbol{\tau}\mathrm{d}s = \oint_{\varGamma} P\mathrm{d}x + Q\mathrm{d}y + R\mathrm{d}z.
$$

若向量 P, Q, R 都具有一阶连续偏导数, 则向量

$$
\left(\frac{\partial R}{\partial y} - \frac{\partial Q}{\partial z}\right)\boldsymbol{i} + \left(\frac{\partial P}{\partial z} - \frac{\partial R}{\partial x}\right)\boldsymbol{j} + \left(\frac{\partial Q}{\partial x} - \frac{\partial P}{\partial y}\right)\boldsymbol{k}
$$

称为向量场的旋度, 记为 $\mathbf{rot}\,\boldsymbol{A}$, 即

$$
\mathbf{rot}\,\boldsymbol{A} = \left(\frac{\partial R}{\partial y} - \frac{\partial Q}{\partial z}\right)\boldsymbol{i} + \left(\frac{\partial P}{\partial z} - \frac{\partial R}{\partial x}\right)\boldsymbol{j} + \left(\frac{\partial Q}{\partial x} - \frac{\partial P}{\partial y}\right)\boldsymbol{k}.
$$

设斯托克斯公式中的有向曲面 Σ 在点 (x, y, z) 处的单位法向量为

$$
\boldsymbol{n} = \cos\alpha\boldsymbol{i} + \cos\beta\boldsymbol{j} + \cos\gamma\boldsymbol{k},
$$

则有

$$
\mathbf{rot}\,\boldsymbol{A}\cdot\boldsymbol{n} = \begin{vmatrix} \cos\alpha & \cos\beta & \cos\gamma \\ \dfrac{\partial}{\partial x} & \dfrac{\partial}{\partial y} & \dfrac{\partial}{\partial z} \\ P & Q & R \end{vmatrix}.
$$

从而斯托克斯公式可写为以下的向量形式

$$\iint\limits_{\Sigma} \mathbf{rot}\,\boldsymbol{A}\cdot\boldsymbol{n}\mathrm{d}S=\oint_{\Gamma}\boldsymbol{A}\cdot\boldsymbol{\tau}\mathrm{d}s,$$

斯托克斯公式表明, 向量场 $\boldsymbol{A}$ 沿有向闭曲线 Γ 的环流量等于向量场 $\boldsymbol{A}$ 的旋度通过曲面 Σ 的通量, 其中 Γ 的正向与 Σ 的侧应符合右手规则.

习题 8–5

A 题

1. 计算对面积的曲面积分 $\iint\limits_{\Sigma}(x^2+y^2)\,\mathrm{d}S$, 其中 Σ 为锥面 $z=\sqrt{x^2+y^2}$ 及平面 $z=2$ 所围成的区域的整个边界曲面.

2. 计算对面积的曲面积分 $\iint\limits_{\Sigma}(2xy-2x^2-x+z)\,\mathrm{d}S$, 其中 Σ 为平面 $2x+2y+z=5$ 在第一卦限中的部分.

3. 计算对坐标的曲面积分 $\iint\limits_{\Sigma}x^2y^2z\,\mathrm{d}x\mathrm{d}y$, 其中 Σ 是球面 $x^2+y^2+z^2=R^2$ 的上半部分的上侧.

4. 利用高斯公式计算曲面积分 $\iint\limits_{\Sigma}x\,\mathrm{d}y\mathrm{d}z+y\,\mathrm{d}z\mathrm{d}x+z\,\mathrm{d}x\mathrm{d}y$, 其中 Σ 是介于 $z=0$ 和 $z=2$ 的圆柱体 $x^2+y^2\leqslant 4$ 的整个表面的外侧.

5. 利用斯托克斯公式计算曲线积分 $\oint_{\Gamma}2y\mathrm{d}x+3x\mathrm{d}y-z^2\mathrm{d}z$, 其中 Γ 是圆周 $x^2+y^2+z^2=4, z=0$. 若从 z 轴正向看去, 取逆时针方向.

B 题

1. (考研真题, 2012 年数学一) 设 $\Sigma=\{(x,y,z)|x+y+z=1, x\geqslant 0, y\geqslant 0, z\geqslant 0\}$, 则 $\iint\limits_{\Sigma}y^2\,\mathrm{d}S=$____.

2. (考研真题, 2008 年数学一) 设曲面 Σ 是 $z=\sqrt{4-x^2-y^2}$ 的上侧, 则 $\iint\limits_{\Sigma}xy\mathrm{d}y\mathrm{d}z+x\mathrm{d}z\mathrm{d}x+x^2\mathrm{d}x\mathrm{d}y=$____.

3. (考研真题, 2006 年数学二) 设 Σ 是锥面 $z=\sqrt{x^2+y^2}(0\leqslant z\leqslant 1)$ 的下侧, 则 $\iint\limits_{\Sigma}x\,\mathrm{d}y\mathrm{d}z+2y\,\mathrm{d}z\mathrm{d}x+3(z-1)\,\mathrm{d}x\mathrm{d}y=$____.

4. (考研真题, 2009 年数学一) 计算曲面积分 $I=\iint\limits_{\Sigma}\dfrac{x\mathrm{d}y\mathrm{d}z+y\mathrm{d}z\mathrm{d}x+z\mathrm{d}x\mathrm{d}y}{(x^2+y^2+z^2)^{\frac{3}{2}}}$,

其中 Σ 是曲面 $2x^2+2y^2+z^2=4$ 的外侧.

5. (考研真题, 2011 年数学一) 设 L 是柱面 $x^2+y^2=1$ 与平面 $z=x+y$ 的交线, 从 z 轴正向往 z 轴负向看去为逆时针方向, 则曲线积分 $\oint_L xz\,\mathrm{d}x+x\,\mathrm{d}y+\dfrac{y^2}{2}\mathrm{d}z=$____.

6. (考研真题, 2023 年数学一) 已知有界闭区域 Ω 由 $x^2+y^2=1, z=0, x+z=1$ 围成, Σ 为 Ω 边界的外侧, 计算曲面积分 $I=\iint\limits_{\Sigma}2xz\mathrm{d}y\mathrm{d}z+z\cos y\mathrm{d}z\mathrm{d}x+yz\sin x\mathrm{d}x\mathrm{d}y$.

7. (考研真题, 2020 年数学一) 设 Σ 为曲面 $z=\sqrt{x^2+y^2}(1\leqslant x^2+y^2\leqslant 4)$ 的下侧, $f(x)$ 是连续函数, 计算

$$I=\iint\limits_{\Sigma}[xf(xy)+2xy-y]\mathrm{d}y\mathrm{d}z+[yf(xy)+2y+x]\mathrm{d}z\mathrm{d}x+[zf(xy)+z]\mathrm{d}x\mathrm{d}y.$$

本章学习要点

1. 理解二重积分、三重积分的概念, 了解重积分的性质, 了解重积分的中值定理.

2. 掌握二重积分 (直角坐标、极坐标) 的计算方法, 了解三重积分的计算方法 (直角坐标、柱面坐标、球面坐标).

3. 会用重积分求曲面面积、物体的质心及转动惯量等.

4. 理解两类曲线积分的概念, 了解两类曲线积分的性质及两类曲线积分的关系. 掌握计算两类曲线积分的方法.

5. 掌握格林公式并会运用平面曲线积分与路径无关的条件, 会求全微分的原函数.

6. 了解两类曲面积分的概念、性质及两类曲面积分的关系, 掌握计算两类曲面积分的方法, 了解高斯公式、斯托克斯公式, 会用高斯公式计算曲面积分, 了解通量与散度、环流量与旋度.

网上更多……

第 8 章自测 A 题

第 8 章自测 B 题

第 8 章综合练习 A 题

第 8 章综合练习 B 题

第 9 章　无穷级数

从 18 世纪以来, 无穷级数就被认为是微积分的一个不可缺少的部分, 是高等数学的重要内容, 同时也是有力的数学工具. 无穷级数在表示函数、研究函数性质等方面有巨大作用, 在自然科学和工程技术领域也有着广泛的应用. 举一个简单的例子: 对长度为 1 的绳子, 每次剪掉余下的一半, 如此一直继续下去, 绳子将被剪成无穷段, 长度依次为 $\frac{1}{2}, \frac{1}{2^2}, \cdots$, 于是常数 1 可表示为

$$\begin{aligned} 1 &= \frac{1}{2} + \frac{1}{2^2} + \cdots + \frac{1}{2^n} + \cdots \\ &= \lim_{n\to\infty}\left(\frac{1}{2} + \frac{1}{2^2} + \cdots + \frac{1}{2^n}\right). \end{aligned}$$

不仅仅常数, 函数也可以表示成无穷项相加.

所谓无穷级数就是无穷多项相加, 它与有限项相加有本质不同, 历史上出现过一个无穷级数问题的争论. 例如, 对

$$1 - 1 + 1 - 1 + \cdots + (-1)^n + \cdots,$$

曾有三种不同看法, 得出三种不同的 "和". 第一种:

$$(1-1) + (1-1) + \cdots = 0;$$

第二种:

$$1 - (1-1) - (1-1) - \cdots = 1;$$

第三种: 设

$$1 - 1 + 1 - 1 + \cdots + (-1)^n + \cdots = S,$$

则

$$1 - (1 - 1 + 1 - 1 + \cdots) = S,$$

即 $1 - S = S, S = \frac{1}{2}$.

这种争论说明对无穷多项相加, 缺乏一种正确的认识.

(1) 什么是无穷多项相加? 如何考虑?

(2) 无穷多项相加, 是否一定有 "和"?

(3) 无穷多项相加, 什么情形有结合律, 什么情形有交换律等性质? 因此对无穷级数的基本概念和性质需要做详细的讨论.

数学史 9–1
无穷级数发展简史

PPT 课件 9–1
常数项级数的概念和性质

微视频 9–1
常数项级数的概念

9.1 常数项级数的概念和性质

9.1.1 常数项级数的概念

无穷多个数 $u_1, u_2, \cdots, u_n, \cdots$ 依次相加所得到的表达式

$$\sum_{n=1}^{\infty} u_n = u_1 + u_2 + \cdots + u_n + \cdots$$

称为常数项级数 (简称级数).

$$s_n = \sum_{k=1}^{n} u_n = u_1 + u_2 + \cdots + u_n, \quad n = 1, 2, \cdots$$

称为级数的前 n 项的部分和, $\{s_n, n = 1, 2, \cdots\}$ 称为部分和数列. 若极限 $\lim\limits_{n\to\infty} s_n$ 存在 (记 s 为极限值), 则称级数 $\sum\limits_{n=1}^{\infty} u_n$ 收敛, 且其和为 s, 记为

$$\sum_{n=1}^{\infty} u_n = s.$$

若极限 $\lim\limits_{n\to\infty} s_n$ 不存在, 则称级数 $\sum\limits_{n=1}^{\infty} u_n$ 发散. 发散级数没有和的概念.

例 1 讨论等比级数 (几何级数)

$$\sum_{n=0}^{\infty} aq^n = a + aq + aq^2 + \cdots + aq^n + \cdots$$

的敛散性, 其中 $a \neq 0, q$ 叫作级数的公比.

解 若 $q \neq 1$, 则部分和

$$s_n = a + aq + \cdots + aq^{n-1} = \frac{a - aq^n}{1 - q} = \frac{a}{1 - q} - \frac{aq^n}{1 - q}.$$

当 $|q|<1$ 时, 因为 $\lim\limits_{n\to\infty} s_n=\dfrac{a}{1-q}$, 所以此时级数 $\sum\limits_{n=0}^{\infty} aq^n$ 收敛, 其和为 $\dfrac{a}{1-q}$, 即

$$\sum_{n=0}^{\infty} aq^n=\frac{a}{1-q};$$

当 $|q|>1$ 时, 因为 $\lim\limits_{n\to\infty} s_n=\infty$, 所以此时级数 $\sum\limits_{n=0}^{\infty} aq^n$ 发散; 如果 $|q|=1$, 则当 $q=1$ 时, $s_n=na\to\infty$, 因此级数 $\sum\limits_{n=0}^{\infty} aq^n$ 发散; 当 $q=-1$ 时, 级数 $\sum\limits_{n=0}^{\infty} aq^n$ 成为 $a-a+a-a+\cdots$, 所以 $\lim\limits_{n\to\infty} s_n$ 不存在, 级数发散.

例 2 证明级数 $1+2+\cdots+n+\cdots$ 是发散的.

证 此级数的部分和为

$$s_n=1+2+\cdots+n=\frac{n(n+1)}{2}.$$

显然, $\lim\limits_{n\to\infty} s_n=\infty$, 因此所给级数是发散的.

例 3 判别无穷级数

$$\frac{1}{1\cdot 2}+\frac{1}{2\cdot 3}+\frac{1}{3\cdot 4}+\cdots+\frac{1}{n(n+1)}+\cdots$$

的敛散性.

解 由于

$$u_n=\frac{1}{n(n+1)}=\frac{1}{n}-\frac{1}{n+1},$$

因此

$$\begin{aligned} s_n&=\frac{1}{1\cdot 2}+\frac{1}{2\cdot 3}+\frac{1}{3\cdot 4}+\cdots+\frac{1}{n(n+1)}\\ &=1-\frac{1}{2}+\frac{1}{2}-\frac{1}{3}+\cdots+\frac{1}{n}-\frac{1}{n+1}=1-\frac{1}{n+1}. \end{aligned}$$

从而

$$\lim_{n\to\infty} s_n=\lim_{n\to\infty}\left(1-\frac{1}{n+1}\right)=1,$$

所以级数收敛, 它的和是 1, 即

$$\sum_{n=1}^{\infty}\frac{1}{n(n+1)}=1.$$

9.1.2 收敛级数的基本性质

根据无穷级数收敛、发散、和的概念以及极限理论, 可以得到无穷级数的几个基本性质.

性质 1 若 $\sum_{n=1}^{\infty} u_n$ 和 $\sum_{n=1}^{\infty} v_n$ 皆收敛, a, b 为常数, 则 $\sum_{n=1}^{\infty}(au_n+bv_n)$ 收敛, 且等于 $a\sum_{n=1}^{\infty} u_n + b\sum_{n=1}^{\infty} v_n$.

证 设级数 $\sum_{n=1}^{\infty} u_n$, $\sum_{n=1}^{\infty} v_n$ 与 $\sum_{n=1}^{\infty}(au_n+bv_n)$ 的部分和分别是 α_n, β_n 与 γ_n, 则

$$\gamma_n = \sum_{k=1}^{n}(au_k+bv_k) = a\sum_{k=1}^{n} u_k + b\sum_{k=1}^{n} v_k = a\alpha_n + b\beta_n.$$

记 $\sum_{n=1}^{\infty} u_n = \alpha$, $\sum_{n=1}^{\infty} v_n = \beta$, 则

$$\lim_{n\to\infty} \alpha_n = \alpha, \quad \lim_{n\to\infty} \beta_n = \beta.$$

于是有

$$\lim_{n\to\infty} \gamma_n = \lim_{n\to\infty} (a\alpha_n + b\beta_n) = a\alpha + b\beta,$$

这说明

$$\sum_{n=1}^{\infty}(au_n+bv_n) = a\sum_{n=1}^{\infty} u_n + b\sum_{n=1}^{\infty} v_n.$$

推论 1 若级数 $\sum_{n=1}^{\infty} u_n$ 收敛于和 α, 则级数 $\sum_{n=1}^{\infty} au_n$ 也收敛, 且其和为 $a\alpha$.

推论 2 若级数 $\sum_{n=1}^{\infty} u_n$, $\sum_{n=1}^{\infty} v_n$ 分别收敛于和 α, β, 则级数 $\sum_{n=1}^{\infty}(u_n \pm v_n)$ 也收敛, 且其和为 $\alpha \pm \beta$.

性质 2 在级数中增加、减少或变更有限项后级数的敛散性不变.

证 事实上, 在级数的前面部分去掉、加上或改变有限项, 并不影响部分和数列的极限存在性, 因此也不改变级数的敛散性.

性质 3 收敛级数具有结合律, 即对级数的项任意加括号所得到的新级数仍收敛, 而且其和不变.

证　设 $\sum_{n=1}^{\infty} u_n$ 的部分和数列为 $\{s_n\}$, 加括号所成的级数为 $\sum_{k=1}^{\infty} v_k$, 其中 $v_1 = u_1 + \cdots + u_{n_1}$, $v_2 = u_{n_1+1} + \cdots + u_{n_2}$, $v_k = u_{n_{k-1}+1} + \cdots + u_{n_k}$, $\cdots$. $\{w_k\}$ 是级数 $\sum_{k=1}^{\infty} v_k$ 的部分和数列. 显然每个 w_k 都是 s_n 中的一项, 因此数列 $\{w_k\}$ 是收敛数列 $\{s_n\}$ 的一个子列, 从而 $\lim_{k\to\infty} w_k = \lim_{n\to\infty} s_n$. 这说明, 收敛级数加括号后所成的级数仍收敛, 且其和不变.

如果加括号后所成的级数收敛, 则不能断定去括号后原来的级数也收敛. 例如, 级数 $(1-1)+(1-1)+\cdots$ 收敛于零, 但级数 $1-1+1-1+\cdots$ 却是发散的. 这也说明发散级数不具有结合律, 性质 3 的逆命题不成立. 性质 3 的逆否命题一定成立.

推论　若加括号后所成的级数发散, 则原来级数也发散.

性质 4　级数 $\sum_{n=1}^{\infty} u_n$ 收敛的必要条件是 $\lim_{n\to\infty} u_n = 0$.

证　设 s_n 是收敛级数 $\sum_{n=0}^{\infty} u_n$ 的前 n 项部分和. 由 $u_n = s_n - s_{n-1}$ 得

$$\lim_{n\to\infty} u_n = \lim_{n\to\infty}(s_n - s_{n-1}) = \lim_{n\to\infty} s_n - \lim_{n\to\infty} s_{n-1} = 0.$$

例 4　证明调和级数 $\sum_{n=1}^{\infty} \frac{1}{n} = 1 + \frac{1}{2} + \cdots + \frac{1}{n} + \cdots$ 是发散的.

证　假设级数 $\sum_{n=1}^{\infty} \frac{1}{n}$ 收敛且其和为 s, s_n 是它的部分和. 显然有 $\lim_{n\to\infty} s_n = s$ 及 $\lim_{n\to\infty} s_{2n} = s$. 但另一方面

$$s_{2n} - s_n = \frac{1}{n+1} + \frac{1}{n+2} + \cdots + \frac{1}{2n} > \frac{1}{2n} + \frac{1}{2n} + \cdots + \frac{1}{2n} = \frac{1}{2},$$

故 $\lim_{n\to\infty}(s_{2n} - s_n) \neq 0$, 矛盾. 这说明调和级数必定发散.

9.1.3　柯西收敛原理

级数的收敛问题是级数理论的基本问题, 以下的级数收敛准则在级数理论中有着关键的作用.

定理 9.1.1 (柯西收敛原理)　级数 $\sum_{n=1}^{\infty} u_n$ 收敛的充分必要条件是: 对于任意给定的正数 ε, 总存在正整数 N, 使得当 $n > N$ 时, 对于任意的正整数 p, 都有

$$|u_{n+1} + u_{n+2} + \cdots + u_{n+p}| < \varepsilon$$

成立.

证 必要性. 设级数 $\sum\limits_{n=1}^{\infty} u_n$ 的部分和为 s_n 且收敛于 s, 则对于任意 $\varepsilon>0$, 存在正整数 N, 当 $n>N$ 时, 成立

$$|s_n-s|<\frac{\varepsilon}{2}.$$

于是对任何正整数 p 有

$$|u_{n+1}+u_{n+2}+\cdots+u_{n+p}|=|s_{n+p}-s_n|\leqslant|s_{n+p}-s|+|s_n-s|<\frac{\varepsilon}{2}+\frac{\varepsilon}{2}=\varepsilon.$$

充分性的证明从略.

例 5 判定级数 $\sum\limits_{n=1}^{\infty}\frac{1}{n^2}$ 的敛散性.

解 对任意正整数 p

$$\begin{aligned}&|u_{n+1}+u_{n+2}+\cdots+u_{n+p}|\\=&\frac{1}{(n+1)^2}+\frac{1}{(n+2)^2}+\cdots+\frac{1}{(n+p)^2}\\<&\frac{1}{n(n+1)}+\frac{1}{(n+1)(n+2)}+\cdots+\frac{1}{(n+p-1)(n+p)}\\=&\left(\frac{1}{n}-\frac{1}{n+1}\right)+\left(\frac{1}{n+1}-\frac{1}{n+2}\right)+\cdots+\left(\frac{1}{n+p-1}-\frac{1}{n+p}\right)\\=&\frac{1}{n}-\frac{1}{n+p}<\frac{1}{n},\end{aligned}$$

故对任意给定的正数 ε, 只需取正整数 $N\geqslant\frac{1}{\varepsilon}$, 则当 $n>N$ 时, 对任意正整数 p, 都有

$$|u_{n+1}+u_{n+2}+\cdots+u_{n+p}|<\varepsilon$$

成立. 按定理 9.1.1, 级数 $\sum\limits_{n=1}^{\infty}\frac{1}{n^2}$ 收敛.

注 $\sum\limits_{n=1}^{\infty}\frac{1}{n^2}=\frac{\pi^2}{6}$.

习题 9-1

A 题

1. 判断下列级数的敛散性.

(1) $\sum\limits_{n=1}^{\infty}(\sqrt{n+1}-\sqrt{n})$;

(2) $\sum\limits_{n=1}^{\infty}\frac{1}{n+3}$;

(3) $\sum\limits_{n=1}^{\infty}\ln\frac{(n+1)^2}{n(n+2)}$;

(4) $\sum\limits_{n=1}^{\infty}(-1)^n 2$;

(5) $\sum_{n=1}^{\infty}\left(\frac{\sin n}{n}\right)^2$;

(6) $\sum_{n=1}^{\infty}\frac{(-1)^n n}{2n+1}$.

2. 判断下列级数的敛散性, 若收敛则求其和.

(1) $\sum_{n=1}^{\infty}\left(\frac{1}{2^n}+\frac{1}{3^n}\right)$;

(2) $\sum_{n=1}^{\infty}\frac{1}{n(n+1)(n+2)}$;

(3) $\sum_{n=1}^{\infty} n\sin\frac{\pi}{2n}$;

(4) $\sum_{n=1}^{\infty}\cos\frac{n\pi}{2}$.

B 题

1. 讨论级数的敛散性.

(1) $\sum_{n=1}^{\infty}\frac{\sin nx}{2^n}$;

(2) $\frac{1}{\sqrt{2}-1}-\frac{1}{\sqrt{2}+1}+\cdots+\frac{1}{\sqrt{n}-1}-\frac{1}{\sqrt{n}+1}+\cdots$.

2. 证明: 若级数 $\sum_{n=1}^{\infty}a_n$ 收敛, 级数 $\sum_{n=1}^{\infty}b_n$ 发散, 则级数 $\sum_{n=1}^{\infty}(a_n+b_n)$ 发散.

9.2 常数项级数的敛散性判别法

PPT 课件 9.2
常数项级数的敛散性判别法

9.2.1 正项级数及其敛散性判别法

若 $u_n \geqslant 0(n=1,2,\cdots)$, 则称 $\sum_{n=1}^{\infty}u_n$ 为正项级数, 这时部分和数列满足 $s_{n+1}\geqslant s_n(n=1,2,\cdots)$, 即部分和数列是单调增加数列, 它是否收敛就只取决于 $\{s_n\}$ 是否有上界. 因此 $\sum_{n=1}^{\infty}u_n$ 收敛等价于 $\{s_n\}$ 有上界, 这是正项级数比较判别法的基础, 也是正项级数其他判别法的基础, 我们将它写成如下定理.

定理 9.2.1 正项级数 $\sum_{n=1}^{\infty}u_n$ 收敛的充要条件是它的部分和数列 $\{s_n\}$ 有界.

定理 9.2.2 (比较审敛法) 设 $\sum_{n=1}^{\infty}u_n$ 和 $\sum_{n=1}^{\infty}v_n$ 都是正项级数, 且 $u_n\leqslant v_n, n=1,2,\cdots$. 若级数 $\sum_{n=1}^{\infty}v_n$ 收敛, 则级数 $\sum_{n=1}^{\infty}u_n$ 收敛; 反之,

若级数 $\sum_{n=1}^{\infty} u_n$ 发散, 则级数 $\sum_{n=1}^{\infty} v_n$ 发散.

证 设级数 $\sum_{n=1}^{\infty} v_n$ 收敛于和 β, 则级数 $\sum_{n=1}^{\infty} u_n$ 的部分和

$$s_n = u_1 + u_2 + \cdots + u_n \leqslant v_1 + v_2 + \cdots + v_n \leqslant \beta,\ n = 1, 2, \cdots.$$

即部分和数列 $\{s_n\}$ 有界, 由定理 9.2.1 知级数 $\sum_{n=1}^{\infty} u_n$ 收敛.

反之, 设级数 $\sum_{n=1}^{\infty} u_n$ 发散, 则级数 $\sum_{n=1}^{\infty} v_n$ 必发散. 因为若级数 $\sum_{n=1}^{\infty} v_n$ 收敛, 由已证明的结论, 将有级数 $\sum_{n=1}^{\infty} u_n$ 也收敛, 与假设矛盾.

利用定理 9.2.1 和上节收敛级数的性质 1 与性质 2, 容易得到下面结论.

推论 1 设 $c > 0$, 当 $n \geqslant N$ 时, $cv_n \geqslant u_n \geqslant 0$ 皆成立, 若 $\sum_{n=1}^{\infty} v_n$ 收敛, 则 $\sum_{n=1}^{\infty} u_n$ 收敛; 若 $\sum_{n=1}^{\infty} u_n$ 发散, 则 $\sum_{n=1}^{\infty} v_n$ 发散.

推论 2 设 $\sum_{n=1}^{\infty} u_n$ 和 $\sum_{n=1}^{\infty} v_n$ 都是正项级数, 若级数 $\sum_{n=1}^{\infty} v_n$ 收敛, 且存在正整数 N, 使当 $n \geqslant N$ 时有 $u_n \leqslant kv_n (k > 0)$ 成立, 则级数 $\sum_{n=1}^{\infty} u_n$ 收敛; 若级数 $\sum_{n=1}^{\infty} v_n$ 发散, 且当 $n \geqslant N$ 时有 $u_n \geqslant kv_n (k > 0)$ 成立, 则级数 $\sum_{n=1}^{\infty} u_n$ 发散.

例 1 讨论 p-级数

$$\sum_{n=1}^{\infty} \frac{1}{n^p} = 1 + \frac{1}{2^p} + \cdots + \frac{1}{n^p} + \cdots$$

的敛散性, 其中常数 $p > 0$.

解 设 $p \leqslant 1$. 这时 $\frac{1}{n^p} \geqslant \frac{1}{n}$, 而调和级数 $\sum_{n=1}^{\infty} \frac{1}{n}$ 发散, 由比较审敛法 (定理 9.2.2) 知, 当 $p \leqslant 1$ 时级数 $\sum_{n=1}^{\infty} \frac{1}{n^p}$ 发散.

设 $p > 1$. 此时有

$$\frac{1}{n^p} = \int_{n-1}^{n} \frac{1}{n^p} \mathrm{d}x \leqslant \int_{n-1}^{n} \frac{1}{x^p} \mathrm{d}x = \frac{1}{p-1}\left[\frac{1}{(n-1)^{p-1}} - \frac{1}{n^{p-1}}\right],\ n = 2, 3, \cdots.$$

对于级数 $\sum\limits_{n=2}^{\infty}\left[\dfrac{1}{(n-1)^{p-1}}-\dfrac{1}{n^{p-1}}\right]$, 其部分和

$$s_n=1-\frac{1}{2^{p-1}}+\frac{1}{2^{p-1}}-\frac{1}{3^{p-1}}+\cdots+\frac{1}{n^{p-1}}-\frac{1}{(n+1)^{p-1}}=1-\frac{1}{(n+1)^{p-1}}.$$

显然

$$\lim_{n\to\infty}s_n=\lim_{n\to\infty}\left[1-\frac{1}{(n+1)^{p-1}}\right]=1,$$

所以级数 $\sum\limits_{n=2}^{\infty}\left[\dfrac{1}{(n-1)^{p-1}}-\dfrac{1}{n^{p-1}}\right]$ 收敛. 从而根据比较审敛法 (定理 9.2.2) 的推论 1 可知, 级数 $\sum\limits_{n=1}^{\infty}\dfrac{1}{n^p}$ 当 $p>1$ 时收敛.

综上所述, p-级数 $\sum\limits_{n=1}^{\infty}\dfrac{1}{n^p}$, 当 $p>1$ 时收敛, 当 $p\leqslant 1$ 时发散.

例 2 证明级数 $\sum\limits_{n=1}^{\infty}\dfrac{1}{\sqrt{n(n+1)}}$ 是发散的.

证 因为 $\dfrac{1}{\sqrt{n(n+1)}}>\dfrac{1}{\sqrt{(n+1)^2}}=\dfrac{1}{n+1}$, 而级数 $\sum\limits_{n=1}^{\infty}\dfrac{1}{n+1}$ 是发散的, 根据比较审敛法可知所给级数也是发散的.

定理 9.2.3 (比较审敛法的极限形式) 设 $u_n\geqslant 0, v_n\geqslant 0$ $(n=1,2,\cdots)$, 若 $\lim\limits_{n\to\infty}\dfrac{u_n}{v_n}=A$, 则

(1) 当 $0<A<+\infty$ 时, $\sum\limits_{n=1}^{\infty}u_n$ 与 $\sum\limits_{n=1}^{\infty}v_n$ 同时收敛或同时发散;

(2) 当 $A=0$ 时, 若 $\sum\limits_{n=1}^{\infty}v_n$ 收敛, 则 $\sum\limits_{n=1}^{\infty}u_n$ 收敛;

(3) 当 $A=+\infty$ 时, 若 $\sum\limits_{n=1}^{\infty}u_n$ 收敛, 则 $\sum\limits_{n=1}^{\infty}v_n$ 收敛.

证 (1) 因为 $\lim\limits_{n\to\infty}\dfrac{u_n}{v_n}=A$, 所以存在正整数 $N>0$, 当 $n>N$ 时,

$$\frac{A}{2}<\frac{u_n}{v_n}<\frac{3A}{2}.$$

由定理 9.2.2 的推论 2 知, 结论 (1) 成立;

(2) 若 $A=0$, 则存在正整数 $N>0$, 当 $n>N$ 时, $\dfrac{u_n}{v_n}<1$. 由推论 2 得结论 (2);

(3) 若 $A=\infty$, 则存在正整数 $N>0$, 当 $n>N$ 时, $\dfrac{u_n}{v_n}>1$. 由推论 2 得结论 (3).

例 3 判别级数 $\sum\limits_{n=1}^{\infty}\ln\left(1+\frac{1}{n}\right)$ 的敛散性.

解 因为

$$\lim_{n\to\infty}\frac{\ln\left(1+\frac{1}{n}\right)}{\frac{1}{n}}=1,$$

而级数 $\sum\limits_{n=1}^{\infty}\frac{1}{n}$ 发散, 根据比较审敛法的极限形式, 级数 $\sum\limits_{n=1}^{\infty}\ln\left(1+\frac{1}{n}\right)$ 发散.

定理 9.2.4 (比值审敛法, 达朗贝尔判别法) 设 $u_n>0$, 而 $\lim\limits_{n\to\infty}\frac{u_{n+1}}{u_n}=\rho$, 则

(1) 当 $\rho<1$ 时, $\sum\limits_{n=1}^{\infty}u_n$ 收敛;

(2) 当 $\rho>1$ 时 (包括 $\rho=\infty$), $\sum\limits_{n=1}^{\infty}u_n$ 发散;

(3) 当 $\rho=1$ 时, 级数可能收敛也可能发散.

证 (1) 当 $\rho<1$ 时, 取正数 ε 使 $\rho+\varepsilon=r<1$. 根据极限定义, 存在正整数 N, 当 $n\geqslant N$ 时有

$$\frac{u_{n+1}}{u_n}<\rho+\varepsilon=r.$$

因此

$$u_{n+1}<ru_n,\quad u_{n+2}<ru_{n+1}<r^2u_n,\quad \cdots,\quad u_{n+k}<r^ku_n,\quad \cdots.$$

而级数 $\sum\limits_{k=1}^{\infty}r^ku_n$ 收敛, 根据定理 9.2.2 的推论 2, 知级数 $\sum\limits_{n=1}^{\infty}u_n$ 收敛.

(2) 当 $\rho>1$ 时, 取正数 ε, 使得 $\rho-\varepsilon=r>1$. 根据极限定义, 存在正整数 N, 当 $n\geqslant N$ 时有

$$\frac{u_{n+1}}{u_n}>\rho+\varepsilon=r>1,$$

也就是 $u_{n+1}>u_n$, 所以 $\lim\limits_{n\to\infty}u_n\neq 0$. 根据级数收敛的必要条件可知级数 $\sum\limits_{n=1}^{\infty}u_n$ 发散.

类似地, 可以证明当 $\lim\limits_{n\to\infty}\frac{u_{n+1}}{u_n}=\infty$ 时, 级数 $\sum\limits_{n=1}^{\infty}u_n$ 发散.

(3) 注意对 p-级数 $\sum_{n=1}^{\infty}\frac{1}{n^p}$, 不论 p 为何值都有

$$\lim_{n\to\infty}\frac{u_{n+1}}{u_n}=\lim_{n\to\infty}\frac{\frac{1}{(n+1)^p}}{\frac{1}{n^p}}=1,$$

又当 $p>1$ 时, p-级数收敛; 当 $p\leqslant 1$ 时, p-级数发散. 所以当 $\rho=1$ 时, 级数可能收敛也可能发散.

例 4 判别级数 $\frac{1}{10}+\frac{2!}{10^2}+\cdots+\frac{n!}{10^n}+\cdots$ 的敛散性.

解 因为

$$\lim_{n\to\infty}\frac{u_{n+1}}{u_n}=\lim_{n\to\infty}\frac{\frac{(n+1)!}{10^{n+1}}}{\frac{n!}{10^n}}=\lim_{n\to\infty}\frac{n+1}{10}=\infty,$$

根据比值审敛法可知所给级数发散.

例 5 判别级数 $\sum_{n=1}^{\infty}\frac{1}{(2n-1)\cdot 2n}$ 的敛散性.

解 显然,

$$\lim_{n\to\infty}\frac{u_{n+1}}{u_n}=\lim_{n\to\infty}\frac{(2n-1)\cdot 2n}{(2n+1)\cdot(2n+2)}=1.$$

这时 $\rho=1$, 比值审敛法失效, 必须用其他方法来判别级数的敛散性.

因为 $\frac{1}{(2n-1)\cdot 2n}<\frac{1}{n^2}$, 而级数 $\sum_{n=1}^{\infty}\frac{1}{n^2}$ 收敛, 因此由比较审敛法可知所给级数收敛.

定理 9.2.4 采用等比级数作参照判断无穷级数的敛散性. 事实上, 只要对充分大的 n, 无穷级数的一般项 $u_n\sim\rho^n$, 那么当 $\rho<1$ 时无穷级数收敛, 当 $\rho>1$ 时无穷级数发散.

定理 9.2.5 (根值审敛法, 柯西判别法) 设 $u_n\geqslant 0$, 而 $\lim_{n\to\infty}\sqrt[n]{u_n}=\rho$, 则

(1) 当 $\rho<1$ 时, $\sum_{n=1}^{\infty}u_n$ 收敛;

(2) 当 $\rho>1$ 时 (包括 $\rho=\infty$), $\sum_{n=1}^{\infty}u_n$ 发散;

(3) 当 $\rho=1$ 时, 级数可能收敛也可能发散.

用类似定理 9.2.4 的证明方法, 不难证明定理 9.2.5.

例 6 判别级数 $\sum_{n=1}^{\infty}\frac{2+(-1)^n}{2^n}$ 的敛散性.

解 因为

$$\lim_{n\to\infty}\sqrt[n]{u_n}=\lim_{n\to\infty}\frac{1}{2}\sqrt[n]{2+(-1)^n}=\frac{1}{2},$$

所以根据根值审敛法知所给级数收敛.

9.2.2 一般级数的敛散性判别法

首先考虑交错级数的收敛性. 各项是正负交错的级数称为交错级数. 交错级数的一般形式为 $\sum_{n=1}^{\infty}(-1)^{n-1}u_n$, 其中 $u_n > 0$. 例如, $\sum_{n=1}^{\infty}(-1)^{n-1}\frac{1}{n}$ 是交错级数, 但

$$\sum_{n=1}^{\infty}(-1)^{n-1}\frac{1-\cos n\pi}{n}$$

不是交错级数.

定理 9.2.6 (莱布尼茨定理) 如果交错级数 $\sum_{n=1}^{\infty}(-1)^{n-1}u_n$ 满足条件:

(1) $u_n \geqslant u_{n+1}$, $n = 1, 2, \cdots$;

(2) $\lim\limits_{n\to\infty} u_n = 0$,

那么级数收敛, 且其和 $s \leqslant u_1$, 其余项 $r_n = \sum\limits_{k=n+1}^{\infty}(-1)^{k-1}u_k$ 的绝对值 $|r_n| \leqslant u_{n+1}$.

证 设前 n 项部分和为 s_n. 由

$$s_{2n} = (u_1 - u_2) + (u_3 - u_4) + \cdots + (u_{2n-1} - u_{2n}),$$

$$s_{2n} = u_1 - (u_2 - u_3) - (u_4 - u_5) - \cdots - (u_{2n-2} - u_{2n-1}) - u_{2n}, \quad (9\text{–}1)$$

和条件 (1), 看出数列 $\{s_{2n}\}$ 单调增加且有界 $(s_{2n} \leqslant u_1)$, 所以收敛.

设 $\lim\limits_{n\to\infty} s_{2n} = s$, 则 $\lim\limits_{n\to\infty} s_{2n+1} = \lim\limits_{n\to\infty}(s_{2n} + u_{2n+1}) = s$, 所以 $\lim\limits_{n\to\infty} s_n = s$, 从而级数是收敛的. 又

$$s_{2n+1} = u_1 - (u_2 - u_3) - (u_4 - u_5) - \cdots - (u_{2n-2} - u_{2n-1}) - (u_{2n} - u_{2n+1}),$$

再结合 (9–1) 知 $s_n \leqslant u_1$, 进而有 $s \leqslant u_1$.

最后, 余项 r_n 满足

$$|r_n| = u_{n+1} - u_{n+2} + \cdots .$$

上式右端是一个交错级数, 满足收敛的两个条件, 所以其和不大于级数的第一项, 即

$$|r_n| \leqslant u_{n+1}.$$

例 7 证明级数 $\sum_{n=1}^{\infty}(-1)^{n-1}\frac{1}{n}$ 收敛, 并估计和及余项.

证 这是一个交错级数, 且满足

(1) $u_n=\frac{1}{n}>\frac{1}{n+1}=u_{n+1}, n=1,2,\cdots$;

(2) $\lim\limits_{n\to\infty}u_n=\lim\limits_{n\to\infty}\frac{1}{n}=0$.

由莱布尼茨定理, 级数是收敛的, 且其和 $s<u_1=1$, 余项

$$|r_n|\leqslant u_{n+1}=\frac{1}{n+1}.$$

比莱布尼茨定理更一般的判别法是阿贝尔判别法与狄利克雷判别法, 它们的证明需要用到阿贝尔引理, 这里从略, 仅叙述如下.

定理 9.2.7 (阿贝尔判别法) 如果

(1) 级数 $\sum_{n=1}^{\infty}b_n$ 收敛;

(2) 数列 $\{a_n\}$ 单调有界,

那么级数 $\sum_{n=1}^{\infty}a_nb_n$ 收敛.

定理 9.2.8 (狄利克雷判别法) 如果

(1) 级数 $\sum_{n=1}^{\infty}b_n$ 的部分和有界;

(2) 数列 $\{a_n\}$ 单调趋于零,

那么级数 $\sum_{n=1}^{\infty}a_nb_n$ 收敛.

注 (1) 显然, 莱布尼茨定理是狄利克雷判别法的直接推论.

(2) 阿贝尔判别法也可从狄利克雷判别法导出. 事实上, 由阿贝尔判别法的假设知道数列 $\{a_n\}$ 的极限存在, 设此极限为 a. 考察以下两个级数的和:

$$\sum_{n=1}^{\infty}(a_n-a)b_n+a\sum_{n=1}^{\infty}b_n.$$

由所给条件, 这两个级数均收敛, 故它们的和 $\sum_{n=1}^{\infty}a_nb_n$ 收敛.

例 8 若级数 $\sum_{n=1}^{\infty}u_n$ 收敛, 则由阿贝尔判别法易知, 级数 $\sum_{n=1}^{\infty}\frac{u_n}{n}$, $\sum_{n=1}^{\infty}\frac{u_n}{\sqrt{n}}$, $\sum_{n=1}^{\infty}\frac{nu_n}{n+1}$ 都收敛.

9.2.3 绝对收敛与条件收敛

微视频 9-2
绝对收敛与条件收敛

定义 9.2.1 若级数 $\sum_{n=1}^{\infty}|u_n|$ 收敛, 则称级数 $\sum_{n=1}^{\infty}u_n$ 绝对收敛; 若级数 $\sum_{n=1}^{\infty}u_n$ 收敛, 而级数 $\sum_{n=1}^{\infty}|u_n|$ 发散, 则称级数 $\sum_{n=1}^{\infty}u_n$ 条件收敛.

例 9 级数 $\sum_{n=1}^{\infty}(-1)^{n-1}\frac{1}{n^2}$ 是绝对收敛的, 而级数 $\sum_{n=1}^{\infty}(-1)^{n-1}\frac{1}{n}$

是条件收敛的.

定理 9.2.9　若 $\sum\limits_{n=1}^{\infty}|u_n|$ 收敛, 则 $\sum\limits_{n=1}^{\infty}u_n$ 一定收敛; 反之不然.

证　令

$$v_n=\max\{0,u_n\}=\frac{1}{2}(u_n+|u_n|),\quad n=1,2,\cdots.$$

显然, $v_n\geqslant 0$ 且 $v_n\leqslant|u_n|$, $n=1,2,\cdots$. 由 $\sum\limits_{n=1}^{\infty}|u_n|$ 收敛和比较审敛法, $\sum\limits_{n=1}^{\infty}v_n$ 收敛, 从而 $\sum\limits_{n=1}^{\infty}2v_n$ 收敛. 而 $u_n=2v_n-|u_n|$, 从而

$$\sum_{n=1}^{\infty}u_n=\sum_{n=1}^{\infty}2v_n-\sum_{n=1}^{\infty}|u_n|.$$

由收敛级数的性质可知级数 $\sum\limits_{n=1}^{\infty}u_n$ 收敛.

最后, 由于 $\sum\limits_{n=1}^{\infty}\frac{1}{n}$ 发散, 而 $\sum\limits_{n=1}^{\infty}(-1)^n\frac{1}{n}$ 收敛, 所以反之不成立. 证毕.

注　若我们用比值法或根值法判定级数 $\sum\limits_{n=1}^{\infty}|u_n|$ 发散, 则可以断定级数 $\sum\limits_{n=1}^{\infty}u_n$ 必定发散. 这是因为此时 $|u_n|$ 不趋于零, 从而 u_n 也不趋于零, 因此级数 $\sum\limits_{n=1}^{\infty}u_n$ 也是发散的.

注　条件收敛级数的正项或负项构成的级数, 即

$$\sum_{n=1}^{\infty}\frac{1}{2}(|u_n|+u_n)$$

或

$$\sum_{n=1}^{\infty}\frac{1}{2}(u_n-|u_n|)$$

一定是发散的. 这是因为, 若

$$\sum_{n=1}^{\infty}\frac{1}{2}(|u_n|+u_n)$$

和

$$\sum_{n=1}^{\infty}\frac{1}{2}(u_n-|u_n|)$$

都收敛, 则

$$\sum_{n=1}^{\infty}\frac{1}{2}(|u_n|+u_n)-\sum_{n=1}^{\infty}\frac{1}{2}(u_n-|u_n|)=\sum_{n=1}^{\infty}|u_n|$$

收敛, 矛盾; 若

$$\sum_{n=1}^{\infty}\frac{1}{2}(|u_n|+u_n)$$

和

$$\sum_{n=1}^{\infty}\frac{1}{2}(u_n-|u_n|)$$

一个收敛另一个发散, 则

$$\sum_{n=1}^{\infty}\frac{1}{2}(|u_n|+u_n)+\sum_{n=1}^{\infty}\frac{1}{2}(u_n-|u_n|)=\sum_{n=1}^{\infty}u_n$$

一定发散, 同样矛盾.

例 10　判别级数 $\sum\limits_{n=1}^{\infty}\frac{\sin na}{n^2}$ 的敛散性.

解　因为 $\left|\frac{\sin na}{n^2}\right|\leqslant\frac{1}{n^2}$, 而级数 $\sum\limits_{n=1}^{\infty}\frac{1}{n^2}$ 是收敛的, 所以级数 $\sum\limits_{n=1}^{\infty}\left|\frac{\sin na}{n^2}\right|$ 也收敛, 从而级数 $\sum\limits_{n=1}^{\infty}\frac{\sin na}{n^2}$ 绝对收敛.

例 11　判别级数 $\sum\limits_{n=1}^{\infty}(-1)^n\frac{1}{2^n}\left(1+\frac{1}{n}\right)^{n^2}$ 的敛散性.

解　由 $|u_n|=\frac{1}{2^n}\left(1+\frac{1}{n}\right)^{n^2}$, 得

$$\lim_{n\to\infty}\sqrt[n]{|u_n|}=\frac{1}{2}\lim_{n\to\infty}\left(1+\frac{1}{n}\right)^n=\frac{\mathrm{e}}{2}>1,$$

可知 $\lim\limits_{n\to\infty}u_n\neq 0$, 因此级数 $\sum\limits_{n=1}^{\infty}(-1)^n\frac{1}{2^n}\left(1+\frac{1}{n}\right)^{n^2}$ 发散.

9.2.4　绝对收敛级数的性质

绝对收敛级数具有条件收敛级数所没有的性质, 这里叙述其中两个重要性质, 证明从略.

定理 9.2.10 绝对收敛级数具有交换律，也即级数中无穷多项任意交换顺序，得到级数仍是绝对收敛，且其和不变.

设有级数 $\sum_{n=1}^{\infty} u_n$ 和 $\sum_{n=1}^{\infty} v_n$，称级数

$$\begin{aligned}&\sum_{n=1}^{\infty}\sum_{k=1}^{n} u_k v_{n-k+1}\\=&u_1v_1+(u_1v_2+u_2v_1)+\cdots+\\&(u_1v_n+u_2v_{n-1}+\cdots+u_nv_1)+\cdots\end{aligned}$$

为级数 $\sum_{n=1}^{\infty} u_n$ 和 $\sum_{n=1}^{\infty} v_n$ 的柯西乘积.

定理 9.2.11 两个绝对收敛级数的柯西乘积仍绝对收敛，且其和是原级数的和的乘积.

习题 9-2

A 题

1. 判定下列正项级数的敛散性.

(1) $\sum_{n=1}^{\infty} \frac{n\cos^2 \frac{n\pi}{3}}{2^n}$;　　(2) $\sum_{n=1}^{\infty} \frac{\ln n}{n^2}$;

(3) $\sum_{n=1}^{\infty} (\sqrt[n]{n}-1)$;　　(4) $\sum_{n=1}^{\infty} \frac{n^4}{n!}$;

(5) $\sum_{n=1}^{\infty} \frac{n^2}{3^n}$;　　(6) $\sum_{n=1}^{\infty} \frac{2^n\cdot n!}{n^n}$;

(7) $\sum_{n=1}^{\infty} \frac{1}{1+a^n}\ (a>0)$;　　(8) $\sum_{n=1}^{\infty} \frac{3^n}{n\cdot 2^n}$;

(9) $\sum_{n=1}^{\infty} \frac{(n!)^2}{2^{n^2}}$;　　(10) $\sum_{n=1}^{\infty} \left(\frac{n}{2n+1}\right)^n$;

(11) $\sum_{n=1}^{\infty} 2^n \sin\frac{\pi}{3^n}$.

2. 判定下列级数是否收敛，如果是收敛级数，指出其是绝对收敛还是条件收敛.

(1) $\sum_{n=1}^{\infty} (-1)^n \frac{1}{2n-1}$;　　(2) $\sum_{n=1}^{\infty} \frac{(-1)^n+2}{(-1)^{n-1}\cdot 2^n}$;

(3) $\sum_{n=1}^{\infty} \frac{\sin nx}{n^2}(0<x<\pi)$;　　(4) $\sum_{n=1}^{\infty} (-1)^{n+1}\frac{1}{n\pi}\sin\frac{\pi}{n}$;

(5) $\sum_{n=1}^{\infty} \left(\frac{1}{2^n} - \frac{1}{10^{2n-1}} \right)$;

(6) $\sum_{n=1}^{\infty} \frac{(-1)^n}{n+x}$;

(7) $\sum_{n=1}^{\infty} \frac{\sin(2^n x)}{n!}$.

3. 讨论下列级数的条件收敛性和绝对收敛性.

(1) $\sum_{n=1}^{\infty} (-1)^n \frac{1}{n^p}$;

(2) $\sum_{n=1}^{\infty} (-1)^n \ln\left(1 + \frac{1}{\sqrt{n}}\right)$.

B 题

1. (考研真题, 2014 年数学一) 设数列 $\{a_n\}, \{b_n\}$ 满足 $0 < a_n < \frac{\pi}{2}$, $0 < b_n < \frac{\pi}{2}$, $\cos a_n - a_n = \cos b_n$, 且级数 $\sum_{n=1}^{\infty} b_n$ 收敛.

(1) 证明 $\lim_{n \to \infty} a_n = 0$;

(2) 证明级数 $\sum_{n=1}^{\infty} \frac{a_n}{b_n}$ 收敛.

2. (考研真题, 2009 年数学一) 设有两个数列 $\{a_n\}, \{b_n\}$, 若 $\lim_{n \to \infty} a_n = 0$, 则 (　　).

(A) 当 $\sum_{n=1}^{\infty} b_n$ 收敛时, $\sum_{n=1}^{\infty} a_n b_n$ 收敛

(B) 当 $\sum_{n=1}^{\infty} b_n$ 发散时, $\sum_{n=1}^{\infty} a_n b_n$ 发散

(C) 当 $\sum_{n=1}^{\infty} |b_n|$ 收敛时, $\sum_{n=1}^{\infty} a_n^2 b_n^2$ 收敛

(D) 当 $\sum_{n=1}^{\infty} |b_n|$ 发散时, $\sum_{n=1}^{\infty} a_n^2 b_n^2$ 发散

3. (积分判别法) 设 $f(x)$ 单调减少, 定义在 $[1, +\infty)$ 上, $f(x) > 0$, 且 $f(x)$ 在任意有限区间 $[1, A]$ 上可积, 则级数 $\sum_{n=1}^{\infty} f(n)$ 与反常积分 $\int_1^{\infty} f(x) \mathrm{d}x$ 同时收敛或同时发散.

4. 若级数 $\sum_{n=1}^{\infty} a_n$ 收敛, 则级数 (　　).

(A) $\sum_{n=1}^{\infty} |a_n|$ 收敛

(B) $\sum_{n=1}^{\infty} (-1)^n a_n$ 收敛

(C) $\sum_{n=1}^{\infty} a_n a_{n+1}$ 收敛

(D) $\sum_{n=1}^{\infty} \frac{a_n + a_{n+1}}{2}$ 收敛

5. (考研真题, 2004 年数学一) 设 $\sum_{n=1}^{\infty} a_n$ 为正项级数, 下列结论中正确的是 (　　).

(A) 若 $\lim_{n \to \infty} n a_n = 0$, 则级数 $\sum_{n=1}^{\infty} a_n$ 收敛

(B) 若存在非零常数 λ, 使得 $\lim_{n \to \infty} n a_n = \lambda$, 则级数 $\sum_{n=1}^{\infty} a_n$ 发散

(C) 若级数 $\sum_{n=1}^{\infty} a_n$ 收敛, 则 $\lim_{n \to \infty} n^2 a_n = 0$

(D) 若级数 $\sum_{n=1}^{\infty} a_n$ 发散, 则存在非零常数 λ, 使得 $\lim_{n\to\infty} na_n = \lambda$

6. (考研真题, 2002 年数学一) 设 $u_n \neq 0$, 且 $\lim_{n\to\infty} \frac{n}{u_n} = 1$, 则级数 $\sum_{n=1}^{\infty}(-1)^{n+1}\left(\frac{1}{u_n}+\frac{1}{u_{n+1}}\right)$ 为 (　　).

(A) 发散　　(B) 绝对收敛　(C) 条件收敛　(D) 收敛性不能判定

7. (考研真题, 1999 年数学一) 设 $a_n = \int_0^{\frac{\pi}{4}} \tan^n x\mathrm{d}x$.

(1) 求 $\sum_{n=1}^{\infty} \frac{1}{n}(a_n + a_{n+2})$ 的值;

(2) 试证对任意的常数 $\lambda > 0$, 级数 $\sum_{n=1}^{\infty} \frac{a_n}{n^{\lambda}}$ 收敛.

8. (考研真题, 1998 年数学一) 设正项数列 $\{a_n\}$ 单调减少, 且 $\sum_{n=1}^{\infty}(-1)^n a_n$ 发散, 试问级数 $\sum_{n=1}^{\infty}\left(\frac{1}{a_n+1}\right)^n$ 是否收敛? 并说明理由.

9. (考研真题, 2023 年数学一) 已知 $a_n < b_n (n = 1, 2, \cdots)$, 若级数 $\sum_{n=1}^{\infty} a_n$ 与 $\sum_{n=1}^{\infty} b_n$ 均收敛, 则 $\sum_{n=1}^{\infty} a_n$ 绝对收敛是 $\sum_{n=1}^{\infty} b_n$ 绝对收敛的 (　　).

(A) 充要条件　　(B) 充分但非必要条件

(C) 必要但非充分条件　　(D) 既非充分亦非必要条件

10. (考研真题, 2017 年数学三) 若级数 $\sum_{n=2}^{\infty}\left[\sin\frac{1}{n} - k\ln\left(1-\frac{1}{n}\right)\right]$ 收敛, 则 $k =$ ____.

11. (考研真题, 2019 年数学三) 若 $\sum_{n=1}^{\infty} nu_n$ 绝对收敛, $\sum_{n=1}^{\infty} \frac{v_n}{n}$ 条件收敛, 则 (　　).

(A) $\sum_{n=1}^{\infty} u_n v_n$ 条件收敛　　(B) $\sum_{n=1}^{\infty} u_n v_n$ 绝对收敛

(C) $\sum_{n=1}^{\infty} u_n v_n$ 收敛　　(D) $\sum_{n=1}^{\infty} u_n v_n$ 发散

9.3 幂级数

PPT 课件 9-3 幂级数

9.3.1 函数项级数的概念

给定一个定义在区间 I 上的函数列 $\{u_n(x)\}$, 由这函数列构成的表达式

$$u_1(x)+u_2(x)+\cdots+u_n(x)+\cdots$$

称为定义在区间 I 上的函数项级数, 记为 $\sum\limits_{n=1}^{\infty}u_n(x)$.

对于区间 I 内的一定点 x_0, 若常数项级数 $\sum\limits_{n=1}^{\infty}u_n(x_0)$ 收敛, 则称点 x_0 是级数 $\sum\limits_{n=1}^{\infty}u_n(x)$ 的收敛点. 若常数项级数 $\sum\limits_{n=1}^{\infty}u_n(x_0)$ 发散, 则称点 x_0 是级数 $\sum\limits_{n=1}^{\infty}u_n(x)$ 的发散点. 函数项级数 $\sum\limits_{n=1}^{\infty}u_n(x)$ 的所有收敛点的全体称为它的收敛域, 所有发散点的全体称为它的发散域.

在收敛域上, 函数项级数 $\sum\limits_{n=1}^{\infty}u_n(x)$ 的和是 x 的函数 $s(x)$, $s(x)$ 称为函数项级数 $\sum\limits_{n=1}^{\infty}u_n(x)$ 的和函数, 记为 $s(x)=\sum\limits_{n=1}^{\infty}u_n(x)$. 函数项级数 $\sum\limits_{n=1}^{\infty}u_n(x)$ 的前 n 项的部分和记作 $s_n(x)$, 即

$$s_n(x)=u_1(x)+u_2(x)+\cdots+u_n(x).$$

函数项级数 $\sum\limits_{n=1}^{\infty}u_n(x)$ 的和函数 $s(x)$ 与部分和 $s_n(x)$ 的差

$$r_n(x)=s(x)-s_n(x)$$

叫作函数项级数 $\sum\limits_{n=1}^{\infty}u_n(x)$ 的余项. 在收敛域上有 $\lim\limits_{n\to\infty}r_n(x)=0$.

9.3.2 幂级数及其敛散性

函数项级数中简单而常见的一类级数就是各项都是幂函数的函数项级数, 这种形式的级数称为幂级数, 它的形式是

$$a_0+a_1x+a_2x^2+\cdots+a_nx^n+\cdots,$$

其中常数 $a_0,a_1,\cdots,a_n,\cdots$ 叫作幂级数的系数. 例如,

$$1+x+x^2+\cdots+x^n+\cdots,$$

$$1+x+\frac{1}{2!}x^2+\cdots+\frac{1}{n!}x^n+\cdots.$$

实际上幂级数的一般形式是

$$a_0+a_1(x-x_0)+a_2(x-x_0)^2+\cdots+a_n(x-x_0)^n+\cdots,$$

经变换 $t = x - x_0$ 就得

$$a_0 + a_1 t + a_2 t^2 + \cdots + a_n t^n + \cdots .$$

幂级数

$$1 + x + x^2 + \cdots + x^n + \cdots$$

可以看成是公比为 x 的几何级数. 当 $|x| < 1$ 时, 它是收敛的; 当 $|x| \geqslant 1$ 时, 它是发散的. 因此它的收敛域为 $(-1, 1)$, 在收敛域内有

$$1 + x + x^2 + \cdots + x^n + \cdots = \frac{1}{1-x}, \quad -1 < x < 1.$$

定理 9.3.1 (阿贝尔定理) 若级数 $\sum\limits_{n=0}^{\infty} a_n x^n$ 当 $x = x_0 (x_0 \neq 0)$ 时收敛, 则适合不等式 $|x| < |x_0|$ 的一切 x 使这幂级数绝对收敛. 反之, 若级数 $\sum\limits_{n=0}^{\infty} a_n x^n$ 当 $x = x_0$ 时发散, 则适合不等式 $|x| > |x_0|$ 的一切 x 使这幂级数发散.

证 先设 x_0 是幂级数 $\sum\limits_{n=0}^{\infty} a_n x^n$ 的收敛点, 即级数 $\sum\limits_{n=0}^{\infty} a_n x_0^n$ 收敛. 根据级数收敛的必要条件, 有 $\lim\limits_{n \to \infty} a_n x_0^n = 0$, 于是存在一个常数 M, 使 $|a_n x_0^n| \leqslant M \ (n = 0, 1, 2, \cdots)$. 这样级数 $\sum\limits_{n=0}^{\infty} a_n x^n$ 的一般项的绝对值满足

$$|a_n x^n| = \left| a_n x_0^n \frac{x^n}{x_0^n} \right| = |a_n x_0^n| \left| \frac{x}{x_0} \right|^n \leqslant M \left| \frac{x}{x_0} \right|^n .$$

因为当 $|x| < |x_0|$ 时, 等比级数 $\sum\limits_{n=0}^{\infty} M \left| \frac{x}{x_0} \right|^n$ 收敛, 所以级数 $\sum\limits_{n=0}^{\infty} |a_n x^n|$ 也收敛, 即级数 $\sum\limits_{n=0}^{\infty} a_n x^n$ 绝对收敛.

定理的第二部分可用反证法证明. 倘若幂级数当 $x = x_0$ 时发散而有一点 x_1 适合 $|x_1| > |x_0|$ 使级数收敛, 则根据本定理的第一部分, 级数当 $x = x_0$ 时应收敛, 这与所设矛盾. 定理得证.

推论 如果级数 $\sum\limits_{n=0}^{\infty} a_n x^n$ 不是仅在点 $x = 0$ 一点收敛, 也不是在整个数轴上都收敛, 那么必存在一个完全确定的正数 R, 使得

当 $|x| < R$ 时, 幂级数绝对收敛;

当 $|x| > R$ 时, 幂级数发散;

当 $x=R$ 与 $x=-R$ 时, 幂级数可能收敛也可能发散.

正数 R 叫作幂级数 $\sum_{n=0}^{\infty} a_n x^n$ 的收敛半径, 开区间 $(-R,R)$ 叫作幂级数 $\sum_{n=0}^{\infty} a_n x^n$ 的收敛区间. 由幂级数在 $x=\pm R$ 处的收敛性就可以决定它的收敛域. 幂级数 $\sum_{n=0}^{\infty} a_n x^n$ 的收敛域是 $(-R,R)$, $[-R,R)$, $(-R,R]$ 或 $[-R,R]$ 之一.

为了方便, 通常作如下规定: 若幂级数 $\sum_{n=0}^{\infty} a_n x^n$ 只在 $x=0$ 收敛, 则规定收敛半径 $R=0$; 若幂级数 $\sum_{n=0}^{\infty} a_n x^n$ 对一切 x 都收敛, 则规定收敛半径 $R=\infty$, 这时收敛域为 $(-\infty,+\infty)$.

鉴于收敛半径的重要性, 有必要研究如何求收敛半径.

定理 9.3.2 如果 $\lim_{n\to\infty}\left|\frac{a_{n+1}}{a_n}\right|=\rho$, 其中 a_n, a_{n+1} 是幂级数 $\sum_{n=0}^{\infty} a_n x^n$ 的相邻两项的系数, 那么幂级数的收敛半径

$$R=\begin{cases}\infty, & \rho=0,\\ \dfrac{1}{\rho}, & \rho\neq 0,\\ 0, & \rho=\infty.\end{cases}$$

证 因为

$$\lim_{n\to\infty}\left|\frac{a_{n+1}x^{n+1}}{a_n x^n}\right|=\lim_{n\to\infty}\left|\frac{a_{n+1}}{a_n}\right|\cdot|x|=\rho|x|,$$

所以

(1) 若 $0<\rho<\infty$, 则只当 $\rho|x|<1$ 时幂级数收敛, 故 $R=\dfrac{1}{\rho}$;

(2) 若 $\rho=0$, 则幂级数总是收敛的, 故 $R=\infty$;

(3) 若 $\rho=\infty$, 则只当 $x=0$ 时幂级数收敛, 故 $R=0$.

例 1 求幂级数

$$\sum_{n=1}^{\infty}(-1)^{n-1}\frac{x^n}{n}=x-\frac{x^2}{2}+\frac{x^3}{3}-\cdots+(-1)^{n-1}\frac{x^n}{n}+\cdots$$

的收敛半径与收敛域.

解 因为

$$\rho=\lim_{n\to\infty}\left|\frac{a_{n+1}}{a_n}\right|=\lim_{n\to\infty}\frac{\dfrac{1}{n+1}}{\dfrac{1}{n}}=1,$$

所以收敛半径为 $R=\dfrac{1}{\rho}=1$.

当 $x=1$ 时, 幂级数成为 $\sum\limits_{n=1}^{\infty}(-1)^{n-1}\frac{1}{n}$, 它是收敛的; 当 $x=-1$ 时, 幂级数成为 $-\sum\limits_{n=1}^{\infty}\frac{1}{n}$, 它是发散的. 因此, 收敛域为 $(-1,1]$.

例 2 求幂级数 $\sum\limits_{n=0}^{\infty}\frac{1}{n!}x^n$ 的收敛域.

解 因为

$$\rho=\lim_{n\to\infty}\left|\frac{a_{n+1}}{a_n}\right|=\lim_{n\to\infty}\frac{\frac{1}{(n+1)!}}{\frac{1}{n!}}=\lim_{n\to\infty}\frac{n!}{(n+1)!}=0,$$

所以收敛半径为 $R=\infty$, 从而收敛域为 $(-\infty,+\infty)$.

例 3 求幂级数 $\sum\limits_{n=0}^{\infty}n!x^n$ 的收敛半径.

解 因为

$$\rho=\lim_{n\to\infty}\left|\frac{a_{n+1}}{a_n}\right|=\lim_{n\to\infty}\frac{(n+1)!}{n!}=\infty,$$

所以收敛半径为 $R=0$, 即级数仅在 $x=0$ 处收敛.

例 4 求幂级数 $\sum\limits_{n=0}^{\infty}\frac{(2n)!}{(n!)^2}x^{2n}$ 的收敛半径.

解 级数缺少奇次幂的项, 定理 9.3.2 不能应用, 可根据比值审敛法来求收敛半径. 幂级数的一般项记为 $u_n(x)=\frac{(2n)!}{(n!)^2}x^{2n}$, 则有

$$\frac{u_{n+1}(x)}{u_n(x)}=\frac{\frac{(2(n+1))!}{((n+1)!)^2}x^{2(n+1)}}{\frac{(2n)!}{(n!)^2}x^{2n}}=\frac{(2n+2)(2n+1)}{(n+1)^2}x^2,$$

因此

$$\lim_{n\to\infty}\left|\frac{u_{n+1}(x)}{u_n(x)}\right|=4|x|^2.$$

当 $4|x|^2<1$, 即 $|x|<\frac{1}{2}$ 时级数收敛; 当 $4|x|^2>1$, 即 $|x|>\frac{1}{2}$ 时级数发散, 所以收敛半径为 $R=\frac{1}{2}$.

例 5 求幂级数 $\sum\limits_{n=1}^{\infty}\frac{(x-1)^n}{2^n n}$ 的收敛域.

解 令 $t=x-1$, 上述级数变为 $\sum\limits_{n=1}^{\infty}\frac{t^n}{2^n n}$. 因为

$$\rho=\lim_{n\to\infty}\left|\frac{a_{n+1}}{a_n}\right|=\lim_{n\to\infty}\frac{2^n\cdot n}{2^{n+1}\cdot(n+1)}=\frac{1}{2},$$

所以收敛半径 $R=2$.

当 $t=2$ 时, 级数成为 $\sum\limits_{n=1}^{\infty}\frac{1}{n}$, 此级数发散; 当 $t=-2$ 时, 级数成为 $\sum\limits_{n=1}^{\infty}\frac{(-1)^n}{n}$, 此级数收敛. 因此级数 $\sum\limits_{n=1}^{\infty}\frac{t^n}{2^n\cdot n}$ 的收敛域为 $-2\leqslant t<2$. 因为 $-2\leqslant x-1<2$, 即 $-1\leqslant x<3$, 所以原级数的收敛域为 $[-1,3)$.

9.3.3 幂级数的运算

设幂级数 $\sum\limits_{n=0}^{\infty}a_nx^n$ 及 $\sum\limits_{n=0}^{\infty}b_nx^n$ 分别在区间 $(-R,R)$ 及 $(-R',R')$ 内收敛, 则在 $(-R,R)$ 与 $(-R',R')$ 中较小的区间内有

加法: $\sum\limits_{n=0}^{\infty}a_nx^n+\sum\limits_{n=0}^{\infty}b_nx^n=\sum\limits_{n=0}^{\infty}(a_n+b_n)x^n$;

减法: $\sum\limits_{n=0}^{\infty}a_nx^n-\sum\limits_{n=0}^{\infty}b_nx^n=\sum\limits_{n=0}^{\infty}(a_n-b_n)x^n$;

乘法: $\left(\sum\limits_{n=0}^{\infty}a_nx^n\right)\cdot\left(\sum\limits_{n=0}^{\infty}b_nx^n\right)=a_0b_0+(a_0b_1+a_1b_0)x+(a_0b_2+a_1b_1+a_2b_0)x^2+\cdots+(a_0b_n+a_1b_{n-1}+\cdots+a_nb_0)x^n+\cdots$.

性质 1 幂级数 $\sum\limits_{n=0}^{\infty}a_nx^n$ 的和函数 $s(x)$ 在其收敛域 I 上连续. 若幂级数在 $x=R$ (或 $x=-R$) 也收敛, 则和函数 $s(x)$ 在 $(-R,R]$ (或 $[-R,R)$) 上连续.

性质 2 幂级数 $\sum\limits_{n=0}^{\infty}a_nx^n$ 的和函数 $s(x)$ 在其收敛域 I 上可积, 并且有逐项积分公式

$$\begin{aligned}\int_0^x s(t)\mathrm{d}t&=\int_0^x\left(\sum_{n=0}^{\infty}a_nt^n\right)\mathrm{d}t\\&=\sum_{n=0}^{\infty}\int_0^x a_nt^n\mathrm{d}t=\sum_{n=0}^{\infty}\frac{a_n}{n+1}x^{n+1},\ x\in I.\end{aligned}$$

逐项积分后所得到的幂级数和原级数有相同的收敛半径.

性质 3 幂级数 $\sum\limits_{n=0}^{\infty}a_nx^n$ 的和函数 $s(x)$ 在其收敛区间 $(-R,R)$ 内可导, 并且有逐项求导公式

$$s'(x)=\left(\sum_{n=0}^{\infty}a_nx^n\right)'=\sum_{n=0}^{\infty}(a_nx^n)'=\sum_{n=1}^{\infty}na_nx^{n-1},\ |x|<R.$$

逐项求导后所得到的幂级数和原级数有相同的收敛半径.

以上三个性质是一致收敛级数性质的特例 (详见本章 9.5 节).

例 6 求幂级数 $\sum_{n=0}^{\infty}\frac{1}{n+1}x^n$ 的和函数.

解 先求幂级数的收敛域. 由 $\lim_{n\to\infty}\left|\frac{a_{n+1}}{a_n}\right|=1$, 得收敛半径 $R=1$. 又在端点 $x=-1$ 处, 幂级数成为 $\sum_{n=0}^{\infty}\frac{(-1)^n}{n+1}$, 是收敛的交错级数; 在端点 $x=1$ 处, 幂级数成为 $\sum_{n=0}^{\infty}\frac{1}{n+1}$, 是发散的. 因此收敛域为 $I=[-1,1)$.

设和函数为 $s(x)$, 即 $s(x)=\sum_{n=0}^{\infty}\frac{1}{n+1}x^n, x\in[-1,1)$. 显然 $s(0)=1$. 在 $xs(x)=\sum_{n=0}^{\infty}\frac{1}{n+1}x^{n+1}$ 的两边求导得

$$(xs(x))'=\sum_{n=0}^{\infty}\left(\frac{1}{n+1}x^{n+1}\right)'=\sum_{n=0}^{\infty}x^n=\frac{1}{1-x}.$$

上式从 0 到 x 积分, 得

$$xs(x)=\int_0^x\frac{1}{1-t}\mathrm{d}t=-\ln(1-x),$$

于是, 当 $x\neq 0$ 时, 有

$$s(x)=-\frac{1}{x}\ln(1-x),$$

从而

$$s(x)=\begin{cases}-\frac{1}{x}\ln(1-x), & x\in[-1,0)\cup(0,1),\\ 1, & x=0.\end{cases}$$

注 由例 6 得

$$\sum_{n=0}^{\infty}\frac{(-1)^n}{n+1}=\ln 2.$$

习题 9.3

A 题

1. 求下列幂级数的收敛域.

(1) $\sum_{n=1}^{\infty}nx^n$;

(2) $\sum_{n=1}^{\infty}\frac{n!}{n^n}x^n$;

(3) $\sum_{n=1}^{\infty}\frac{x^n}{2^n\cdot n}$;

(4) $\sum_{n=1}^{\infty}(-1)^n\frac{x^{2n+1}}{2n+1}$;

(5) $\sum\limits_{n=1}^{\infty}\dfrac{(x-3)^n}{\sqrt{n}}$; (6) $\sum\limits_{n=1}^{\infty}\dfrac{2^n}{n}(x-1)^n$.

2. 求下列级数的和函数.

(1) $\sum\limits_{n=1}^{\infty}(-1)^n\dfrac{x^n}{n}$; (2) $\sum\limits_{n=1}^{\infty}2nx^{2n-1}$.

B 题

1. (考研真题, 2012 年数学一) 求幂级数 $\sum\limits_{n=0}^{\infty}\dfrac{4n^2+4n+3}{2n+1}x^{2n}$ 的收敛域及和函数.

2. (考研真题, 2010 年数学一) 求幂级数 $\sum\limits_{n=1}^{\infty}\dfrac{(-1)^{n-1}}{2n-1}x^{2n}$ 的收敛域及和函数.

3. (考研真题, 2005 年数学一) 求幂级数 $\sum\limits_{n=1}^{\infty}(-1)^{n-1}\left(1+\dfrac{1}{n(2n-1)}\right)x^{2n}$ 的收敛区间与和函数.

4. (考研真题, 2011 年数学一) 设数列 $\{a_n\}$ 单调递减, $\lim\limits_{n\to\infty}a_n=0, s_n=\sum\limits_{k=1}^{n}a_k(n=1,2,\cdots)$ 无界, 则幂级数 $\sum\limits_{n=1}^{\infty}a_n(x-1)^n$ 的收敛域为 ( ).

(A) $(-1,1]$ (B) $[-1,1]$ (C) $[0,2)$ (D) $(0,2]$

5. (考研真题, 2008 年数学一) 已知幂级数 $\sum\limits_{n=0}^{\infty}a_n(x+2)^n$ 在 $x=0$ 处收敛, 在 $x=-4$ 处发散, 则幂级数 $\sum\limits_{n=0}^{\infty}a_n(x-3)^n$ 的收敛域为 ( ).

6. (考研真题, 2014 年数学三) 求幂级数 $\sum\limits_{n=0}^{\infty}(n+1)(n+3)x^n$ 的收敛域及和函数.

7. (考研真题, 2020 年数学一) 设 R 为幂级数 $\sum\limits_{n=1}^{\infty}a_nx^n$ 的收敛半径, r 是实数, 则 ( ).

(A) $\sum\limits_{n=1}^{\infty}a_nr^n$ 发散时, $|r|\geqslant R$

(B) $\sum\limits_{n=1}^{\infty}a_nr^n$ 发散时, $|r|\leqslant R$

(C) $|r|\geqslant R$ 时, $\sum\limits_{n=1}^{\infty}a_nr^n$ 发散

(D) $|r|\leqslant R$ 时, $\sum\limits_{n=1}^{\infty}a_nr^n$ 发散

9.4 函数展开成幂级数及其应用

PPT 课件 9.4
函数展开成幂级数及其应用

9.4.1 函数展开成幂级数

前面讨论了幂级数的收敛域及和函数. 本节考虑反问题: 给定一个函数 $f(x)$, 能否找到一个幂级数, 它在某区间上收敛, 而其和函数恰好是 $f(x)$. 若能找到这样的幂级数, 则称函数 $f(x)$ 在该区间上能够展开成幂级数.

微视频 9.3
泰勒公式

1. 泰勒公式

在第 3 章我们已经知道, 如果 $f(x)$ 在点 x_0 的某邻域内具有各阶导数 $f'(x), f''(x), \cdots, f^{(n)}(x), \cdots$, 那么在该邻域内

$$f(x) = f(x_0) + f'(x_0)(x-x_0) + \frac{f''(x_0)}{2!}(x-x_0)^2 + \cdots + \frac{f^{(n)}(x_0)}{n!}(x-x_0)^n + R_n(x), \tag{9-2}$$

其中

$$R_n(x) = \frac{f^{(n+1)}(\xi)}{(n+1)!}(x-x_0)^{n+1},$$

其中 ξ 位于 x 与 x_0 之间. 这就是所谓的泰勒公式.

进一步, 如果 $f(x)$ 在点 x_0 的某邻域内具有各阶导数, 那么当 $n \to \infty$ 时, $f(x)$ 在点 x_0 的泰勒多项式

$$p_n(x) = f(x_0) + f'(x_0)(x-x_0) + \frac{f''(x_0)}{2!}(x-x_0)^2 + \cdots + \frac{f^{(n)}(x_0)}{n!}(x-x_0)^n$$

成为幂级数

$$f(x_0) + f'(x_0)(x-x_0) + \frac{f''(x_0)}{2!}(x-x_0)^2 + \cdots + \frac{f^{(n)}(x_0)}{n!}(x-x_0)^n + \cdots.$$

这一幂级数称为函数 $f(x)$ 的泰勒级数. 显然, 当 $x = x_0$ 时, $f(x)$ 的泰勒级数收敛于 $f(x_0)$.

现在需要考虑除了 $x = x_0$ 外, $f(x)$ 的泰勒级数是否收敛? 如果收敛, 它是否一定收敛于 $f(x)$?

定理 9.4.1 设函数 $f(x)$ 在点 x_0 的某一邻域 $U(x_0)$ 内具有各阶导数, 则 $f(x)$ 在该邻域内能展开成泰勒级数的充分必要条件是 $f(x)$ 的泰勒公式 (9–2) 中的余项 $R_n(x)$ 当 $n\to\infty$ 时的极限为零, 即对任意 $x\in U(x_0)$, $\lim\limits_{n\to\infty}R_n(x)=0$.

证 先证必要性. 设 $f(x)$ 在 $U(x_0)$ 内能展开为泰勒级数, 即当 $x\in U(x_0)$ 时,

$$f(x)=f(x_0)+f'(x_0)(x-x_0)+\frac{f''(x_0)}{2!}(x-x_0)^2+\cdots+\frac{f^{(n)}(x_0)}{n!}(x-x_0)^n+\cdots.$$

又设 $s_{n+1}(x)$ 是 $f(x)$ 的泰勒级数的前 $n+1$ 项的和, 则在 $U(x_0)$ 内 $\lim\limits_{n\to\infty}s_{n+1}(x)=f(x)$. 而 $f(x)$ 的 n 阶泰勒公式可写成 $f(x)=s_{n+1}(x)+R_n(x)$, 于是

$$\lim_{n\to\infty}R_n(x)=\lim_{n\to\infty}(f(x)-s_{n+1}(x))=0.$$

再证充分性. 设 $\lim\limits_{n\to\infty}R_n(x)=0$ 对一切 $x\in U(x_0)$ 成立. 因为 $f(x)$ 的 n 阶泰勒公式可写成 $f(x)=s_{n+1}(x)+R_n(x)$, 于是

$$\lim_{n\to\infty}s_{n+1}(x)=\lim_{n\to\infty}(f(x)-R_n(x))=f(x),$$

即 $f(x)$ 的泰勒级数在 $U(x_0)$ 内收敛, 并且收敛于 $f(x)$. 证毕.

在泰勒级数中取 $x_0=0$, 得

$$f(0)+f'(0)x+\frac{f''(0)}{2!}x^2+\cdots+\frac{f^{(n)}(0)}{n!}x^n+\cdots$$

此级数称为 $f(x)$ 的麦克劳林级数.

如果 $f(x)$ 能展开成 x 的幂级数, 那么这种展式是唯一的, 它一定与 $f(x)$ 的麦克劳林级数一致. 这是因为, 如果 $f(x)$ 在点 $x_0=0$ 的某邻域 $(-R,R)$ 内能展开成 x 的幂级数, 即

$$f(x)=a_0+a_1x+a_2x^2+\cdots+a_nx^n+\cdots,$$

那么根据幂级数在收敛区间内可以逐项求导, 有

$$f'(x)=a_1+2a_2x+3a_3x^2+\cdots+na_nx^{n-1}+\cdots,$$

$$f''(x)=2!a_2+3\cdot 2a_3x+\cdots+n\cdot(n-1)a_nx^{n-2}+\cdots,$$

$$f'''(x)=3!a_3+\cdots+n\cdot(n-1)(n-2)a_nx^{n-3}+\cdots,$$

$$\cdots,$$

$$f^{(n)}(x)=n!a_n+(n+1)n(n-1)\cdots 2a_{n+1}x+\cdots.$$

于是得

$$a_0=f(0),\quad a_1=f'(0),\quad a_2=\frac{f''(0)}{2!},\quad \cdots,\quad a_n=\frac{f^{(n)}(0)}{n!}.$$

如果 $f(x)$ 能展开成 x 的幂级数, 那么这个幂级数就是 $f(x)$ 的麦克劳林级数. 但是反过来, 如果 $f(x)$ 的麦克劳林级数在点 $x_0=0$ 的某邻域内收敛, 它却不一定收敛于 $f(x)$. 例如

$$f(x)=\begin{cases}\mathrm{e}^{-\frac{1}{x^2}}, & x\neq 0,\\ 0, & x=0.\end{cases}$$

可以验证它在原点的任何邻域内有任意阶导数, 并且对任何 n, $f^{(n)}(0)=0$. 所以它的麦克劳林级数恒为零, 显然不等于 $f(x)$. 因此, 若 $f(x)$ 在点 $x_0=0$ 处具有各阶导数, 则 $f(x)$ 的麦克劳林级数虽然能做出来, 但这个级数是否在某个区间内收敛, 以及是否收敛于 $f(x)$ 却需要进一步考察.

2. 函数展开成幂级数

根据前面所述, 我们可以按如下步骤将函数展开成幂级数:

第一步　求出 $f(x)$ 的各阶导数: $f'(x), f''(x), \cdots, f^{(n)}(x), \cdots$;

第二步　求函数及其各阶导数在 $x=0$ 处的值: $f(0)$, $f'(0)$, $f''(0), \cdots, f^{(n)}(0), \cdots$;

第三步　写出幂级数

$$f(0)+f'(0)x+\frac{f''(0)}{2!}x^2+\cdots+\frac{f^{(n)}(0)}{n!}x^n+\cdots,$$

并求出收敛半径 R;

第四步　考察在区间 $(-R,R)$ 内是否 $R_n(x)\to 0(n\to\infty)$. 若 $\lim\limits_{n\to\infty}R_n(x)=0$, 则 $f(x)$ 在 $(-R,R)$ 内有展开式

$$f(x)=f(0)+f'(0)x+\frac{f''(0)}{2!}x^2+\cdots+\frac{f^{(n)}(0)}{n!}x^n+\cdots.$$

例 1　将函数 $f(x)=\mathrm{e}^x$ 展开成 x 的幂级数.

解　所给函数的各阶导数为

$$f^{(n)}(x)=\mathrm{e}^x\quad(n=1,2,\cdots),$$

因此

$$f^{(n)}(0)=1\quad(n=1,2,\cdots),$$

于是得级数

$$1+x+\frac{1}{2!}x^2+\cdots+\frac{1}{n!}x^n+\cdots.$$

下面求级数的收敛半径. 对于任何有限的数 x, 存在 ξ (ξ 介于 0 与 x), 使

$$|R_n(x)|=\left|\frac{\mathrm{e}^{\xi}}{(n+1)!}x^{n+1}\right|<\mathrm{e}^{|x|}\frac{|x|^{n+1}}{(n+1)!},$$

而 $\lim\limits_{n\to\infty}\dfrac{|x|^{n+1}}{(n+1)!}=0$, 所以 $\lim\limits_{n\to\infty}|R_n(x)|=0$, 级数的收敛半径 $R=\infty$. 从而有展开式

$$\mathrm{e}^x=1+x+\frac{1}{2!}x^2+\cdots+\frac{1}{n!}x^n+\cdots,\quad -\infty<x<+\infty.$$

例 2　将函数 $f(x)=\sin x$ 展开成 x 的幂级数.

解　因为

$$f^{(n)}(x)=\sin\left(x+n\cdot\frac{\pi}{2}\right),\quad n=1,2,\cdots,$$

所以 $f^{(n)}(0)$ 顺序循环地取 $0,1,0,-1$, $n=0,1,2,\cdots$, 于是得级数

$$x-\frac{x^3}{3!}+\frac{x^5}{5!}-\cdots+(-1)^{n-1}\frac{x^{2n-1}}{(2n-1)!}+\cdots.$$

下证此级数的收敛半径为 $R=\infty$. 对于任何有限的数 x, 存在 ξ (ξ 介于 0 与 x), 使

$$|R_n(x)|=\left|\frac{\sin\left(\xi+\dfrac{(n+1)\pi}{2}\right)}{(n+1)!}x^{n+1}\right|\leqslant\frac{|x|^{n+1}}{(n+1)!}\to 0\quad(n\to\infty),$$

因此得展开式

$$\sin x = x - \frac{x^3}{3!} + \frac{x^5}{5!} - \cdots + (-1)^{n-1}\frac{x^{2n-1}}{(2n-1)!} + \cdots, \quad -\infty < x < +\infty. \tag{9-3}$$

例 3 将函数 $f(x) = (1+x)^\alpha$ 展开成 x 的幂级数, 其中 α 为任意常数.

解 $f(x)$ 的各阶导数为

$$\begin{aligned}
&f'(x) = \alpha(1+x)^{\alpha-1},\\
&f''(x) = \alpha(\alpha-1)(1+x)^{\alpha-2},\\
&\qquad\qquad\cdots,\\
&f^{(n)}(x) = \alpha(\alpha-1)(\alpha-2)\cdots(\alpha-n+1)(1+x)^{\alpha-n},\\
&\qquad\qquad\cdots,
\end{aligned}$$

所以

$$f(0) = 1, \quad f'(0) = \alpha, \quad f''(0) = \alpha(\alpha-1), \quad \cdots,$$

$$f^{(n)}(0) = \alpha(\alpha-1)\cdots(\alpha-n+1), \quad \cdots,$$

于是得幂级数

$$1 + \alpha x + \frac{\alpha(\alpha-1)}{2!}x^2 + \cdots + \frac{\alpha(\alpha-1)\cdots(\alpha-n+1)}{n!}x^n + \cdots.$$

可以证明

$$\begin{aligned}(1+x)^\alpha =& 1 + \alpha x + \frac{\alpha(\alpha-1)}{2!}x^2 + \cdots +\\ &\frac{\alpha(\alpha-1)\cdots(\alpha-n+1)}{n!}x^n + \cdots, \ -1 < x < 1.\end{aligned} \tag{9-4}$$

以上将函数展开成幂级数的例子, 是采用直接用公式计算幂级数的系数, 最后考察余项 $R_n(x)$ 是否趋于零的方法. 这种直接展开的方法计算量较大, 而且确定余项趋于零的区域不是一件容易的事. 下面介绍间接展开的方法, 就是利用一些已知的函数展开式, 通过幂级数的运算 (如四则运算, 逐项求导, 逐项积分) 以及变量代换等, 将所给函数展开成幂级数. 这样做不但计算简单, 而且可以避免研究余项.

例 4 将函数 $f(x) = \cos x$ 展开成 x 的幂级数.

解 对式 (9–3) 两边求导得

$$\cos x = 1 - \frac{x^2}{2!} + \frac{x^4}{4!} - \cdots + (-1)^n \frac{x^{2n}}{(2n)!} + \cdots,\ -\infty < x < +\infty.$$

例 5 将函数 $f(x) = \dfrac{1}{1+x^2}$ 展开成 x 的幂级数.

解 根据 (9–4), 有

$$\frac{1}{1+x} = 1 - x + x^2 - \cdots + (-1)^n x^n + \cdots,\ -1 < x < 1.$$

把 x 换成 x^2, 得

注 收敛半径的确定: 由 $-1 < x^2 < 1$ 得 $-1 < x < 1$.

$$\frac{1}{1+x^2} = 1 - x^2 + x^4 - \cdots + (-1)^n x^{2n} + \cdots,\ -1 < x < 1.$$

例 6 将函数 $f(x) = \ln(1+x)$ 展开成 x 的幂级数.

解 利用 (9–4) 和收敛级数的性质, 有

$$\begin{aligned} f(x) = \ln(1+x) &= \int_0^x (\ln(1+t))' \mathrm{d}t = \int_0^x \frac{1}{1+t} \mathrm{d}t \\ &= \int_0^x \left(\sum_{n=0}^{\infty} (-1)^n t^n \right) \mathrm{d}t = \sum_{n=0}^{\infty} (-1)^n \int_0^x t^n \mathrm{d}t \\ &= \sum_{n=0}^{\infty} (-1)^n \frac{x^{n+1}}{n+1},\quad -1 < x \leqslant 1. \end{aligned}$$

上述展开式对 $x = 1$ 也成立, 这是因为上式右端的幂级数当 $x = 1$ 时收敛, 而 $\ln(1+x)$ 在 $x = 1$ 处有定义且连续.

例 7 将函数 $f(x) = \sin x$ 展开成 $x - \dfrac{\pi}{4}$ 的幂级数.

解 因为

$$\sin x = \sin\left(\frac{\pi}{4} + x - \frac{\pi}{4}\right) = \frac{\sqrt{2}}{2}\left(\cos\left(x - \frac{\pi}{4}\right) + \sin\left(x - \frac{\pi}{4}\right)\right),$$

并且有

$$\cos\left(x - \frac{\pi}{4}\right) = 1 - \frac{1}{2!}\left(x - \frac{\pi}{4}\right)^2 + \frac{1}{4!}\left(x - \frac{\pi}{4}\right)^4 - \cdots,$$

$$-\infty < x < +\infty;$$

$$\sin\left(x - \frac{\pi}{4}\right) = \left(x - \frac{\pi}{4}\right) - \frac{1}{3!}\left(x - \frac{\pi}{4}\right)^3 + \frac{1}{5!}\left(x - \frac{\pi}{4}\right)^5 - \cdots,$$

$$-\infty < x < +\infty,$$

所以

$$\sin x = \frac{\sqrt{2}}{2}\left(1 + \left(x - \frac{\pi}{4}\right) - \frac{1}{2!}\left(x - \frac{\pi}{4}\right)^2 - \frac{1}{3!}\left(x - \frac{\pi}{4}\right)^3 + \cdots\right),$$

$$-\infty < x < +\infty.$$

例 8 将函数 $f(x)=\dfrac{1}{x^2+4x+3}$ 展开成 $x-1$ 的幂级数.

解 我们有

$$\begin{aligned}f(x)&=\frac{1}{x^2+4x+3}=\frac{1}{(x+1)(x+3)}=\frac{1}{2(x+1)}-\frac{1}{2(x+3)}\\&=\frac{1}{4\left(1+\dfrac{x-1}{2}\right)}-\frac{1}{8\left(1+\dfrac{x-1}{4}\right)}\\&=\frac{1}{4}\sum_{n=0}^{\infty}(-1)^n\frac{(x-1)^n}{2^n}-\frac{1}{8}\sum_{n=0}^{\infty}(-1)^n\frac{(x-1)^n}{4^n}\\&=\sum_{n=0}^{\infty}(-1)^n\left(\frac{1}{2^{n+2}}-\frac{1}{2^{2n+3}}\right)(x-1)^n,\ -1<x<3.\end{aligned}$$

其中收敛域的确定: 由 $-1<\dfrac{x-1}{2}<1$ 和 $-1<\dfrac{x-1}{4}<1$ 得 $-1<x<3$.

9.4.2 近似计算

根据函数的幂级数展开式, 可以进行近似计算.

例 9 计算 $\ln 2$ 的近似值, 要求误差不超过 0.000 1.

解 在例 6 中, 令 $x=1$ 可得

$$\ln 2=1-\frac{1}{2}+\frac{1}{3}-\cdots+(-1)^{n-1}\frac{1}{n}+\cdots.$$

如果取级数前 n 项和作为 $\ln 2$ 的近似值, 其误差为

$$|r_n|\leqslant\frac{1}{n+1}.$$

为了保证误差不超过 0.000 1, 就需要取级数的前 10 000 项进行计算. 这样做计算量太大了. 我们必须用收敛较快的级数来代替它.

把展开式

$$\ln(1+x)=x-\frac{x^2}{2}+\frac{x^3}{3}-\frac{x^4}{4}+\cdots+(-1)^n\frac{x^{n+1}}{n+1}+\cdots,\ -1<x\leqslant 1$$

中的 x 换成 $-x$, 得

$$\ln(1-x)=-x-\frac{x^2}{2}-\frac{x^3}{3}-\frac{x^4}{4}-\cdots,\ -1\leqslant x<1.$$

两式相减, 得到不含有偶次幂的展开式:

$$\ln\frac{1+x}{1-x}=\ln(1+x)-\ln(1-x)=2\left(x+\frac{1}{3}x^3+\frac{1}{5}x^5+\cdots\right),$$
$$-1<x<1.$$

令 $\dfrac{1+x}{1-x}=2$, 解出 $x=\dfrac{1}{3}$. 以 $x=\dfrac{1}{3}$ 代入最后一个展开式, 得

$$\ln 2=2\left(\frac{1}{3}+\frac{1}{3}\times\frac{1}{3^3}+\frac{1}{5}\times\frac{1}{3^5}+\frac{1}{7}\times\frac{1}{3^7}+\cdots\right).$$

如果取前四项作为 $\ln 2$ 的近似值, 则误差为

$$\begin{aligned}|r_4|&=2\left(\frac{1}{9}\times\frac{1}{3^9}+\frac{1}{11}\times\frac{1}{3^{11}}+\frac{1}{13}\times\frac{1}{3^{13}}+\cdots\right)\\&<\frac{2}{3^{11}}\left(1+\frac{1}{9}+\left(\frac{1}{9}\right)^2+\cdots\right)\\&\leqslant\frac{2}{3^{11}}\times\frac{1}{1-\frac{1}{9}}<\frac{1}{70\,000}.\end{aligned}$$

于是取

$$\ln 2\approx 2\left(\frac{1}{3}+\frac{1}{3}\times\frac{1}{3^3}+\frac{1}{5}\times\frac{1}{3^5}+\frac{1}{7}\times\frac{1}{3^7}\right).$$

若计算时取五位小数得

$$\frac{1}{3}\approx 0.333\,33,\quad \frac{1}{3}\cdot\frac{1}{3^3}\approx 0.012\,35,\quad \frac{1}{5}\cdot\frac{1}{3^5}\approx 0.000\,82,\quad \frac{1}{7}\cdot\frac{1}{3^7}\approx 0.000\,07.$$

注 $\ln 2=0.693\,147\,18\cdots$.

进而得 $\ln 2\approx 0.693\,1$.

例 10 利用 $\sin x\approx x-\dfrac{1}{3!}x^3$ 求 $\sin 9^\circ$ 的近似值, 并估计误差.

解 首先把角度化成弧度,

$$9^\circ=\frac{\pi}{180}\times 9\ (\mathrm{rad})=\frac{\pi}{20}\ (\mathrm{rad}),$$

从而

$$\sin\frac{\pi}{20}\approx\frac{\pi}{20}-\frac{1}{3!}\left(\frac{\pi}{20}\right)^3.$$

其次, 估计这个近似值的精确度. 在 $\sin x$ 的幂级数展开式中令 $x=\dfrac{\pi}{20}$, 得

$$\sin\frac{\pi}{20}=\frac{\pi}{20}-\frac{1}{3!}\left(\frac{\pi}{20}\right)^3+\frac{1}{5!}\left(\frac{\pi}{20}\right)^5-\frac{1}{7!}\left(\frac{\pi}{20}\right)^7+\cdots.$$

等式右端是一个收敛的交错级数, 且各项的绝对值单调减少. 取它的前两项之和作为 $\sin\frac{\pi}{20}$ 的近似值, 由定理 9.2.6 其误差为

$$|r_2| \leqslant \frac{1}{5!}\left(\frac{\pi}{20}\right)^5 < \frac{1}{120}\cdot 0.2^5 < \frac{1}{300\ 000}.$$

因此当取 $\frac{\pi}{20} \approx 0.157\ 080$, $\left(\frac{\pi}{20}\right)^3 \approx 0.003\ 876$ 时, 有 $\sin 9^\circ \approx 0.156\ 43$, 这时误差不超过 10^{-5}.

注 $\sin 9^\circ = 0.156\ 434\ 465\cdots$.

例 11 计算积分 $\int_0^1 \frac{\sin x}{x}\mathrm{d}x$ 的近似值, 要求误差不超过 0.000 1.

解 由于 $\lim\limits_{x\to 0}\frac{\sin x}{x} = 1$, 因此所给积分不是反常积分. 如果定义被积函数在 $x = 0$ 处的值为 1, 那么它在积分区间 $[0,1]$ 上连续. 展开被积函数, 有

$$\frac{\sin x}{x} = 1 - \frac{x^2}{3!} + \frac{x^4}{5!} - \frac{x^6}{7!} + \cdots, \quad -\infty < x < +\infty.$$

在区间 $[0,1]$ 上逐项积分, 得

$$\int_0^1 \frac{\sin x}{x}\mathrm{d}x = 1 - \frac{1}{3\cdot 3!} + \frac{1}{5\cdot 5!} - \frac{1}{7\cdot 7!} + \cdots.$$

因为第四项 $\frac{1}{7\cdot 7!} < \frac{1}{30\ 000} < 0.000\ 1$, 所以取前三项的和作为积分的近似值

$$\int_0^1 \frac{\sin x}{x}\mathrm{d}x \approx 1 - \frac{1}{3\cdot 3!} + \frac{1}{5\cdot 5!} = 0.946\ 1,$$

其误差不超过 0.000 1.

9.4.3 欧拉公式

设有复数项级数

$$(u_1 + \mathrm{i}v_1) + (u_2 + \mathrm{i}v_2) + \cdots + (u_n + \mathrm{i}v_n) + \cdots,$$

其中 $u_n, v_n (n = 1,2,\cdots)$ 为实常数或实函数. 如果实部所成的级数 $u_1 + u_2 + \cdots + u_n + \cdots$ 收敛于和 u, 并且虚部所成的级数 $v_1 + v_2 + \cdots + v_n + \cdots$ 收敛于和 v, 就说复数项级数收敛且和为 $u + \mathrm{i}v$. 如果级数 $\sum\limits_{n=1}^{\infty}(u_n + \mathrm{i}v_n)$ 的各项的模所构成的级数 $\sum\limits_{n=1}^{\infty}\sqrt{u_n^2 + v_n^2}$ 收敛,

那么称级数 $\sum_{n=1}^{\infty}(u_n+\mathrm{i}v_n)$ 绝对收敛.

考察复数项级数

$$1+z+\frac{1}{2!}z^2+\cdots+\frac{1}{n!}z^n+\cdots,\quad z=x+\mathrm{i}y.$$

可以证明此级数在复平面上是绝对收敛的, 在 x 轴上 (即 $z=x$) 它表示指数函数 e^x, 在复平面上我们用它来定义复变量指数函数, 记为 e^z. 即

$$\mathrm{e}^z=1+z+\frac{1}{2!}z^2+\cdots+\frac{1}{n!}z^n+\cdots.$$

当 $x=0$ 时, $z=\mathrm{i}y$, 于是

$$\begin{aligned}\mathrm{e}^{\mathrm{i}y}&=1+\mathrm{i}y+\frac{1}{2!}(\mathrm{i}y)^2+\cdots+\frac{1}{n!}(\mathrm{i}y)^n+\cdots\\&=\left(1-\frac{1}{2!}y^2+\frac{1}{4!}y^4-\cdots\right)+\mathrm{i}\left(y-\frac{1}{3!}y^3+\frac{1}{5!}y^5-\cdots\right)\\&=\cos y+\mathrm{i}\sin y.\end{aligned}$$

把 y 换成 x 得

$$\mathrm{e}^{\mathrm{i}x}=\cos x+\mathrm{i}\sin x,$$

这就是欧拉公式. 它将指数函数的定义域扩大到复数, 建立了三角函数和指数函数的关系, 它在复变函数论里占有非常重要的地位, 被誉为"数学中的天桥". 特别地, 当 $x=\pi$ 时, 上式可以写成

$$1+\mathrm{e}^{\mathrm{i}\pi}=0.$$

这个公式被认为是最优美的数学公式之一, 它将数学中最重要的五个数 1、0、e、i、π, 用三种基本运算加法、乘法、乘方联系在了一起, 令人拍案叫绝.

将复数 $z=a+b\mathrm{i}$, 改写成

$$z=\sqrt{a^2+b^2}\left(\frac{a}{\sqrt{a^2+b^2}}+\frac{b}{\sqrt{a^2+b^2}}\mathrm{i}\right).$$

不难知道, 一定存在 θ 使得

$$\cos\theta=\frac{a}{\sqrt{a^2+b^2}},\quad \sin\theta=\frac{b}{\sqrt{a^2+b^2}}.$$

另外, 记 z 的模 $\sqrt{a^2+b^2}$ 为 r. 于是 z 被简写为 $z=r(\cos\theta+\mathrm{i}\sin\theta)$, 再利用欧拉公式有

$$z=r\mathrm{e}^{\mathrm{i}\theta},$$

其中 r 是 z 的模, θ 被叫作 z 的辐角, 常记为 $\arg z$.

根据欧拉公式, $\mathrm{e}^{\mathrm{i}x}=\cos x+\mathrm{i}\sin x$, $\mathrm{e}^{-\mathrm{i}x}=\cos x-\mathrm{i}\sin x$, 所以

$$\mathrm{e}^{\mathrm{i}x}+\mathrm{e}^{-\mathrm{i}x}=2\cos x,\quad \mathrm{e}^{\mathrm{i}x}-\mathrm{e}^{-\mathrm{i}x}=2\mathrm{i}\sin x,$$

这两个式子也叫作欧拉公式.

此外, 利用欧拉公式还可以证明 $\mathrm{e}^{z_1+z_2}=\mathrm{e}^{z_1}\cdot\mathrm{e}^{z_2}$, 这里 z_1, z_2 是复数. 特殊地, 有

$$\mathrm{e}^{x+\mathrm{i}y}=\mathrm{e}^x\cdot\mathrm{e}^{\mathrm{i}y}=\mathrm{e}^x(\cos y+\mathrm{i}\sin y).$$

习题 9-4

A 题

1. 将下列函数展开成 x 的幂级数, 并求展开式成立的区间.

(1) $\sin\dfrac{x}{2}$; (2) $x\mathrm{e}^{-x^2}$;

(3) $(1+x)\ln(1+x)$; (4) $\ln(a+x)\ (a>0)$;

(5) $\dfrac{1}{3-x}$; (6) $\dfrac{1}{1-x^2}$;

(7) $\arcsin x$; (8) a^x.

2. 将下列函数在指定点处展开成幂级数, 并求其收敛区间.

(1) $\dfrac{1}{x}$ 在 $x=3$; (2) $\cos x$ 在 $x=\dfrac{\pi}{3}$;

(3) $\dfrac{1}{x^2+3x+2}$ 在 $x=4$.

3. 利用幂级数的展开式求下列数的近似值, 误差不超过 0.000 1.

(1) $\sqrt[5]{246}$; (2) $\cos 2^\circ$;

(3) $\displaystyle\int_0^{0.5}\frac{1}{1+x^4}\mathrm{d}x$.

4. 利用欧拉公式将函数 $\mathrm{e}^x\cos x$ 展开成 x 的幂级数.

B 题

1. (考研真题, 2006 年数学一) 将函数 $f(x)=\dfrac{x}{2+x-x^2}$ 展开成 x 的幂级数.

2. (考研真题, 2003 年数学一) 将函数 $f(x)=\arctan\dfrac{1-2x}{1+2x}$ 展开成 x 的幂级数, 并求级数 $\sum\limits_{n=0}^{\infty}\dfrac{(-1)^n}{2n+1}$ 的和.

3. (考研真题, 2001 年数学一) 设 $f(x)=\begin{cases}\dfrac{1+x^2}{x}\arctan x, & x\neq 0,\\ 1, & x=0,\end{cases}$ 将 $f(x)$ 展开成 x 的幂级数 .

4. (考研真题, 2007 年数学三) 将函数 $f(x)=\dfrac{1}{x^2-3x-4}$ 展开成 $x-1$ 的幂级数, 并指出其收敛区间.

9.5 函数项级数的一致收敛性

PPT 课件 9–5
函数项级数的一致收敛性

9.5.1 函数项级数的一致收敛性

给定实数集合 X, 设 $u_n(x)(n=1,2,\cdots)$ 是定义在 X 上的函数, 考察函数项级数 $\sum\limits_{n=1}^{\infty}u_n(x)$. 为讨论方便, 设它的收敛域是 X, 即对任意 $x_0\in X$, 数项级数 $\sum\limits_{n=1}^{\infty}u_n(x_0)$ 收敛.

由柯西收敛原理, $\sum\limits_{n=1}^{\infty}u_n(x)$ 在点 x 收敛 $\Leftrightarrow \forall\varepsilon>0, \exists N=N(x,\varepsilon)$, 使得当 $n>N$ 时,

$$|s_{n+p}(x)-s_n(x)|<\varepsilon,\quad \forall p;$$

或

$$|u_{n+1}(x)+u_{n+2}(x)+\cdots+u_{n+p}(x)|<\varepsilon,\quad \forall p,$$

其中 $s_n(x)=\sum\limits_{k=1}^{n}u_n(x)$ 是部分和.

显然, 对不同的 $x\in X$, $N(x,\varepsilon)$ 也不同. 正是由于在收敛的条件下, $N(x,\varepsilon)$ 强烈依赖于 x, 显示了强烈的局部性质, 使得每个 $u_n(x)$ 的性质很难延伸到和函数上, 也使得一些运算很难推广, 要解决这些问题,

关键是能否找到一个公共的 N，使得上述不等式对所有 x 都成立？这就是将要引入的一致收敛性.

1. 一致收敛性

定义 9.5.1 设 $\sum_{n=1}^{\infty} u_n(x)$ 在 X 上有定义，若 $\forall \varepsilon > 0, \exists N = N(\varepsilon) > 0$，当 $n > N$ 时，

$$|u_{n+1}(x) + u_{n+2}(x) + \cdots + u_{n+p}(x)| < \varepsilon$$

$\forall p, \forall x \in X$ 均成立，则称 $\sum_{n=1}^{\infty} u_n(x)$ 在 X 上一致收敛.

也可用部分和函数列引入等价的定义.

定义 9.5.2 给定函数列 $\{s_n(x)\}$，若 $\forall \varepsilon > 0, \exists N = N(\varepsilon) > 0$，当 $n > N$ 时，

$$|s_{n+p}(x) - s_n(x)| < \varepsilon, \text{ 对 } \forall p,\ \forall x \in X \text{ 成立},$$

则称 $\{s_n(x)\}$ 在 X 上一致收敛.

如果和函数已知，还可利用和函数定义一致收敛性.

定义 9.5.3 设 $\sum_{n=1}^{\infty} u_n(x)$ $(\{s_n(x)\})$ 在 X 上收敛于 $s(x)$，若 $\forall \varepsilon > 0$，$\exists N = N(\varepsilon) > 0$，当 $n > N$ 时，

$$\left|\sum_{k=1}^{n} u_k(x) - s(x)\right| < \varepsilon \ (|s_n(x) - s(x)| < \varepsilon)$$

对于任意 $x \in X$ 均成立，则称级数 $\sum_{n=1}^{\infty} u_n(x)$ $(\{s_n(x)\})$ 在 X 上一致收敛于 $s(x)$.

注 (1) 一致收敛是整体概念.

(2) 一致收敛的几何意义：$s_n(x)$ 一致收敛于 $s(x)$ 等价于当 $n > N$ 时，函数曲线 $s_n(x)$ 都落在曲线 $s(x)-\varepsilon$ 和 $s(x)+\varepsilon$ 之间，如图 9-1 所示.

例 1 研究级数

$$\frac{1}{x+1} + \left(\frac{1}{x+2} - \frac{1}{x+1}\right) + \cdots + \left(\frac{1}{x+n} - \frac{1}{x+n-1}\right) + \cdots$$

在区间 $[0, +\infty)$ 上的一致收敛性.

解 级数的前 n 项和

$$s_n(x) = \frac{1}{x+n},$$

因此级数的和

$$s(x)=\lim_{n\to\infty}s_n(x)=\lim_{n\to\infty}\frac{1}{x+n}=0,\quad 0\leqslant x<+\infty.$$

于是, 余项的绝对值

$$|r_n(x)|=|s(x)-s_n(x)|=\frac{1}{x+n}\leqslant\frac{1}{n},\quad 0\leqslant x<+\infty.$$

对于给定 $\varepsilon>0$, 取正整数 $N\geqslant\frac{1}{\varepsilon}$, 则当 $n>N$ 时, 对于区间 $[0,+\infty)$ 上的一切 x, 有 $|r_n(x)|<\varepsilon$. 根据定义, 所给级数在区间 $[0,+\infty)$ 上一致收敛于 $s(x)\equiv 0$.

注　类似于数列极限证明的放大法, 证明 $s_n(x)$ 一致收敛于 $s(x)$ 也是利用放大法得到 $|s(x)-s_n(x)|$ 的一个与 x 无关且收敛于 0 的界 $G(n)$ (图 9–1), 即如下估计:

$$|s(x)-s_n(x)|\leqslant G(n)\to 0.$$

将上述证明思想抽取出来, 得到如下判别法.

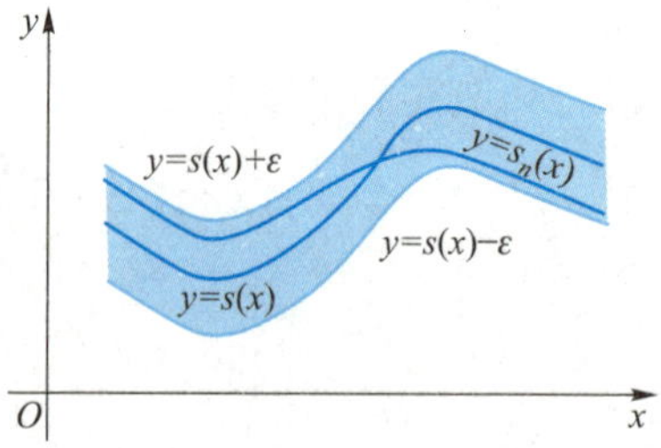

图 9–1

定理 9.5.1　设存在收敛于 0 的数列 $\{a_n\}$, 使得对所有 $x\in X$, 有 $|s(x)-s_n(x)|\leqslant a_n$, 则在 X 上 $s_n(x)$ 一致收敛于 $s(x)$ (或级数 $\sum\limits_{n=1}^{\infty}u_n$ 一致收敛于 $s(x)$).

例 2　研究级数

$$x+(x^2-x)+(x^3-x^2)+\cdots+(x^n-x^{n-1})+\cdots$$

在区间 $(0,1)$ 内的一致收敛性.

解　所给级数在区间 $(0,1)$ 内处处收敛于 $s(x)\equiv 0$, 但并不一致收敛. 事实上, 这个级数的部分和 $s_n(x)=x^n$, 对于任意一个正整数 n,

取

$$x_n = \frac{1}{\sqrt[n]{2}},$$

于是

$$s_n(x_n) = x_n^n = \frac{1}{2}.$$

但 $s(x_n) = 0$, 从而

$$|r_n(x_n)| = |s(x_n) - s_n(x_n)| = \frac{1}{2}.$$

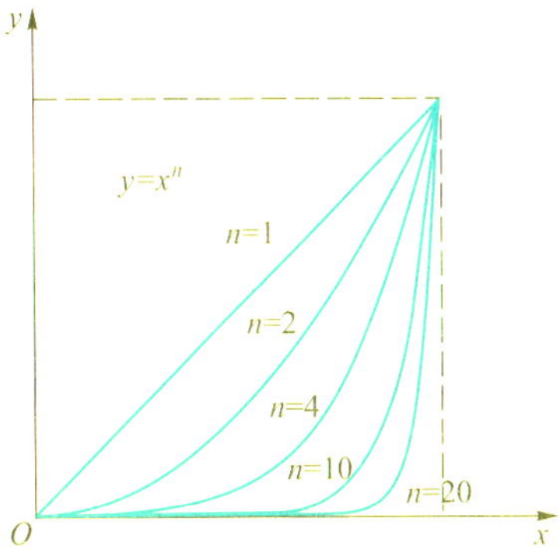

图 9-2

所以, 只要取 $\varepsilon < \frac{1}{2}$, 不论 n 多么大, 在 $(0,1)$ 内总存在这样的点 x_n, 使得 $|r_n(x_n)| > \varepsilon$, 因此所给级数在 $(0,1)$ 内不一致收敛 (见图 9-2). 另一方面, 由图 9-2 易知所给级数在闭区间 $[0,\delta]$ 上一致收敛, 其中 $0 < \delta < 1$.

2. 一致收敛的判别法则

微视频 9-4
一致收敛的判别法则

我们以函数项级数为例, 给出一致收敛性的判别法.

定理 9.5.2 (魏尔斯特拉斯判别法) 若存在正整数 N, 当 $n > N$ 时, $\forall x \in X$, 有 $|u_n(x)| \leqslant u_n$, 且正项级数 $\sum\limits_{n=1}^{\infty} u_n$ 收敛, 则 $\sum\limits_{n=1}^{\infty} u_n(x)$ 在 X 上一致收敛.

证 由于 $\sum\limits_{n=1}^{\infty} u_n$ 收敛, 用柯西收敛原理, 对任意的 $\varepsilon > 0$, 存在正整数 $\tilde{N}$, 当 $n > \tilde{N}$ 时, 对任意的正整数 p, 有

$$0 < u_{n+1} + \cdots + u_{n+p} < \varepsilon,$$

因而, 取 $N' = \max\{N, \tilde{N}\}$, 则当 $n > N'$ 时,

$$|u_{n+1}(x) + \cdots + u_{n+p}(x)| < \varepsilon, \quad \forall x \in X.$$

故 $\sum\limits_{n=1}^{\infty} u_n(x)$ 在 X 上一致收敛.

注 魏尔斯特拉斯判别法也是比较判别法.

类似数项级数, 还可以引入如下的判别法.

定理 9.5.3 (阿贝尔判别法) 设 $\sum\limits_{n=1}^{\infty} v_n(x)$ 在 X 上一致收敛, $u_n(x)$ 满足

(1) 对 $\forall x \in X$, $\{u_n(x)\}$ 关于 n 单调;

(2) $u_n(x)$ 在 X 上一致有界,

则 $\sum\limits_{n=1}^{\infty}u_n(x)v_n(x)$ 在 X 上一致收敛.

定理 9.5.4 (狄利克雷判别法) 设 $\sum\limits_{n=1}^{\infty}v_n(x)$ 的部分和一致有界, $u_n(x)$ 满足

(1) $\forall x\in X$, $\{u_n(x)\}$ 关于 n 单调;

(2) 函数列 $\{u_n(x)\}$ 一致收敛于 0,

则 $\sum\limits_{n=1}^{\infty}u_n(x)v_n(x)$ 在 X 上一致收敛.

例 3 若 $\sum\limits_{n=1}^{\infty}a_n$ 收敛, 证明 $\sum\limits_{n=1}^{\infty}a_nx^n$ 在 $[0,1]$ 上一致收敛.

注 本例不能用魏尔斯特拉斯判别法, 因为 $\sum\limits_{n=1}^{\infty}|a_n|$ 不一定收敛.

证 因为 $\sum\limits_{n=1}^{\infty}a_n$ 在 $[0,1]$ 上一致收敛, 且 $\forall x\in[0,1]$, x^n 关于 n 单调, 且 $|x^n|\leqslant 1$, 由阿贝尔判别法即得.

例 4 设 $\{a_n\}$ 单调趋于 0, 证明 $\sum\limits_{n=1}^{\infty}a_n\sin nx$ 在 $(0,2\pi)$ 内的任意闭区间上一致收敛.

证 $\forall\delta\in(0,\pi)$, 考虑 $[\delta,2\pi-\delta]\subset(0,2\pi)$. 首先 $\{a_n\}$ 单调一致收敛于 0; 其次, 注意到

$$\sin\frac{x}{2}\sin kx=\frac{1}{2}\left[\cos\left(k-\frac{1}{2}\right)x-\cos\left(k+\frac{1}{2}\right)x\right],$$

在 $[\delta,2\pi-\delta]$ 上成立如下的部分和一致有界性:

$$\left|\sum_{k=1}^{n}\sin kx\right|\leqslant\frac{1}{\sin\frac{x}{2}}\leqslant\frac{1}{\sin\frac{\delta}{2}},$$

因此, 由狄利克雷判别法, 结论成立.

9.5.2 一致收敛级数的基本性质

一致收敛的函数项级数有如下基本性质.

定理 9.5.5 如果级数 $\sum\limits_{n=1}^{\infty}u_n(x)$ 的各项 $u_n(x)$ 在区间 $[a,b]$ 上都连续, 且 $\sum\limits_{n=1}^{\infty}u_n(x)$ 在区间 $[a,b]$ 上一致收敛于 $s(x)$, 那么 $s(x)$ 在 $[a,b]$

上也连续.

定理 9.5.6 如果级数 $\sum_{n=1}^{\infty} u_n(x)$ 的各项 $u_n(x)$ 在区间 $[a,b]$ 上都连续, 且 $\sum_{n=1}^{\infty} u_n(x)$ 在区间 $[a,b]$ 上一致收敛于 $s(x)$, 那么级数 $\sum_{n=1}^{\infty} u_n(x)$ 在 $[a,b]$ 上可以逐项积分, 即

$$\int_{x_0}^{x} s(t)\mathrm{d}t = \int_{x_0}^{x} \sum_{n=1}^{\infty} u_n(t)\mathrm{d}t = \sum_{n=1}^{\infty} \int_{x_0}^{x} u_n(t)\mathrm{d}t,$$

其中 $a \leqslant x_0 < x \leqslant b$, 并且上式右端的级数在 $[a,b]$ 上也一致收敛.

定理 9.5.7 如果级数 $\sum_{n=1}^{\infty} u_n(x)$ 在区间 $[a,b]$ 上收敛于和 $s(x)$, 它的各项 $u_n(x)$ 都具有连续导数 $u_n'(x)$, 并且级数 $\sum_{n=1}^{\infty} u_n'(x)$ 在区间 $[a,b]$ 上一致收敛, 那么级数 $\sum_{n=1}^{\infty} u_n(x)$ 在 $[a,b]$ 上也一致收敛, 且可逐项求导, 即

$$s'(x) = \left(\sum_{n=1}^{\infty} u_n(x)\right)' = \sum_{n=1}^{\infty} u_n'(x).$$

特别地, 对幂级数有以下结论.

定理 9.5.8 如果幂级数 $\sum_{n=0}^{\infty} a_n x^n$ 的收敛半径为 $R>0$, 那么此级数在 $(-R,R)$ 内任一闭区间 $[a,b]$ 上一致收敛.

由魏尔斯特拉斯判别法容易得到定理 9.5.8, 由此容易导出幂级数的基本性质 (详见本章 9.3 节).

习题 9–5

A 题

1. 按定义讨论下列级数在给定区间上的一致收敛性.

(1) 证明 $\sum_{n=1}^{\infty} \dfrac{1}{(n+x)(n+x+1)}$ 在 $[0,+\infty)$ 一致收敛;

(2) 证明级数 $\sum_{n=1}^{\infty} x^{n-1}$ 在 $[0,r](0<r<1)$ 上一致收敛, 在 $[0,1)$ 上非一致收敛;

(3) 设级数 $\sum_{n=1}^{\infty} u_n(x)$ 的部分和为 $s_n(x) = \dfrac{nx}{1+n^2x^2}$, 证明级数在 $[0,+\infty)$ 非一致收敛, 在 $[1,+\infty)$ 一致收敛;

(4) 证明级数 $\sum_{n=1}^{\infty} \dfrac{1}{(n+f(x))^2}$ 在数集 A 上一致收敛, 其中 $f(x)$ 是数集 A 上的有界、非整值函数.

2. 证明下列级数在给定区间上是一致收敛的.

(1) $\sum_{n=1}^{\infty}\frac{\sin nx}{\sqrt{n}(n+1)}$, $x\in\mathbf{R}$; (2) $\sum_{n=1}^{\infty}\frac{\sin\frac{x}{n}}{n+x^2}$, $x\in[0,a]$;

(3) $\sum_{n=1}^{\infty}\frac{x^n}{n!}$, $x\in(-a,a)$; (4) $\sum_{n=1}^{\infty}\frac{\ln(1+n^2)(x^n+x^{-n})}{\sqrt{n!}}$, $x\in[a,b]$.

B 题

1. 证明 $\sum_{n=1}^{\infty}(1-x)x^{n-1}$ 在 $[0,1]$ 上非一致收敛, 但可以逐项积分.

2. 证明函数 $s(x)=\sum_{n=1}^{\infty}\mathrm{e}^{-nx}$ 在定义域内连续.

3. 计算极限 $\lim\limits_{x\to0}\sum_{n=1}^{\infty}\frac{1}{2^n+x}$.

PPT 课件 9–6
傅里叶级数

9.6 傅里叶级数

傅里叶级数是一种特殊的由三角函数组成的函数项级数. 法国数学家傅里叶在研究偏微分方程的边值问题时发现, 任何周期函数都可以用正弦函数和余弦函数构成的无穷级数来表示, 后世称为傅里叶级数. 傅里叶级数极大地推动了偏微分方程理论的发展, 在数学、物理以及工程中都具有重要的应用.

9.6.1 函数展开成傅里叶级数

首先介绍一种由三角函数组成的级数, 本书称之为三角级数. 级数

$$\frac{1}{2}a_0+\sum_{n=1}^{\infty}(a_n\cos nx+b_n\sin nx)$$

称为三角级数, 其中 $a_0,a_n,b_n(n=1,2,\cdots)$ 都是常数. 这里选择正弦函数和余弦函数, 是因为它们具有正交性. 函数集合

$$1,\quad \cos x,\quad \sin x,\quad \cos 2x,\quad \sin 2x,\quad \cdots,\quad \cos nx,\quad \sin nx,\quad \cdots$$

称为三角函数系. 三角函数系具有正交性: 三角函数系中任何两个不

同函数的乘积在区间 $[-\pi,\pi]$ 上的积分等于零, 即

$$\int_{-\pi}^{\pi}\cos nx\mathrm{d}x=0\ (n=1,2,\cdots),$$
$$\int_{-\pi}^{\pi}\sin nx\mathrm{d}x=0\ (n=1,2,\cdots),$$
$$\int_{-\pi}^{\pi}\sin kx\cos nx\mathrm{d}x=0\ (k,n=1,2,\cdots),$$
$$\int_{-\pi}^{\pi}\sin kx\sin nx\mathrm{d}x=0\ (k,n=1,2,\cdots,k\neq n),$$
$$\int_{-\pi}^{\pi}\cos kx\cos nx\mathrm{d}x=0\ (k,n=1,2,\cdots,k\neq n).$$

三角函数系中任何两个相同函数的乘积在区间 $[-\pi,\pi]$ 上的积分不等于零, 即

$$\int_{-\pi}^{\pi}1^2\mathrm{d}x=2\pi,$$
$$\int_{-\pi}^{\pi}\cos^2 nx\mathrm{d}x=\pi\ (n=1,2,\cdots),$$
$$\int_{-\pi}^{\pi}\sin^2 nx\mathrm{d}x=\pi\ (n=1,2,\cdots).$$

设 $f(x)$ 是周期为 2π 的周期函数, 是否存在常数列 a_k,b_k, 使得

$$f(x)=\frac{a_0}{2}+\sum_{k=1}^{\infty}(a_k\cos kx+b_k\sin kx)\tag{9-5}$$

成立? 如果存在, 它们与函数 $f(x)$ 之间存在着怎样的关系, 如何表示?

假设 (9-5) 成立, 且三角级数可逐项积分, 则

$$\begin{aligned}&\int_{-\pi}^{\pi}f(x)\cos nx\mathrm{d}x\\=&\int_{-\pi}^{\pi}\frac{a_0}{2}\cos nx\mathrm{d}x+\\&\sum_{k=1}^{\infty}\left(a_k\int_{-\pi}^{\pi}\cos kx\cos nx\mathrm{d}x+b_k\int_{-\pi}^{\pi}\sin kx\cos nx\mathrm{d}x\right)\\=&a_n\pi.\end{aligned}$$

类似地

$$\int_{-\pi}^{\pi}f(x)\sin nx\mathrm{d}x=b_n\pi.$$

于是有

$$
\begin{cases}
a_0 = \dfrac{1}{\pi}\displaystyle\int_{-\pi}^{\pi} f(x)\mathrm{d}x, \\
a_n = \dfrac{1}{\pi}\displaystyle\int_{-\pi}^{\pi} f(x)\cos nx\mathrm{d}x \ (n=1,2,\cdots), \\
b_n = \dfrac{1}{\pi}\displaystyle\int_{-\pi}^{\pi} f(x)\sin nx\mathrm{d}x \ (n=1,2,\cdots).
\end{cases} \tag{9–6}
$$

系数 $a_0, a_1, b_1, \cdots$ 叫作函数 $f(x)$ 的傅里叶系数.

把具有系数 (9–6) 的三角级数 (9–5) 称为傅里叶级数.

一个定义在 $(-\infty, +\infty)$ 内周期为 2π 的函数 $f(x)$, 如果它在一个周期上可积, 那么一定可以作出 $f(x)$ 的傅里叶级数. 然而, 这不能说明 $f(x)$ 一定等于它的傅里叶级数. 要想相等, 还需要

(1) 函数 $f(x)$ 的傅里叶级数收敛;

(2) 收敛于函数 $f(x)$.

一般来说, (1)、(2) 未必成立.

定理 9.6.1 (收敛定理, 狄利克雷充分条件) 设 $f(x)$ 是周期为 2π 的周期函数, 如果它满足: 在一个周期内连续或只有有限个第一类间断点, 在一个周期内至多只有有限个极值点, 那么 $f(x)$ 的傅里叶级数收敛, 并且当 x 是 $f(x)$ 的连续点时, 级数收敛于 $f(x)$; 当 x 是 $f(x)$ 的间断点时, 级数收敛于 $\dfrac{1}{2}(f(x^+)+f(x^-))$.

例 1 设 $f(x)$ 是周期为 2π 的周期函数, 它在 $[-\pi, \pi)$ 上的表达式为

$$
f(x) = \begin{cases} -1, & -\pi \leqslant x < 0, \\ 1, & 0 \leqslant x < \pi, \end{cases}
$$

将 $f(x)$ 展开成傅里叶级数 (见图 9–3).

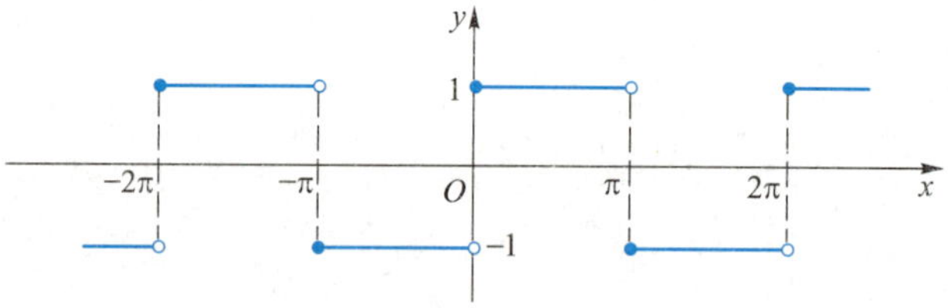

图 9–3

解 所给函数满足收敛定理的条件, 它在点 $x = k\pi$ $(k = 0, \pm1, \pm2, \cdots)$ 处不连续, 在其他点处连续, 从而由收敛定理知道 $f(x)$ 的傅

里叶级数收敛, 并且当 $x=k\pi$ 时收敛于

$$\frac{1}{2}(f(x^-)+f(x^+))=\frac{1}{2}(-1+1)=0,$$

当 $x\neq k\pi$ 时级数收敛于 $f(x)$.

傅里叶系数计算如下:

$$\begin{aligned}a_n&=\frac{1}{\pi}\int_{-\pi}^{\pi}f(x)\cos nx\mathrm{d}x=\frac{1}{\pi}\int_{-\pi}^{0}(-1)\cos nx\mathrm{d}x+\frac{1}{\pi}\int_{0}^{\pi}1\cdot\cos nx\mathrm{d}x\\&=0,\quad n=0,1,\cdots;\\b_n&=\frac{1}{\pi}\int_{-\pi}^{\pi}f(x)\sin nx\mathrm{d}x=\frac{1}{\pi}\int_{-\pi}^{0}(-1)\sin nx\mathrm{d}x+\frac{1}{\pi}\int_{0}^{\pi}1\cdot\sin nx\mathrm{d}x\\&=\frac{1}{\pi}\left[\frac{\cos nx}{n}\right]_{-\pi}^{0}-\frac{1}{\pi}\left[\frac{\cos nx}{n}\right]_{0}^{\pi}=\frac{1}{n\pi}(1-\cos n\pi-\cos n\pi+1)\\&=\frac{2}{n\pi}(1-(-1)^n)=\begin{cases}\dfrac{4}{n\pi}, & n=1,3,5,\cdots,\\0, & n=2,4,6,\cdots.\end{cases}\end{aligned}$$

于是 $f(x)$ 的傅里叶级数展开式为

$$\begin{aligned}f(x)&=\frac{4}{\pi}\left(\sin x+\frac{1}{3}\sin 3x+\cdots+\frac{1}{2k-1}\sin(2k-1)x+\cdots\right)\\&=\frac{4}{\pi}\sum_{k=1}^{\infty}\frac{1}{2k-1}\sin(2k-1)x,\\&\quad -\infty<x<+\infty;\quad x\neq 0,\pm\pi,\pm 2\pi,\cdots.\end{aligned}$$

例 2 设 $f(x)$ 是周期为 2π 的周期函数, 它在 $[-\pi,\pi)$ 上的表达式为

$$f(x)=\begin{cases}x, -\pi\leqslant x<0,\\0, 0\leqslant x<\pi,\end{cases}$$

将 $f(x)$ 展开成傅里叶级数 (见图 9–4).

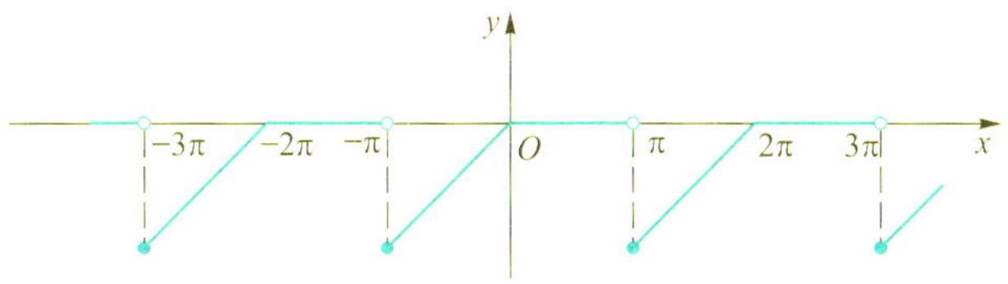

图 9–4

解 所给函数满足收敛定理的条件, 它在点 $x=(2k+1)\pi$ $(k=0,\pm1,\pm2,\cdots)$ 处不连续, 因此, $f(x)$ 的傅里叶级数在 $x=(2k+1)\pi$ 处收

敛于 $\frac{1}{2}(f(x-0)+f(x+0))=\frac{1}{2}(0-\pi)=-\frac{\pi}{2}$. 在连续点 x $(x\neq(2k+1)\pi)$ 处级数收敛于 $f(x)$.

傅里叶系数计算如下:

$$
\begin{aligned}
a_0&=\frac{1}{\pi}\int_{-\pi}^{\pi}f(x)\mathrm{d}x=\frac{1}{\pi}\int_{-\pi}^{0}x\mathrm{d}x=-\frac{\pi}{2};\\
a_n&=\frac{1}{\pi}\int_{-\pi}^{\pi}f(x)\cos nx\mathrm{d}x=\frac{1}{\pi}\int_{-\pi}^{0}x\cos nx\mathrm{d}x=\frac{1}{n^2\pi}(1-\cos n\pi)\\
&=\begin{cases}\dfrac{2}{n^2\pi}, & n=1,3,5,\cdots,\\ 0, & n=2,4,6,\cdots;\end{cases}\\
b_n&=\frac{1}{\pi}\int_{-\pi}^{\pi}f(x)\sin nx\mathrm{d}x=\frac{1}{\pi}\int_{-\pi}^{0}x\sin nx\mathrm{d}x=-\frac{\cos n\pi}{n}\\
&=(-1)^{n+1}\frac{1}{n},\quad n=1,2,\cdots.
\end{aligned}
$$

$f(x)$ 的傅里叶级数展开式为

$$
\begin{aligned}
f(x)=&-\frac{\pi}{4}+\left(\frac{2}{\pi}\cos x+\sin x\right)-\frac{1}{2}\sin 2x+\left(\frac{2}{3^2\pi}\cos 3x+\frac{1}{3}\sin 3x\right)\\
&-\frac{1}{4}\sin 4x+\left(\frac{2}{5^2\pi}\cos 5x+\frac{1}{5}\sin 5x\right)-\cdots\\
=&-\frac{\pi}{4}+\frac{2}{\pi}\sum_{k=1}^{\infty}\frac{1}{(2k-1)^2}\cos(2k-1)x+\sum_{n=1}^{\infty}\frac{(-1)^{n+1}}{n}\sin nx,\\
&-\infty<x<+\infty;\quad x\neq\pm\pi,\pm3\pi,\cdots.
\end{aligned}
$$

周期延拓: 设 $f(x)$ 只在 $[-\pi,\pi]$ 上有定义, 我们可以在 $[-\pi,\pi)$ 或 $(-\pi,\pi]$ 外补充函数 $f(x)$ 的定义, 使它拓展成周期为 2π 的周期函数 $F(x)$, 且在 $(-\pi,\pi)$ 内, $F(x)=f(x)$.

例 3 将函数

$$
f(x)=\begin{cases}-x, & -\pi\leqslant x<0,\\ x, & 0\leqslant x\leqslant\pi\end{cases}
$$

展开成傅里叶级数.

解 所给函数在区间 $[-\pi,\pi]$ 上满足收敛定理的条件, 并且拓展为周期函数时, 它在每一点 x 处都连续 (见图 9–5), 因此拓展的周期函数的傅里叶级数在 $[-\pi,\pi]$ 上收敛于 $f(x)$.

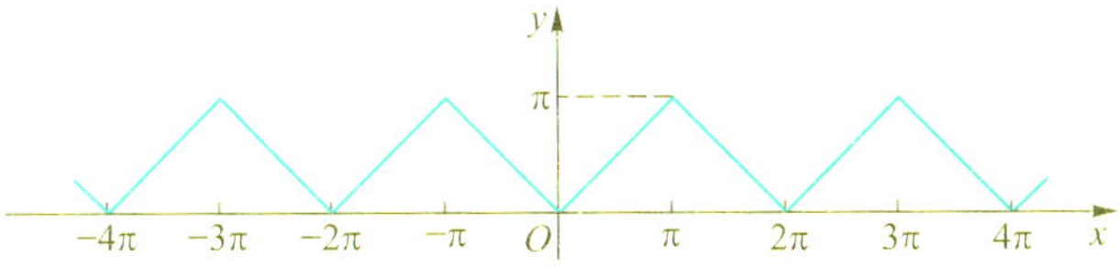

图 9-5

傅里叶系数为

$$a_0 = \frac{1}{\pi}\int_{-\pi}^{\pi} f(x)\mathrm{d}x = \frac{1}{\pi}\int_{-\pi}^{0}(-x)\mathrm{d}x + \frac{1}{\pi}\int_{0}^{\pi} x\mathrm{d}x = \pi;$$

$$a_n = \frac{1}{\pi}\int_{-\pi}^{\pi} f(x)\cos nx\mathrm{d}x = \frac{1}{\pi}\int_{-\pi}^{0}(-x)\cos nx\mathrm{d}x + \frac{1}{\pi}\int_{0}^{\pi} x\cos nx\mathrm{d}x$$

$$= \frac{2}{n^2\pi}(\cos n\pi - 1) = \begin{cases} -\dfrac{4}{n^2\pi}, & n = 1,3,5,\cdots, \\ 0, & n = 2,4,6,\cdots; \end{cases}$$

$$b_n = \frac{1}{\pi}\int_{-\pi}^{\pi} f(x)\sin nx\mathrm{d}x$$

$$= \frac{1}{\pi}\int_{-\pi}^{0}(-x)\sin nx\mathrm{d}x + \frac{1}{\pi}\int_{0}^{\pi} x\sin nx\mathrm{d}x = 0, \quad n = 1,2,\cdots.$$

于是 $f(x)$ 的傅里叶级数展开式为

$$f(x) = \frac{\pi}{2} - \frac{4}{\pi}\left(\cos x + \frac{1}{3^2}\cos 3x + \frac{1}{5^2}\cos 5x + \cdots\right)$$

$$= \frac{\pi}{2} - \frac{4}{\pi}\sum_{k=1}^{\infty}\frac{1}{(2k-1)^2}\cos(2k-1)x, \quad -\pi \leqslant x \leqslant \pi.$$

注 这个式子中令 $x=0$ 即得 $\sum\limits_{k=1}^{\infty}\frac{1}{(2k-1)^2} = \frac{\pi^2}{8}$.

9.6.2 正弦级数和余弦级数

当 $f(x)$ 为奇函数时，$f(x)\cos nx$ 是奇函数，$f(x)\sin nx$ 是偶函数，故傅里叶系数为

$$a_n = 0, \quad n = 0,1,2,\cdots;$$

$$b_n = \frac{2}{\pi}\int_{0}^{\pi} f(x)\sin nx\mathrm{d}x, \quad n = 1,2,\cdots.$$

因此奇函数的傅里叶级数是只含有正弦项的正弦级数 $\sum\limits_{n=1}^{\infty} b_n \sin nx$.

当 $f(x)$ 为偶函数时，$f(x)\cos nx$ 是偶函数，$f(x)\sin nx$ 是奇函数，故傅里叶系数为

$$a_n = \frac{2}{\pi}\int_{0}^{\pi} f(x)\cos nx\mathrm{d}x, \quad n = 0,1,2,\cdots;$$

$$b_n = 0, \quad n = 1,2,\cdots.$$

因此偶函数的傅里叶级数是只含有余弦项的余弦级数 $\dfrac{a_0}{2}+\sum\limits_{n=1}^{\infty}a_n\cos nx$.

例 4 设 $f(x)$ 是周期为 2π 的周期函数, 它在 $[-\pi,\pi)$ 上的表达式为 $f(x)=x$. 将 $f(x)$ 展开成傅里叶级数 (图 9–6).

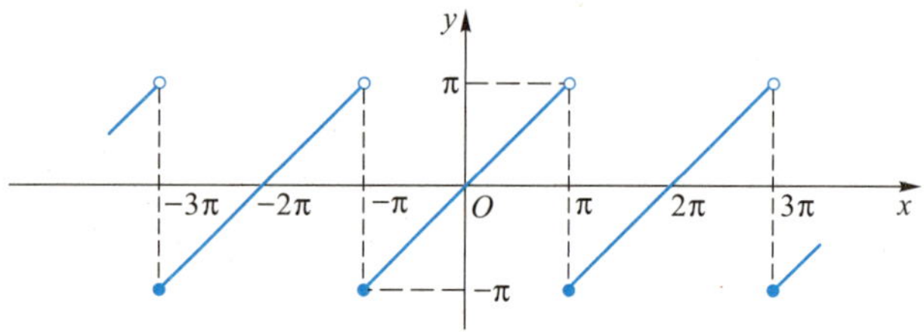

图 9–6

解 首先, 所给函数满足收敛定理的条件, 它在点 $x=(2k+1)\pi$ $(k=0,\pm1,\pm2,\cdots)$ 不连续, 因此 $f(x)$ 的傅里叶级数在函数的连续点 $x\neq(2k+1)\pi$ 收敛于 $f(x)$, 在点 $x=(2k+1)\pi$ $(k=0,\pm1,\pm2,\cdots)$ 收敛于

$$\frac{1}{2}(f(\pi^-)+f(-\pi^+))=\frac{1}{2}(\pi+(-\pi))=0.$$

其次, 若不计 $x=(2k+1)\pi$, $k=0,\pm1,\pm2,\cdots$, 则 $f(x)$ 是周期为 2π 的奇函数. 于是 $a_n=0$, $n=0,1,2,\cdots$. 而

$$\begin{aligned}b_n&=\frac{2}{\pi}\int_0^{\pi}f(x)\sin nx\mathrm{d}x=\frac{2}{\pi}\int_0^{\pi}x\sin nx\mathrm{d}x\\&=\frac{2}{\pi}\left[-\frac{x\cos nx}{n}+\frac{\sin nx}{n^2}\right]_0^{\pi}=\frac{2}{n}(-1)^{n+1},\quad n=1,2,\cdots.\end{aligned}$$

$f(x)$ 的傅里叶级数展开式为

$$\begin{aligned}f(x)=&2\left(\sin x-\frac{1}{2}\sin 2x+\frac{1}{3}\sin 3x-\cdots+\frac{(-1)^{n+1}}{n}\sin nx+\cdots\right)\\=&2\sum_{n=1}^{\infty}\frac{(-1)^{n+1}}{n}\sin nx,\quad -\infty<x<+\infty,\ x\neq\pm\pi,\pm3\pi,\cdots.\end{aligned}$$

例 5 将周期函数 $f(x)=E\left|\sin\dfrac{1}{2}x\right|$ 展开成傅里叶级数, 其中 E 是正的常数 (图 9–7).

解 所给函数满足收敛定理的条件, 它在整个数轴上连续, 因此 $f(x)$ 的傅里叶级数处处收敛于 $f(x)$. 因为 $f(x)$ 是周期为 2π 的偶函数, 所以 $b_n=0$, $n=1,2,\cdots$. 而

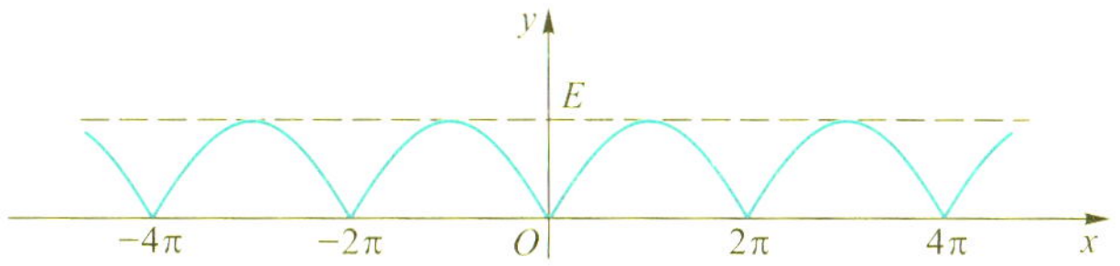

图 9.7

$$
\begin{aligned}
a_n &= \frac{2}{\pi}\int_0^{\pi} f(x)\cos nx\mathrm{d}x = \frac{2}{\pi}\int_0^{\pi} E\sin\frac{x}{2}\cos nx\mathrm{d}x \\
&= \frac{E}{\pi}\int_0^{\pi}\left[\sin\left(n+\frac{1}{2}\right)x - \sin\left(n-\frac{1}{2}\right)x\right]\mathrm{d}x \\
&= \frac{E}{\pi}\left[-\frac{\cos\left(n+\frac{1}{2}\right)x}{n+\frac{1}{2}} + \frac{\cos\left(n-\frac{1}{2}\right)x}{n-\frac{1}{2}}\right]_0^{\pi} \\
&= -\frac{4E}{(4n^2-1)\pi}, \quad n = 0,1,2,\cdots.
\end{aligned}
$$

所以 $f(x)$ 的傅里叶级数展开式为

$$
f(x) = \frac{4E}{\pi}\left(\frac{1}{2} - \sum_{n=1}^{\infty}\frac{1}{4n^2-1}\cos nx\right), \quad -\infty < x < +\infty.
$$

设函数 $f(x)$ 定义在区间 $[0,\pi]$ 上并且满足收敛定理的条件. 我们在开区间 $(-\pi,0)$ 内补充函数 $f(x)$ 的定义, 得到定义在 $(-\pi,\pi]$ 上的函数 $F(x)$, 使它在 $(-\pi,\pi)$ 内成为奇函数 (偶函数). 按这种方式拓广函数定义域的过程称为奇延拓 (偶延拓). 限制在 $(0,\pi]$ 上, 有 $F(x) = f(x)$.

例 6 将函数 $f(x) = x+1$ $(0 \leqslant x \leqslant \pi)$ 分别展开成正弦级数和余弦级数.

解 先求正弦级数. 为此对函数 $f(x)$ 进行奇延拓.

$$
\begin{aligned}
b_n &= \frac{2}{\pi}\int_0^{\pi} f(x)\sin nx\mathrm{d}x = \frac{2}{\pi}\int_0^{\pi}(x+1)\sin nx\mathrm{d}x \\
&= \frac{2}{n\pi}(1 - \pi\cos n\pi - \cos n\pi) = \begin{cases} \dfrac{2}{\pi}\cdot\dfrac{\pi+2}{n}, & n = 1,3,5,\cdots, \\ -\dfrac{2}{n}, & n = 2,4,6,\cdots. \end{cases}
\end{aligned}
$$

函数的正弦级数展开式为

$$
x+1 = \frac{2\pi+4}{\pi}\sum_{k=1}^{\infty}\frac{1}{2k-1}\sin(2k-1)x - \sum_{k=1}^{\infty}\frac{1}{k}\sin 2kx, \quad 0 < x < \pi.
$$

在端点 $x=0$ 及 $x=\pi$ 处, 级数的和显然为零, 它不代表原来函数 $f(x)$ 的值.

再求余弦级数. 为此对 $f(x)$ 进行偶延拓.

$$a_0=\frac{2}{\pi}\int_0^{\pi}f(x)\mathrm{d}x=\frac{2}{\pi}\int_0^{\pi}(x+1)\mathrm{d}x=2+\pi,$$

$$\begin{aligned}a_n=&\frac{2}{\pi}\int_0^{\pi}f(x)\cos nx\mathrm{d}x=\frac{2}{\pi}\int_0^{\pi}(x+1)\cos nx\mathrm{d}x\\=&\frac{2}{n^2\pi}(\cos n\pi-1)=\begin{cases}-\dfrac{4}{n^2\pi}, & n=1,3,5,\cdots,\\0, & n=2,4,6,\cdots.\end{cases}\end{aligned}$$

函数的余弦级数展开式为

$$x+1=1+\frac{\pi}{2}-\frac{4}{\pi}\sum_{k=1}^{\infty}\frac{1}{(2k-1)^2}\cos(2k-1)x,\quad 0\leqslant x\leqslant\pi.$$

9.6.3　一般周期函数的傅里叶级数

微视频 9-5
一般周期函数及傅里叶级数的复数形式

我们所讨论的周期函数都是以 2π 为周期的. 但是实际问题中所遇到的周期函数, 它的周期不一定是 2π. 怎样把周期为 $2l$ 的周期函数 $f(x)$ 展开成三角级数呢? 为此我们先把周期为 $2l$ 的周期函数 $f(x)$ 变换为周期为 2π 的周期函数.

令 $x=\dfrac{l}{\pi}t$ 及 $f(x)=f\left(\dfrac{l}{\pi}t\right)=F(t)$, 则 $F(t)$ 是以 2π 为周期的函数. 这是因为

$$F(t+2\pi)=f\left(\frac{l}{\pi}(t+2\pi)\right)=f\left(\frac{l}{\pi}t+2l\right)=f\left(\frac{l}{\pi}t\right)=F(t).$$

于是当 $F(t)$ 满足收敛定理的条件时, $F(t)$ 可展开成傅里叶级数:

$$F(t)=\frac{a_0}{2}+\sum_{n=1}^{\infty}(a_n\cos nt+b_n\sin nt),$$

其中

$$a_n=\frac{1}{\pi}\int_{-\pi}^{\pi}F(t)\cos nt\mathrm{d}t,\quad n=0,1,2,\cdots,$$

$$b_n=\frac{1}{\pi}\int_{-\pi}^{\pi}F(t)\sin nt\mathrm{d}t,\quad n=1,2,\cdots.$$

从而有如下定理.

定理 9.6.2　设周期为 $2l$ 的周期函数 $f(x)$ 满足收敛定理的条件, 则它的傅里叶级数展开式为

$$f(x)=\frac{a_0}{2}+\sum_{n=1}^{\infty}\left(a_n\cos\frac{n\pi x}{l}+b_n\sin\frac{n\pi x}{l}\right),$$

其中系数 a_n, b_n 为

$$a_n = \frac{1}{l}\int_{-l}^{l} f(x)\cos\frac{n\pi x}{l}\mathrm{d}x, \quad n = 0, 1, 2, \cdots,$$

$$b_n = \frac{1}{l}\int_{-l}^{l} f(x)\sin\frac{n\pi x}{l}\mathrm{d}x, \quad n = 1, 2, 3, \cdots.$$

当 $f(x)$ 为奇函数时, $f(x) = \sum\limits_{n=1}^{\infty} b_n \sin\frac{n\pi x}{l}$, 其中

$$b_n = \frac{2}{l}\int_{0}^{l} f(x)\sin\frac{n\pi x}{l}\mathrm{d}x, \quad n = 1, 2, 3, \cdots;$$

当 $f(x)$ 为偶函数时, $f(x) = \frac{a_0}{2} + \sum\limits_{n=1}^{\infty} a_n \cos\frac{n\pi x}{l}$, 其中

$$a_n = \frac{2}{l}\int_{0}^{l} f(x)\cos\frac{n\pi x}{l}\mathrm{d}x, \quad n = 0, 1, 2, \cdots.$$

例 7　设 $f(x)$ 是周期为 4 的周期函数, 它在 $[-2, 2)$ 上的表达式为

$$f(x) = \begin{cases} 0, & -2 \leqslant x < 0, \\ k, & 0 \leqslant x < 2, \end{cases}$$

其中常数 $k \neq 0$. 将 $f(x)$ 展开成傅里叶级数.

解　这里 $l = 2$.

$$a_n = \frac{1}{2}\int_{0}^{2} k\cos\frac{n\pi x}{2}\mathrm{d}x = 0, \quad n \neq 0;$$

$$a_0 = \frac{1}{2}\int_{0}^{2} k\mathrm{d}x = k;$$

$$b_n = \frac{1}{2}\int_{0}^{2} k\sin\frac{n\pi x}{2}\mathrm{d}x = \begin{cases} \frac{2k}{n\pi}, & n = 1, 3, 5, \cdots, \\ 0, & n = 2, 4, 6, \cdots, \end{cases}$$

于是

$$f(x) = \frac{k}{2} + \frac{2k}{\pi}\sum_{n=1}^{\infty}\frac{1}{2n-1}\sin\frac{(2n-1)\pi x}{2},$$

$$-\infty < x < +\infty; \quad x \neq 0, \pm 2, \pm 4, \cdots.$$

例 8　将函数

$$M(x) = \begin{cases} \frac{px}{2}, & 0 \leqslant x < \frac{l}{2}, \\ \frac{p(l-x)}{2}, & \frac{l}{2} \leqslant x \leqslant l \end{cases}$$

展开成正弦级数.

解 对 $M(x)$ 进行奇延拓, 则

$$\begin{aligned}
a_n =&0, \quad n=0,1,2,\cdots,\\
b_n =&\frac{2}{l}\int_0^l M(x)\sin\frac{n\pi x}{l}\mathrm{d}x\\
=&\frac{2}{l}\left(\int_0^{\frac{l}{2}}\frac{px}{2}\sin\frac{n\pi x}{l}\mathrm{d}x+\int_{\frac{l}{2}}^{l}\frac{p(l-x)}{2}\sin\frac{n\pi x}{l}\mathrm{d}x\right).
\end{aligned}$$

在上式右边的第二个积分项中令 $t=l-x$, 则

$$\begin{aligned}
b_n =&\frac{p}{l}\left(\int_0^{\frac{l}{2}}x\sin\frac{n\pi x}{l}\mathrm{d}x+\int_{\frac{l}{2}}^{0}t\sin\frac{n\pi(l-t)}{l}(-\mathrm{d}t)\right)\\
=&\frac{p}{l}\left(\int_0^{\frac{l}{2}}x\sin\frac{n\pi x}{l}\mathrm{d}x+(-1)^{n+1}\int_0^{\frac{l}{2}}t\sin\frac{n\pi t}{l}\mathrm{d}t\right).
\end{aligned}$$

因此, 当 $n=2,4,6,\cdots$ 时, $b_n=0$; 当 $n=1,3,5,\cdots$ 时,

$$b_n=\frac{2p}{l}\int_0^{\frac{l}{2}}x\sin\frac{n\pi x}{l}\mathrm{d}x=\frac{2pl}{n^2\pi^2}\sin\frac{n\pi}{2},$$

于是得

$$M(x)=\frac{2pl}{\pi^2}\left(\sin\frac{\pi x}{l}-\frac{1}{3^2}\sin\frac{3\pi x}{l}+\frac{1}{5^2}\sin\frac{5\pi x}{l}-\cdots\right),\quad 0\leqslant x\leqslant l.$$

9.6.4 傅里叶级数的复数形式

由定理 9.6.2 知, 若 $f(x)$ 是以 $T=2l$ 为周期的周期函数, 在 $(-l,l)$ 内逐段光滑, 则在连续点处有

$$f(x)=\frac{a_0}{2}+\sum_{n=1}^{\infty}\left(a_n\cos\frac{n\pi x}{l}+b_n\sin\frac{n\pi x}{l}\right), \tag{9–7}$$

其中

$$\begin{cases}
a_n=\dfrac{1}{l}\displaystyle\int_{-l}^{l}f(x)\cos\frac{n\pi x}{l}\mathrm{d}x, \quad n=0,1,2,\cdots;\\
b_n=\dfrac{1}{l}\displaystyle\int_{-l}^{l}f(x)\sin\frac{n\pi x}{l}\mathrm{d}x, \quad n=1,2,3,\cdots.
\end{cases} \tag{9–8}$$

利用欧拉公式

$$\cos\frac{n\pi x}{l}=\frac{\mathrm{e}^{\mathrm{i}\frac{n\pi x}{l}}+\mathrm{e}^{-\mathrm{i}\frac{n\pi x}{l}}}{2},\quad \sin\frac{n\pi x}{l}=\frac{\mathrm{e}^{\mathrm{i}\frac{n\pi x}{l}}-\mathrm{e}^{-\mathrm{i}\frac{n\pi x}{l}}}{2\mathrm{i}},$$

代入 (9–7), 得

$$
\begin{aligned}
f(x)&=\frac{a_0}{2}+\sum_{n=1}^{\infty}\left(a_n\cdot\frac{\mathrm{e}^{\mathrm{i}\frac{n\pi x}{l}}+\mathrm{e}^{-\mathrm{i}\frac{n\pi x}{l}}}{2}-\mathrm{i}b_n\cdot\frac{\mathrm{e}^{\mathrm{i}\frac{n\pi x}{l}}-\mathrm{e}^{-\mathrm{i}\frac{n\pi x}{l}}}{2}\right)\\
&=\frac{a_0}{2}+\sum_{n=1}^{\infty}\left(\frac{a_n-\mathrm{i}b_n}{2}\mathrm{e}^{\mathrm{i}\frac{n\pi x}{l}}+\frac{a_n+\mathrm{i}b_n}{2}\mathrm{e}^{-\mathrm{i}\frac{n\pi x}{l}}\right)\\
&=c_0+\sum_{n=1}^{\infty}\left(c_n\mathrm{e}^{\mathrm{i}\frac{n\pi x}{l}}+c_{-n}\mathrm{e}^{-\mathrm{i}\frac{n\pi x}{l}}\right),
\end{aligned}
$$

其中

$$
\begin{aligned}
c_0&=\frac{a_0}{2}=\frac{1}{2l}\int_{-l}^{l}f(x)\mathrm{d}x;\\
c_{\pm n}&=\frac{a_n\mp\mathrm{i}b_n}{2}=\frac{1}{2l}\int_{-l}^{l}f(x)\left(\cos\frac{n\pi x}{l}\mp\mathrm{i}\sin\frac{n\pi x}{l}\right)\mathrm{d}x\\
&=\frac{1}{2l}\int_{-l}^{l}f(x)\mathrm{e}^{\mp\mathrm{i}\frac{n\pi x}{l}}\mathrm{d}x,\quad n=1,2,3,\cdots.
\end{aligned}
$$

因此可简洁地写成

$$
f(x)=\sum_{n=-\infty}^{+\infty}c_n\mathrm{e}^{\mathrm{i}\frac{n\pi x}{l}}, \tag{9–9}
$$

其中

$$
c_n=\frac{1}{2l}\int_{-l}^{l}f(x)\mathrm{e}^{-\mathrm{i}\frac{n\pi x}{l}}\mathrm{d}x,\quad n=0,\pm1,\pm2,\cdots. \tag{9–10}
$$

我们把 (9–10) 称为函数 $f(x)$ 的复数形式的傅里叶系数, (9–9) 右边的级数称为 $f(x)$ 的复数形式的傅里叶级数, 而等式 (9–9) 称为 $f(x)$ 的复数形式的傅里叶展开式, 这些复数形式的表达式相比实数形式有更简洁统一的优点.

例 9 将函数

$$
f(x)=\begin{cases}\dfrac{1}{2h}, & |x|<h,\\ 0, & h\leqslant|x|\leqslant l\end{cases}
$$

展开成复数形式的傅里叶级数.

解 计算系数, 得

$$
c_0=\frac{1}{2l}\int_{-l}^{l}f(x)\mathrm{d}x=\frac{1}{2l}\int_{-h}^{h}\frac{1}{2h}\mathrm{d}x=\frac{1}{2l},
$$

$$
\begin{aligned}
c_n &= \frac{1}{2l}\int_{-l}^{l} f(x)\mathrm{e}^{-\mathrm{i}\frac{n\pi x}{l}}\mathrm{d}x = \frac{1}{2l}\int_{-h}^{h}\frac{1}{2h}\mathrm{e}^{-\mathrm{i}\frac{n\pi x}{l}}\mathrm{d}x \\
&= \frac{1}{4lh}\left[-\frac{l}{\mathrm{i}n\pi}\mathrm{e}^{-\mathrm{i}\frac{n\pi x}{l}}\right]_{-h}^{h} = \frac{1}{2n\pi h}\frac{\mathrm{e}^{\mathrm{i}\frac{n\pi h}{l}} - \mathrm{e}^{-\mathrm{i}\frac{n\pi h}{l}}}{2\mathrm{i}} \\
&= \frac{1}{2n\pi h}\sin\frac{n\pi h}{l}, \quad n = \pm 1, \pm 2, \cdots,
\end{aligned}
$$

于是有

$$
f(x) = \frac{1}{2l} + \frac{1}{2\pi h}\sum_{\substack{n=-\infty \\ n\neq 0}}^{\infty}\frac{1}{n}\sin\frac{n\pi h}{l}\mathrm{e}^{\mathrm{i}\frac{n\pi x}{l}}, \quad -l \leqslant x \leqslant l,\ x \neq h.
$$

习题 9–6

A 题

1. 将函数

$$
f(x) = \begin{cases} ax, & -\pi < x \leqslant 0, \\ bx, & 0 < x < \pi \end{cases} \quad (a \neq b, a \neq 0, b \neq 0)
$$

展开成傅里叶级数.

2. 将函数 $f(x) = 3x^2, -\pi \leqslant x \leqslant \pi$ 展开成傅里叶级数.

3. 把函数

$$
f(x) = \begin{cases} -\dfrac{\pi}{4}, & -\pi < x \leqslant 0, \\ \dfrac{\pi}{4}, & 0 < x \leqslant \pi \end{cases}
$$

展开成傅里叶级数, 并由它推出

(1) $\frac{\pi}{4} = 1 - \frac{1}{3} + \frac{1}{5} - \frac{1}{7} + \cdots$;

(2) $\frac{\pi}{3} = 1 + \frac{1}{5} - \frac{1}{7} - \frac{1}{11} + \frac{1}{13} + \frac{1}{17} - \cdots$;

(3) $\frac{\sqrt{3}}{6}\pi = 1 - \frac{1}{5} + \frac{1}{7} - \frac{1}{11} + \frac{1}{13} - \frac{1}{17} + \cdots$.

4. 将函数 $f(x) = \frac{\pi}{2} - x$ 在 $[0, \pi]$ 上展开成余弦函数.

5. 将函数 $f(x) = \cos\frac{x}{2}$ 在 $[0, \pi]$ 上展成正弦函数.

6. 把函数 $f(x) = (x-1)^2$ 在 $(0, 1)$ 内展开成余弦函数, 并推出

$$
1 + \frac{1}{2^2} + \frac{1}{3^2} + \cdots = \frac{\pi^2}{6}.
$$

7. 将函数

$$f(x)=\begin{cases}1, & 1<x\leqslant 2,\\ 3-x, & 2<x\leqslant 3\end{cases}$$

展开成以 2 为周期的傅里叶级数, 并写出 $[1,3]$ 上的函数.

8. 将函数 $f(x)=2+|x|(-1\leqslant x\leqslant 1)$ 展开成以 2 为周期的傅里叶级数, 并由此求级数 $\sum\limits_{n=1}^{\infty}\dfrac{1}{n^2}$ 的和.

9. 如果 $\varphi(-x)=\phi(x)$, 问 $\varphi(x)$ 与 $\phi(x)$ 的傅里叶系数之间有什么关系?

10. 设 $f(x)$ 是周期为 2 的周期函数, 它在 $[-1,1]$ 上的表达式为 $f(x)=\mathrm{e}^{-x}$. 试将 $f(x)$ 展开成复数形式的傅里叶级数.

B 题

1. (考研真题, 2008 年数学一) $f(x)=1-x^2(0\leqslant x\leqslant \pi)$, 用余弦函数展开, 并求 $\sum\limits_{n=1}^{\infty}\dfrac{(-1)^{n-1}}{n^2}$ 的和.

2. (考研真题, 2003 年数学一) 设 $x^2=\sum\limits_{n=0}^{\infty}a_n\cos nx(-\pi\leqslant x\leqslant\pi)$, 则 $a_2=$____.

3. (考研真题, 1999 年数学一) 设 $f(x)=\begin{cases}x, & 0\leqslant x\leqslant \dfrac{1}{2},\\ 2-2x, & \dfrac{1}{2}<x<1,\end{cases}$ $S(x)=\dfrac{a_0}{2}+\sum\limits_{n=1}^{\infty}a_n\cos n\pi x, -\infty<x<+\infty$, 其中 $a_n=2\displaystyle\int_0^1 f(x)\cos n\pi x\mathrm{d}x$, $n=0,1,2,\cdots$, 则 $S\left(-\dfrac{5}{2}\right)=$____.

4. (考研真题, 1988 年数学一) 设周期为 2 的周期函数在区间 $(-1,1]$ 上定义为

$$f(x)=\begin{cases}2, & -1<x\leqslant 0,\\ x^2, & 0<x\leqslant 1,\end{cases}$$

则其傅里叶级数在 $x=1$ 处收敛于____.

5. (考研真题, 1989 年数学一) 设函数 $f(x)=x^2$, $0\leqslant x<1$, 而 $s(x)=\sum\limits_{n=1}^{\infty}b_n\sin n\pi x$, $-\infty<x<+\infty$, 其中 $b_n=2\displaystyle\int_0^1 f(x)\sin n\pi x\mathrm{d}x, n=1,2,\cdots$, 则 $s\left(-\dfrac{1}{2}\right)=$____.

本章学习要点

1. 理解常数项级数收敛、发散以及收敛级数的和的概念, 掌握级数的基本性质及收敛的必要条件, 了解柯西收敛原理.

2. 掌握几何级数与 p-级数的收敛与发散的条件.

3. 掌握正项级数收敛性的比较判别法和比值判别法, 会用根值判别法.

4. 掌握交错级数的莱布尼茨判别法.

5. 了解任意项级数绝对收敛与条件收敛的概念, 以及绝对收敛与条件收敛的关系.

6. 了解函数项级数的收敛域及和函数的概念.

7. 理解幂级数收敛半径的概念, 并掌握幂级数的收敛半径、收敛区间及收敛域的求法.

8. 了解幂级数在其收敛区间内的一些基本性质 (和函数的连续性、逐项微分和逐项积分), 会求一些幂级数在收敛区间内的和函数, 并会由此求出某些常数项级数的和.

9. 掌握 $\mathrm{e}^x, \sin x, \cos x, \ln(1+x)$ 和 $(1+a)^\alpha$ 的麦克劳林展开式, 会用它们将一些简单函数间接展开成幂级数.

10. 了解傅里叶级数的概念和函数展开为傅里叶级数的狄利克雷定理, 会将定义在 $[-l,l]$ 上的函数展开为傅里叶级数, 会将定义在 $[0,l]$ 上的函数展开为正弦级数与余弦级数.

网上更多 …… 第 9 章自测 A 题
第 9 章自测 B 题
第 9 章综合练习 A 题
第 9 章综合练习 B 题

第 10 章　常微分方程

表示未知函数、未知函数的导数以及自变量之间的关系的方程，就叫作微分方程. 牛顿研究天体力学和机械动力学的时候，利用了微分方程这个工具，从理论上得到了行星运动规律. 后来，法国天文学家勒威耶和英国天文学家亚当斯使用微分方程各自计算出那时尚未发现的海王星的位置. 这些都使数学家深信微分方程在认识自然、改造自然方面具有巨大的力量. 时至今日，微分方程已经在现代科学技术、经济、军工及航空航天等众多领域发挥不可或缺的作用. 进入新时代，我国在卫星导航、载人航天及空间实验室等领域上取得的卓越成就，同样离不开微分方程这一基础工具.

只有一个自变量的微分方程叫作常微分方程. 常微分方程的概念、解法和其他理论很多，比如，方程和方程组的种类及解法、解的存在性和唯一性、奇解、定性理论等. 本章主要任务是介绍一些简单常微分方程的求解方法.

数学史 10-1
常微分方程发展简史

10.1　常微分方程的基本概念

PPT 课件 10-1
常微分方程的基本概念

函数是客观事物的内部联系在数量方面的反映，利用函数关系又可以对客观事物的规律性进行研究. 因此，如何寻找出所需要的函数关系，在实践中具有重要意义. 许多问题往往不能直接找出所需要的函数关系，但是根据问题所提供的条件，有时可以列出含有要找的函数及其导数的关系式，这样的关系就是所谓微分方程. 微分方程建立以后，对它进行研究，找出未知函数，就是解微分方程.

例 1　一曲线上任一点 (x, y) 处的切线斜率等于 x^2，且该曲线通过点 $(0, 1)$，求该曲线方程.

解　设所求曲线的方程为 $y = f(x)$. 根据导数的几何意义，得

$$y'(x) = x^2. \tag{10-1}$$

同时, $f(x)$ 还应满足下列条件

$$y(0)=1, \tag{10–2}$$

或者写成

$$y|_{x=0}=1.$$

对 (10–1) 两边积分得

$$y=f(x)=\int x^2\mathrm{d}x,$$

即

$$y=\frac{1}{3}x^3+C, \tag{10–3}$$

其中 C 是任意常数 (见图 10–1). 把 (10–2) 代入 (10–3), 得 $C=1$. 于是所求曲线方程为

$$y=\frac{1}{3}x^3+1. \tag{10–4}$$

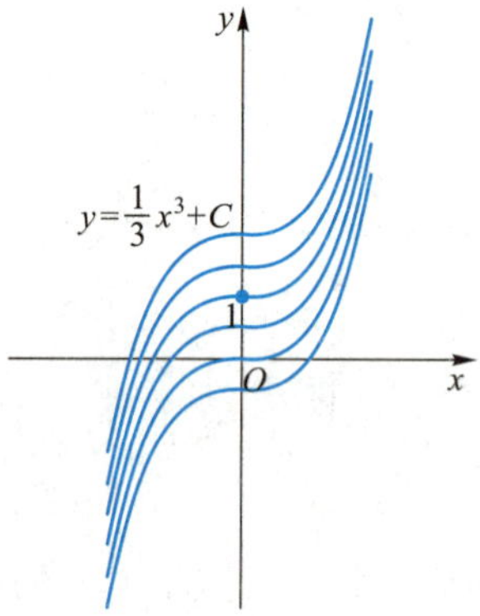

图 10–1

例 2 一质量为 m 的物体仅受重力的作用而下落, 如果其初始位置和初始速度都为 0, 试确定物体下落的距离 s 与时间 t 的函数关系.

解 设物体在任一时刻 t 下落的距离为 $s=s(t)$, 则物体运动的加速度为

$$a=s''=\frac{\mathrm{d}^2s}{\mathrm{d}t^2}.$$

现物体仅受重力的作用, 重力加速度为 g, 由牛顿第二定律可知,

$$\frac{\mathrm{d}^2s}{\mathrm{d}t^2}=g, \tag{10–5}$$

此外, 未知函数 $s=s(t)$ 还应该满足下列条件:

$$t=0 \text{ 时}, \quad s=0, \quad v=\frac{\mathrm{d}s}{\mathrm{d}t}=0.$$

将其记作

$$s|_{t=0}=0, \quad v|_{t=0}=\left.\frac{\mathrm{d}s}{\mathrm{d}t}\right|_{t=0}=0. \tag{10–6}$$

把 (10–5) 两端积分一次, 得

$$v=\frac{\mathrm{d}s}{\mathrm{d}t}=gt+C_1, \tag{10–7}$$

再积分一次, 得

$$s=\frac{1}{2}gt^2+C_1t+C_2, \tag{10–8}$$

其中 C_1, C_2 都是任意常数 (见图 10–2).

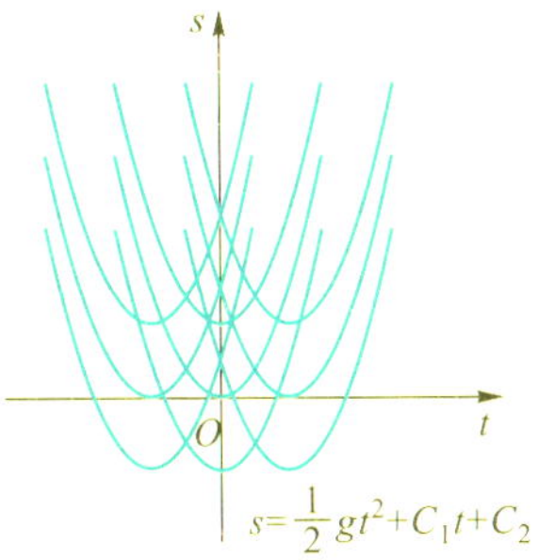

图 10–2

把条件 $v|_{t=0}=0$ 代入 (10–7) 式, 得 $C_1=0$. 把条件 $s|_{t=0}=0$ 代入 (10–8) 式, 得 $C_2=0$. 把 C_1, C_2 的值代入 (10–8) 得

$$s=\frac{1}{2}gt^2. \tag{10–9}$$

这是物理学中的自由落体运动公式.

上面例题中的 (10–1) 和 (10–5) 就是微分方程. 一般来说, 表示未知函数、未知函数的导数与自变量之间的关系的方程, 叫作**微分方程**. 未知函数是一元函数的微分方程, 叫作**常微分方程**; 未知函数是多元函数的微分方程, 叫作**偏微分方程**. 本书只讨论常微分方程, 以下简称微分方程.

微分方程中所出现的未知函数的最高阶导数的阶数, 叫作**微分方程的阶**. 如 (10–1) 是一阶方程, (10–5) 是二阶方程. 通常, 一般的 n 阶微分方程写成

$$F\left(x, y, y', \cdots, y^{(n)}\right)=0,$$

或

$$y^{(n)}=f\left(x, y, y', \cdots, y^{(n-1)}\right).$$

满足微分方程的函数 (把函数代入微分方程能使该方程成为恒等式) 叫作该微分方程的解. 确切地说, 设函数 $y=\varphi(x)$ 在区间 I 上有

n 阶连续导数, 如果在区间 I 上,

$$F\left(x,\varphi(x),\varphi'(x),\cdots,\varphi^{(n)}(x)\right)=0,$$

那么函数 $y=\varphi(x)$ 就叫作微分方程 $F(x,y,y',\cdots,y^{(n)})=0$ 在区间 I 上的解.

如果微分方程的解中含有任意常数, 且任意常数的个数与微分方程的阶数相同, 这样的解叫作微分方程的通解. 通解的图形是一族曲线, 叫作微分方程的积分曲线. 例如, 方程 (10–1) 的积分曲线是依赖于常数 C 的单参数立方曲线族 (见图 10–1), 而方程 (10–5) 的积分曲线则是双参数抛物线族 (见图 10–2).

用于确定通解中任意常数的条件, 称为定解条件. 常见的定解条件是给定未知函数及其导数在初始时刻的值, 称为初值条件. 如

$$x=x_0\text{ 时},\quad y=y_0,\quad y'=y_0'.$$

一般写成

$$y|_{x=x_0}=y_0,\quad y'|_{x=x_0}=y_0'.$$

在确定了通解中的任意常数以后, 就得到微分方程的特解, 即不含任意常数的解.

求微分方程满足初值条件的解的问题称为初值问题. 如求微分方程 $y'=f(x,y)$ 满足初值条件 $y|_{x=x_0}=y_0$ 的解的问题, 记为

$$\begin{cases}y'=f(x,y),\\ y|_{x=x_0}=y_0.\end{cases}$$

例 3　验证函数

$$x=C_1\cos kt+C_2\sin kt\quad (C_1,C_2\text{ 是任意常数})$$

是微分方程

$$\frac{\mathrm{d}^2x}{\mathrm{d}t^2}+k^2x=0$$

的通解.

解　求所给函数的导数:

$$\frac{\mathrm{d}x}{\mathrm{d}t}=-kC_1\sin kt+kC_2\cos kt,$$

$$\frac{\mathrm{d}^2x}{\mathrm{d}t^2}=-k^2C_1\cos kt-k^2C_2\sin kt=-k^2(C_1\cos kt+C_2\sin kt).$$

将 $\frac{\mathrm{d}^2x}{\mathrm{d}t^2}$ 及 x 的表达式代入所给方程, 得

$$-k^2(C_1\cos kt+C_2\sin kt)+k^2(C_1\cos kt+C_2\sin kt)\equiv 0.$$

这表明函数

$$x=C_1\cos kt+C_2\sin kt$$

满足方程 $\frac{\mathrm{d}^2x}{\mathrm{d}t^2}+k^2x=0$, 因此所给函数是所给方程的通解.

例 4 求微分方程

$$\frac{\mathrm{d}^2x}{\mathrm{d}t^2}+k^2x=0$$

满足初值条件

$$x|_{t=0}=A,\quad x'|_{t=0}=0$$

的特解.

解 例 3 已知该微分方程的通解是

$$x=C_1\cos kt+C_2\sin kt\ (k\neq 0),$$

结合条件 $x|_{t=0}=A$ 得 $C_1=A$. 再由条件 $x'|_{t=0}=0$ 及

$$x'(t)=-kC_1\sin kt+kC_2\cos kt,$$

得 $C_2=0$. 把 C_1,C_2 的值代入

$$x=C_1\cos kt+C_2\sin kt$$

中, 得特解 $x=A\cos kt$.

习题 10–1

A 题

1. 指出下列微分方程的阶数.

(1) $y'=4x^2-y$;

(2) $x\frac{\mathrm{d}^2y}{\mathrm{d}x^2}-4\frac{\mathrm{d}y}{\mathrm{d}x}+2xy=\mathrm{e}^x$;

(3) $xy'''+2y''+x^2y=0$;

(4) $\frac{\mathrm{d}y}{\mathrm{d}x}+\sin y+x^2=0$;

(5) $\sin\left(\frac{\mathrm{d}^2y}{\mathrm{d}x^2}\right)+\mathrm{e}^y=x$; (6) $\frac{\mathrm{d}\rho}{\mathrm{d}\theta}+\rho=\sin^2\theta$.

2. 验证下列函数是相应的微分方程的解.

(1) $y=C\mathrm{e}^x$, $y''-2y'+y=0$ (C 是任意常数);

(2) $y=x\mathrm{e}^x$, $y''-2y'+y=0$;

(3) $y=\sin\omega x+\cos\omega x$, $y''+\omega^2y=0$ ($\omega>0$ 是常数);

(4) $y=x^2+1$, $y'=y^2-(x^2+1)y+2x$.

3. 验证 $y=Cx^3$ 是方程 $3y-xy'=0$ 的通解 (C 为任意常数), 并求满足初值条件 $y(1)=\frac{1}{3}$ 的特解.

4. 设曲线上任一点处的切线斜率与切点的横坐标成反比, 试建立曲线所满足的微分方程.

B 题

1. 验证由方程 $x^2-xy+y^2=C$ 所确定的函数为微分方程 $(x-2y)y'=2x-y$ 的通解, 并求满足初值条件 $y|_{x=1}=2$ 的特解.

2. 已知社会对某商品的需求量和供应量分别是其价格 P 的函数 $Q(P), S(P)$, 该商品的价格 P 是时间 t 的函数, 在时刻 t 的价格 $P(t)$ 对于时间 t 的变化率可认为与该商品在同一时刻的超额需求量 $Q(P)-S(P)$ 成正比. 试用微分方程描述上述经济现象.

10.2 一阶微分方程

10.2.1 可分离变量方程

PPT 课件 10–2 一阶微分方程

微视频 10–1 可分离变量方程 齐次方程

如果一个一阶微分方程能写成

$$g(y)\mathrm{d}y=f(x)\mathrm{d}x \text{ (或写成 } y'=\varphi(x)\psi(y))$$

的形式, 就是说, 能把微分方程写成一端只含 y 的函数和 $\mathrm{d}y$, 另一端只含 x 的函数和 $\mathrm{d}x$, 那么原方程就称为可分离变量的微分方程.

可分离变量的微分方程可按以下步骤求解:

(1) 分离变量: 将方程写成 $g(y)\mathrm{d}y=f(x)\mathrm{d}x$ 的形式;

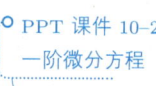

(2) 两端积分: $\int g(y)\mathrm{d}y=\int f(x)\mathrm{d}x$, 设积分后得 $G(y)=F(x)+C$;

(3) 求出由 $G(y)=F(x)+C$ 所确定的隐函数 $y=\Phi(x)$ 或 $x=\Psi(y)$.

$G(y)=F(x)+C$, $y=\Phi(x)$ 或 $x=\Psi(y)$ 都是方程的通解, 其中 $G(y)=F(x)+C$ 称为隐式 (通) 解.

例 1 求微分方程 $\dfrac{\mathrm{d}y}{\mathrm{d}x}=2xy$ 的通解.

解 此方程为可分离变量方程, 分离变量后得

$$\frac{1}{y}\mathrm{d}y=2x\mathrm{d}x,$$

两边积分得

$$\int\frac{1}{y}\mathrm{d}y=\int 2x\mathrm{d}x,$$

即

$$\ln|y|=x^2+C_1,$$

其中 C_1 为任意常数, 从而

$$y=\pm\mathrm{e}^{x^2+C_1}=\pm\mathrm{e}^{C_1}\mathrm{e}^{x^2}.$$

因为对任意常数 C_1, $\pm\mathrm{e}^{C_1}$ 是任意非零常数, 注意到 $y=0$ 也是方程的解, 便得所给方程的通解

$$y=C\mathrm{e}^{x^2}\ (C\text{ 为任意常数}),$$

其积分曲线如图 10-3 所示.

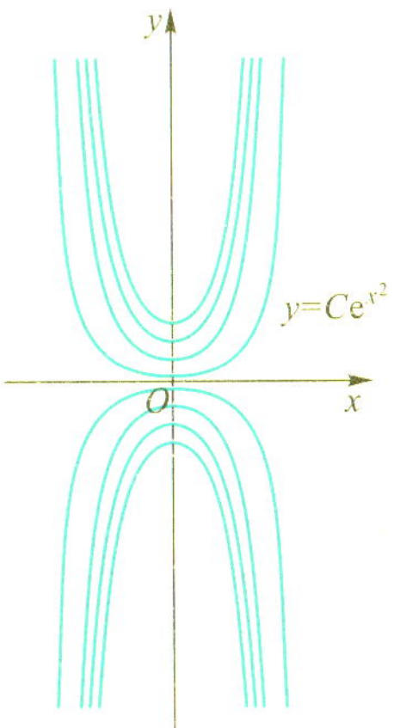

图 10-3

例 2 求微分方程 $x+\dfrac{\mathrm{d}y}{\mathrm{d}x}=1+y^2-xy^2$ 的通解.

解 方程可化为

$$\frac{\mathrm{d}y}{\mathrm{d}x}=1-x+y^2(1-x)=(1-x)(1+y^2).$$

分离变量得

$$\frac{\mathrm{d}y}{1+y^2}=(1-x)\mathrm{d}x,$$

两边积分得

$$\arctan y=x-\frac{1}{2}x^2+C\ (C\text{ 为任意常数}).$$

这就是所求微分方程的通解.

例 3 铀的衰变速度与当时未衰变的原子的含量 M 成正比. 已知 $t=0$ 时铀的含量为 M_0, 求在衰变过程中铀含量 $M(t)$ 随时间 t 变化的规律.

解 铀的衰变速度就是 $M(t)$ 对时间 t 的导数 $\dfrac{\mathrm{d}M}{\mathrm{d}t}$. 由于铀的衰变速度与其含量成正比, 故得微分方程

$$\frac{\mathrm{d}M}{\mathrm{d}t}=-\lambda M,$$

其中 $\lambda(\lambda>0)$ 是常数, λ 前的负号表示当 t 增加时 M 单调减少, 即 $\dfrac{\mathrm{d}M}{\mathrm{d}t}<0$. 由题意, 初值条件为 $M|_{t=0}=M_0$.

将方程分离变量得 $\dfrac{\mathrm{d}M}{M}=-\lambda\mathrm{d}t$. 两边积分, 得 $\displaystyle\int\frac{\mathrm{d}M}{M}=\int(-\lambda)\mathrm{d}t$, 即

$$\ln M=-\lambda t+\ln C\ (C\ 为任意常数),$$

也即

$$M=C\mathrm{e}^{-\lambda t}.$$

由初值条件, 得 $M_0=C\mathrm{e}^0=C$, 所以铀含量 $M(t)$ 随时间 t 变化的规律是

$$M=M_0\mathrm{e}^{-\lambda t}.$$

由此可见, 铀的含量随时间的增加而按指数规律衰减.

10.2.2 齐次方程

如果一阶微分方程 $\dfrac{\mathrm{d}y}{\mathrm{d}x}=f(x,y)$ 中的函数 $f(x,y)$ 可写成关于 $\dfrac{y}{x}$ 的函数, 即 $f(x,y)=\varphi\left(\dfrac{y}{x}\right)$, 那么称这方程为一阶齐次方程. 例如,

$$xy'-y-\sqrt{y^2-x^2}=0$$

和

$$(x^2+y^2)\mathrm{d}x-xy\mathrm{d}y=0$$

是齐次方程, 因为它们可分别变形成

$$\frac{\mathrm{d}y}{\mathrm{d}x}=\frac{y}{x}+\sqrt{\left(\frac{y}{x}\right)^2-1}$$

和

$$\frac{\mathrm{d}y}{\mathrm{d}x}=\frac{x}{y}+\frac{y}{x}.$$

在齐次方程 $\frac{\mathrm{d}y}{\mathrm{d}x}=\varphi\left(\frac{y}{x}\right)$ 中, 令 $u=\frac{y}{x}$, 即 $y=ux$, 有

$$u+x\frac{\mathrm{d}u}{\mathrm{d}x}=\varphi(u),$$

这是一个变量可分离方程, 分离变量得

$$\frac{\mathrm{d}u}{\varphi(u)-u}=\frac{\mathrm{d}x}{x}.$$

两端积分, 得

$$\int\frac{\mathrm{d}u}{\varphi(u)-u}=\int\frac{\mathrm{d}x}{x}.$$

求出积分后, 再用 $\frac{y}{x}$ 代替 u, 便得所给齐次方程的通解.

例 4 解方程 $y^2+x^2\frac{\mathrm{d}y}{\mathrm{d}x}=xy\frac{\mathrm{d}y}{\mathrm{d}x}$.

解 原方程可写成

$$\frac{\mathrm{d}y}{\mathrm{d}x}=\frac{y^2}{xy-x^2}=\frac{\left(\frac{y}{x}\right)^2}{\frac{y}{x}-1},$$

因此原方程是齐次方程. 令 $\frac{y}{x}=u$, 则

$$y=ux,\quad \frac{\mathrm{d}y}{\mathrm{d}x}=u+x\frac{\mathrm{d}u}{\mathrm{d}x},$$

于是原方程变为

$$u+x\frac{\mathrm{d}u}{\mathrm{d}x}=\frac{u^2}{u-1},$$

即

$$x\frac{\mathrm{d}u}{\mathrm{d}x}=\frac{u}{u-1}.$$

分离变量, 得

$$\left(1-\frac{1}{u}\right)\mathrm{d}u=\frac{\mathrm{d}x}{x}.$$

两边积分, 得

$$u-\ln|u|+C=\ln|x| \ (C\ 为任意常数),$$

即

$$\ln|xu|=u+C.$$

以 $\dfrac{y}{x}$ 取代上式中的 u, 便得所给方程的通解

$$\ln|y| = \frac{y}{x} + C.$$

例 5 求微分方程 $\dfrac{\mathrm{d}y}{\mathrm{d}x} = \dfrac{x+y-1}{x-y+3}$ 的通解.

解 解方程组

$$\begin{cases} x+y-1=0, \\ x-y+3=0 \end{cases}$$

得 $x=-1, y=2$. 令 $X=x+1, Y=y-2$, 代入方程得

$$\frac{\mathrm{d}Y}{\mathrm{d}X} = \frac{X+Y}{X-Y} = \frac{1+\dfrac{Y}{X}}{1-\dfrac{Y}{X}}.$$

令 $u = \dfrac{Y}{X}$, 得

$$X\frac{\mathrm{d}u}{\mathrm{d}X} = \frac{1+u^2}{1-u}.$$

将变量分离后得

$$\frac{(1-u)\mathrm{d}u}{1+u^2} = \frac{\mathrm{d}X}{X}.$$

两边积分得

$$\arctan u - \frac{1}{2}\ln(1+u^2) = \ln|X| + C \ (C \text{ 为任意常数}).$$

变量还原并整理后得原方程的通解为

$$\arctan\frac{y-2}{x+1} = \ln\sqrt{(x+1)^2+(y-2)^2} + C.$$

10.2.3 一阶线性方程

称方程

$$\frac{\mathrm{d}y}{\mathrm{d}x} + P(x)y = Q(x) \tag{10–10}$$

为一阶 (非齐次) 线性微分方程, 而称方程

$$\frac{\mathrm{d}y}{\mathrm{d}x} + P(x)y = 0 \tag{10–11}$$

为对应于 (10–10) 的齐次线性方程

齐次线性方程 (10–11) 是可分离变量方程. 分离变量后得

$$\frac{\mathrm{d}y}{y}=-P(x)\mathrm{d}x,$$

两边积分, 得

$$\ln|y|=-\int P(x)\mathrm{d}x+C_1\ (C_1\text{ 为任意常数}),$$

即

$$y=C\mathrm{e}^{-\int P(x)\mathrm{d}x}\ (C\text{ 为任意常数}),$$

这就是齐次线性方程 (10–11) 的通解 (积分中不再加任意常数).

下面介绍求解 (10–10) 的常数变易法. 将 (10–11) 通解中的常数换成 x 的未知函数 $u(x)$, 把 $y=u(x)\mathrm{e}^{-\int P(x)\mathrm{d}x}$ 设想成非齐次线性方程 (10–10) 的通解. 代入非齐次线性方程 (10–10) 求得

$$u'(x)\mathrm{e}^{-\int P(x)\mathrm{d}x}-u(x)\mathrm{e}^{-\int P(x)\mathrm{d}x}P(x)+P(x)u(x)\mathrm{e}^{-\int P(x)\mathrm{d}x}=Q(x),$$

化简得

$$u'(x)=Q(x)\mathrm{e}^{\int P(x)\mathrm{d}x}.$$

因此,

$$u(x)=\int Q(x)\mathrm{e}^{\int P(x)\mathrm{d}x}\mathrm{d}x+C\ (C\text{ 为任意常数}).$$

于是非齐次线性方程 (10–10) 的通解为

$$y=\mathrm{e}^{-\int P(x)\mathrm{d}x}\left(\int Q(x)\mathrm{e}^{\int P(x)\mathrm{d}x}\mathrm{d}x+C\right),\tag{10–12}$$

或

$$y=C\mathrm{e}^{-\int P(x)\mathrm{d}x}+\mathrm{e}^{-\int P(x)\mathrm{d}x}\int Q(x)\mathrm{e}^{\int P(x)\mathrm{d}x}\mathrm{d}x.$$

非齐次线性方程 (10–10) 的通解等于对应的齐次线性方程通解 (10–11) 与非齐次线性方程 (10–10) 的一个特解之和.

例 6 求方程 $\dfrac{\mathrm{d}y}{\mathrm{d}x}+\dfrac{y}{x}=\dfrac{\cos x}{x}$ 的通解.

解 此方程是一阶非齐次线性方程, 求解此方程可以利用常数变易法, 也可以直接套用其通解公式 (10–12).

方法 1 常数变易法.

先求对应齐次方程 $\frac{dy}{dx}+\frac{y}{x}=0$ 的通解. 分离变量, 得

$$\frac{dy}{y}=-\frac{dx}{x},$$

两边积分, 得

$$\ln|y|=-\ln|x|+\ln|C_1|=\ln\left|\frac{C_1}{x}\right| \ (C_1\text{为任意常数}),$$

所以, 对应的齐次方程的通解为

$$y=\frac{C_1}{x}.$$

用常数变易法, 把 C_1 换成待定函数 $u(x)$, 设原方程的通解为 $y=\frac{u(x)}{x}$, 则

$$\frac{dy}{dx}=\frac{u'(x)x-u(x)}{x^2},$$

代入所给非齐次方程, 得

$$\frac{u'(x)x-u(x)}{x^2}+\frac{u(x)}{x^2}=\frac{\cos x}{x},$$

即

$$u'(x)=\cos x.$$

所以

$$u(x)=\sin x+C \ (C\text{ 为任意常数}).$$

把上式代入 $y=\frac{u(x)}{x}$ 中, 即得原方程的通解为

$$y=\frac{1}{x}(\sin x+C).$$

方法 2 直接套用通解公式 (10–12). 设 $P(x)=\frac{1}{x}, Q(x)=\frac{\cos x}{x}$, 则原方程的通解为

$$\begin{aligned}
y&=e^{-\int P(x)dx}\left(\int Q(x)e^{\int P(x)dx}dx+C\right)\\
&=e^{-\int \frac{1}{x}dx}\left(\int \frac{\cos x}{x}\cdot e^{\int \frac{1}{x}dx}dx+C\right)\\
&=\frac{1}{x}\left(\int \cos x dx+C\right)=\frac{1}{x}(\sin x+C) \ (C\text{ 为任意常数}).
\end{aligned}$$

有些方程本身不是一阶线性方程, 但可以变成一阶线性方程. 例如伯努利方程

$$\frac{\mathrm{d}y}{\mathrm{d}x}+P(x)y=Q(x)y^n \ (n\neq 0,1).$$

以 y^n 除方程的两边, 得

$$y^{-n}\frac{\mathrm{d}y}{\mathrm{d}x}+P(x)y^{1-n}=Q(x).$$

令 $z=y^{1-n}$, 得线性方程

$$\frac{\mathrm{d}z}{\mathrm{d}x}+(1-n)P(x)z=(1-n)Q(x).$$

例 7 求方程 $\dfrac{\mathrm{d}y}{\mathrm{d}x}+\dfrac{y}{x}=(a\ln x)y^2$ 的通解.

解 以 y^2 除方程的两端, 得

$$y^{-2}\frac{\mathrm{d}y}{\mathrm{d}x}+\frac{1}{x}y^{-1}=a\ln x,$$

即

$$-\frac{\mathrm{d}(y^{-1})}{\mathrm{d}x}+\frac{1}{x}y^{-1}=a\ln x.$$

令 $z=y^{-1}$, 则上述方程成为

$$\frac{\mathrm{d}z}{\mathrm{d}x}-\frac{1}{x}z=-a\ln x.$$

这是一个线性方程, 它的通解为

$$z=x\left[C-\frac{a}{2}(\ln x)^2\right] \ (C\text{ 为任意常数}).$$

以 y^{-1} 代 z, 得所求方程的通解为

$$yx\left[C-\frac{a}{2}(\ln x)^2\right]=1.$$

伯努利方程不是唯一的可变成一阶线性方程的例子.

例 8 解方程 $\dfrac{\mathrm{d}y}{\mathrm{d}x}=\dfrac{1}{x+y}$.

解 若把所给方程变形为

$$\frac{\mathrm{d}x}{\mathrm{d}y}=x+y,$$

即为一阶线性方程, 则按一阶线性方程的解法可求得通解. 但这里用变量代换来解所给方程.

令 $x+y=u$, 则原方程化为

$$\frac{\mathrm{d}u}{\mathrm{d}x}-1=\frac{1}{u},$$

即

$$\frac{\mathrm{d}u}{\mathrm{d}x}=\frac{u+1}{u}.$$

分离变量, 得

$$\frac{u}{u+1}\mathrm{d}u=\mathrm{d}x,$$

两端积分得

$$u-\ln|u+1|=x-\ln|C|\ (C\text{ 为任意常数}).$$

以 $u=x+y$ 代入上式, 得

$$y-\ln|x+y+1|=-\ln|C|,$$

或

$$x=C\mathrm{e}^{y}-y-1.$$

10.2.4 全微分方程

一阶微分方程写成

$$P(x,y)\mathrm{d}x+Q(x,y)\mathrm{d}y=0 \tag{10–13}$$

形式后, 如果它的左端恰好是某一个函数 $u=u(x,y)$ 的全微分, 即

$$\mathrm{d}u(x,y)=P(x,y)\mathrm{d}x+Q(x,y)\mathrm{d}y,$$

那么方程 $P(x,y)\mathrm{d}x+Q(x,y)\mathrm{d}y=0$ 就叫作全微分方程, 这里

$$\frac{\partial u}{\partial x}=P(x,y),\quad \frac{\partial u}{\partial y}=Q(x,y),$$

而方程可写为

$$\mathrm{d}u(x,y)=0.$$

需要指出的是, 并不是所有 $P(x,y)\mathrm{d}x+Q(x,y)\mathrm{d}y$ 都是某个函数的全微分. 因此首先需要判断一个微分方程是否是全微分方程. 由定

理 8.4.4 知, 若 $P(x,y),Q(x,y)$ 在单连通区域 G 内具有一阶连续偏导数, 且

$$\frac{\partial P}{\partial y}=\frac{\partial Q}{\partial x},$$

则方程 (10–13) 是全微分方程, 且 $u(x,y)$ 就是 $P(x,y)\mathrm{d}x+Q(x,y)\mathrm{d}y$ 的一个原函数.

若方程 (10–13) 是平面区域 G 上的全微分方程, 则容易验证,

$$u(x,y)=\int_{x_0}^{x}P(x,y)\mathrm{d}x+\int_{y_0}^{y}Q(x_0,y)\mathrm{d}y$$

是 $P(x,y)\mathrm{d}x+Q(x,y)\mathrm{d}y$ 的一个原函数. 事实上,

$$\begin{aligned}\mathrm{d}u(x,y)&=\frac{\partial u(x,y)}{\partial x}\mathrm{d}x+\frac{\partial u(x,y)}{\partial y}\mathrm{d}y\\&=P(x,y)\mathrm{d}x+\left(\int_{x_0}^{x}\frac{\partial P(x,y)}{\partial y}\mathrm{d}x+Q(x_0,y)\right)\mathrm{d}y\\&=P(x,y)\mathrm{d}x+\left(\int_{x_0}^{x}\frac{\partial Q(x,y)}{\partial x}\mathrm{d}x+Q(x_0,y)\right)\mathrm{d}y\\&=P(x,y)\mathrm{d}x+Q(x,y)\mathrm{d}y,\end{aligned}$$

故 $u(x,y)=C$ (C 为任意常数) 是方程 (10–13) 的通解. 这里 (x_0,y_0) 是 G 内任意固定一点.

例 9 求解 $(5x^4+3xy^2-y^3)\mathrm{d}x+(3x^2y-3xy^2+y^2)\mathrm{d}y=0$.

解 这里

$$\frac{\partial P}{\partial y}=6xy-3y^2=\frac{\partial Q}{\partial x},$$

所以这是全微分方程. 取 $(x_0,y_0)=(0,0)$, 有

$$\begin{aligned}u(x,y)&=\int_0^x(5x^4+3xy^2-y^3)\mathrm{d}x+\int_0^y y^2\mathrm{d}y\\&=x^5+\frac{3}{2}x^2y^2-xy^3+\frac{1}{3}y^3.\end{aligned}$$

于是, 方程的通解为

$$x^5+\frac{3}{2}x^2y^2-xy^3+\frac{1}{3}y^3=C.$$

若方程 (10–13) 不是全微分方程, 但存在一函数 $\mu=\mu(x,y)(\mu(x,y)\neq 0)$, 使方程

$$\mu(x,y)P(x,y)\mathrm{d}x+\mu(x,y)Q(x,y)\mathrm{d}y=0$$

是全微分方程, 则函数 $\mu(x,y)$ 叫作方程 (10–13) 的积分因子, 此方程的解即为 (10–13) 的解.

例 10 通过观察求方程的积分因子并求其通解.

(1) $y\mathrm{d}x-x\mathrm{d}y=0$;

(2) $(1+xy)y\mathrm{d}x+(1-xy)x\mathrm{d}y=0$.

解 (1) 方程 $y\mathrm{d}x-x\mathrm{d}y=0$ 不是全微分方程. 因为

$$\mathrm{d}\left(\frac{x}{y}\right)=\frac{y\mathrm{d}x-x\mathrm{d}y}{y^2},$$

所以 $\frac{1}{y^2}$ 是方程 $y\mathrm{d}x-x\mathrm{d}y=0$ 的积分因子, 于是

$$\frac{y\mathrm{d}x-x\mathrm{d}y}{y^2}=0$$

是全微分方程, 所给方程的通解为 $\frac{x}{y}=C$ (C 为任意常数).

(2) 方程 $(1+xy)y\mathrm{d}x+(1-xy)x\mathrm{d}y=0$ 不是全微分方程. 将方程的各项重新合并, 得

$$(y\mathrm{d}x+x\mathrm{d}y)+xy(y\mathrm{d}x-x\mathrm{d}y)=0,$$

再把它改写成

$$\mathrm{d}(xy)+x^2y^2\left(\frac{\mathrm{d}x}{x}-\frac{\mathrm{d}y}{y}\right)=0,$$

这时容易看出 $\frac{1}{(xy)^2}$ 为积分因子. 乘该积分因子后, 方程就变为

$$\frac{\mathrm{d}(xy)}{(xy)^2}+\frac{\mathrm{d}x}{x}-\frac{\mathrm{d}y}{y}=0,$$

积分后得通解

$$-\frac{1}{xy}+\ln\left|\frac{x}{y}\right|=\ln C\ (C\text{ 为任意常数}),$$

即

$$\frac{x}{y}=C\mathrm{e}^{\frac{1}{xy}}.$$

10.2.5 一阶方程的近似解法

只有较简单形式的微分方程才能求出它们的精确解, 对于大量的微分方程问题, 我们需要考虑求它们的满足一定精度要求的近似解的

方法，称为微分方程的数值解法．本小节主要讨论常微分方程初值问题的数值解法．

数值解法的基本思想是：在常微分方程初值问题解的存在区间 $[a,b]$ 内，取 $n+1$ 个节点 $a=x_0<x_1<\cdots<x_n=b$ (其中差 $h_k=x_k-x_{k-1}$ 称为步长，一般取 h_k 为常数，即等步长)．然后从已知条件 $y(a)=y_0$ 出发，先求出 y_1，再由已知信息 y_0, y_1 求出 y_2，以此递推直至求出 y_n 为止．欧拉法是求解常微分方程初值问题的一种最简单的数值解法．欧拉法的基本思想是：将常微分方程 $y'=f(x,y)$ 变为

$$y(x_{k+1})=y(x_k)+hy'(x_k)+o(h). \tag{10-14}$$

略去高阶项，则得

$$y(x_{k+1})\approx y(x_k)+hf(x_k,y(x_k)),$$

由此得到递推公式

$$y_{k+1}=y_k+hf(x_k,y_k),$$

其中

$$y_0=y(x_0)=y(a),\quad k=0,1,\cdots,n-1,\quad h=\frac{b-a}{n}.$$

利用这个公式，我们可以递推计算各个 y_k．现在我们需要回答一个关键的问题：y_k 是否是 $y(x_k)$ 的近似？为此，我们引入一个定理 (证明从略)．

定理 10.2.1　设

$$y_{k+1}=G(x_k,y_k),\quad y_0=y(x_0)$$

是求解微分方程的迭代公式．将公式中的 y_k 换成准确值 $y(x_k)$，此时一步递推产生的误差 (称为局部截断误差) 为

$$R_{k+1}=|y(x_{k+1})-G(x_k,y(x_k))|.$$

如果局部截断误差为 $p+1$ 阶的，即 $R_{k+1}=O(h^{p+1})$，那么整体截断误差 $|y_{k+1}-y(x_{k+1})|$ 是 p 阶的，即

$$|y_{k+1}-y(x_{k+1})|=O(h^p).$$

如果 y'' 存在, (10–14) 的高阶项可以写成 $\frac{h^2}{2}y''(\xi_k)$. 所以欧拉法局部截断误差为

$$R_{k+1}=\frac{h^2}{2}y''(\xi_k),\quad x_k<\xi_k<x_{k+1}$$

或简记为 $O(h^2)$. 由前面定理, 整体截断误差为 $O(h)$, 这说明 $\lim\limits_{h\to 0}|y_k-y(x_k)|=0$.

例 11 取步长 $h=0.1$, 用欧拉法解初值问题

$$\begin{cases}y'=y-\dfrac{2x}{y},\ x\in[0,1],\\ y(0)=1.\end{cases}$$

解 显然 $f(x,y)=y-\frac{2x}{y}, x_0=0, y_0=1, n=\frac{1}{h}=10$. 由欧拉公式, 有

$$y_{k+1}=y_k+hf(x_k,y_k)=y_k+0.1\left(y_k-\frac{2x_k}{y_k}\right), k=0,1,\cdots,9.$$

对于 $k=0$, 有

$$y_1=y_0+0.1\left(y_0-\frac{2x_0}{y_0}\right)=1+0.1\left(1-\frac{2\times 0}{1}\right)=1.100\,0,$$

对于 $k=1$, 有

$$y_2=y_1+0.1\left(y_1-\frac{2x_1}{y_1}\right)=1.100\,0+0.1\left(1.100\,0-\frac{2\times 0.1}{1.100\,0}\right)\approx 1.191\,8,$$

如此继续, 计算结果如表 10–1 所示.

表 10–1

k	0	1	2	3	4	5	6	7	8	9	10
y_k	1	1.100 0	1.191 8	1.277 4	1.358 2	1.435 1	1.509 0	1.580 4	1.649 8	1.717 8	1.784 8

欧拉法的缺点是误差较大, 下面介绍改进的欧拉法. 首先有

$$y(x_{k+1})=y(x_k)+\int_{x_k}^{x_{k+1}}y'(x)\mathrm{d}x=y(x_k)+\int_{x_k}^{x_{k+1}}f(x,y(x))\mathrm{d}x.$$

右端的积分是一个曲边梯形的面积, 可以证明 (参见数值分析教材)

$$\int_{x_k}^{x_{k+1}}f(x,y(x))\mathrm{d}x=\frac{h}{2}(f(x_k,y(x_k))+f(x_{k+1},y(x_{k+1})))+\frac{h^3}{12}y'''(\xi_k),$$

其中 $x_k < \xi_k < x_{k+1}$. 事实上, 这是把曲边梯形的面积写成梯形面积与误差的和. 用梯形面积代替右端定积分, 就得到改进欧拉方法

$$y_{k+1} = y_k + \frac{h}{2}(f(x_k, y_k) + f(x_{k+1}, y_{k+1})),$$
$$k = 0, 1, \cdots, n-1, \quad h = \frac{b-a}{n}.$$

注意利用此公式不能直接算出 y_{k+1}, 需要先解一个方程, 称这类递推公式为隐式公式. 而前面的欧拉法可直接算出 y_{k+1}, 称为显式公式. 通常, 可以对隐式公式进行迭代求解: 令 $y_{k+1}^{(0)} = y_k + hf(x_k, y_k)$ 为迭代初值, 进行迭代

$$y_{k+1}^{(l+1)} = y_k + \frac{h}{2}(f(x_k, y_k) + f(x_{k+1}, y_{k+1}^{(l)})), \quad l = 0, 1, \cdots,$$

直到满足精度要求: $|y_{k+1}^{(l+1)} - y_{k+1}^{(l)}| < \varepsilon$. 采用一次迭代的方法, 即得改进的欧拉法 —— 预估 - 校正公式:

$$\begin{cases} y_{k+1}^{(0)} = y_k + hf(x_k, y_k), \\ y_{k+1} = y_k + \dfrac{h}{2}\left(f(x_k, y_k) + f\left(x_{k+1}, y_{k+1}^{(0)}\right)\right), \end{cases} \quad k = 0, 1, \cdots, n-1.$$

改进欧拉法的局部截断误差为 $O(h^3)$, 所以整体截断误差为 $O(h^2)$, 因此, 它比欧拉法更精确.

例 12 用改进欧拉方法 —— 预估 - 校正法求初值问题

$$\begin{cases} y' = -y + x + 1, \\ y(0) = 1. \end{cases}$$

取 $h = 0.1$, 计算至 $x = 0.5$.

解 显然 $f(x, y) = -y + x + 1, x_0 = 0, y_0 = 1, n = 5$. 由改进欧拉法, 有

$$\begin{aligned} y_k =& y_{k-1} + \frac{h}{2}[(x_{k-1} - y_{k-1} + 1) + \\ & (-y_{k-1} - h(-y_{k-1} + x_{k-1} + 1) + x_k + 1)] \\ =& \left(1 - \frac{h(2-h)}{2}\right) y_{k-1} + \frac{h(1-h)}{2} x_{k-1} + \frac{h}{2} x_k + \frac{h(2-h)}{2} \\ =& 0.905 y_{k-1} + 0.045 x_{k-1} + 0.05 x_k + 0.095. \end{aligned}$$

对 $k = 1$, 有

$$y_1 = 0.905 y_0 + 0.045 x_0 + 0.05 x_1 + 0.095 = 1.005\ 00,$$

对 $k=2$, 有

$$y_2=0.905y_1+0.045x_1+0.05x_2+0.095=1.019\ 025.$$

如此继续, 算得

$$y_3=1.041\ 218,\quad y_4=1.070\ 802,\quad y_5=1.107\ 076.$$

习题 10–2

A 题

1. 求下列微分方程的通解.

(1) $3x^2+5x-5y'=0$;

(2) $\dfrac{\mathrm{d}y}{\mathrm{d}x}=10^{x+y}$;

(3) $(y+1)^2\dfrac{\mathrm{d}y}{\mathrm{d}x}+x^3=0$;

(4) $y\mathrm{d}x+(x^2-4x)\mathrm{d}y=0$;

(5) $(xy^2+x)\mathrm{d}x+(y-x^2y)\mathrm{d}y=0$;

(6) $x\mathrm{d}y+\mathrm{d}x=\mathrm{e}^y\mathrm{d}x$;

(7) $y^2\mathrm{d}x+(x^2-xy)\mathrm{d}y=0$;

(8) $xy'=x\mathrm{e}^{\frac{y}{x}}+y$;

(9) $y'=\dfrac{ay+x+1}{x}$ (a 为常数);

(10) $(x+1)y'+y=x^2-1$;

(11) $\dfrac{\mathrm{d}y}{\mathrm{d}x}+\dfrac{y}{x}=\dfrac{1}{x}$;

(12) $y'+\dfrac{2y}{x+1}=(x+1)^3$;

(13) $\dfrac{\mathrm{d}y}{\mathrm{d}x}+y=y^2(\cos x-\sin x)$;

(14) $\dfrac{\mathrm{d}y}{\mathrm{d}x}=xy+x^3y^2$;

(15) $(y^2-6x)\dfrac{\mathrm{d}y}{\mathrm{d}x}+2y=0$.

2. 求下列微分方程满足所给初值条件的特解.

(1) $y'\sin x=y\ln y,\ y|_{x=\frac{\pi}{2}}=\mathrm{e}$;

(2) $x\mathrm{d}y+2y\mathrm{d}x=0,\ y|_{x=2}=1$;

(3) $(y^2-3x^2)\mathrm{d}y+2xy\mathrm{d}x=0,\ y|_{x=0}=1$;

(4) $\dfrac{\mathrm{d}y}{\mathrm{d}x}=\dfrac{x}{y}+\dfrac{y}{x},\ y|_{x=1}=2$;

(5) $\dfrac{\mathrm{d}y}{\mathrm{d}x}=\mathrm{e}^{2x}-3y,\ y|_{x=0}=1$;

(6) $xy'+(1+x)y=\mathrm{e}^{-x},\ y|_{x=1}=0$.

3. 验证下列方程为全微分方程, 并求出方程的解.

(1) $xy\mathrm{d}x+\dfrac{1}{2}(x^2+y)\mathrm{d}y=0$;

(2) $(3x^2+6xy^2)\mathrm{d}x+(4y^3+6x^2y)\mathrm{d}y=0$.

4. 通过观察求方程的积分因子, 并求其通解.

(1) $y^2(x-3y)\mathrm{d}x+(1-3xy^2)\mathrm{d}y=0$;

(2) $(y-x^2)\mathrm{d}x-x\mathrm{d}y=0$.

5. 用欧拉方法求解初值问题

$$\begin{cases} y'=-y+2(x+1), x\in[0,1], \\ y(0)=1, \end{cases}$$

取步长 $h=0.1$ 计算, 并与精确解 $y=2x+\mathrm{e}^{-x}$ 相比较.

6. 用改进欧拉方法 —— 预估 – 校正法求初值问题

$$\begin{cases} y'=x+y, x\in[0,1], \\ y(0)=1, \end{cases}$$

取步长 $h=0.1$ 计算, 并与精确解 $y=-x-1+2\mathrm{e}^{x}$ 相比较.

B 题

1. (考研真题, 2014 年数学一) 设 $f(x)$ 是周期为 4 的可导奇函数, 且 $f'(x)=2(x-1), x\in[0,2]$, 则 $f(7)=$ ____.

2. (考研真题, 2014 年数学一) 微分方程 $xy'+y(\ln x-\ln y)=0$ 满足条件 $y(1)=\mathrm{e}^3$ 的解为 $y=$ ____.

3. (考研真题, 2011 年数学一) 微分方程 $y'+y=\mathrm{e}^{-x}\cos x$ 满足条件 $y(0)=0$ 的解为 $y=$ ____.

4. (考研真题, 2006 年数学一) 微分方程 $y'=\dfrac{y(1-x)}{x}$ 的通解是 ____.

5. (考研真题, 2005 年数学一) 微分方程 $xy'+2y=x\ln x$ 满足条件 $y(1)=-\dfrac{1}{9}$ 的解为 ____.

6. (考研真题, 2012 年数学二) 微分方程 $y\mathrm{d}x+(x-3y^2)\mathrm{d}y=0$ 满足初值条件 $y|_{x=1}=1$ 的解为 ____.

7. (考研真题, 2023 年数学一) 设曲线 $y=y(x)$ $(x>0)$ 经过点 $(1,2)$, 该曲线上任意一点 $P(x,y)$ 到 y 轴的距离等于该点处的切线在 y 轴上的截距.

(1) 求 $y=y(x)$;

(2) 求函数 $f(x)=\displaystyle\int_1^x y(t)\mathrm{d}t$ 在 $(0,+\infty)$ 的最大值.

8. (考研真题, 2020 年数学一) 设数列 $\{a_n\}$ 满足 $a_1=1, (n+1)a_{n+1}=\left(n+\dfrac{1}{2}\right)a_n$. 证明: 当 $|x|<1$ 时幂级数 $\displaystyle\sum_{n=1}^{\infty}a_nx^n$ 收敛, 并求其和函数.

PPT 课件 10–3
可降阶的高阶微分方程

10.3 可降阶的高阶微分方程

上节讨论了一阶微分方程的求解方法. 二阶和二阶以上的方程称为高阶方程, 一般来说, 求解高阶微分方程要困难得多. 然而, 对于有些高阶微分方程, 我们可以通过代换将它化成一阶方程来求解.

下面介绍三种容易降阶的高阶微分方程的求解方法.

10.3.1 $y^{(n)}=f(x)$ 型的微分方程

此类方程的特点是右边仅含自变量 x, 不含有未知函数 y 及其各阶导数 $y',y'',\cdots,y^{(n-1)}$. 对这类方程, 只要把 $y^{(n-1)}$ 作为新的未知函数 z, 就得到一阶微分方程 $z'=f(x)$. 两边积分得

$$z=\int f(x)\mathrm{d}x+C_1,$$

这是 $n-1$ 阶微分方程. 重复刚才步骤, 即再积分一次, 得到

$$y^{(n-2)}=\int\left(\int f(x)\mathrm{d}x+C_1\right)\mathrm{d}x+C_2.$$

如此继续, 接连积分 n 次, 就得到原方程的含有 n 个任意常数的通解.

例 1 求微分方程 $y'''=\sin 2x+1$ 的通解.

解 对所给方程接连积分三次, 得

$$y''=\int(\sin 2x+1)\mathrm{d}x=-\frac{1}{2}\cos 2x+x+2C_1,$$

$$y'=\int\left(-\frac{1}{2}\cos 2x+x+2C_1\right)\mathrm{d}x=-\frac{1}{4}\sin 2x+\frac{1}{2}x^2+2C_1x+C_2,$$

$$\begin{aligned}y&=\int\left(-\frac{1}{4}\sin 2x+\frac{1}{2}x^2+2C_1x+C_2\right)\mathrm{d}x\\&=\frac{1}{8}\cos 2x+\frac{1}{6}x^3+C_1x^2+C_2x+C_3,\end{aligned}$$

这就是所给方程的通解.

10.3.2 $y''=f(x,y')$ 型的微分方程

这类方程的特点是右边不显含 y. 令 $y'=p$, 则方程化为

$$p' = f(x,p).$$

设 $p' = f(x,p)$ 的通解为 $p = \varphi(x,C_1)$, 则

$$\frac{\mathrm{d}y}{\mathrm{d}x} = \varphi(x,C_1),$$

原方程的通解为

$$y = \int \varphi(x,C_1)\mathrm{d}x + C_2.$$

例 2　求方程 $y'' = y' + x$ 满足初值条件 $y|_{x=0} = 0$, $y'|_{x=0} = 0$ 的特解.

解　所给方程为 $y'' = f(x,y')$ 型的, 设 $y' = p$, 则 $y'' = p'$. 代入方程得

$$p' = p + x,$$

由一阶线性方程的通解公式得

$$\begin{aligned} p &= \mathrm{e}^{-\int -\mathrm{d}x}\left(\int x\mathrm{e}^{\int -\mathrm{d}x}\mathrm{d}x + C_1\right) = \mathrm{e}^x\left(\int x\mathrm{e}^{-x}\mathrm{d}x + C_1\right) \\ &= \mathrm{e}^x(-x\mathrm{e}^{-x} - \mathrm{e}^{-x} + C_1) = C_1\mathrm{e}^x - x - 1, \end{aligned}$$

所以

$$y' = p = C_1\mathrm{e}^x - x - 1.$$

由初值条件 $y'|_{x=0} = 0$, 得 $C_1 = 1$, 因此

$$y' = \mathrm{e}^x - x - 1,$$

两边再积分得

$$y = \mathrm{e}^x - \frac{1}{2}x^2 - x + C.$$

由条件 $y|_{x=0} = 0$ 知 $C = -1$, 于是原方程的解为

$$y = \mathrm{e}^x - \frac{1}{2}x^2 - x - 1.$$

10.3.3　$y'' = f(y,y')$ 型的微分方程

这类方程的特点是右边不显含 x. 可设 $y' = p$, 有

$$y'' = \frac{\mathrm{d}p}{\mathrm{d}x} = \frac{\mathrm{d}p}{\mathrm{d}y}\frac{\mathrm{d}y}{\mathrm{d}x} = p\frac{\mathrm{d}p}{\mathrm{d}y},$$

原方程化为

$$p\frac{\mathrm{d}p}{\mathrm{d}y}=f(y,p).$$

设方程 $p\frac{\mathrm{d}p}{\mathrm{d}y}=f(y,p)$ 的通解为 $y'=p=\varphi(y,C_1)$, 则原方程的通解为

$$\int\frac{\mathrm{d}y}{\varphi(y,C_1)}=x+C_2.$$

例 3 求微分方程 $yy''-y'^2=0$ 的通解.

解 设 $y'=p$, 则 $y''=p\frac{\mathrm{d}p}{\mathrm{d}y}$, 代入方程, 得

$$yp\frac{\mathrm{d}p}{\mathrm{d}y}-p^2=0.$$

在 $y\neq 0,p\neq 0$ 时, 约去 p 并分离变量, 得

$$\frac{\mathrm{d}p}{p}=\frac{\mathrm{d}y}{y},$$

两边积分得

$$\ln|p|=\ln|y|+c,$$

即

$$p=Cy$$

或

$$y'=Cy\ (C\text{ 为任意常数}).$$

再分离变量并两边积分, 便得原方程的通解为

$$\ln|y|=Cx+c_1,$$

或

$$y=\tilde{C}\mathrm{e}^{Cx}\ (\tilde{C}\text{ 为任意常数}).$$

习题 10–3

A 题

1. 求解下列微分方程.

(1) $y''=(y')^3+y'$;　　(2) $y''+\dfrac{2}{1-y}(y')^2=0$;

(3) $(1+x^2)y''=2xy'$;　　(4) $y'''=xe^x$;

(5) $xy''+y'=0$.

2. 求下列微分方程满足初值条件的特解.

(1) $y^3y''+1=0,\ y|_{x=1}=1,\ y'|_{x=1}=0$;

(2) $y'''=e^{ax},\ y|_{x=1}=y'|_{x=1}=y''|_{x=1}=0$;

(3) $y''=3\sqrt{y},\ y|_{x=0}=1, y'|_{x=0}=2$;

(4) $y''+(y')^2=1,\ y|_{x=0}=0, y'|_{x=0}=0$.

B 题

1. (考研真题, 2002 年数学一) $yy''+y'^2=0$ 满足初值条件 $y(0)=1, y'(0)=\dfrac{1}{2}$ 的特解是 (　　).

2. (考研真题, 2000 年数学一) 微分方程 $xy''+3y'=0$ 的通解为 (　　).

3. (考研真题, 2007 年数学二) 求微分方程 $y''(x+y'^2)=y'$ 满足初值条件 $y(1)=y'(1)=1$ 的特解.

4. (考研真题, 2005 年数学二) 用变量代换 $x=\cos t(0<t<\pi)$ 化简微分方程

$$(1-x^2)y''-xy'+y=0,$$

并求其满足 $y|_{x=0}=1, y'|_{x=0}=2$ 的特解.

PPT 课件 10-4
高阶线性方程

10.4 高阶线性方程

前面说过高阶微分方程的求解是困难的, 上节的降阶方法可以处理一些方程, 本节和下节讨论另一类特殊方程 —— 高阶线性方程的求解方法, 讨论时以二阶线性微分方程为主.

n 阶线性微分方程的一般形式为

$$y^{(n)}+a_1(x)y^{(n-1)}+\cdots+a_{n-1}(x)y'+a_n(x)y=f(x).$$

若方程右端 $f(x)\equiv 0$ 时, 方程称为齐次的, 否则称为非齐次的.

10.4.1 二阶齐次线性方程的通解结构

微视频 10–2
二阶常系数齐次线性微分方程

一般来说, 常微分方程有无穷多个解, 我们称其全部解的集合为通解. 方程的不同解之间有什么关系, 能否找到方程的全部解? 回答这些问题, 需要分析通解的结构.

先讨论二阶齐次线性方程

$$y''+P(x)y'+Q(x)y=0, \tag{10–15}$$

或写成

$$\frac{\mathrm{d}^2y}{\mathrm{d}x^2}+P(x)\frac{\mathrm{d}y}{\mathrm{d}x}+Q(x)y=0.$$

定理 10.4.1 如果函数 $y_1(x)$ 与 $y_2(x)$ 是方程 (10–15) 的两个解, 那么

$$y=C_1y_1(x)+C_2y_2(x)$$

也是方程的解, 其中 C_1,C_2 是任意常数.

证 因为 y_1 与 y_2 是方程 (10–15) 的两个解, 所以有

$$y_1''+P(x)y_1'+Q(x)y_1=0,$$

及

$$y_2''+P(x)y_2'+Q(x)y_2=0.$$

从而, 对任意的常数 C_1,C_2, 有

$$\begin{aligned}&(C_1y_1+C_2y_2)''+P(x)(C_1y_1+C_2y_2)'+Q(x)(C_1y_1+C_2y_2)\\=&C_1(y_1''+P(x)y_1'+Q(x)y_1)+C_2(y_2''+P(x)y_2'+Q(x)y_2)=0.\end{aligned}$$

这就证明了 $y=C_1y_1(x)+C_2y_2(x)$ 也是方程 (10–15) 的解.

$y=C_1y_1(x)+C_2y_2(x)$ 是齐次方程解的集合, 含有两个任意常数, 它是否是齐次方程的通解呢? 如果不是, 什么条件下, 它能成为通解呢? 为了讨论的需要, 我们引入函数的线性相关与线性无关的概念.

设 $y_1(x),y_2(x),\cdots,y_n(x)$ 为定义在区间 I 上的 n 个函数. 如果存在 n 个不全为零的常数 $k_1,k_2,\cdots,k_n$, 使得当 $x\in I$ 时有恒等式

$$k_1y_1(x)+k_2y_2(x)+\cdots+k_ny_n(x)\equiv 0$$

成立, 那么称这 n 个函数在区间 I 上线性相关; 否则称为线性无关

对于两个函数, 它们线性相关与否, 只要看它们的比是否为常数, 如果比为常数, 那么它们就线性相关, 否则就线性无关.

例如, $1, \cos^2 x, \sin^2 x$ 在整个数轴上是线性相关的. 函数 $1, x, x^2$ 在任何区间 (a, b) 内是线性无关的.

定理 10.4.2 如果函数 $y_1(x)$ 与 $y_2(x)$ 是方程 (10–15) 的两个线性无关的解, 那么

$$y = C_1 y_1(x) + C_2 y_2(x) \ (C_1, C_2 \text{ 是任意常数}) \tag{10–16}$$

是方程的通解.

此处略去定理的证明, 读者可参考相关常微分方程教材.

此定理说明方程的任意一个解都能写成 (10–16) 的形式. 特别地, 此定理可推广到一般方程: 如果微分方程的解中含有任意常数, 且相互独立的任意常数的个数与微分方程的阶数相同, 这样的解就是微分方程的通解. 这里的任意常数相互独立是指它们不能合并而使得任意常数的个数减少. 例如 $y = C_1 x + C_2 x$, $y = x + C_1 + C_2$ 中的 C_1, C_2 可以合并, 是一个常数.

例 1 验证 $y_1 = \cos x$ 与 $y_2 = \sin x$ 是方程 $y'' + y = 0$ 的线性无关解, 并写出其通解.

解 因为

$$y_1'' + y_1 = -\cos x + \cos x = 0,$$

$$y_2'' + y_2 = -\sin x + \sin x = 0,$$

所以 $y_1 = \cos x$ 与 $y_2 = \sin x$ 都是方程的解.

因为对于任意两个常数 k_1, k_2, 要使

$$k_1 \cos x + k_2 \sin x \equiv 0,$$

只有 $k_1 = k_2 = 0$, 所以 $\cos x$ 与 $\sin x$ 在 $(-\infty, +\infty)$ 内是线性无关的. 因此 $y_1 = \cos x$ 与 $y_2 = \sin x$ 是方程 $y'' + y = 0$ 的线性无关解. 方程的通解为

$$y = C_1 \cos x + C_2 \sin x.$$

例 2 验证 $y_1 = x$ 与 $y_2 = \mathrm{e}^x$ 是方程 $(x-1)y'' - xy' + y = 0$ 的线性无关解, 并写出其通解.

解 因为

$$(x-1)y_1'' - xy_1' + y_1 = 0 - x + x = 0,$$

$$(x-1)y_2'' - xy_2' + y_2 = (x-1)\mathrm{e}^x - x\mathrm{e}^x + \mathrm{e}^x = 0,$$

所以 $y_1 = x$ 与 $y_2 = \mathrm{e}^x$ 都是方程的解.

因为比值 $\dfrac{\mathrm{e}^x}{x}$ 不恒为常数, 所以 $y_1 = x$ 与 $y_2 = \mathrm{e}^x$ 在 $(-\infty, +\infty)$ 内是线性无关的. 因此 $y_1 = x$ 与 $y_2 = \mathrm{e}^x$ 是方程 $(x-1)y'' - xy' + y = 0$ 的线性无关解. 所以方程的通解为

$$y = C_1 x + C_2 \mathrm{e}^x.$$

10.4.2 二阶非齐次线性方程的通解结构

现在讨论非齐次方程

$$y'' + P(x)y' + Q(x)y = f(x) \tag{10–17}$$

的通解结构.

定理 10.4.3 设 $\bar{y}(x)$ 是二阶非齐次线性方程 (10–17) 的一个特解, $Y(x)$ 是对应的齐次方程 (10–15) 的通解, 那么 $y = Y + \bar{y}$ 是 (10–17) 的通解.

证 把 $y = Y + \bar{y}$ 代入 (10–17), 根据 Y 是 (10–15) 的解, $\bar{y}$ 是 (10–17) 的解, 得

$$\begin{aligned}&(Y+\bar{y})'' + P(x)(Y+\bar{y})' + Q(x)(Y+\bar{y})\\ =&\,(Y'' + P(x)Y' + Q(x)Y) + (\bar{y}'' + P(x)\bar{y}' + Q(x)\bar{y})\\ =&\,0 + f(x) = f(x).\end{aligned}$$

这说明 y 是 (10–17) 的解.

因为对应的齐次方程 (10–15) 的通解 $Y = C_1 y_1 + C_2 y_2$ 中含有两个任意常数, 所以 $y = Y + \bar{y}$ 中也含有两个任意常数, 从而它就是二阶非齐次方程 (10–17) 的通解.

例如,

$$Y = C_1 \cos x + C_2 \sin x$$

是齐次方程 $y'' + y = 0$ 的通解,

$$\bar{y} = x^2 - 2$$

是 $y'' + y = x^2$ 的一个特解, 因此

$$y = C_1 \cos x + C_2 \sin x + x^2 - 2$$

是方程 $y'' + y = x^2$ 的通解.

定理 10.4.4 设非齐次线性微分方程 (10–17) 的右端 $f(x)$ 是几个函数之和, 如

$$y'' + P(x)y' + Q(x)y = f_1(x) + f_2(x), \tag{10–18}$$

而 $\bar{y}_1(x)$ 与 $\bar{y}_2(x)$ 分别是方程

$$y'' + P(x)y' + Q(x)y = f_1(x)$$

与

$$y'' + P(x)y' + Q(x)y = f_2(x)$$

的特解, 那么 $\bar{y}_1(x) + \bar{y}_2(x)$ 就是 (10–18) 的特解.

证 将 $y = \bar{y}_1 + \bar{y}_2$ 代入方程 (10–18) 的左端, 得

$$\begin{aligned}
&(\bar{y}_1 + \bar{y}_2)'' + P(x)(\bar{y}_1 + \bar{y}_2)' + Q(x)(\bar{y}_1 + \bar{y}_2) \\
=&(\bar{y}_1'' + P(x)\bar{y}_1' + Q(x)\bar{y}_1) + (\bar{y}_2'' + P(x)\bar{y}_2' + Q(x)\bar{y}_2) \\
=&f_1(x) + f_2(x).
\end{aligned}$$

因此 $\bar{y}_1 + \bar{y}_2$ 是方程 (10–18) 的一个特解.

10.4.3 n 阶线性方程的通解结构

前述二阶线性微分方程通解的结论能够推广到一般的 n 阶线性方程. 下面仅陈述相关结论, 其证明从略.

定理 10.4.5 如果 $y_1(x), y_2(x), \cdots, y_n(x)$ 是方程

$$y^{(n)}+a_1(x)y^{(n-1)}+\cdots+a_{n-1}(x)y'+a_n(x)y=0 \tag{10–19}$$

的 n 个线性无关的解, 那么此方程的通解为

$$y=C_1y_1(x)+C_2y_2(x)+\cdots+C_ny_n(x),$$

其中 $C_1, C_2, \cdots, C_n$ 为任意常数.

定理 10.4.6 设 $\bar{y}(x)$ 是 n 阶非齐次线性方程

$$y^{(n)}+a_1(x)y^{(n-1)}+\cdots+a_{n-1}(x)y'+a_n(x)y=f(x) \tag{10–20}$$

的一个特解, $Y(x)$ 是对应的齐次方程 (10–19) 的通解, 那么

$$y=Y(x)+\bar{y}(x)$$

是 n 阶非齐次线性微分方程 (10–20) 的通解.

定理 10.4.7 设非齐次线性微分方程 (10–20) 的右端 $f(x)$ 是几个函数之和, 如

$$y^{(n)}+a_1(x)y^{(n-1)}+\cdots+a_n(x)y=f_1(x)+f_2(x). \tag{10–21}$$

而 $\bar{y}_1(x)$ 与 $\bar{y}_2(x)$ 分别是方程

$$y^{(n)}+a_1(x)y^{(n-1)}+\cdots+a_n(x)y=f_1(x)$$

与

$$y^{(n)}+a_1(x)y^{(n-1)}+\cdots+a_n(x)y=f_2(x)$$

的特解, 那么 $\bar{y}_1(x)+\bar{y}_2(x)$ 就是 (10–21) 的特解.

习题 10–4

A 题

1. 下列函数组在定义区间内哪些是线性无关的?

(1) x, x^2; (2) $x, x+1$;

(3) $2x, 3x$;　　(4) $\cos x, \sin x$;

(5) e^x, xe^x;　　(6) e^x, e^{2x}.

2. 验证 $y_1 = e^x$ 及 $y_2 = e^{-x}$ 都是方程 $y'' - y = 0$ 的解, 并写出该方程的通解.

3. 验证:

(1) $y = C_1e^x + C_2e^{2x} + \frac{1}{12}e^{5x}$ (C_1, C_2 是任意常数) 是方程 $y'' - 3y' + 2y = e^{5x}$ 的通解.

(2) $y = C_1\cos 3x + C_2\sin 3x + \frac{1}{32}(4x\cos x + \sin x)$ (C_1, C_2 是任意常数) 是方程 $y'' + 9y = x\cos x$ 的通解.

B 题

(考研真题, 2013 年数学一) 已知 $y_1 = e^{3x} - xe^{2x}$, $y_2 = e^x - xe^{2x}$, $y_3 = -xe^{2x}$ 是某二阶常系数非齐次线性微分方程的三个解, 该方程的通解为 $y =$ ____.

PPT 课件 10.5 常系数线性方程

10.5 常系数线性方程

高阶线性微分方程是实际问题中应用较多的方程. 上节讨论了它的通解结构, 本节将介绍常系数高阶线性微分方程通解的求法. 仍然主要讨论二阶方程.

10.5.1 常系数齐次线性方程通解的求法

方程

$$y'' + py' + qy = 0 \tag{10-22}$$

称为二阶常系数齐次线性微分方程, 其中 p, q 均为常数.

如果 y_1, y_2 是二阶常系数齐次线性微分方程的两个线性无关解, 那么 $y = C_1y_1 + C_2y_2$ 就是它的通解. 因此关键问题是如何找到两个特解. 根据方程的特点, 我们猜测它有形如 e^{rx} 的解, 为此将 $y = e^{rx}$ 代入方程 (10-22) 得

$$(r^2 + pr + q)e^{rx} = 0.$$

由此可见, 只要 r 满足代数方程

$$r^2+pr+q=0, \tag{10–23}$$

函数 $y=\mathrm{e}^{rx}$ 就是微分方程的解.

方程 (10–23) 叫作微分方程 (10–22) 的特征方程, 特征方程的两个根 r_1,r_2 称为特征根, 它们可用公式

$$r_{1,2}=\frac{-p\pm\sqrt{p^2-4q}}{2}$$

求出.

特征方程的根有三种不同的情况, 每种情况都可以找到两个线性无关解.

(1) 特征方程有两个不相等的实根 r_1,r_2 时, 函数 $y_1=\mathrm{e}^{r_1x},y_2=\mathrm{e}^{r_2x}$ 是方程 (10–22) 的两个线性无关的解. 这是因为, 函数 $y_1=\mathrm{e}^{r_1x}$, $y_2=\mathrm{e}^{r_2x}$ 满足方程 (10–22), 且 $\dfrac{y_1}{y_2}=\dfrac{\mathrm{e}^{r_1x}}{\mathrm{e}^{r_2x}}$ 不是常数. 因此方程的通解为

$$y=C_1\mathrm{e}^{r_1x}+C_2\mathrm{e}^{r_2x}.$$

(2) 特征方程有两个相等的实根 $r_1=r_2$ 时, 函数 $y_1=\mathrm{e}^{r_1x},y_2=x\mathrm{e}^{r_1x}$ 是方程 (10–22) 的两个线性无关的解. 这是因为, $y_1=\mathrm{e}^{r_1x}$ 是方程的解, 又

$$\begin{aligned}&(x\mathrm{e}^{r_1x})''+p(x\mathrm{e}^{r_1x})'+q(x\mathrm{e}^{r_1x})\\=&(2r_1+xr_1^2)\mathrm{e}^{r_1x}+p(1+xr_1)\mathrm{e}^{r_1x}+qx\mathrm{e}^{r_1x}\\=&\mathrm{e}^{r_1x}(2r_1+p)+x\mathrm{e}^{r_1x}(r_1^2+pr_1+q)=0,\end{aligned}$$

所以 $x\mathrm{e}^{r_1x}$ 也是方程的解, 且 $\dfrac{x\mathrm{e}^{r_1x}}{\mathrm{e}^{r_1x}}=x$ 不是常数. 因此方程的通解为

$$y=C_1\mathrm{e}^{r_1x}+C_2x\mathrm{e}^{r_1x}.$$

(3) 特征方程有一对共轭复根 $r_{1,2}=\alpha\pm\mathrm{i}\beta$ 时, 函数 $\mathrm{e}^{(\alpha+\mathrm{i}\beta)x}$, $\mathrm{e}^{(\alpha-\mathrm{i}\beta)x}$ 是微分方程 (10–22) 的两个线性无关的复数形式的解. 下面证明: 函数 $\mathrm{e}^{\alpha x}\cos\beta x,\mathrm{e}^{\alpha x}\sin\beta x$ 是微分方程 (10–22) 的两个线性无关的实数形式的解.

因为函数 $y_1=\mathrm{e}^{(\alpha+\mathrm{i}\beta)x}$ 和 $y_2=\mathrm{e}^{(\alpha-\mathrm{i}\beta)x}$ 都是方程 (10–22) 的解, 由欧拉公式, 得

$$y_1=\mathrm{e}^{(\alpha+\mathrm{i}\beta)x}=\mathrm{e}^{\alpha x}(\cos\beta x+\mathrm{i}\sin\beta x),$$

$$y_2=\mathrm{e}^{(\alpha-\mathrm{i}\beta)x}=\mathrm{e}^{\alpha x}(\cos\beta x-\mathrm{i}\sin\beta x),$$

进而, 有

$$y_1+y_2=2\mathrm{e}^{\alpha x}\cos\beta x,\quad \mathrm{e}^{\alpha x}\cos\beta x=\frac{1}{2}(y_1+y_2),$$

$$y_1-y_2=2\mathrm{i}\mathrm{e}^{\alpha x}\sin\beta x,\quad \mathrm{e}^{\alpha x}\sin\beta x=\frac{1}{2\mathrm{i}}(y_1-y_2).$$

故 $\mathrm{e}^{\alpha x}\cos\beta x,\mathrm{e}^{\alpha x}\sin\beta x$ 也是微分方程的解. 又 $\mathrm{e}^{\alpha x}\cos\beta x,\mathrm{e}^{\alpha x}\sin\beta x$ 的比值不是常数, 所以线性无关. 因此方程的通解为

$$y=\mathrm{e}^{\alpha x}(C_1\cos\beta x+C_2\sin\beta x).$$

综上所述, 求二阶常系数齐次线性微分方程 (10–22) 的通解的步骤可归纳如下:

(1) 写出微分方程的特征方程 (10–23);

(2) 求出特征方程的两个特征根 r_1,r_2;

(3) 根据两个特征根的不同情况, 写出微分方程的通解.

例 1 求微分方程 $y''-2y'-3y=0$ 的通解.

解 所给微分方程的特征方程为

$$r^2-2r-3=0,$$

其特征根 $r_1=-1,r_2=3$ 是两个不相等的实根, 因此所求通解为

$$y=C_1\mathrm{e}^{-x}+C_2\mathrm{e}^{3x}.$$

例 2 求方程 $y''+2y'+y=0$ 满足初值条件 $y|_{x=0}=4,y'|_{x=0}=-2$ 的特解.

解 所给方程的特征方程为

$$r^2+2r+1=0,$$

其特征根 $r_1=r_2=-1$ 是两个相等的实根, 因此所给微分方程的通解为

$$y=(C_1+C_2x)\mathrm{e}^{-x}.$$

将条件 $y|_{x=0}=4$ 代入通解, 得 $C_1=4$, 从而

$$y=(4+C_2x)\mathrm{e}^{-x}.$$

将上式对 x 求导, 得

$$y'=(C_2-4-C_2x)\mathrm{e}^{-x}.$$

再把条件 $y'|_{x=0}=-2$ 代入上式, 得 $C_2=2$. 于是所求特解为

$$y=(4+2x)\mathrm{e}^{-x}.$$

例 3　求微分方程 $y''-2y'+5y=0$ 的通解.

解　所给方程的特征方程为

$$r^2-2r+5=0.$$

两个特征根 $r_1=1+2\mathrm{i}, r_2=1-2\mathrm{i}$ 是一对共轭复根. 因此所求通解为

$$y=\mathrm{e}^{x}(C_1\cos 2x+C_2\sin 2x).$$

微分方程

$$y^{(n)}+p_1y^{(n-1)}+p_2y^{(n-2)}+\cdots+p_{n-1}y'+p_ny=0, \tag{10–24}$$

称为 n 阶常系数齐次线性微分方程, 其中 $p_1,p_2,\cdots,p_n$ 都是常数. 上述求二阶常系数齐次线性微分方程解所用的方法以及方程的通解形式, 可推广到 n 阶常系数齐次线性微分方程.

引入微分算子 D 及微分算子的 n 次多项式

$$L(D)=D^n+p_1D^{n-1}+p_2D^{n-2}+\cdots+p_{n-1}D+p_n,$$

则 n 阶常系数齐次线性微分方程可记作

$$(D^n+p_1D^{n-1}+p_2D^{n-2}+\cdots+p_{n-1}D+p_n)y=L(D)y=0.$$

注　这里 D 叫做微分算子, 它满足 $D^0y=y, Dy=y', D^2y=y'',\cdots,D^ny=y^{(n)}$.

分析　令 $y=\mathrm{e}^{rx}$, 则

$$L(D)y=L(D)\mathrm{e}^{rx}=(r^n+p_1r^{n-1}+p_2r^{n-2}+\cdots+p_{n-1}r+p_n)\mathrm{e}^{rx}=L(r)\mathrm{e}^{rx}.$$

因此, 若 r 是多项式 $L(r)$ 的零点, 则 $y=\mathrm{e}^{rx}$ 是微分方程 $L(D)y=0$ 的解.

方程

$$L(r)=r^n+p_1r^{n-1}+p_2r^{n-2}+\cdots+p_{n-1}r+p_n=0 \tag{10-25}$$

称为 n 阶常系数齐次微分方程 (10-24) 的特征方程, 它的根称为特征根.

为写出微分方程 (10-24) 的通解, 只需仿照二阶方程所用的方法, 找到 n 个线性无关解. 这里只简述寻找线性无关解的方法, 详细内容参见常微分方程教材. 根据特征方程 (10-25) 根的不同情况可按如下方式找到 (10-24) 的线性无关解.

与单实根 r 对应的解是 e^{rx};

与单共轭复根 $\alpha\pm\mathrm{i}\beta$ 对应的线性无关解是 $\mathrm{e}^{\alpha x}\cos\beta x$ 和 $\mathrm{e}^{\alpha x}\sin\beta x$;

与 k 重实根 r 对应的线性无关解是 $\mathrm{e}^{rx}, x\mathrm{e}^{rx}, \cdots, x^{k-1}\mathrm{e}^{rx}$;

与 k 重共轭复根 $r=\alpha\pm\mathrm{i}\beta$ 对应的线性无关解是

$$\mathrm{e}^{\alpha x}\cos\beta x, x\mathrm{e}^{\alpha x}\cos\beta x, x^2\mathrm{e}^{\alpha x}\cos\beta x, \cdots, x^{k-1}\mathrm{e}^{\alpha x}\cos\beta x,$$

$$\mathrm{e}^{\alpha x}\sin\beta x, x\mathrm{e}^{\alpha x}\sin\beta x, x^2\mathrm{e}^{\alpha x}\sin\beta x, \cdots, x^{k-1}\mathrm{e}^{\alpha x}\sin\beta x.$$

可以证明这样的解有 n 个, 且它们线性无关, 于是它们的线性组合即为通解.

例 4　求方程 $y^{(4)}-2y'''+5y''=0$ 的通解.

解　这里的特征方程为

$$r^4-2r^3+5r^2=0.$$

特征根是 $r_1=r_2=0$ 和 $r_{3,4}=1\pm2\mathrm{i}$. 因此所给微分方程的通解为

$$y=C_1+C_2x+\mathrm{e}^x(C_3\cos2x+C_4\sin2x).$$

例 5　求方程 $y^{(4)}+\beta^4y=0$ 的通解, 其中 $\beta>0$.

解 这里的特征方程为

$$r^4+\beta^4=0.$$

特征根为 $r_{1,2}=\dfrac{\beta}{\sqrt{2}}(1\pm \mathrm{i})$, $r_{3,4}=-\dfrac{\beta}{\sqrt{2}}(1\pm \mathrm{i})$. 因此所给微分方程的通解为

$$\begin{aligned}y=&\mathrm{e}^{\frac{\beta}{\sqrt{2}}x}\left(C_1\cos\frac{\beta}{\sqrt{2}}x+C_2\sin\frac{\beta}{\sqrt{2}}x\right)+\\&\mathrm{e}^{-\frac{\beta}{\sqrt{2}}x}\left(C_3\cos\frac{\beta}{\sqrt{2}}x+C_4\sin\frac{\beta}{\sqrt{2}}x\right).\end{aligned}$$

10.5.2 常系数非齐次线性方程通解的求法

方程

$$y''+py'+qy=f(x) \tag{10–26}$$

称为二阶常系数非齐次线性微分方程, 其中 p,q 是常数. 它的通解是对应的齐次方程 $y''+py'+qy=0$ 的通解 $y=Y(x)$ 与非齐次方程 (10–26) 本身的一个特解 $y=\bar{y}(x)$ 之和, 即 $y=Y(x)+\bar{y}(x)$.

前面已经介绍了齐次方程通解的求法, 因此只需讨论非齐次方程特解的求法. 当 $f(x)$ 为两种特殊形式时, 我们能够求出方程的特解.

1. $f(x)=P_m(x)\mathrm{e}^{\lambda x}$ 型

当 $f(x)=P_m(x)\mathrm{e}^{\lambda x}$ 时, 这里 $P_m(x)$ 表示 m 次多项式. 可以猜想, 方程 (10–26) 的特解也应具有这种形式. 因此, 设特解形式为 $\bar{y}=Q(x)\mathrm{e}^{\lambda x}$, 将其代入方程, 得等式

$$Q''(x)+(2\lambda+p)Q'(x)+(\lambda^2+p\lambda+q)Q(x)=P_m(x). \tag{10–27}$$

(1) 若 λ 不是特征方程 $r^2+pr+q=0$ 的根, 则 $\lambda^2+p\lambda+q\neq 0$. 要使上式成立, $Q(x)$ 应设为 m 次多项式

$$Q(x)=Q_m(x)=b_0x^m+b_1x^{m-1}+\cdots+b_{m-1}x+b_m,$$

通过比较等式两边同次项系数, 可确定 $b_0,b_1,\cdots,b_m$, 并得所求特解

$$\bar{y}=Q_m(x)\mathrm{e}^{\lambda x}.$$

(2) 若 λ 是特征方程 $r^2+pr+q=0$ 的单根, 则 $\lambda^2+p\lambda+q=0$, 但 $2\lambda+p\neq 0$, 要使等式 (10–27) 成立, $Q(x)$ 应设为 $m+1$ 次多项式

$$Q(x)=xQ_m(x),\quad Q_m(x)=b_0x^m+b_1x^{m-1}+\cdots+b_{m-1}x+b_m.$$

通过比较等式两边同次项系数, 可确定 $b_0,b_1,\cdots,b_m$, 并得所求特解

$$\bar{y}=xQ_m(x)\mathrm{e}^{\lambda x}.$$

(3) 若 λ 是特征方程 $r^2+pr+q=0$ 的二重根, 则 $\lambda^2+p\lambda+q=0$, $2\lambda+p=0$, 要使等式 (10–27) 成立, $Q(x)$ 应设为 $m+2$ 次多项式:

$$Q(x)=x^2Q_m(x),\quad Q_m(x)=b_0x^m+b_1x^{m-1}+\cdots+b_{m-1}x+b_m.$$

通过比较等式两边同次项系数, 可确定 $b_0,b_1,\cdots,b_m$, 并得所求特解

$$\bar{y}=x^2Q_m(x)\mathrm{e}^{\lambda x}.$$

综上所述, 我们有如下结论: 若 $f(x)=P_m(x)\mathrm{e}^{\lambda x}$, 则二阶常系数非齐次线性微分方程 (10–26) 有形如

$$\bar{y}=x^kQ_m(x)\mathrm{e}^{\lambda x}$$

的特解, 其中 $Q_m(x)$ 是与 $P_m(x)$ 同次的多项式, 而 k 按 λ 不是特征方程的根、是特征方程的单根或是特征方程的重根依次取为 0, 1 或 2.

例 6 求微分方程 $y''-2y'-3y=3x+1$ 的一个特解.

解 这是二阶常系数非齐次线性微分方程, 且函数 $f(x)$ 是 $P_m(x)\mathrm{e}^{\lambda x}$ 型 (其中 $P_m(x)=3x+1,\lambda=0$). 与所给方程对应的齐次方程为

$$y''-2y'-3y=0,$$

它的特征方程为

$$r^2-2r-3=0.$$

因为这里 $\lambda=0$ 不是特征方程的根, 所以应设特解为

$$\bar{y}=b_0x+b_1.$$

把它代入所给方程, 得

$$-3b_0x-2b_0-3b_1=3x+1.$$

比较两端 x 同次幂的系数, 得

$$\begin{cases}-3b_0=3,\\-2b_0-3b_1=1.\end{cases}$$

由此求得 $b_0=-1,\ b_1=\dfrac{1}{3}$. 于是求得所给方程的一个特解为

$$\bar{y}=-x+\frac{1}{3}.$$

例 7 求微分方程 $y''-5y'+6y=xe^{2x}$ 的通解.

解 所给方程是二阶常系数非齐次线性微分方程, 且 $f(x)$ 是 $P_m(x)e^{\lambda x}$ 型 (其中 $P_m(x)=x,\lambda=2$). 与所给方程对应的齐次方程为

$$y''-5y'+6y=0,$$

它的特征方程为

$$r^2-5r+6=0.$$

特征方程有两个实根 $r_1=2,r_2=3$. 于是所给方程对应的齐次方程的通解为

$$Y=C_1e^{2x}+C_2e^{3x}.$$

因为 $\lambda=2$ 是特征方程的单根, 所以应设方程的特解为

$$\bar{y}=x(b_0x+b_1)e^{2x}.$$

把它代入所给方程, 得

$$-2b_0x+2b_0-b_1=x.$$

比较两端 x 同次幂的系数, 得

$$\begin{cases}-2b_0=1,\\2b_0-b_1=0.\end{cases}$$

由此求得, $b_0 = -\frac{1}{2}, b_1 = -1$. 于是求得所给方程的一个特解为

$$\bar{y} = x\left(-\frac{1}{2}x - 1\right)e^{2x}.$$

从而所给方程的通解为

$$y = C_1e^{2x} + C_2e^{3x} - \frac{1}{2}(x^2 + 2x)e^{2x}.$$

2. $f(x) = e^{\lambda x}[P_l(x)\cos\omega x + P_n(x)\sin\omega x]$ 型

应用欧拉公式可得

$$\begin{aligned}
&e^{\lambda x}[P_l(x)\cos\omega x + P_n(x)\sin\omega x]\\
=&e^{\lambda x}\left[P_l(x)\frac{e^{i\omega x} + e^{-i\omega x}}{2} + P_n(x)\frac{e^{i\omega x} - e^{-i\omega x}}{2i}\right]\\
=&\frac{1}{2}(P_l(x) - iP_n(x))e^{(\lambda+i\omega)x} + \frac{1}{2}(P_l(x) + iP_n(x))e^{(\lambda-i\omega)x}\\
=&P_m(x)e^{(\lambda+i\omega)x} + \bar{P}_m(x)e^{(\lambda-i\omega)x},
\end{aligned}$$

其中

$$P_m(x) = \frac{1}{2}(P_l(x) - iP_n(x)), \quad \bar{P}_m(x) = \frac{1}{2}(P_l(x) + iP_n(x)),$$

而 $m = \max\{l, n\}$.

设方程

$$y'' + py' + qy = P_m(x)e^{(\lambda+i\omega)x}$$

的特解为 $y_1 = x^kQ_m(x)e^{(\lambda+i\omega)x}$, 则 $\bar{y}_1 = x^k\bar{Q}_m(x)e^{(\lambda-i\omega)x}$ 必是方程

$$y'' + py' + qy = \bar{P}_m(x)e^{(\lambda-i\omega)x}$$

的特解, 其中 k 按 $\lambda \pm i\omega$ 不是特征根或是特征根依次取 0 或 1.

于是方程

$$y'' + py' + qy = e^{\lambda x}[P_l(x)\cos\omega x + P_n(x)\sin\omega x]$$

的特解为

$$\begin{aligned}
\hat{y} =&x^kQ_m(x)e^{(\lambda+i\omega)x} + x^k\bar{Q}_m(x)e^{(\lambda-i\omega)x}\\
=&x^ke^{\lambda x}[Q_m(x)(\cos\omega x + i\sin\omega x) + \bar{Q}_m(x)(\cos\omega x - i\sin\omega x)]\\
=&x^ke^{\lambda x}[R_m^{(1)}(x)\cos\omega x + R_m^{(2)}(x)\sin\omega x].
\end{aligned}$$

综上所述, 我们有如下结论:

如果 $f(x)=\mathrm{e}^{\lambda x}[P_l(x)\cos\omega x+P_n(x)\sin\omega x]$, 那么二阶常系数非齐次线性微分方程 (10–26) 的特解可设为

$$\hat{y}=x^k\mathrm{e}^{\lambda x}[R_m^{(1)}(x)\cos\omega x+R_m^{(2)}(x)\sin\omega x],$$

其中 $R_m^{(1)}(x),R_m^{(2)}(x)$ 是 m 次多项式, $m=\max\{l,n\}$, 而 k 按 $\lambda+\mathrm{i}\omega$ (或 $\lambda-\mathrm{i}\omega$) 不是特征方程的根或是特征方程的单根依次取 0 或 1.

例 8 求微分方程 $y''+y=x\cos 2x$ 的一个特解.

解 所给方程是二阶常系数非齐次线性微分方程, 且 $f(x)$ 属于 $\mathrm{e}^{\lambda x}[P_l(x)\cos\omega x+P_n(x)\sin\omega x]$ 型, 其中 $\lambda=0$, $\omega=2$, $P_l(x)=x$, $P_n(x)=0$. 与所给方程对应的齐次方程为

$$y''+y=0,$$

它的特征方程为

$$r^2+1=0.$$

因为这里 $\lambda+\mathrm{i}\omega=2\mathrm{i}$ 不是特征方程的根, 所以应设特解为

$$\hat{y}=(ax+b)\cos 2x+(cx+d)\sin 2x.$$

把它代入所给方程, 得

$$(-3ax-3b+4c)\cos 2x-(3cx+3d+4a)\sin 2x=x\cos 2x.$$

比较两端同类项的系数, 得

$$a=-\frac{1}{3},\quad b=0,\quad c=0,\quad d=\frac{4}{9}.$$

于是求得一个特解为

$$\hat{y}=-\frac{1}{3}x\cos 2x+\frac{4}{9}\sin 2x.$$

微视频 10–3
欧拉方程 (直角坐标)

10.5.3 欧拉方程

变系数的线性微分方程, 一般是不容易求解的. 但有些特殊的变系数线性微分方程, 可以通过变量代换转换成常系数线性微分方程. 欧拉方程就是其中的一种.

形如

$$x^ny^{(n)}+p_1x^{n-1}y^{(n-1)}+\cdots+p_{n-1}xy'+p_ny=f(x) \tag{10-28}$$

的方程 (其中 $p_1,p_2,\cdots,p_n$ 为常数), 称为欧拉方程.

设 $x>0$, 作变换 $x=\mathrm{e}^t$ 或 $t=\ln x$, 将自变量 x 换成 t, 并用 D^k 表示关于 t 的 k 阶求导运算, 即 $D^k=\dfrac{\mathrm{d}^k}{\mathrm{d}t^k}$, 则有

$$\begin{aligned}
&\frac{\mathrm{d}y}{\mathrm{d}x}=\frac{\mathrm{d}y}{\mathrm{d}t}\frac{\mathrm{d}t}{\mathrm{d}x}=\frac{1}{x}\frac{\mathrm{d}y}{\mathrm{d}t}=\frac{1}{x}Dy,\\
&\frac{\mathrm{d}^2y}{\mathrm{d}x^2}=\frac{1}{x^2}\left(\frac{\mathrm{d}^2y}{\mathrm{d}t^2}-\frac{\mathrm{d}y}{\mathrm{d}t}\right)=\frac{1}{x^2}D(D-1)y,\\
&\frac{\mathrm{d}^3y}{\mathrm{d}x^3}=\frac{1}{x^3}\left(\frac{\mathrm{d}^3y}{\mathrm{d}t^3}-3\frac{\mathrm{d}^2y}{\mathrm{d}t^2}+2\frac{\mathrm{d}y}{\mathrm{d}t}\right)=\frac{1}{x^3}D(D-1)(D-2)y,\\
&\qquad\qquad\cdots,\\
&\frac{\mathrm{d}^ny}{\mathrm{d}x^n}=\frac{1}{x^n}D(D-1)\cdots(D-n+1)y.
\end{aligned}$$

把各阶导数代入欧拉方程 (10–28) 中, 便得到一个以 y 为未知函数, t 为自变量的常系数线性微分方程, 在求出这个方程的解后, 把 t 换成 $\ln x$, 即得原方程的解.

对于 $x<0$ 的情形, 可作变换 $x=-\mathrm{e}^t$, 利用上面同样的讨论, 可得到一样的结果.

若在欧拉方程 (10–28) 中令 $f(x)=0$, 则得到

$$x^ny^{(n)}+p_1x^{n-1}y^{(n-1)}+\cdots+p_{n-1}xy'+p_ny=0. \tag{10-29}$$

由于变换 $x=\mathrm{e}^t$ ($x>0$ 时, 对 $x<0$ 可类似考虑) 将方程 (10–29) 转化为以 t 为自变量的常系数齐次线性方程, 而对于以 y 为未知函数, t 为自变量的常系数齐次线性方程, 一定有形如 $y=\mathrm{e}^{\lambda t}$ 的解, 从而方程 (10–29) 有形如 $y=x^\lambda$ 的解, 因此可以直接求欧拉方程 (10–29) 的形如 $y=x^\lambda$ 的解, 以 $y=x^\lambda$ 代入 (10–29) 并约去因子 x^λ, 就得到确定 λ 的代数方程

$$\lambda(\lambda-1)\cdots(\lambda-n+1)+p_1\lambda(\lambda-1)\cdots(\lambda-n+2)+\cdots+p_n=0. \tag{10-30}$$

可以证明这正是方程 (10–29) 在变换 $x=\mathrm{e}^t$ 下所得到的以 t 为自变量的常系数齐次线性方程的特征方程. 因此, 方程 (10–30) 的 k 重实根

$\lambda=\lambda_0$, 对应于方程 (10–29) 的 k 个线性无关解

$$x^{\lambda_0},\quad x^{\lambda_0}\ln|x|,\quad x^{\lambda_0}\ln^2|x|,\quad \cdots, x^{\lambda_0}\ln^{k-1}|x|.$$

而 (10–30) 的 k 重复根 $\lambda=\alpha\pm\mathrm{i}\beta$, 对应于方程 (10–29) 的 $2k$ 个线性无关实值解

$$x^{\alpha}\cos(\beta\ln|x|),\quad x^{\alpha}\ln|x|\cos(\beta\ln|x|),\quad \cdots,\quad x^{\alpha}\ln^{k-1}|x|\cos(\beta\ln|x|),$$
$$x^{\alpha}\sin(\beta\ln|x|),\quad x^{\alpha}\ln|x|\sin(\beta\ln|x|),\quad \cdots,\quad x^{\alpha}\ln^{k-1}|x|\sin(\beta\ln|x|).$$

例 9 求解欧拉方程 $x^2y''+3xy'+y=0$.

解 令 $x=\mathrm{e}^t$, 则

$$x\frac{\mathrm{d}y}{\mathrm{d}x}=Dy=\frac{\mathrm{d}y}{\mathrm{d}t},$$
$$x^2\frac{\mathrm{d}^2y}{\mathrm{d}x^2}=D(D-1)y=D^2y-Dy=\frac{\mathrm{d}^2y}{\mathrm{d}t^2}-\frac{\mathrm{d}y}{\mathrm{d}t}.$$

代入原方程, 得

$$\frac{\mathrm{d}^2y}{\mathrm{d}t^2}+2\frac{\mathrm{d}y}{\mathrm{d}t}+y=0,$$

其特征方程为

$$r^2+2r+1=0.$$

特征根 $r_1=r_2=-1$, 故其通解为

$$y=(C_1+C_2t)\mathrm{e}^{-t}.$$

将 t 用 $\ln|x|$ 代回, 得原方程的通解为

$$y=(C_1+C_2\ln|x|)\frac{1}{x}\ (C_1, C_2\ 为任意常数).$$

例 10 求解欧拉方程 $x^3y'''+x^2y''-4xy'=3x^2$.

解 令 $x=\mathrm{e}^t$, 原方程化为

$$D(D-1)(D-2)y+D(D-1)y-4Dy=3\mathrm{e}^{2t},$$

即

$$D^3y-2D^2y-3Dy=3\mathrm{e}^{2t},$$

或

$$\frac{\mathrm{d}^3y}{\mathrm{d}t^3}-2\frac{\mathrm{d}^2y}{\mathrm{d}t^2}-3\frac{\mathrm{d}y}{\mathrm{d}t}=3\mathrm{e}^{2t}.$$

方程所对应的齐次线性方程为

$$\frac{\mathrm{d}^3y}{\mathrm{d}t^3}-2\frac{\mathrm{d}^2y}{\mathrm{d}t^2}-3\frac{\mathrm{d}y}{\mathrm{d}t}=0.$$

其特征方程为

$$r^3-2r^2-3r=0.$$

它有三个特征根 $r_1=0, r_2=-1, r_3=3$. 所以齐次线性方程的通解为

$$\bar{y}=C_1+C_2\mathrm{e}^{-t}+C_3\mathrm{e}^{3t}\ (C_1, C_2, C_3 \text{ 为任意常数}).$$

又因为 $\lambda=2$ 不是特征根, $P_m(x)\equiv 3$, 从而方程具有如下形式的特解:

$$\hat{y}=b\mathrm{e}^{2t}.$$

将 $\hat{y}$ 代入方程中, 求得 $b=-\frac{1}{2}$, 故

$$\hat{y}=-\frac{1}{2}\mathrm{e}^{2t}.$$

从而得到通解为

$$y=C_1+C_2\mathrm{e}^{-t}+C_3\mathrm{e}^{3t}-\frac{1}{2}\mathrm{e}^{2t}.$$

将 t 用 $\ln|x|$ 代回, 即得所给欧拉方程的通解为

$$y=C_1+C_2\frac{1}{x}+C_3x^3-\frac{1}{2}x^2\ (C_1, C_2, C_3 \text{ 为任意常数}).$$

例 11　求解方程 $x^2\frac{\mathrm{d}^2y}{\mathrm{d}x^2}+3x\frac{\mathrm{d}y}{\mathrm{d}x}+5y=0$.

解　设 $y=x^\lambda$, 得到 λ 应满足的方程

$$\lambda(\lambda-1)+3\lambda+5=0,$$

即

$$\lambda^2+2\lambda+5=0.$$

由此有 $\lambda_{1,2}=-1\pm 2\mathrm{i}$, 从而方程的通解为

$$y=x^{-1}(C_1\cos(2\ln|x|)+C_2\sin(2\ln|x|)),$$

其中 C_1, C_2 是任意常数.

习题 10–5

A 题

1. 求下列方程的通解.

(1) $y^{(4)}-5y''+4y=0$;

(2) $y''+2y'+10y=0$;

(3) $y''+y'+y=0$;

(4) $y'''-4y''+5y'-2y=2x+3$;

(5) $y''+y'-2y=8\sin 2x$;

(6) $y''+6y'+5y=\mathrm{e}^{2x}$;

(7) $y''-4y'+4y=\mathrm{e}^{x}+\mathrm{e}^{2x}+1$;

(8) $y''-2y'+2y=x\mathrm{e}^{x}\cos x$;

(9) $x^3y'''+3x^2y''-2xy'+2y=0$;

(10) $x^2y''+xy'-4y=x^3$.

2. 求下列微分方程满足所给初值条件的特解.

(1) $4y''+4y'+y=0,\ y|_{x=0}=2, y'|_{x=0}=0$;

(2) $y''-3y'-4y=0,\ y|_{x=0}=0, y'|_{x=0}=-5$;

(3) $y''+y+\sin 2x=0, y|_{x=\pi}=1, y'|_{x=\pi}=1$;

(4) $y''-y=4x\mathrm{e}^{x},\ y|_{x=0}=0, y'|_{x=0}=1$;

(5) $y''-4y'=5,\ y|_{x=0}=1, y'|_{x=0}=0$.

B 题

1. (考研真题, 2003 年数学一) 设函数 $y=y(x)$ 在 $(-\infty,+\infty)$ 内具有二阶导数, 且 $y'\neq 0, x=x(y)$ 是 $y=y(x)$ 的反函数.

(1) 试将 $x=x(y)$ 所满足的微分方程 $\dfrac{\mathrm{d}^2x}{\mathrm{d}y^2}+(y+\sin x)\left(\dfrac{\mathrm{d}x}{\mathrm{d}y}\right)^3=0$ 变换为 $y=y(x)$ 满足的微分方程;

(2) 求变换后的微分方程满足初值条件 $y(0)=0, y'(0)=\dfrac{3}{2}$ 的解.

2. (考研真题, 2008 年数学一) 下列微分方程中, 以 $y'=C_1\mathrm{e}^{x}+C_2\cos 2x+C_3\sin 2x$ $(C_1,C_2,C_3$ 为任意常数) 为通解的是 (　　).

(A) $y'''+y''-4y'-4y=0$　　(B) $y'''+y''+4y'+4y=0$

(C) $y'''-y''-4y'+4y=0$　　(D) $y'''-y''+4y'-4y=0$

3. (考研真题, 2013 年数学一) 设数列 $\{a_n\}$ 满足条件: $a_0=3, a_1=1, a_{n-2}-$

$n(n-1)a_n=0(n\geqslant 2)$, $s(x)$ 是幂函数 $\sum\limits_{n=0}^{\infty}a_nx^n$ 的和函数.

(1) 证明 $s''(x)-s(x)=0$;

(2) 求 $s(x)$ 的表达式.

4. (考研真题, 2012 年数学一) 若函数 $f(x)$ 满足二阶常系数线性微分方程 $f''(x)+f'(x)-2f(x)=0$ 及 $f'(x)+f(x)=2\mathrm{e}^x$, 则 $f(x)=$ ____.

5. (考研真题, 2010 年数学一) 求微分方程 $y''-3y'+2y=2x\mathrm{e}^x$ 的通解.

6. (考研真题, 2009 年数学一) 若二阶常系数线性齐次微分方程 $y''+ay'+by=0$ 的通解为 $y=(C_1+C_2x)\mathrm{e}^x$, 则非齐次方程 $y''+ay'+by=x$ 满足条件 $y(0)=2, y'(0)=0$ 的解为 $y=$ ____.

7. (考研真题, 2007 年数学一) 设幂级数 $\sum\limits_{n=0}^{\infty}a_nx^n$ 在 $(-\infty,+\infty)$ 内收敛, 其和函数 $y(x)$ 满足

$$y''-2xy'-4y=0,\quad y(0)=0,\quad y'(0)=1.$$

(1) 证明 $a_{n+2}=\dfrac{2}{n+1}a_n, n=1,2,\cdots$;

(2) 求 $y(x)$ 的表达式.

8. (考研真题, 2004 年数学一) 欧拉方程 $x^2\dfrac{\mathrm{d}^2y}{\mathrm{d}x^2}+4x\dfrac{\mathrm{d}y}{\mathrm{d}x}+2y=0(x>0)$ 通解为 ____.

9. (考研真题, 2023 年数学一) 若微分方程 $y''+ay'+by=0$ 的解在 $(-\infty,+\infty)$ 内有界, 则(　　).

(A) $a<0,b>0$　(B) $a>0,b>0$　(C) $a=0,b>0$　(D) $a=0,b<0$

10. (考研真题, 2020 年数学三) 设 $y=f(x)$ 满足 $y''+2y'+5y=0$, $f(0)=1$, $f'(0)=-1$.

(1) 求 $f(x)$.

(2) 设 $a_n=\displaystyle\int_{n\pi}^{+\infty}f(x)\mathrm{d}x$, 求 $\sum\limits_{i=1}^{n}a_i$.

PPT 课件 10-6 微分方程的幂级数解法

10.6 微分方程的幂级数解法

微视频 10-4 微分方程的幂级数解法

当微分方程的解不能用初等函数或其积分表达时, 我们就要寻求其他解法. 常用的有幂级数解法和数值解法. 本节简单地介绍微分方程的幂级数解法.

求一阶微分方程 $\frac{\mathrm{d}y}{\mathrm{d}x}=f(x,y)$ 满足初值条件 $y|_{x=x_0}=y_0$ 的特解, 其中函数 $f(x,y)$ 是 $(x-x_0),(y-y_0)$ 的多项式:

$$f(x,y)=a_{00}+a_{10}(x-x_0)+a_{01}(y-y_0)+\cdots+a_{lm}(x-x_0)^l(y-y_0)^m.$$

这时我们可以设所求特解可展开为 $x-x_0$ 的幂级数:

$$y=y_0+a_1(x-x_0)+a_2(x-x_0)^2+\cdots+a_n(x-x_0)^n+\cdots,$$

其中 $a_1,a_2,\cdots,a_n,\cdots$ 是待定的系数. 把所设特解代入微分方程中, 便得一恒等式, 比较这恒等式两端 $x-x_0$ 的同次幂的系数, 就可定出常数 $a_1,a_2,\cdots$, 从而得到所求的特解.

例 1 求方程 $\frac{\mathrm{d}y}{\mathrm{d}x}=x+y^2$ 满足 $y|_{x=0}=0$ 的特解.

解 这时 $x_0=0,y_0=0$, 故设

$$y=a_1x+a_2x^2+a_3x^3+\cdots,$$

把 y 及 y' 的幂级数展开式代入原方程, 得

$$\begin{aligned}&a_1+2a_2x+3a_3x^2+4a_4x^3+5a_5x^4+\cdots\\=&x+(a_1x+a_2x^2+a_3x^3+a_4x^4+\cdots)^2\\=&x+a_1^2x^2+2a_1a_2x^3+(a_2^2+2a_1a_3)x^4+\cdots,\end{aligned}$$

由此, 比较恒等式两端 x 的同次幂的系数, 得

$$a_1=0,\quad a_2=\frac{1}{2},\quad a_3=0,\quad a_4=0,\quad a_5=\frac{1}{20},\quad \cdots,$$

于是所求解的幂级数展开式的开始几项为

$$y=\frac{1}{2}x^2+\frac{1}{20}x^5+\cdots.$$

我们自然想知道: 是否所有方程都能按以上方式求出其幂级数解? 或者说, 究竟方程应该满足什么条件才能保证它的解可用幂级数来表示呢? 级数的形式怎样? 其收敛区间又如何? 这些问题, 在微分方程解析理论中有完整的解答, 但因讨论时需要涉及解析函数等较专门的知识, 在此我们仅叙述一个关于二阶线性微分方程的结果而不加证明, 若要了解定理的证明过程, 可参考有关书籍.

定理 10.6.1 如果方程

$$y''+P(x)y'+Q(x)y=0$$

中的系数 $P(x)$ 与 $Q(x)$ 可在 $(-R,R)$ 内展开为 x 的幂级数, 那么在 $(-R,R)$ 内此方程必有形如

$$y=\sum_{n=0}^{\infty}a_nx^n$$

的解.

例 2 求微分方程 $y''-xy=0$ 的满足初值条件 $y|_{x=0}=0, y'|_{x=0}=1$ 的特解.

解 这里 $P(x)=0, Q(x)=-x$ 在整个数轴上满足定理的条件. 因此所求的解可在整个数轴上展开成 x 的幂级数

$$y=\sum_{n=0}^{\infty}a_nx^n.$$

由条件 $y|_{x=0}=0$, 得

$$a_0=0.$$

由

$$y'=a_1+2a_2x+3a_3x^2+4a_4x^3+\cdots$$

及 $y'|_{x=0}=1$, 得

$$a_1=1.$$

于是

$$y=x+a_2x^2+a_3x^3+a_4x^4+\cdots=x+\sum_{n=2}^{\infty}a_nx^n,$$

$$y'=1+2a_2x+3a_3x^2+4a_4x^3+\cdots=1+\sum_{n=2}^{\infty}na_nx^{n-1},$$

$$y''=2a_2+3\cdot 2a_3x+4\cdot 3a_4x^2+\cdots=\sum_{n=2}^{\infty}n(n-1)a_nx^{n-2}.$$

把 y 及 y'' 代入方程 $y''-xy=0$, 得

$$\begin{aligned}&2a_2+3\cdot 2a_3x+4\cdot 3a_4x^2+\cdots+n(n-1)a_nx^{n-2}+\cdots-\\&x(x+a_2x^2+a_3x^3+a_4x^4+\cdots+a_nx^n+\cdots)\\&=0,\end{aligned}$$

即

$$2a_2+3\cdot 2a_3x+(4\cdot 3a_4-1)x^2+(5\cdot 4a_5-a_2)x^3+(6\cdot 5a_6-a_3)x^4 \\ +\cdots+[(n+2)(n+1)a_{n+2}-a_{n-1}]x^n+\cdots \\ =0.$$

于是有

$$a_2=a_3=0,\quad a_4=\frac{1}{4\cdot 3},\quad a_5=a_6=0,\quad \cdots.$$

一般地

$$a_{n+2}=\frac{a_{n-1}}{(n+2)(n+1)}.$$

由递推公式可得

$$a_7=\frac{a_4}{7\cdot 6}=\frac{1}{7\cdot 6\cdot 4\cdot 3},\quad a_8=a_9=0,$$
$$a_{10}=\frac{a_7}{10\cdot 9}=\frac{1}{10\cdot 9\cdot 7\cdot 6\cdot 4\cdot 3}.$$

一般地

$$a_{3m+1}=\frac{1}{(3m+1)(3m)\cdot\cdots\cdot 7\cdot 6\cdot 4\cdot 3}\ (m=1,2,\cdots).$$

所求的特解为

$$y=x+\frac{1}{4\cdot 3}x^4+\frac{1}{7\cdot 6\cdot 4\cdot 3}x^7+\frac{1}{10\cdot 9\cdot 7\cdot 6\cdot 4\cdot 3}x^{10}+\cdots.$$

习题 10–6

A 题

用幂级数解法求解下列方程.

(1) $y''+xy'+y=0$, $y|_{x=0}=0$, $y'|_{x=0}=1$;

(2) $y''-xy'-y=0$.

B 题

用幂级数解法求解贝塞尔方程

$$x^2y''+xy'+\left(x^2-\frac{1}{4}\right)y=0.$$

10.7 常系数线性微分方程组

在研究某些实际问题时，会遇到由几个关于同一自变量的微分方程联立起来的方程组．这些联立起来的方程称为微分方程组．有些高阶线性微分方程或高阶线性微分方程组，可以通过合理的函数代换，化为一阶线性微分方程组．

例 1 化如下微分方程组为一阶线性微分方程组：

$$\begin{cases}\dfrac{\mathrm{d}^2x}{\mathrm{d}t^2}-y=0,\\ t^3\dfrac{\mathrm{d}y}{\mathrm{d}t}-2x=0.\end{cases}$$

解 令

$$x=x_1,\quad \frac{\mathrm{d}x}{\mathrm{d}t}=x_2,\quad y=x_3,$$

则有

$$\frac{\mathrm{d}x_1}{\mathrm{d}t}=x_2,\quad \frac{\mathrm{d}y}{\mathrm{d}t}=\frac{\mathrm{d}x_3}{\mathrm{d}t}.$$

所以原微分方程组化为等价的一阶线性微分方程组

$$\begin{cases}\dfrac{\mathrm{d}x_1}{\mathrm{d}t}=x_2,\\ \dfrac{\mathrm{d}x_2}{\mathrm{d}t}=x_3,\\ \dfrac{\mathrm{d}x_3}{\mathrm{d}t}=\dfrac{2x_1}{t^3}.\end{cases}$$

对一些简单的线性微分方程组，可以用消元法，化为前面学过的单个微分方程来求解．

例 2 求解方程组

$$\begin{cases}t\dfrac{\mathrm{d}x}{\mathrm{d}t}=-x+yt,\\ t^2\dfrac{\mathrm{d}y}{\mathrm{d}t}=-2x+yt.\end{cases}$$

解 由前一个方程解出 y 并求导，有

$$y=\frac{x}{t}+\frac{\mathrm{d}x}{\mathrm{d}t},$$
$$\frac{\mathrm{d}y}{\mathrm{d}t}=-\frac{x}{t^2}+\frac{1}{t}\frac{\mathrm{d}x}{\mathrm{d}t}+\frac{\mathrm{d}^2x}{\mathrm{d}t^2}.$$

常系数线性微分方程组可以用若尔当标准型方程求解(具体内容请参考常微分方程教材), 其实两个方程构成的简单常系数线性微分方程组我们还可以用消元法求解.

代入后一个方程化简得

$$t^2\frac{\mathrm{d}^2x}{\mathrm{d}t^2}=0.$$

假定 $t\neq 0$, 则有 $\dfrac{\mathrm{d}^2x}{\mathrm{d}t^2}=0$, 积分得

$$\begin{aligned}&x=C_1+C_2t,\\&y=\frac{x}{t}+\frac{\mathrm{d}x}{\mathrm{d}t}=\frac{C_1+C_2t}{t}+C_2=2C_2+\frac{C_1}{t}.\end{aligned}$$

原方程组的通解为

$$\begin{cases}x=C_1+C_2t,\\ y=\dfrac{C_1}{t}+2C_2,\end{cases}$$

其中 $t\neq 0$.

例 3 解方程组

$$\begin{cases}\dfrac{\mathrm{d}x}{\mathrm{d}t}=y+1,\\ \dfrac{\mathrm{d}y}{\mathrm{d}t}=x+1.\end{cases}$$

解 由前一方程得

$$y=x'-1,\quad y'=x'',$$

代入后一方程, 得常系数二阶线性微分方程

$$x''-x-1=0.$$

其通解为

$$x=C_1\mathrm{e}^t+C_2\mathrm{e}^{-t}-1,$$

从而

$$y=x'-1=C_1\mathrm{e}^t-C_2\mathrm{e}^{-t}-1.$$

所以通解为

$$\begin{cases}x=C_1\mathrm{e}^t+C_2\mathrm{e}^{-t}-1,\\ y=C_1\mathrm{e}^t-C_2\mathrm{e}^{-t}-1.\end{cases}$$

例 4 解方程组

$$\begin{cases}x'=3x+8y,\\ y'=-x-3y,\\ x(0)=6,\quad y(0)=-2.\end{cases}$$

解 由第二式得

$$x=-3y-y',\quad x'=-3y'-y''.$$

代入第一式得 $y''-y=0$. 从而可求得

$$y=C_1\mathrm{e}^t+C_2\mathrm{e}^{-t},$$

代入 $x=-3y-y'$ 得

$$x=-4C_1\mathrm{e}^t-2C_2\mathrm{e}^{-t}.$$

将 $t=0$ 代入上述两式得

$$\begin{cases}6=-4C_1-2C_2,\\-2=C_1+C_2,\end{cases}$$

解得 $C_1=C_2=-1$. 所以原方程组的解为

$$\begin{cases}x=4\mathrm{e}^t+2\mathrm{e}^{-t},\\y=-\mathrm{e}^t-\mathrm{e}^{-t}.\end{cases}$$

习题 10–7

A 题

1. 求下列微分方程组的解.

(1) $\begin{cases}\dfrac{\mathrm{d}x}{\mathrm{d}t}+y=\mathrm{e}^t,\\\dfrac{\mathrm{d}y}{\mathrm{d}t}-x=-t;\end{cases}$　　(2) $\begin{cases}\dfrac{\mathrm{d}x}{\mathrm{d}t}-3x+2\dfrac{\mathrm{d}y}{\mathrm{d}t}+4y=2\sin t,\\2\dfrac{\mathrm{d}x}{\mathrm{d}t}+2x+\dfrac{\mathrm{d}y}{\mathrm{d}t}-y=\cos t.\end{cases}$

2. 求下列微分方程组满足给定初值条件的特解.

(1) $\begin{cases}\dfrac{\mathrm{d}x}{\mathrm{d}t}=3x+y,\\\dfrac{\mathrm{d}y}{\mathrm{d}t}=x-y,\\x(0)=y(0)=1;\end{cases}$　　(2) $\begin{cases}\dfrac{\mathrm{d}^2x}{\mathrm{d}t^2}+2\dfrac{\mathrm{d}y}{\mathrm{d}t}-x=0,\\\dfrac{\mathrm{d}x}{\mathrm{d}t}+y=0,\\x(0)=1,y(0)=0.\end{cases}$

B 题

设 $\boldsymbol{A}$ 是 $n\times n$ 常数矩阵, $\boldsymbol{x}=(x_1(t),x_2(t),\cdots,x_n(t))^{\mathrm{T}}$, 证明齐次线性微分方程组 $\boldsymbol{x}'=\boldsymbol{A}\boldsymbol{x}$ 的任意解都具有形式 $\exp(\boldsymbol{A}t)\boldsymbol{c}$, 这里 $\exp(\boldsymbol{A}t)=\sum\limits_{k=0}^{\infty}\dfrac{\boldsymbol{A}^k t^k}{k!}$, $\boldsymbol{c}$ 是任意常数向量.

10.8 微分方程应用举例

微分方程在物理学、力学、经济学和管理科学等实际问题中具有广泛的应用, 本节将集中讨论微分方程的实际应用. 读者可从中感受到应用微分方程解决实际问题的魅力.

注 物理学中, 我们称放射性物质从最初的质量到衰变为该质量自身的一半所花费的时间为半衰期, 不同物质的半衰期差别极大. 如铀的普通同位素 (U-238) 的半衰期约为 50 亿年; 通常的镭 (Ra-226) 的半衰期约为 1 600 年. 半衰期是上述放射性物质的特征, 从衰变的通解易知半衰期等于 $\dfrac{\ln 2}{k}$, 即半衰期不依赖于该物质的初始量. 一克 Ra-226 衰变成半克所需要的时间与一吨 Ra-226 衰变成半吨所需要的时间同样都是 1 600 年, 正是这种事实才构成了确定考古发现日期时使用的著名的碳 - 14 测验的基础.

例 1 (衰变问题) 镭、铀等放射性元素因不断放射出各种射线而逐渐减少其质量, 这种现象称为放射性物质的衰变. 根据实验得知, 衰变速度与现存物质的质量成正比, 求放射性元素在时刻 t 的质量.

用 x 表示该放射性物质在时刻 t 的质量, 则 $\dfrac{\mathrm{d}x}{\mathrm{d}t}$ 表示 x 在时刻 t 的衰变速度, 于是 "衰变速度与现存的质量成正比" 可表示为

$$\frac{\mathrm{d}x}{\mathrm{d}t}=-kx. \tag{10–31}$$

这是一个以 x 为未知函数的一阶方程, 它就是放射性元素衰变的数学模型, 其中 $k>0$ 是比例常数, 称为衰变常数, 因元素的不同而异. 方程右端的负号表示当时间 t 增加时, 质量 x 减少.

解方程 (10–31) 得通解 (参见本章 10.2 节例 3)

$$x=C\mathrm{e}^{-kt}.$$

若已知当 $t=t_0$ 时, $x=x_0$. 代入通解中可得 $C=x_0\mathrm{e}^{kt_0}$. 由此可得到方程 (10–31) 的特解

$$x=x_0\mathrm{e}^{-k(t-t_0)},$$

它反映了某种放射性元素衰变的规律.

例 2 (逻辑斯谛方程) 逻辑斯谛方程是一种在许多领域有着广泛应用的数学模型, 下面我们借助树的增长来建立该模型. 一棵小树刚

栽下去的时候长得比较慢，渐渐地，小树长高了而且长得越来越快，几年不见，绿荫底下已经可乘凉了；但长到某一高度后，它的生长速度趋于稳定，然后再慢慢降下来．这一现象具有普遍性．现在我们来建立这种现象的数学模型．

如果假设树的生长速度与它目前的高度成正比，那么显然不符合两头尤其是后期的生长情形，因为树不可能越长越快；但如果假设树的生长速度正比于最大高度与目前高度的差，那么又明显不符合中间一段的生长过程．折中一下，我们假定它的生长速度既与目前的高度成正比，又与最大高度与目前高度之差成正比．

设树生长的最大高度（单位：m）为 H，在 t 年时的高度为 $h(t)$，则有

$$\frac{\mathrm{d}h(t)}{\mathrm{d}t}=kh(t)[H-h(t)], \tag{10-32}$$

其中 $k>0$ 是比例常数．这个方程为逻辑斯谛方程．它是可分离变量的一阶常微分方程．

下面来求解方程 (10-32)．分离变量得

$$\frac{\mathrm{d}h}{h(H-h)}=k\mathrm{d}t.$$

两边积分

$$\int\frac{\mathrm{d}h}{h(H-h)}=\int k\mathrm{d}t,$$

进而得

$$\frac{1}{H}[\ln h-\ln(H-h)]=kt+C_1,$$

或

$$\frac{h}{H-h}=\mathrm{e}^{kHt+C_1H}=C_2\mathrm{e}^{kHt}.$$

故所求通解为

$$h(t)=\frac{C_2H\mathrm{e}^{kHt}}{1+C_2\mathrm{e}^{kHt}}=\frac{H}{1+C\mathrm{e}^{-kHt}},$$

其中的 $C=\dfrac{1}{C_2}=\mathrm{e}^{-C_1H}>0$ 是正常数．

函数 $h=h(t)$ 的图像如图 10-4 所示，它称为逻辑斯谛曲线．由于它的形状，一般也称为 S 曲线．可以看到，它基本符合我们描述的树的生长情形．另外还可以算得

$$\lim_{t\to\infty}h(t)=H.$$

注 “逻辑斯谛”是 Logistic 的中文音译名．“逻辑”在字典中的解释是“客观事物发展的规律性”，因此许多现象本质上都符合这种 S 规律．除了生物种群的繁殖外，还有信息的传播、新技术的推广、传染病的扩散以及某些商品的销售等．例如流感的传染、在任其自然发展（例如初期未引起人们注意）的阶段，可以设想它的速度既正比于得病的人数又正比于未传染到的人数．开始时患病的人不多因而传染速度较慢；但随着健康人与患者接触，受传染的人越来越多，传染的速度也越来越快；最后，传染速度自然而然地渐渐降低，因为已经没有多少人可被传染了．

这说明树的生长有一个限制, 因此也称为限制性增长模式.

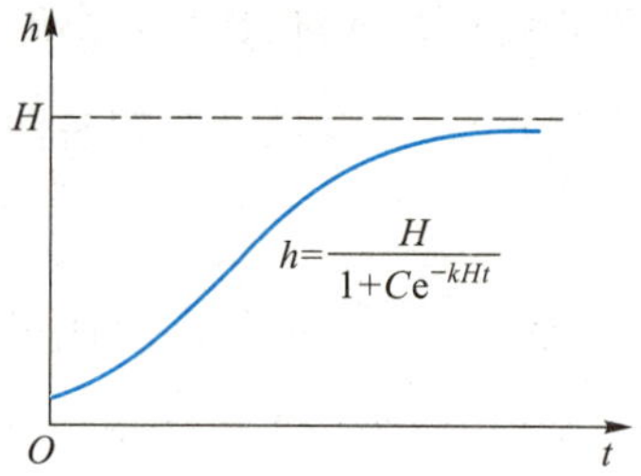

图 10–4

例 3 (人才分配问题) 每年大学毕业生中都有一定比例的人员从事教师职业, 其余人员从事其他职业. 设 t 年教师人数为 $x_1(t)$, 从事其他职业人数为 $x_2(t)$, 又设 1 名教员每年平均培养 α 个毕业生, 每年退休、死亡或调出人员的比例为 $\delta(0<\delta<1)$, β 表示每年大学毕业生中从事教师职业所占比例 $(0<\beta<1)$. 于是有方程

$$\frac{\mathrm{d}x_1}{\mathrm{d}t}=\alpha\beta x_1-\delta x_1, \tag{10–33}$$

$$\frac{\mathrm{d}x_2}{\mathrm{d}t}=\alpha(1-\beta)x_1-\delta x_2, \tag{10–34}$$

解方程, 得 (10–33) 的通解为

$$x_1=C_1\mathrm{e}^{(\alpha\beta-\delta)t}. \tag{10–35}$$

若设 $x_1(0)=x_0^1$, 则 $C_1=x_0^1$, 于是得特解

$$x_1=x_0^1\mathrm{e}^{(\alpha\beta-\delta)t}. \tag{10–36}$$

将 (10–36) 代入 (10–34), 方程变为

$$\frac{\mathrm{d}x_2}{\mathrm{d}t}+\delta x_2=\alpha(1-\beta)x_0^1\mathrm{e}^{(\alpha\beta-\delta)t}, \tag{10–37}$$

求解方程 (10–37) 得通解

$$x_2=C_2\mathrm{e}^{-\delta t}+\frac{(1-\beta)x_0^1}{\beta}\mathrm{e}^{(\alpha\beta-\delta)t}. \tag{10–38}$$

若设 $x_2(0)=x_0^2$, 则 $C_2=x_0^2-\left(\dfrac{1-\beta}{\beta}\right)x_0^1$, 于是得特解

$$x_2=\left(x_0^2-\left(\frac{1-\beta}{\beta}\right)x_0^1\right)\mathrm{e}^{-\delta t}+\left(\frac{1-\beta}{\beta}\right)x_0^1\mathrm{e}^{(\alpha\beta-\delta)t}. \tag{10–39}$$

(10-36) 式和 (10-39) 式分别表示在初始人数分别为 x_0^1, x_0^2 情况下, 对应于 β 的取值, 在 t 年教师队伍的人数和其他职业人员的人数. 从结果看出, 如果取 $\beta = 1$, 即毕业生全部留在教育界, 那么当 $t \to \infty$ 时, 由于 $\alpha > \delta$ 必有 $x_1(t) \to \infty$ 而 $x_2(t) \to 0$, 说明教师队伍将迅速增加. 而其他职业人数不断萎缩, 势必要影响经济发展, 反过来也会影响教育的发展. 如果 β 接近于零, 那么 $x_1(t) \to 0$, 同时也导致 $x_2(t) \to 0$, 说明若不保证适当比例的毕业生充实教师队伍, 选择好比例 β, 将关系到两支队伍的建设, 以及整个国民经济建设的大局.

习题 10-8

A 题

1. 物体在空气中的冷却速度与物体和空气的温度差成比例, 如果物体在 20 分钟内由 100°C 冷至 60°C, 那么在多久的时间内, 这个物体的温度达到 30°C? 假设空气的温度为 20°C.

2. 某湖泊的水量为 V, 每年排入湖泊内含污染物 A 的污水量为 $\dfrac{V}{6}$, 流入湖泊内不含 A 的水量为 $\dfrac{V}{6}$, 流出湖泊的水量为 $\dfrac{V}{3}$. 已知从 1999 年底湖中污染物 A 的含量为 $5m_0$, 超过国家规定指标. 为了治理污染, 从 2000 年初始限定排入湖中含 A 污水的浓度不超过 $\dfrac{m_0}{V}$, 问至少需经多少年, 湖泊中污染物 A 的含量降至 m_0 以内? 假设湖水中 A 的浓度是均匀的.

3. 设 L 是一条平面曲线, 其上任意一点 $P(x,y)(x>0)$ 到坐标原点的距离恒等于该点处的切线在 y 轴上的截距, 且 L 经过点 $\left(\dfrac{1}{2}, 0\right)$. 试求出曲线 L 的方程.

B 题

1. (考研真题, 2004 年数学一) 某种飞机在机场降落时, 为了减少滑行距离, 在触地的瞬间, 飞机尾部展开减速伞, 以增大阻力, 使飞机迅速减速并停下. 现有一质量为 9 000 kg 的飞机, 着陆时水平速度为 700 km/h. 经测试, 减速伞打开后, 飞机所受的总阻力与飞机的速度成正比 (比例系数为 $k = 6.0 \times 10^6$). 问从着陆点算起, 飞机滑行的最长距离是多少?

2. (考研真题, 1998 年数学一) 从船上向海中沉放某种探测仪器, 按探测要求, 需确定仪器的下沉深度 y (从海平面算起) 与下沉速度 v 之间的函数关系. 设仪器在重力作用下, 从海平面由静止开始铅直下沉, 在下沉过程中还受到阻力和浮力的作用. 设仪器的质量为 m, 体积为 B, 海水密度为 ρ, 仪器所受的阻力与下沉速度成正比, 比例系数为 $k(k>0)$. 试建立 y 与 v 所满足的微分方程, 并求出函数关系式 $y=y(v)$.

3. (考研真题, 2004 年数学一) 在某一人群中推广新技术是通过其中掌握新技术的人进行的, 设该人群的总人数为 N, 在 $t=0$ 时刻已掌握新技术的人数为 x_0, 在任意时刻 t 已掌握新技术的人数为 $x(t)$ (将 $x(t)$ 视为连续可微变量), 其变化率与已掌握新技术的人数和未掌握新技术的人数之积成正比, 比例常数 $k>0$, 求 $x(t)$.

本章学习要点

1. 了解微分方程及其解、阶、通解、初值条件和特解等概念.

2. 熟练掌握变量可分离的微分方程及一阶线性微分方程的解法.

3. 会解齐次微分方程、伯努利方程和全微分方程, 会用简单的变量代换解某些微分方程.

4. 会用降阶法解下列微分方程: $y^{(n)}=f(x), y''=f(x,y')$, 和 $y''=f(y,y')$.

5. 以二阶线性微分方程为基础, 理解高阶线性微分方程解的性质及解的结构定理.

6. 掌握二阶常系数齐次线性微分方程的解法, 并会解某些高于二阶的常系数齐次线性微分方程.

7. 求自由项为多项式、指数函数、余弦函数, 以及它们的和与积的二阶常系数非齐次线性微分方程的特解和通解.

8. 会解欧拉方程, 会解包含两个未知函数的一阶常系数线性微分方程组.

9. 了解微分方程的幂级数解法.

10. 了解微分方程的数值解法, 会用欧拉法、改进欧拉法求微分方程近似解.

11. 会用微分方程 (或方程组) 解决一些简单的应用问题.

网上更多…… 第 10 章自测 A 题

第 10 章自测 B 题

第 10 章综合练习 A 题

第 10 章综合练习 B 题

第 11 章　差分方程简介

上一章介绍了常微分方程的基本概念及一些简单的常微分方程的求解方法，它们在许多学科领域中有重要应用. 微分方程中所涉及的函数要求有较好的可微性质 (光滑性质). 然而，在科学技术及经济管理的许多实际问题中，数据大多按等间隔时间周期统计，即相关变量是离散取值的. 差分方程就是研究这类离散数据的有效工具. 本章对差分方程做初步的介绍.

11.1　差分与差分方程

PPT 课件 11-1
差分与差分方程

11.1.1　差分的概念

对于一元函数 $y=f(x)$，当它可微时，可以用微商 $\dfrac{\mathrm{d}y}{\mathrm{d}x}$ 刻画 y 对 x 的瞬时变化率. 然而，若 x 只能离散地取值，则 y 也只能相应地离散取值，此时常用差商 $\dfrac{\Delta y}{\Delta x}$ 来刻画 y 对 x 的变化率. 若取 $\Delta x=1$，则 $\Delta y=f(x+1)-f(x)$ 近似表示 y 对 x 的变化率.

定义 11.1.1　设函数 $y=y(x)$，当 x 依次取非负整数时，函数值排成一数列

$$y_0=f(0),\ y_1=f(1),\ \cdots,\ y_x=f(x),\ y_{x+1}=f(x+1),\ \cdots.$$

称 $y_{x+1}-y_x$ 为函数 y 在点 x 的(一阶) 差分，记做 Δy_x，即

$$\Delta y_x=y_{x+1}-y_x,\quad x=0,1,2,\cdots.$$

例 1　设 $y_x=C$(常数)，求 Δy_x.

解

$$\Delta y_x=y_{x+1}-y_x=C-C=0,$$

即常数的差分为零.

例 2 已知 $y_x = a^x$, 求 Δy_x.

解

$$\Delta y_x = y_{x+1} - y_x = a^{x+1} - a^x = (a-1)a^x,$$

即指数函数的差分等于常数乘函数本身. 特别地, 当 $a = 2$ 时, 有 $\Delta 2^x = 2^x$.

例 3 设 $y_x = \cos x$, 求 Δy_x.

解

$$\Delta y_x = y_{x+1} - y_x = \cos(x+1) - \cos x = -2\sin\left(x + \frac{1}{2}\right)\sin\frac{1}{2}.$$

例 4 设阶乘函数 $y_x = x^{(n)} = x(x-1)\cdots(x-n+1), x^{(0)} = 1$, 求 Δy_x.

解

$$\begin{aligned}\Delta y_x &= y_{x+1} - y_x = (x+1)^{(n)} - x^{(n)} \\ &= (x+1)x(x-1)\cdots(x+1-n+1) - x(x-1)\cdots(x-n+1) \\ &= [(x+1)-(x-n+1)]x(x-1)\cdots(x-n+2) = nx^{(n-1)}.\end{aligned}$$

这个结果在形式上与 $(x^n)' = nx^{n-1}$ 相类似.

由差分的定义不难证明下列差分的运算法则 (留给读者自己验证):

(1) $\Delta(Cy_x) = C\Delta y_x$;

(2) $\Delta(y_x \pm z_x) = \Delta y_x \pm \Delta z_x$;

(3) $\Delta(y_x \cdot z_x) = y_{x+1} \cdot \Delta z_x + z_x \cdot \Delta y_x = y_x \cdot \Delta z_x + z_{x+1} \cdot \Delta y_x$;

(4) $\Delta\left(\dfrac{y_x}{z_x}\right) = \dfrac{z_x \cdot \Delta y_x - y_x \cdot \Delta z_x}{z_x \cdot z_{x+1}} = \dfrac{z_{x+1} \cdot \Delta y_x - y_{x+1} \cdot \Delta z_x}{z_x \cdot z_{x+1}}$.

下面给出高阶差分的定义.

定义 11.1.2 称一阶差分的差分

$$\Delta(\Delta y_x) = \Delta(y_{x+1} - y_x) = (y_{x+2} - y_{x+1}) - (y_{x+1} - y_x) = y_{x+2} - 2y_{x+1} + y_x$$

为函数 $y = f(x)$ 的二阶差分, 记作 $\Delta^2 y_x$, 即

$$\Delta^2 y_x = y_{x+2} - 2y_{x+1} + y_x.$$

类似地, 二阶差分的差分称为三阶差分, 记作 $\Delta^3 y_x$, 即

$$\Delta^3 y_x = y_{x+3} - 3y_{x+2} + 3y_{x+1} - y_x.$$

依次类推, $y = f(x)$ 的 n 阶差分定义为

$$\Delta^n y_x = \Delta(\Delta^{n-1} y_x).$$

例 5 设 $y_x = \cos x$, 求 $\Delta^2 y_x$.

解 由例 3 已知 $\Delta y_x = -2\sin\left(x+\frac{1}{2}\right)\sin\frac{1}{2}$, 因此,

$$\begin{aligned}\Delta^2 y_x &= \Delta(\Delta y_x) = -2\sin\frac{1}{2}\Delta\sin\left(x+\frac{1}{2}\right)\\ &= -2\sin\frac{1}{2}\left[\sin\left(x+\frac{3}{2}\right) - \sin\left(x+\frac{1}{2}\right)\right] = -4\sin^2\frac{1}{2}\cos(x+1).\end{aligned}$$

例 6 已知 $y_x = 2x^2 - 3x + 5$, 求它的各阶差分.

解 $\Delta y_x = 2\Delta x^2 - 3\Delta x + \Delta 5 = 2(2x+1) - 3 = 4x - 1$,

$$\Delta^2 y_x = \Delta(\Delta y_x) = \Delta(4x-1) = 4\Delta x - \Delta 1 = 4,$$

$$\Delta^n y_x = \Delta^{n-2}(\Delta^2 y_x) = \Delta^{n-2} 4 = 0,\ n \geqslant 3.$$

一般地, 对 n 次多项式, 它的 n 阶差分是常数, 而 n 阶以上的差分均为零.

11.1.2 差分方程的概念

定义 11.1.3 含有未知函数的差分或含有未知函数在若干不同非负整数上取值的方程称为差分方程, 它的一般形式是

$$F(x, y_x, \Delta y_x, \Delta^2 y_x, \cdots, \Delta^n y_x) = 0$$

或

$$G(x, y_x, y_{x+1}, y_{x+2}, \cdots, y_{x+n}) = 0$$

或

$$H(x, y_x, y_{x-1}, y_{x-2}, \cdots, y_{x-n}) = 0.$$

根据差分的定义与性质, 差分方程不同表达形式可以相互转化. 例如, 差分方程

$$y_{x+2}-4y_{x+1}+6y_x=\sin x$$

可以化为

$$y_x-4y_{x-1}+6y_{x-2}=\sin(x-2);$$

注意到原方程左端可以写成

$$(y_{x+2}-2y_{x+1}+y_x)-2(y_{x+1}-y_x)+3y_x=\Delta^2y_x-2\Delta y_x+3y_x,$$

所以原方程又可化为

$$\Delta^2y_x-2\Delta y_x+3y_x=\sin x.$$

在定义 11.1.3 中, 未知函数的最大下标与最小下标的差称为差分方程的阶. 例如, 差分方程

$$y_{x+2}-3y_x+2y_{x-2}+5=0$$

是四阶差分方程; 又如

$$\Delta^3y_x+y_x+5=0$$

虽然含有三阶差分 Δ^3y_x, 注意到它可以化为

$$y_{x+3}-3y_{x+2}+3y_{x+1}+5=0,$$

因此它实际上仅为二阶差分方程.

定义 11.1.4 若将一个函数代入差分方程, 使方程成为恒等式, 则此函数称为差分方程的解. 如果差分方程的解含有相互独立的任意常数的个数与该方程的阶相同, 那么该解称为差分方程的通解.

例 7 给定差分方程 $y_{x+1}-3y_x=0$, 将函数 $y_x=3^x$ 代入方程左边, 得 $3^{x+1}-3\cdot3^x=0$, 所以 $y_x=3^x$ 是该差分方程的一个解. 类似可验证 $y_x=C\cdot3^x$ 也是该差分方程的解, 这里 C 是任意常数. 因为该差分方程是一阶的, 所以 $y_x=C\cdot3^x$ 是该差分方程的通解.

在实际问题中, 根据事物在初始时刻的状态, 往往需对差分方程附加一定的条件, 称为初值条件. 当通解中的任意常数被初值条件确定后, 这个解称为差分方程的特解.

习题 11–1

A 题

1. 求下列函数的一阶与二阶差分.

(1) $y_x=4x^3+x^2-2x$; (2) $y_x=\sin 2x$;

(3) $y_x=5^x$; (4) $y_x=\ln x$.

2. 下列式子中是差分方程的有 ( ).

(1) $\Delta^2y_x=y_{x+2}-2y_{x+1}+y_x+3\sin x$; (2) $3\Delta y_x-2y_x+2x=0$;

(3) $2\Delta y_x + 2y_x - 5\ln x = 0$.

3. 确定下列差分方程的阶.

(1) $\Delta^3 y_x - 2x\Delta y_x + 3y_x - 4 = 0$;　　(2) $y_{x-1} + 2y_{x-3} = y_{x+2}$.

4. 验证 $y_x = \left(\dfrac{3}{2}\right)^x$ 是差分方程 $2\Delta y_x = y_x$ 的解.

B 题

1. 证明: $\Delta\left(\dfrac{y_x}{z_x}\right) = \dfrac{z_x \cdot \Delta y_x - y_x \cdot \Delta z_x}{z_x \cdot z_{x+1}}$.

2. 证明下列恒等式.

(1) $\Delta^n y_x = \sum\limits_{k=0}^{n}(-1)^k \mathrm{C}_n^k y_{x+n-k}$;　　(2) $y_{x+n} = \sum\limits_{k=0}^{n} \mathrm{C}_n^k \Delta^k y_x$.

11.2 一阶常系数线性差分方程

PPT 课件 11.2
一阶常系数线性差分方程

11.2.1 常系数线性差分方程解的结构

形如

$$y_{x+n} + a_1 y_{x+n-1} + \cdots + a_{n-1}y_{x+1} + a_n y_x = f(x) \tag{11–1}$$

的方程称为 n 阶常系数线性差分方程, 其中 $a_i, 1 \leqslant i \leqslant n$ 是常数, 且 $a_n \neq 0$, $f(x)$ 是已知函数. 当 $f(x) \equiv 0$ 时, 差分方程 (11–1) 称为齐次的; 否则称为非齐次的. 当式 (11–1) 是 n 阶常系数非齐次线性差分方程时, 与之相应的 n 阶常系数齐次线性差分方程为

$$y_{x+n} + a_1 y_{x+n-1} + \cdots + a_{n-1}y_{x+1} + a_n y_x = 0 \quad (a_n \neq 0). \tag{11–2}$$

与常系数线性微分方程解的结构类似, 关于常系数线性差分方程解的结构有以下一些结论.

定理 11.2.1　设函数 $y_1(x), y_2(x), \cdots, y_n(x)$ 是 n 阶常系数齐次线性差分方程 (11–2) 的 n 个线性无关的解, 则

$$Y_x = C_1 y_1(x) + C_2 y_2(x) + \cdots + C_n y_n(x)$$

就是方程 (11–2) 的通解, 其中 $C_1, C_2, \cdots, C_n$ 为任意常数.

定理 11.2.2 设 y_x^* 是非齐次方程 (11–1) 的一个特解, Y_x 是其对应齐次方程 (11–2) 的通解, 则非齐次方程 (11–1) 的通解为

$$y_x = Y_x + y_x^*.$$

定理 11.2.3 设 y_1^*, y_2^* 分别是非齐次方程

$$y_{x+n} + a_1 y_{x+n-1} + \cdots + a_{n-1} y_{x+1} + a_n y_x = f_1(x)$$

与

$$y_{x+n} + a_1 y_{x+n-1} + \cdots + a_{n-1} y_{x+1} + a_n y_x = f_2(x)$$

的特解, 则 $y^* = y_1^* + y_2^*$ 是方程

$$y_{x+n} + a_1 y_{x+n-1} + \cdots + a_{n-1} y_{x+1} + a_n y_x = f_1(x) + f_2(x)$$

的特解.

11.2.2 一阶常系数齐次线性差分方程求解

一阶常系数齐次线性差分方程的一般形式是

$$y_{x+1} - a y_x = 0 \quad (a \neq 0). \tag{11–3}$$

上述方程通常有以下两种解法.

1. 迭代法

假设 y_0 已知, 则由方程 (11–3) 依次可得

$$\begin{aligned} y_1 &= a y_0, \\ y_2 &= a y_1 = a^2 y_0, \\ y_3 &= a y_2 = a^3 y_0, \\ &\cdots, \end{aligned}$$

因此 $y_x = a^x y_0$, 即齐次方程 (11–3) 的通解是 $y_x = Ca^x$, 其中 C 为任意常数.

2. 特征根法

方程 (11–3) 与 $\Delta y_x+(1-a)y_x=0$ 等价, 注意到指数函数的差分等于常数乘函数本身, 可知 y_x 必为某一指数函数. 于是可设 $y_x=\lambda^x(\lambda\neq 0)$, 将其代入方程得

$$\lambda^{x+1}-a\lambda^x=0,$$

即

$$\lambda-a=0. \tag{11–4}$$

方程 (11–4) 称为齐次方程 (11–3) 的特征方程, 而 $\lambda=a$ 称为特征根. 于是 $y_x=a^x$ 是齐次方程的一个解, 而 $y_x=Ca^x$ 是齐次方程的通解, 其中 C 为任意常数.

例 1　求方程 $2y_{x+1}-3y_x=0$ 的通解.

解　特征方程是 $2\lambda-3=0$, 求得特征根 $\lambda=\dfrac{3}{2}$. 因此原方程的通解是

$$y_x=C\left(\frac{3}{2}\right)^x \qquad (C\ 为任意常数).$$

例 2 (存款模型)　设初始存款额为 S_0, 银行年利率为 r, 求 t 年后存款的本利和 S_t.

解　由题意, S_t 满足如下的一阶常系数齐次差分方程:

$$S_{t+1}=S_t+r\cdot S_t,$$

或者写成

$$S_{t+1}-(1+r)S_t=0.$$

特征方程为

$$\lambda-(1+r)=0,$$

得特征根 $\lambda=1+r$. 于是齐次方程的通解为

$$S_t=C(1+r)^t.$$

代入初值条件, 得 $C=S_0$. 因此, t 年后存款的本利和为

$$S_t=S_0(1+r)^t.$$

11.2.3 一阶常系数非齐次线性差分方程求解

一阶常系数非齐次线性差分方程的一般形式是

$$y_{x+1} - ay_x = f(x) \quad (a \neq 0). \tag{11-5}$$

由定理 11.2.2 知, 方程 (11–5) 的通解由该方程的一个特解 y_x^* 与相应齐次方程 (11–3) 的通解之和构成. 因此, 我们只需讨论特解 y_x^* 的求法. 以下就 $f(x)$ 是某些特殊形式的函数分别讨论.

1. $f(x) = P_n(x)$ 型

这里 $P_n(x)$ 表示 x 的 n 次多项式, 方程 (11–5) 为

$$y_{x+1} - ay_x = P_n(x) \qquad (a \neq 0),$$

或者写成

$$\Delta y_x + (1-a)y_x = P_n(x) \qquad (a \neq 0).$$

设 y_x^* 是它的一个特解, 即

$$\Delta y_x^* + (1-a)y_x^* = P_n(x).$$

由于 $P_n(x)$ 是多项式, 可假定 y_x^* 也是多项式. 考虑到当 y_x^* 是 m 次多项式时, Δy_x^* 是 $m-1$ 次多项式, 易知当 1 不是齐次方程的特征根, 即 $a \neq 1$ 时, y_x^* 也是 n 次多项式. 于是令

$$y_x^* = Q_n(x) = b_0x^n + b_1x^{n-1} + \cdots + b_{n-1}x + b_n,$$

将它代入方程, 比较方程两端同次幂的系数, 即可求出 $Q_n(x)$.

另一方面, 当 1 是齐次方程的特征根, 即 $a = 1$ 时, y_x^* 满足 $\Delta y_x^* = P_n(x)$, 此时可取 y_x^* 为一个 $n+1$ 次多项式. 于是令

$$y_x^* = xQ_n(x) = x(b_0x^n + b_1x^{n-1} + \cdots + b_{n-1}x + b_n),$$

将它代入方程, 比较方程两端同次幂的系数, 即可求出 y_x^*.

综上所述, 我们有以下结论:

结论 若 $f(x)=P_n(x)$, 则一阶常系数非齐次线性差分方程 (11-5) 具有形如 $y_x^*=x^kQ_n(x)$ 的特解, 其中 $Q_n(x)$ 是与 $P_n(x)$ 同次的待定多项式, k 的取值如下确定:

(1) 若 1 不是特征方程的根, 则 $k=0$;

(2) 若 1 是特征方程的根, 则 $k=1$.

例 3 求差分方程 $y_{x+1}-3y_x=2x^2$ 的通解.

解 先求对应的齐次方程

$$y_{x+1}-3y_x=0$$

的通解 Y_x. 特征方程为 $\lambda-3=0$, 得特征根 $\lambda=3$, 于是

$$Y_x=C\cdot 3^x\ (C\text{ 为任意常数}).$$

其次, 再求非齐次方程的一个特解 y_x^*. 由于 1 不是特征根, 令

$$y_x^*=b_0x^2+b_1x+b_2,$$

代入原方程, 得

$$b_0(x+1)^2+b_1(x+1)+b_2-3(b_0x^2+b_1x+b_2)=2x^2.$$

比较两边同次幂的系数, 得 $b_0=b_1=b_2=-1$, 即

$$y_x^*=-x^2-x-1.$$

所以原方程的通解为

$$y_x=C\cdot 3^x-x^2-x-1.$$

例 4 求差分方程 $y_{x+1}-y_x=2x^2$ 的通解.

解 对应齐次方程的特征根 $\lambda=1$, 通解 $Y_x=C$ (C 为任意常数). 再求原方程的一个特解 y_x^*. 令

$$y_x^*=x(b_0x^2+b_1x+b_2)=b_0x^3+b_1x^2+b_2x,$$

代入原方程, 得

$$b_0(x+1)^3+b_1(x+1)^2+b_2(x+1)-b_0x^3-b_1x^2-b_2x=2x^2.$$

比较两边同次幂的系数, 得

$$b_0=\frac{2}{3},\quad b_1=-1,\quad b_2=\frac{1}{3}.$$

注 例 4 中, 方程右边的函数可以写成

$$\begin{aligned}2x^2&=2x(x-1)+2x\\&=2x^{(2)}+2x^{(1)},\end{aligned}$$

于是原方程可改写为 $\Delta y_x=2x^{(2)}+2x^{(1)}$, 由此易得方程的通解是

$$y_x=\frac{2}{3}x^{(3)}+x^{(2)}+C.$$

于是

$$y_x^*=\frac{2}{3}x^3-x^2+\frac{1}{3}x,$$

原方程的通解为

$$y_x=\frac{2}{3}x^3-x^2+\frac{1}{3}x+C.$$

2. $f(x)=\mu^x P_n(x)$ 型

这里 μ 为常数, 且 $\mu\neq 0,1$. 作变换 $y_x=\mu^x\cdot z_x$, 代入方程

$$y_{x+1}-ay_x=\mu^x P_n(x),$$

得

$$\mu^{x+1}z_{x+1}-a\mu^x z_x=\mu^x P_n(x).$$

上式两边消去 μ^x, 即得

$$\mu z_{x+1}-az_x=P_n(x).$$

我们已经能求出上述方程的一个特解 z_x^*, 于是原方程的一个特解是

$$y_x^*=\mu^x\cdot z_x^*.$$

例 5 求 $y_{x+1}+2y_x=x\cdot 3^x$ 的通解.

解 对应齐次方程的特征根 $\lambda=-2$, 通解 $Y_x=C(-2)^x$ (C 为任意常数). 再求原方程的一个特解 y_x^*. 令 $y_x=3^x\cdot z_x$, 原方程化为

$$3z_{x+1}+2z_x=x.$$

不难求得它的一个特解

$$z_x^*=\frac{1}{5}x-\frac{3}{25},$$

因此

$$y_x^*=3^x\left(\frac{1}{5}x-\frac{3}{25}\right).$$

所以原方程的通解是

$$y_x = Y_x + y_x^* = C(-2)^x + 3^x\left(\frac{1}{5}x - \frac{3}{25}\right).$$

例 6 求 $y_{x+1} - ay_x = 3^x$ 的通解.

解 对应齐次方程的通解为 $Y_x = Ca^x$ (C 为任意常数). 再求原方程的一个特解 y_x^*. 令 $y_x = 3^x \cdot z_x$, 原方程化为

$$3z_{x+1} - az_x = 1.$$

当 $a \neq 3$ 时, 上述方程有一个特解 $z_x^* = \dfrac{1}{3-a}$; 当 $a = 3$ 时, 上述方程的一个特解是 $z_x^* = \dfrac{1}{3}x$. 于是,

$$y_x^* = \begin{cases} \dfrac{3^x}{3-a}, a \neq 3, \\ \dfrac{x \cdot 3^x}{3}, a = 3. \end{cases}$$

所以原方程的通解为

$$y_x = Y_x + y_x^* = \begin{cases} Ca^x + \dfrac{3^x}{3-a}, & a \neq 3, \\ C \cdot 3^x + \dfrac{x \cdot 3^x}{3}, & a = 3. \end{cases}$$

3. $f(x) = b_1 \cos \omega x + b_2 \sin \omega x$ 型

当 $f(x) = b_1 \cos \omega x + b_2 \sin \omega x$, 其中 b_1, b_2, ω 均为常数时, 差分方程 (11-5) 即为

$$y_{x+1} - ay_x = f(x) = b_1 \cos \omega x + b_2 \sin \omega x. \tag{11-6}$$

设方程 (11-6) 有如下形式的特解:

$$y_x^* = B_1 \cos \omega x + B_2 \sin \omega x, \tag{11-7}$$

其中 B_1, B_2 是待定常数. 将式 (11-7) 代入方程 (11-6) 得

$$\begin{cases} B_1(\cos \omega - a) + B_2 \sin \omega = b_1, \\ -B_1 \sin \omega + B_2(\cos \omega - a) = b_2. \end{cases}$$

该方程的系数行列式是

$$D = (\cos \omega - a)^2 + \sin^2 \omega.$$

分情况讨论.

(1) 若 $D \neq 0$, 则不难求得 B_1, B_2 的唯一解是

$$\begin{cases} B_1 = \overline{B}_1 = \dfrac{1}{D}[b_1(\cos\omega - a) - b_2\sin\omega], \\ B_2 = \overline{B}_2 = \dfrac{1}{D}[b_2(\cos\omega - a) + b_1\sin\omega], \end{cases}$$

于是 $y_x^* = \overline{B}_1\cos\omega x + \overline{B}_2\sin\omega x$, 而原方程的通解为

$$y_x = Ca^x + \overline{B}_1\cos\omega x + \overline{B}_2\sin\omega x \ (C \text{ 为任意常数}).$$

(2) 若 $D = 0$, 则 $\sin\omega = 0, \cos\omega = a = \pm 1$, 方程 (11–6) 化为

$$y_{x+1} - y_x = b_1 \quad \text{或} \quad y_{x+1} + y_x = b_1(-1)^x.$$

不难求得它的通解是

$$y_x = b_1 x + C \quad \text{或} \quad y_x = (-b_1 x + C)(-1)^x.$$

例 7 求差分方程 $y_{x+1} - 3y_x = 2\cos\dfrac{\pi}{2}x$ 的通解.

解 对应齐次方程的通解是 $Y_x = C\cdot 3^x$, 其中 C 是任意常数. 再求方程的一个特解 y_x^*. 因为 $\omega = \dfrac{\pi}{2}, a = 3$, 所以

$$D = (\cos\omega - a)^2 + \sin^2\omega = 10 \neq 0,$$

可设

$$y_x^* = B_1\cos\frac{\pi}{2}x + B_2\sin\frac{\pi}{2}x,$$

代入原方程, 得

$$\begin{cases} -3B_1 + B_2 = 2, \\ -B_1 - 3B_2 = 0. \end{cases}$$

解得

$$B_1 = -\frac{3}{5}, \quad B_2 = \frac{1}{5},$$

原方程的通解为

$$y_x = C\cdot 3^x - \frac{3}{5}\cos\frac{\pi}{2}x + \frac{1}{5}\sin\frac{\pi}{2}x.$$

习题 11-2

A 题

1. 求下列一阶常系数齐次线性差分方程的通解:

(1) $3y_{x+1}+5y_x=0$;

(2) $y_{x+1}-y_x=0$;

(3) $2\Delta y_x-y_x=0$.

2. 求下列一阶常系数线性差分方程的通解:

(1) $y_{x+1}-3y_x=-4$;

(2) $\Delta y_x-3y_x=3x^2$;

(3) $y_{x+1}-2y_x=x\cdot 2^x$;

(4) $\Delta y_x=x\cdot 3^x$;

(5) $y_{x+1}-5y_x=\cos\frac{\pi}{2}x$.

B 题

在农业生产中, 产品在 t 时期的价格 P_t 决定了生产者在下一时期愿意提供给市场的产量 S_{t+1}, 还决定了本期该产品的需求量 D_t. 假定

$$D_t=a-bP_t,\quad S_t=-c+dP_{t-1},$$

并且每一时期的价格是供需平衡的, 即 $S_t=D_t$. 试求价格随时间的变动规律.

本章学习要点

1. 掌握差分及差分方程的概念, 了解常见函数的差分及差分的基本性质.
2. 了解常系数线性差分方程解的结构, 会解一阶常系数线性差分方程.

参考文献

[1] 同济大学数学科学学院. 高等数学: 下册. 8 版. 北京: 高等教育出版社, 2023.

[2] 吴传生. 经济数学 —— 微积分. 4 版. 北京: 高等教育出版社, 2021.

[3] 杨海涛. 高等数学 (理工类): 下册. 3 版. 上海: 同济大学出版社, 2013.

[4] 赵利彬, 杨维, 张丽琴. 高等数学 (经管类): 下册. 上海: 同济大学出版社, 2007.

[5] 宣立新. 高等数学: 下册. 3 版. 北京: 高等教育出版社, 2010.

[6] 陈纪修, 於崇华, 金路. 数学分析: 下册. 3 版. 北京: 高等教育出版社, 2019.

[7] 吕林根, 许子道. 解析几何. 5 版. 北京: 高等教育出版社, 2019.